Hoenow/Meißner
Konstruktionspraxis
im Maschinenbau

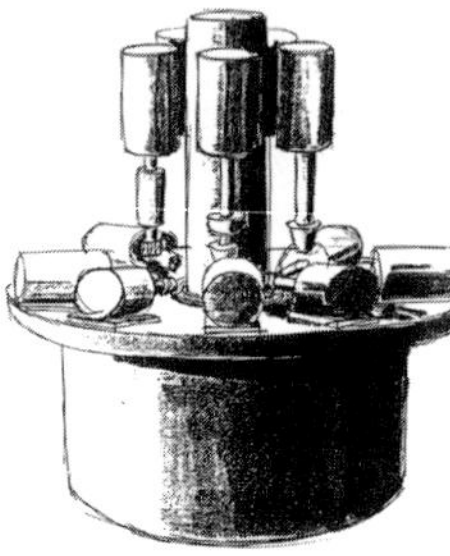
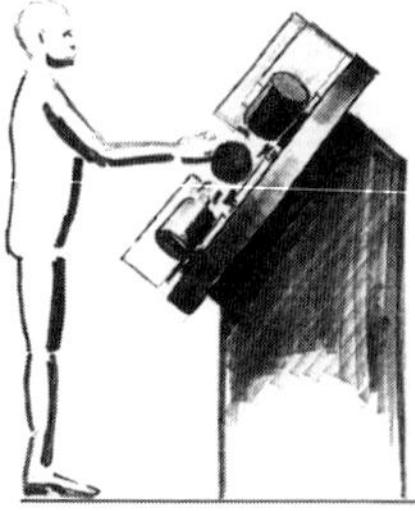
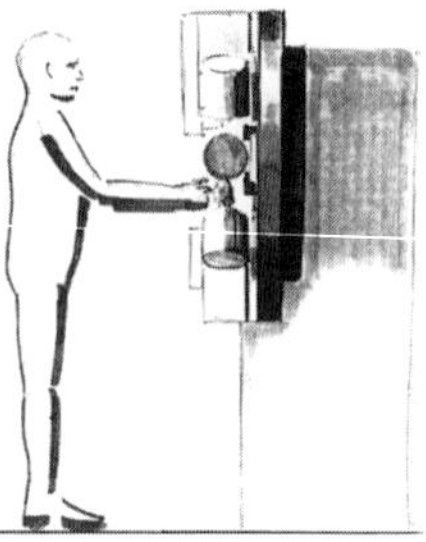
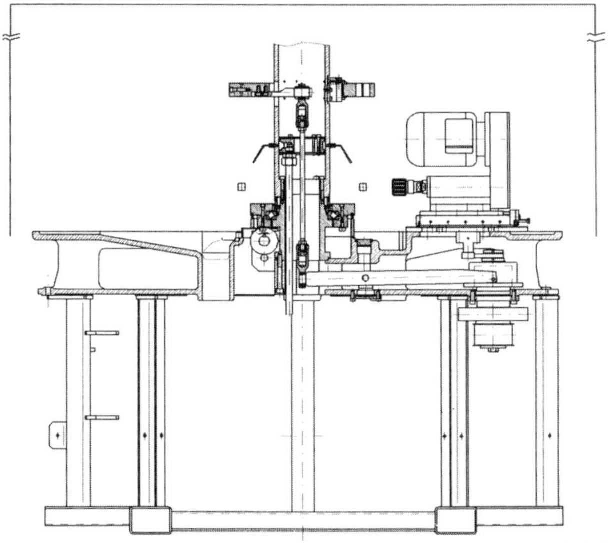
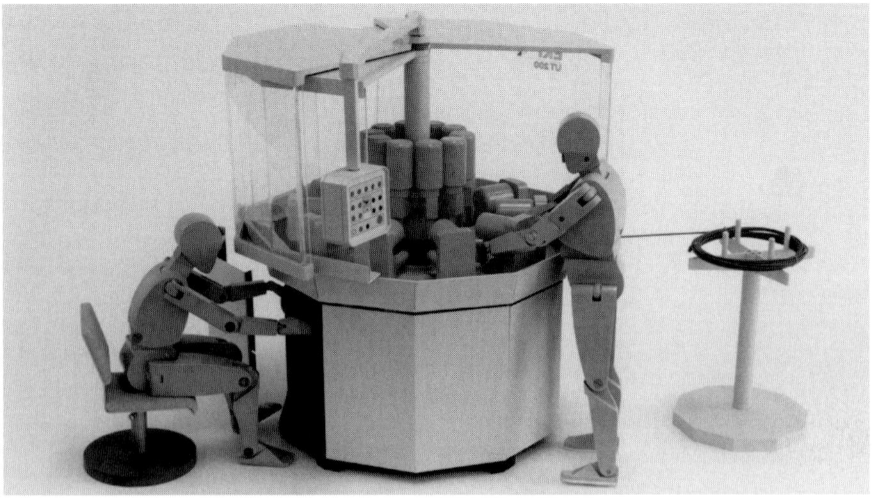

Gerhard Hoenow
Thomas Meißner

Konstruktionspraxis im Maschinenbau

Vom Einzelteil zum Maschinendesign

Mit 484 Bildern

Fachbuchverlag Leipzig
im Carl Hanser Verlag

Autoren:
Prof. Dr. sc. techn. *Gerhard Hoenow*, Bannewitz
Prof. Dr.-Ing. *Thomas Meißner*, Fachhochschule Lausitz, Senftenberg

Bibliografische Information der Deutschen Nationalbibliothek

Die Deutsche Nationalbibliothek verzeichnet diese Publikation in der Deutschen Nationalbibliografie; detaillierte bibliografische Daten sind im Internet über http://dnb.d-nb.de abrufbar.

ISBN 978-3-446-40313-0

Fachbuchverlag Leipzig im Carl Hanser Verlag

www.hanser.de
Projektleitung: Jochen Horn
Satz: Prof. Dr.-Ing. Thomas Meißner, Senftenberg
Herstellung: Renate Roßbach
Druck und Bindung: Druckhaus „Thomas Müntzer" GmbH, Bad Langensalza
Printed in Germany

Vorwort

Mit diesem Buch soll ein Beitrag zur Entwicklung des konstruktiv-gestalterischen Denkens des Maschinenbaukonstrukteurs geleistet werden. Dieses Denken bewegt sich nicht auf wissenschaftlich fundierten Wegen, sondern in einem Grenzgebiet zwischen Wissen und Kunst. Der gute Konstrukteur durchdenkt mehr oder weniger gleichzeitig mehrere Lösungsansätze. Das geschieht zum Teil bewusst, aber auch unbewusst. Es werden anspruchsvolle Kenntnisse einbezogen, aber auch viele technisch triviale Tatsachen sind zu berücksichtigen, an passender Stelle unterstützen Entwurfsberechnungen. In diese ***Gestaltungskunst*** muss man sich schrittweise hineinarbeiten, um sichere Wege zu beschreiten. Zur vollständigen Beherrschung dringt man erst – wenn überhaupt erreichbar – nach längerer Berufspraxis vor. Es können keine Rezepte vermittelt werden, die eine schnelle Entwicklung zum guten Maschinenkonstrukteur garantieren. Sicher ist nur:

- Es geht nicht schnell.
- Es erfordert viel Interesse.
- Es kann eine sehr befriedigende Tätigkeit sein.

Es darf aber nicht unerwähnt bleiben, dass bei aller Befriedigung im Beruf eine öffentliche Anerkennung des Konstrukteursberufs selten ist und die Wahrscheinlichkeit, dass auf dem Gebiet des Maschinenbaus heute der Name eines Konstrukteurs und Erfinders so bekannt wird, wie das für die Namen Otto und Diesel der Fall ist, dürfte „bei null liegen".

Mit dem Buch „Entwerfen und Gestalten im Maschinenbau" – im gleichen Verlag erschienen – haben die Verfasser bereits einen Teilbeitrag zur genannten Zielstellung geleistet. Während sich dieses erste Buch vorrangig an Studierende den Maschinenbaus richtet und im Wesentlichen den Bereich der Einzel- und Kleinserienfertigung behandelt, ist hier diese Einschränkung aufgehoben. Das heißt aber nicht, dass die Einflüsse der im Serien- und Großserienbereich einsetzbaren Fertigungsverfahren vollständig erfasst und vermittelt werden können. Es können nur die Grundrichtungen und übergreifende Gestaltungsregeln und -ansätze vermittelt werden, die je nach Arbeitsgebiet des Lesers durch Spezialliteratur zu ergänzen sind; auch das Internet bietet viele aktuelle und praktische Informationen. Der fachliche Austausch ist ebenfalls wichtig, so war für dieses Buch die Mitarbeit von Ingenieuren – u. a. *Ina Meißner*, *Bernd Platz*, *Harry Thonig*, *Rainer Bieck*, Studierenden der TU Dresden und der FH Lausitz und die Bereitstellung von Bildern durch verschiedene Firmen sehr wertvoll; für den ausführlichen Dank an alle Beteiligten reicht diese Seite leider nicht.

Die vielen im Buch behandelten Beispiele sind keinesfalls immer aktuellen Aufgaben entnommen, sondern sind über viele Berufsjahre der Verfasser zusammengetragen worden. Der Leser soll mit älteren Beispielen nicht in die Maschinenbaugeschichte eingeführt werden, sondern soll Sachverhalte erkennen, die er selbst auf seine heutigen und zukünftigen Aufgaben übertragen muss. Eine Konstruktionslehre, die die Lösungen für die Aufgaben von morgen beschreibt, gibt es nicht.

Der Leser sollte dieses Buch als ***Begleitbuch*** bei der Bearbeitung konstruktiv-gestalterischer Aufgaben in der Konstruktionspraxis und im Fachstudium betrachten, wo es ähnlich den Büchern des technischen Zeichnens und der Maschinenelemente zur Hand sein sollte.

Gerhard Hoenow und *Thomas Meißner*

Inhaltsverzeichnis

1 Einführung

1.1 Ausgangspunkt

In den letzten 50 Jahren hat sich im Maschinenbau ein gewaltiger Entwicklungssprung vollzogen. Die mechanischen Bauelemente aus klassischen metallischen Werkstoffen – vorrangig Eisengusswerkstoffe, Stähle, Leichtmetalle – wurden durch Kunststoffe, Faserverbunde bis hin zu Granit und Polymerbeton ergänzt. Die elektrischen Einrichtungen fanden in kleinen Steuerschränken, zum Teil im Maschinenfuß, ausreichend Platz. Elektrische, hydraulische und pneumatische Elemente waren in einem sehr bescheidenen Umfang in Anwendung. Manuelle Betätigung und/oder mechanische Steuerungen waren üblich. Die mechanischen Bauelemente spielten die Hauptrolle in der Maschinenbauingenieurausbildung. Mit dem Einzug der Elektronik ist ein bedeutender Wandel eingetreten. Mit Sensoren verschiedenster Art werden Funktionen und vieles andere mehr überwacht, die elektronische Steuerung ist unabdingbar (Bild 1.1), die Steuerschränke haben teilweise gewichtigere Dimensionen angenommen. Neben dem Konstrukteur und dem Elektrotechniker haben der Elektroniker und Informatiker nennenswerte und umfangreiche Aufgaben bei den Maschinenentwicklungen zu lösen. Ein bedeutender Anteil der Entwicklungsarbeit dient nicht mehr der Bauteilgestaltung sondern der Bauelementeauswahl. Elektrische, hydraulische und pneumatische Elemente kommen in vielfältigen Variationen als Zulieferung zur Anwendung. Trotz dieser Entwicklung bleiben für viele Bereiche des Maschinenbaus die selbst entworfenen, ***mechanisch wirkenden Bauteile Grundlage und ausschließlich um diese geht es in diesem Buch*** (siehe Bild 1.2).

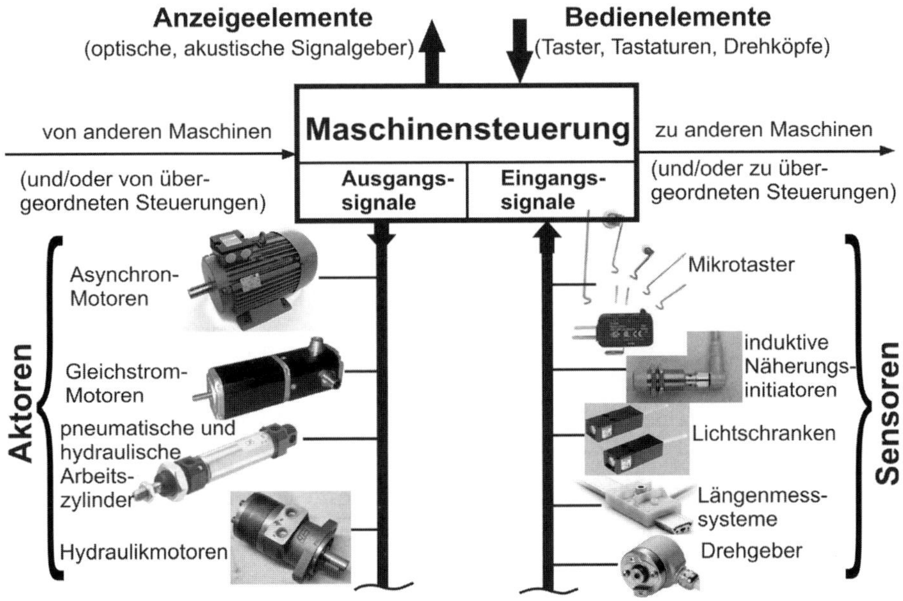

Bild 1.1 Die zentrale Funktion der Maschinensteuerung

Auch heute sind die Kernstücke der Maschinen und Anlagen mechanisch wirkende Bauteile und Bauelemente – Mikroelektronik bewegt keine Pfosten und rammt sie auch nicht in den Boden.

Bild 1.2 Prototyp eines Fahrzeugs zum automatischen Rammen von Pfosten für Schutzplankensysteme (Förster Montage GmbH)

Die vom Konstrukteur für ein Maschinenteil, eine Maschinenbaugruppe und auch für eine ganze Maschine anzustrebenden Eigenschaften sind äußerst vielfältig – Tafel 1.1 enthält dazu einen Überblick, der sicher noch ergänzt werden kann.

Konstrukteur

funktionsgerecht	beanspruchungsgerecht	festigkeitsgerecht	werkstoffgerecht
herstellgerecht	kostengerecht	formgebungsgerecht	fertigungsgerecht
montagegerecht	recyclinggerecht	entsorgungsgerecht	sicherheitsgerecht
prüfgerecht	normgerecht	qualitätsgerecht	termingerecht
transportgerecht	instandhaltungsgerecht	verschleißgerecht	servicegerecht
ergonomiegerecht	korrosionsgerecht	ausdehnungsgerecht	verbindungsgerecht

Produkt

Tafel 1.1 Vom Konstrukteur für eine Maschine anzustrebende Eigenschaften [8]

Das vorliegende Buch erhebt keinesfalls den Anspruch, zu allen im Tafel 1.1 genannten Eigenschaften Aussagen zu treffen, obgleich sie vom Konstrukteur eigentlich immer – wenn auch mit unterschiedlicher Gewichtung – zu beachten sind. Alle Anforderungen bzw.

Eigenschaften zu behandeln, hieße, den Umfang des Buches beträchtlich zu erweitern oder mit oberflächlichen Aussagen auszukommen. Deshalb haben sich die Verfasser auf den im Inhaltsverzeichnis genannten Umfang beschränkt.

1.2 Analyse als Voraussetzung für das Gestalten von Maschinen

Jede Maschinenentwicklung basiert direkt oder indirekt auf vorangegangenen Maschinen, die als Original, als Zeichnung oder einmal gesehen und im Konstrukteurgedächtnis abgespeichert vorliegen. So wird jeder Konstrukteur – bewusst oder unbewusst – sehr häufig versuchen, Lösungsansätze für seine jeweilige Aufgabe mit Hilfe verfügbarer Fremdkonstruktionen zu ermitteln. Dabei sollte immer folgender Grundsatz beachtet werden:

Erst kapieren, dann kopieren. [Hesse]

Noch besser ist es allerdings, nach dem Kapieren einer aufgefundenen Konstruktion nicht das Kopieren in den Vordergrund zu stellen, sondern eine schöpferische Umsetzung auf die eigene Aufgabenstellung zu betreiben. Das nachfolgende, sehr einfache Beispiel soll diese Anforderung illustrieren. Bild 1.3 zeigt einen Meißelhalter zur Aufnahme eines Drehmeißels im Revolverkopf eines klassischen Drehautomaten. Die Erstausführung wurde aus dem Vollen gearbeitet. Beim Übergang zur Serienfertigung bestand die Aufgabe, dieses Bauelement als Feingussteil zu konzipieren. Dabei wurde die Gestalt nur unwesentlich verändert, lediglich der eingesetzte Zylinderstift wurde durch eine gegossene Wölbung ersetzt. Die erreichte Einsparung war beträchtlich, da nach dem Gießen nur noch der Spannschaft geschliffen und drei Gewindebohrungen gefertigt werden mussten. Von einer Herabsetzung der Wanddicke und Anwendung einer zweckentsprechenden Verrippung und einem hohlen Schaft – beides beim Gießen durchaus machbar – wurde kein Gebrauch gemacht.

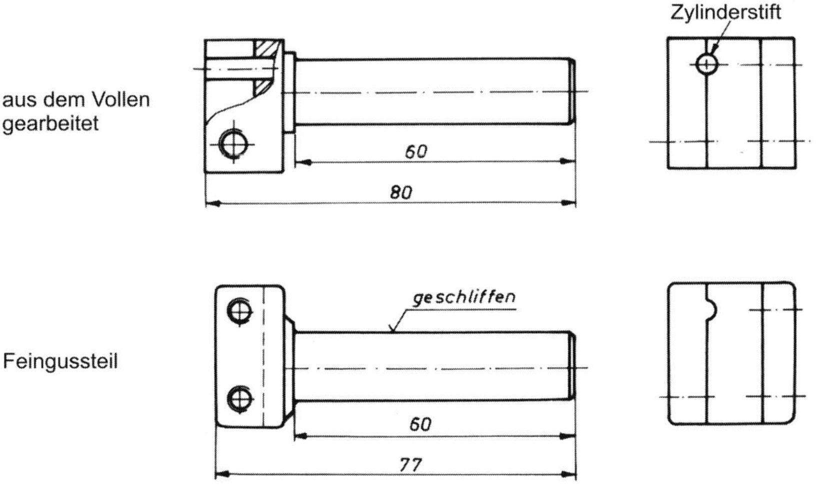

Bild 1.3 Meißelhalter für einen Drehautomaten

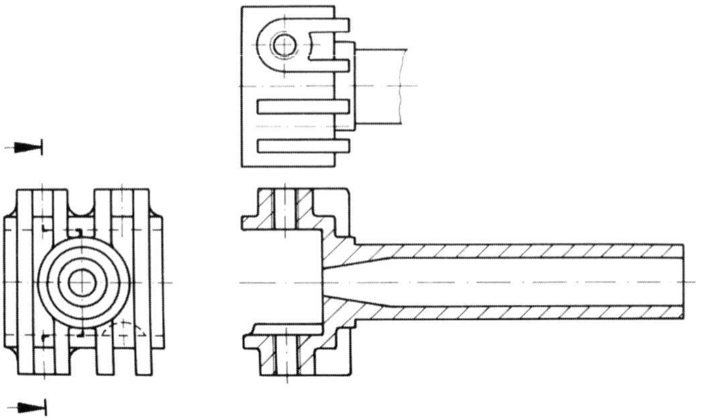

Bild 1.4 *Meißelhalter 2 – Feingussteil mit herabgesetzter Wanddicke, Verrippung und hohlem Schaft. Die Möglichkeiten des Gießens wurden besser genutzt, und die Bauteilmasse wurde verringert.*

Das folgende Beispiel zeigt ein Gehäuse einer Landmaschine (Bild 1.5). Die Verschraubung der beiden Gehäuseteile weist zwei unterschiedliche Gestaltungsarten auf. Zum einen ist das die flanschlose Verschraubung mit langen Schrauben und zum anderen die Verschraubung mit flanschartigem Ansatz an der Lagerstelle. Die große Steifigkeit der recht hohen Seitenwände gestattet das Verlegen von zwei Schrauben zur Lagerstelle, so dass der Flanschansatz und die zwei kurzen Schrauben entfallen können. Es muss festgestellt werden, dass die aufgefundene Gehäusekonstruktion „nicht zu Ende gedacht" war. Die Verwendung von Flanschen für Gehäuseverbindungen und dergleichen wurde in [34] unter dem Titel „Das Flanschproblem" ausführlich behandelt und sei dem Konstrukteur zur Beachtung empfohlen.

Ausgeführtes Gehäuse mit zwei sehr unterschiedlichen Schraubenanordnungen: Vorbildliche flanschlose Verschraubung an den Gehäuseecken, aber kombiniert mit biegeweicher Flanschverschraubung an der geteilten Lagerstelle.

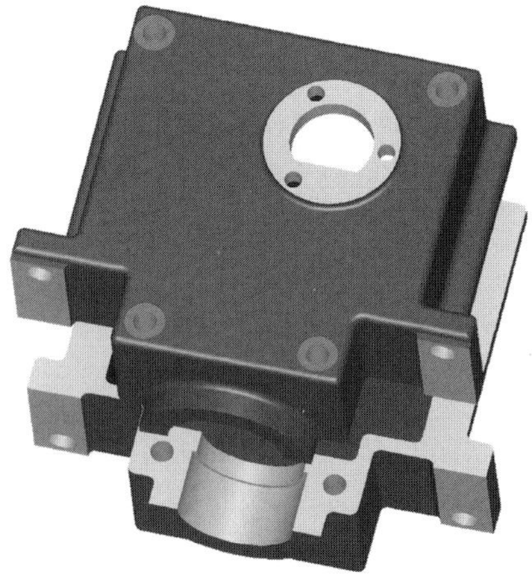

Änderungsvorschlag, Erläuterung im Text.

Bild 1.5 *Gehäuse für Kegelradgetriebe (Al-Guss)*

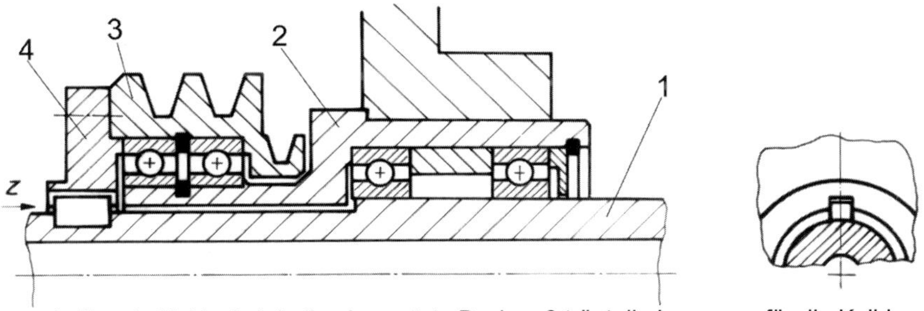

1 anzutreibende Hohlspindel; die abgesetzte Buchse 2 trägt die Lagerung für die Keilriemenscheibe 3, die mit dem Deckel 4 verschraubt ist, der eine Passfedernut enthält

Bild 1.6 Spindelantrieb mit biegeentlasteter Keilriemenscheibe

Etwas schwerer erkennbar ist ein konstruktiver Fehler an dem Spindelantrieb eines kleinen Drehautomaten (Bild 1.6). Die separat gelagerte Keilriemenscheibe soll den Riemenzug von der Hohlspindel fernhalten. Diese Konstruktion wurde längere Zeit produziert und war teilweise im Mehrschichtbetrieb im Einsatz. Monteure im Kundendienst mussten die Passfeder wechseln, das wurde aber für belanglos gehalten und der Konstruktionsabteilung nicht mitgeteilt. Der Kostenaufwand für die Passfeder ist gering und das Auswechseln bei Durchsicht der Maschine fast nebenbei mit erledigt. Das Verschleißbild der Passfeder (Bild 1.7) wurde Anlass für eine tiefergehende Analyse dieser Konstruktion.

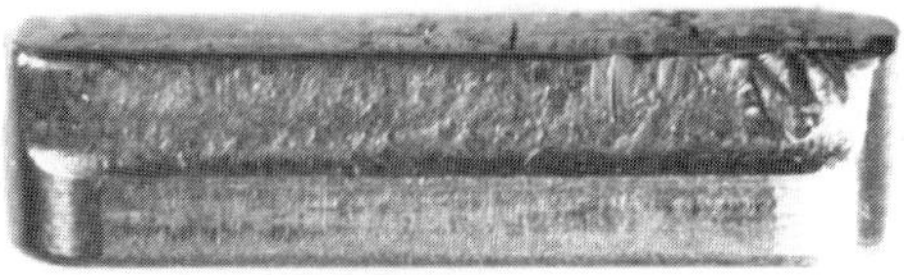

Bild 1.7 Passfeder mit Verschleißerscheinung

Aufgabe 1.1 Wie entsteht dieses Verschleißbild an der Passfeder? Hinweis: Es dürfen weitere Fehler / Mängel der Konstruktion im Bild 1.6 gefunden werden.

Mit dem folgenden Bild wird noch einmal auf das bereits im zweiten Beispiel des Kapitels erwähnte Flanschproblem eingegangen. Derartige Fußflansche sind leider sehr „zählebig“ und tauchen selbst in Lehrbüchern „unkritisch“ immer wieder auf.

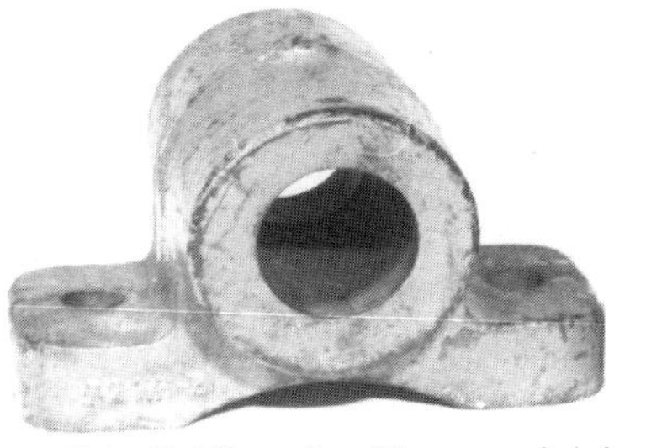

Ausgeprägte Fußflansche, Biegung wird durch Wanddicke beherrscht! (Baujahr 1920)

Zweckmäßige Gestalt (auch für abhebende Beanspruchung geeignet)

Bild 1.8 Lagerböcke

Ein Hängelager sei daher hier zur analytischen Betrachtung vorgestellt (Bild 1.9 und Bild 1.10). Das Lager soll von unten an einem Stahlgerüst befestigt werden. Es soll eine Schwenkbewegung von ca. ± 30° möglich sein. Die an der Bohrung Ø 10 angreifende, nach unten wirkende Kraft beträgt ca. 750 N. Es sind einmalig 50 Stück herzustellen. Beide Ausführungen haben einen biegebeanspruchten Fußflansch, sie unterscheiden sich in dieser Frage nicht von der „dürftigen“ Lagerbockgestaltung aus dem Jahre 1920 (Bild 1.8).

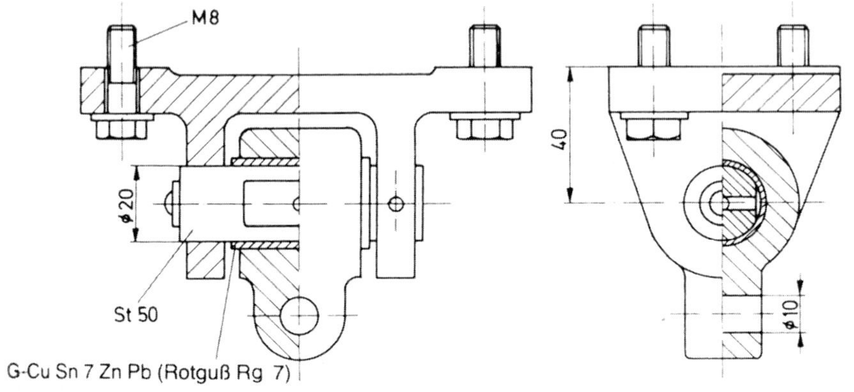

Bild 1.9 Hängelager in Gussausführung [4]

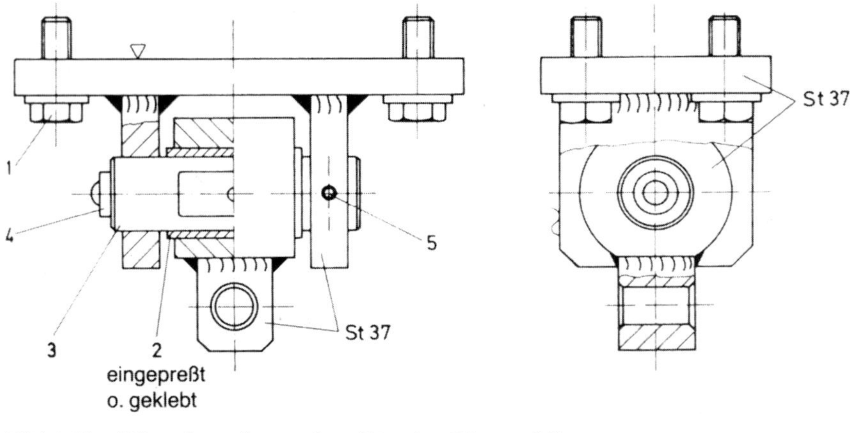

Bild 1.10 Hängelager in geschweißter Ausführung [4]

Aufgabe 1.2 Es ist eine günstigere Gestalt des Lagerkörpers für jede Ausführung vorzuschlagen und insbesondere die geschweißte Ausführung einer kritischen Betrachtung zu unterziehen.

Die Ausbildung der Lagerstellen in Schweißkonstruktionen durch Rohr ist häufig geübte Praxis. Ist diese Art der Gestaltung die einzige bzw. die zweckmäßige Alternative? Das folgende Bild 1.11 gibt darauf eine Antwort. Obgleich eine derartige Gestaltung bei Blech- bzw. Blechschweißkonstruktionen nicht neu ist, sieht man immer wieder, dass der Schritt von der als Hohlzylinder ausgebildeten Lagerstelle zu minimalen Restflächen der Lagerstelle schwer fällt. Eine Gestaltungslehre, die in dieser Frage zweckmäßige Wege weist, ist offensichtlich in der Ingenieurausbildung selten enthalten (siehe Abschnitt 3.2).

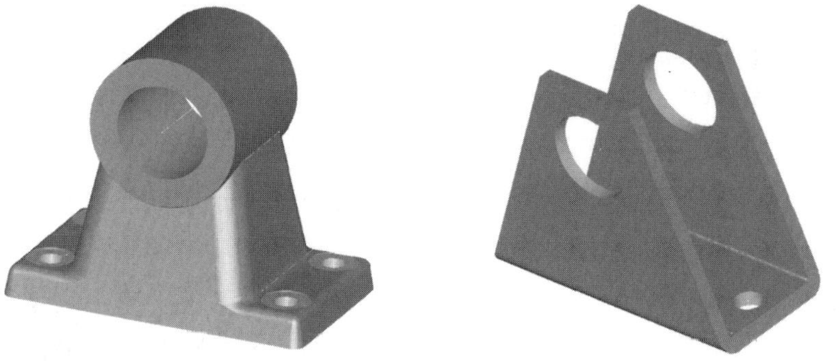

Gussstück, Lagerstelle als Hohlzylinder | Blechteil, Lagerstelle auf Minimalflächen eingeschränkt

Bild 1.11 Lagerböcke mit unterschiedlichen Ausführungen des Lagerauges

Mit der folgenden Analyseaufgabe ist unter anderem auch eine günstigere Lösung anstelle des als Rohr ausgebildeten Lagerauges zu suchen. Dazu wird im Folgenden ein Umlenkstützlager mit einem geschweißten Lagerbock vorgestellt – Bild 1.12. Neben der kritischen Betrachtung der Schweißgruppe (Bild 1.13) soll die gesamte Konstruktion einer kritischen Analyse unterzogen werden.

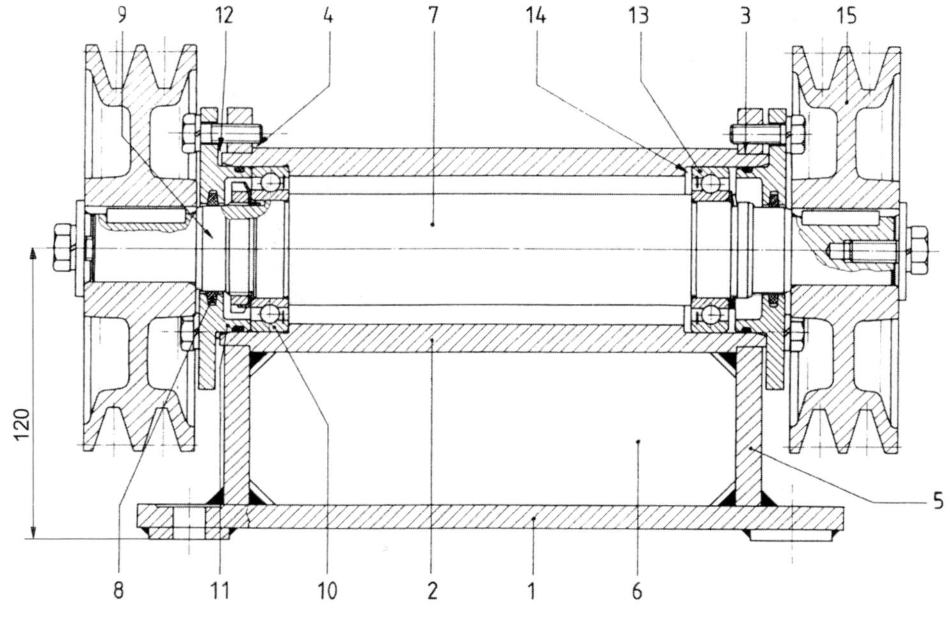

Bild 1.12 Umlenkstützlager nach [84]

In [84] ist keine Aussage zur räumlichen Lage der Keilriemen enthalten. Dadurch ist es nicht möglich, die kraftgerechte Gestalt zu beurteilen. Auch die Fertigungsmenge ist nicht benannt – Schweißausführung ist gut für Einzelfertigung. Um den Sinn und die Güte der Wälzlagerabdichtung zu beurteilen, wären Aussagen zur Umgebung (z. B. Staubeinfluss) erforderlich. Auch in dieser Frage gibt [84] keine Auskunft. Es werden aber ohne Begründung 14 bewegte Teile gefordert.

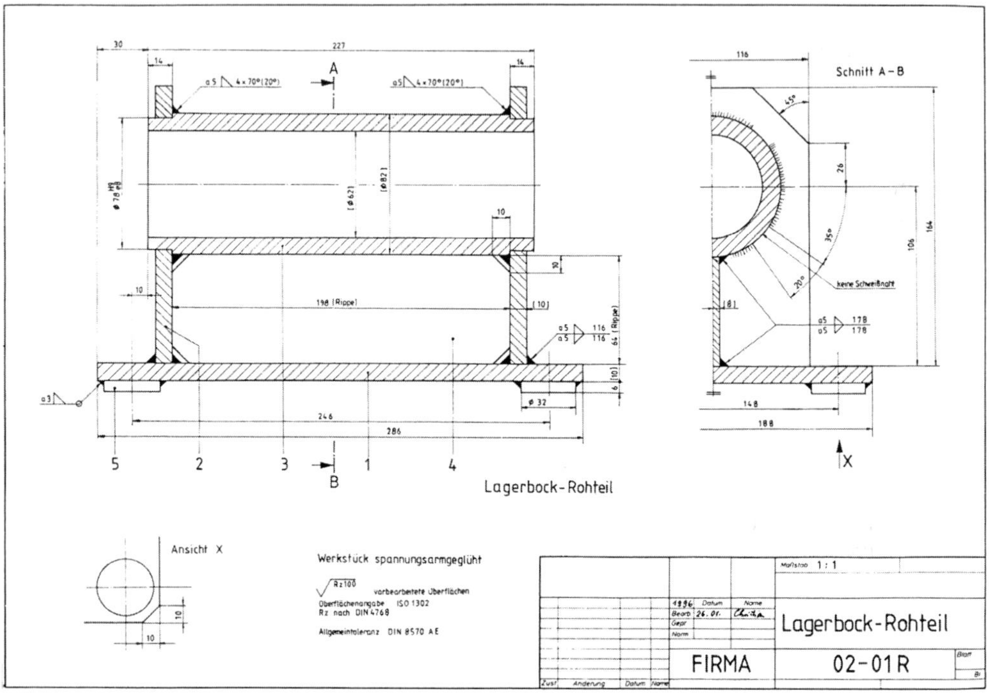

Bild 1.13 Lagerbock, Schweißgruppenzeichnung [84]

Aufgabe 1.3 Kritische Analyse des Umlenkstützlagers einschließlich des geschweißten Lagerbocks. Schlagen Sie eine zweckmäßigere Konstruktion vor.

Zusammenfassend soll festgestellt werden:

- Die Fähigkeit des Analysierens von Maschinenbauzeichnungen bzw. von Konstruktionsunterlagen ist eine grundlegende Fähigkeit, die der Konstrukteur bei jeder konstruktiven Entwicklung benötigt.
- Auch die tiefgreifenden Veränderungen der Konstrukteurtätigkeit durch das durchgängige Arbeiten mit CAD-Systemen können diese Fähigkeit nicht ersetzen.
- Jede aufgefundene Konstruktion ist bei vorgesehener Verwendung gründlich zu prüfen.

Der Inhalt der folgenden Tafel kann bei den Analysearbeiten behilflich sein.

<table>
<tr><td>1. Funktion erkennen und durchdenken
Ermittle:</td><td>• Feststehende Bauteile
• Bewegte Bauteile (Rotation, Translation)
• Kräfte und Kraftleitung
• Verformungen
• Funktionsmängel</td><td rowspan="2">Hinweis:
Die Bearbeitung von 1. und 2. steht in enger Wechselbeziehung und ist getrennt kaum möglich.</td></tr>
<tr><td>2. Gestalt der Einzelteile erkennen
Ermittle:</td><td>• Begrenzung der Einzelteile
• Skizzen der Einzelteile können hilfreich sein!</td></tr>
<tr><td>3. Genauigkeiten und Toleranzen durchdenken
Hinweise:</td><td colspan="2">• Spielsitze (enges und weites Spiel)
• Presssitze (geringe und große Übermaße)
• Summentoleranzen (Wie werden sie beherrscht?)
• Überbestimmungen vorhanden?</td></tr>
<tr><td>4. Herstellung der Einzelteile erkennen
Hinweise:</td><td colspan="2">• Gussstück spanend bearbeitet
• Schweißkonstruktion spanend bearbeitet
• Aus dem Vollen gearbeitet
• Strangteil
• Blechteil
• Erkennbare Fertigungsprobleme</td></tr>
<tr><td>5. Montagefolge ermitteln</td><td colspan="2">• Ist Montagevereinfachung möglich?</td></tr>
<tr><td>6. Fehler und Mängel zusammenstellen
Hinweise:</td><td colspan="2">• Zeichnungsfehler
• Funktion; ist das Funktionsprinzip zweckmäßig?
• Teilefertigung
• Montage</td></tr>
</table>

Tafel 1.2 Gesichtspunkte für die analytische Beurteilung einer gegebenen Konstruktion in Gestalt einer Zusammenbauzeichnung.

Diese Liste erhebt keinen Anspruch auf Vollständigkeit, sie ist für den Einstieg gedacht.

1.3 Variantenbildung und Varianteneinschränkung

Da kein Konstrukteur in der Lage ist, ohne Entwicklung und Betrachtung mehrerer Lösungsvarianten eine annähernd optimale Lösung zu entwerfen, wird von vielen Autoren eine umfangreiche Variantenentwicklung gefordert. Dem ist grundsätzlich zuzustimmen. Die Variantenbildung sollte jedoch nicht entarten, indem Varianten entwickelt werden, die wichtigen Gestaltungsgrundregeln widersprechen. Im folgenden Beispiel geht es um die Regel zur Kraftleitung auf kurzen und direkten Wegen. Einige Lösungsvarianten im Bild 1.14 widersprechen gerade dieser Regel beträchtlich.

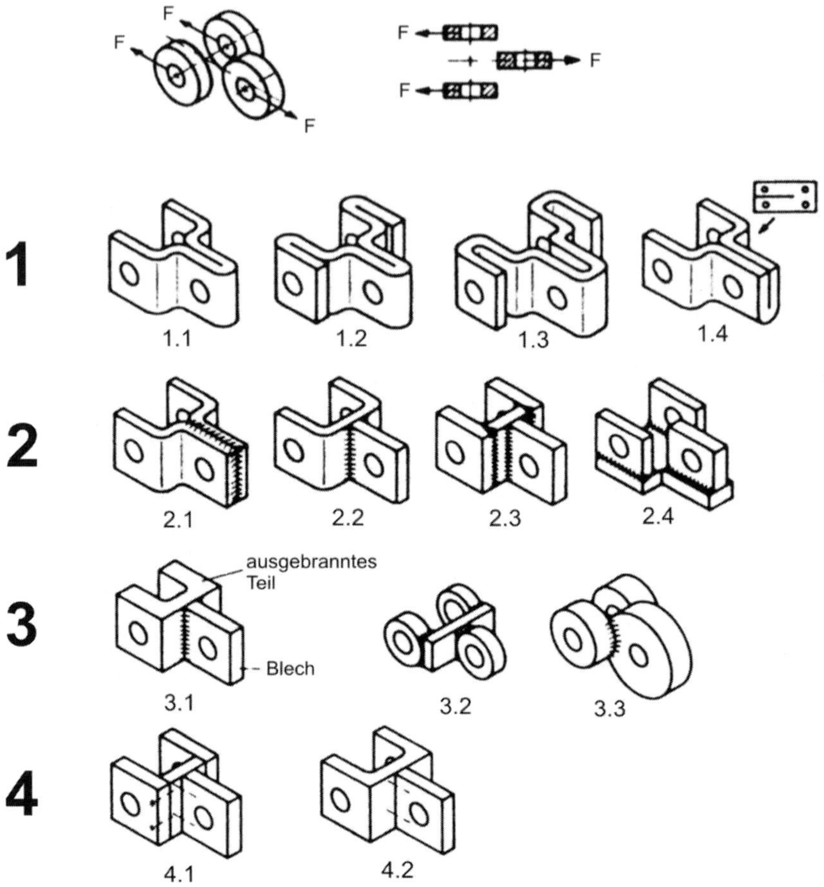

Bild 1.14 Gelenkgabel als Beispiel für Gestaltvarianten [14] (in der Originalquelle sind 39 Varianten aufgeführt mit dem Hinweis, dass weitere Ausführungen möglich sind)

Das betrifft z. B. die Varianten der Reihen 1 und 2. Der in Kräften und Verformungen denkende Konstrukteur ***muss*** sehen, wie sich insbesondere die Blechteile infolge der Biegebeanspruchung durch die Kräfte F strecken. Besonders negativ ist die Kraftumlenkung der Variante 2.4 zu bewerten. Variante 3.1 stellt dagegen eine fertigungstechnische Abnormität dar. Soll das Brennschneiden eingesetzt werden, um das Bauteil aus Dickblech herauszuarbeiten, wird man das gesamte Stück ausbrennen und nicht in einem zweiten Arbeitsgang ein Blechstück anschweißen. Die geschraubten Lösungen 4.1 und 4.2 verstoßen gründlich gegen die fertigungstechnische Grundregel – Einstückvarianten bevorzugen. Sie können eigentlich nur als Bastlerlösungen betrachtet werden. Recht ansprechend für eine Einzelfertigung ist Variante 3.3, wenn Brennschneiden größerer Dicken nicht verfügbar ist.

Für die annähernd gleiche Aufgabe schlägt [87] fertigungsgerechtere Lösungsvarianten vor – Bild 1.15

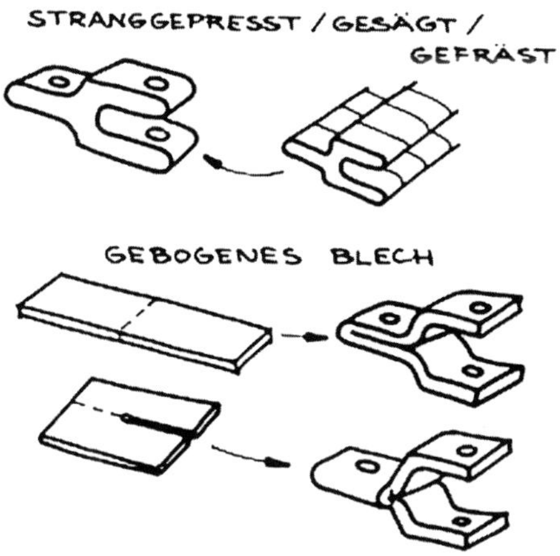

Bild 1.15 Gabelförmiges Verbindungsglied in kraft- und fertigungsgerechter Ausführung [87]

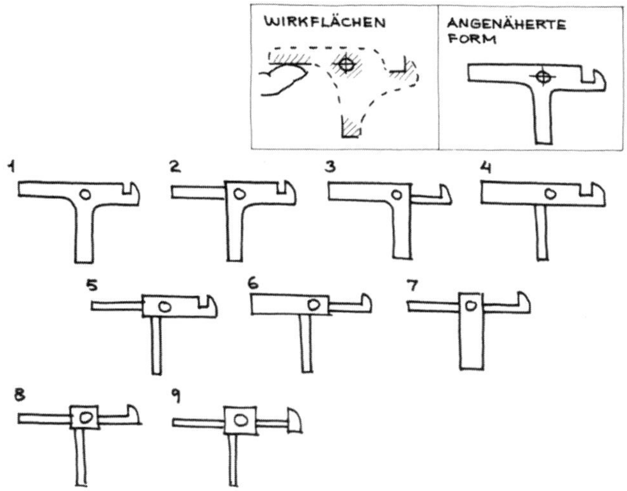

Bild 1.16 Gestaltvarianten für eine Klinke [87]

Weniger überzeugend sind die Varianten einer Klinke – Bild 1.16. Zunächst werden die Wirkflächen in einer Skizze herausgearbeitet. Das ist für eine eventuelle Variation der Wirkflächen zweckmäßig – siehe Abschnitt 2.2. Aus der angedeuteten Betätigung mittels Zeigefinger ist zu erkennen, dass offensichtlich nur geringe Kräfte wirken und damit Überlegungen zu einer kraftgerechten Gestalt nur bei Verwendung von Kunststoff notwendig sind. Die in erster Annäherung gefundene Gestalt wird nunmehr variiert, dabei kann nur bei wenigen Varianten eine fertigungstechnische Zweckform erkannt werden:

	Herstellung durch:
Variante 1	Brennschneiden, Lasern, Stanzen
Variante 3	Winkelprofil vermutlich mit geschweißter Ergänzung
Variante 4	Flachstahl mit Gestaltergänzung durch kleineren Flachstahl

Alle übrigen Varianten lassen keinen deutlichen fertigungstechnischen Sinn erkennen.

Zu den Klassikern der Konstruktionssystematik zählt *Hansen* [27]. Zu seinen in der Konstruktionsliteratur immer wieder aufgeführten Beispielen gehört ein Flachriemenvorgelege. *Hansen* geht von einer gegebenen Ausführung aus und abstrahiert zunächst die Aufgabenstellung – Bild 1.17.

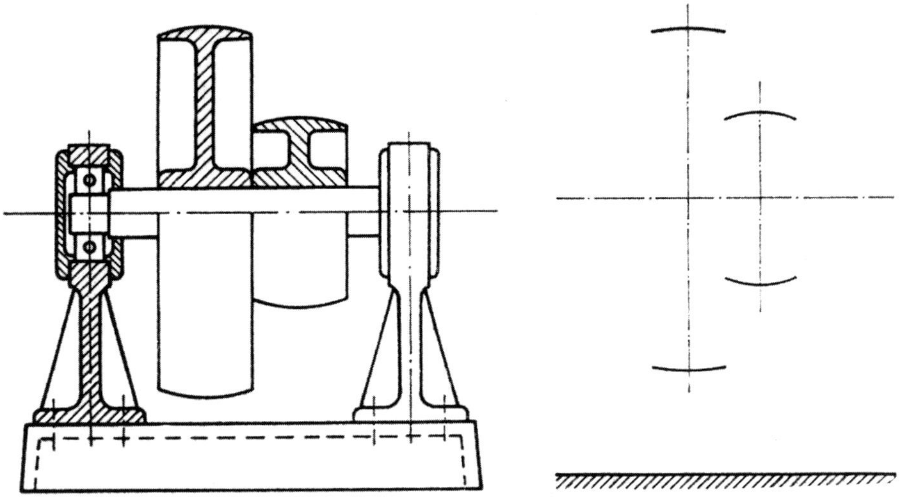

Gegebene Konstruktion Abstrahierte Aufgabe (Grundprinzip)

Bild 1.17 Flachriemenvorgelege [27]

Obgleich Flachriementriebe wohl kaum noch den modernen Antriebselementen zuzurechnen sind, geht [32] in der Ausgabe 2002 recht umfassend auf diese Aufgabe ein. Da der Lösungsvorschlag immer noch recht unkonventionell ist, sei diese Aufgabe hier ebenfalls vorgestellt. Über das Variieren der Lage der Wälzlager, der Verbindung der Riemenscheiben miteinander und mit Welle oder Achse entwickelt [32] 18 Prinziplösungen; 15 dieser Lösungen sind im folgenden Bild dargestellt.

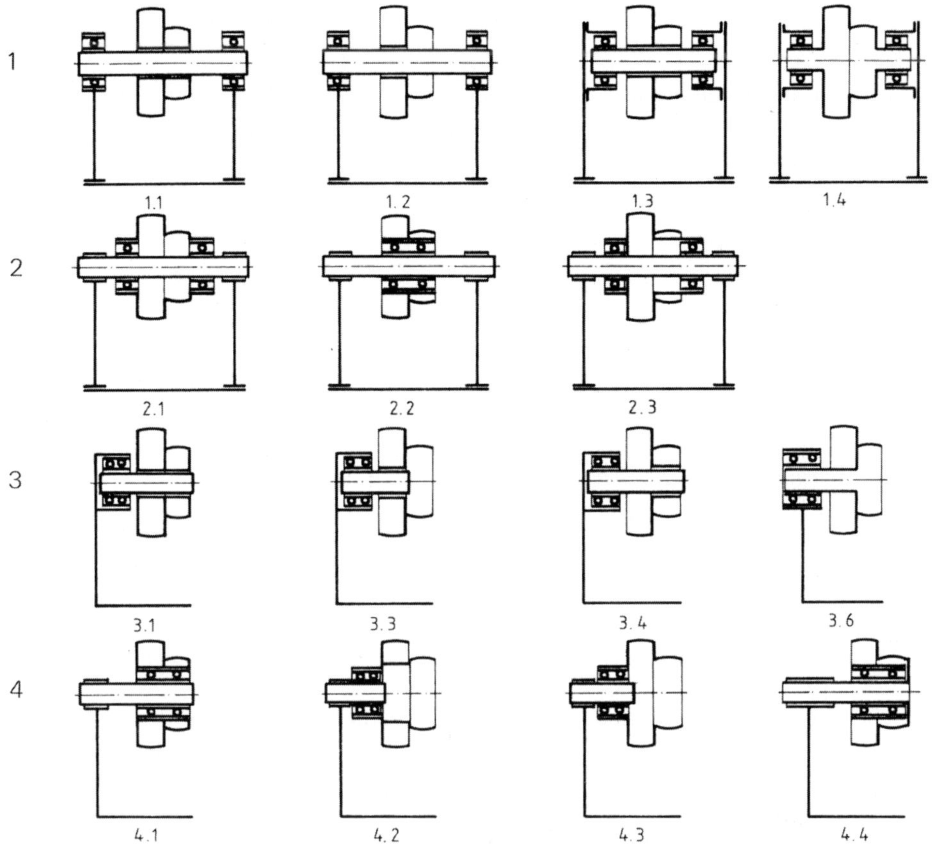

Bild 1.18 Lösungsprinzipien für Flachriemenvorgelege [nach 32]

Der Riemenwechsel bei den Varianten der Reihen 1 und 2 ist wegen der notwendigen Lagerdemontage sehr aufwendig, daher sollte man die Lösungen der Reihe 3 und 4 bevorzugen. Da der Ausgangspunkt die beidseitige Lagerung nach Bild 1.17 war, ist die Entwicklung der Varianten in Reihe 1 und 2 zwar verständlich, jede weitere Bearbeitung sollte aber spätestens mit dem Erkennen des Vorteils Riemenmontage bzw. -demontage bei fliegender Lagerung (Reihe 3 und 4) eingestellt werden.

Nach einer Vorauswahl von fünf Varianten – hier nicht näher dargestellt – werden diese einer Punktbewertung unterzogen, um die optimale Variante herauszufiltern – siehe Tafel 1.3. Jeder Eigenschaft werden 0 bis 4 Punkte zugeordnet (0 = unbrauchbar, 4 = sehr gut / ideal). Die bereits erwähnte Auswechselbarkeit der Riemen erscheint richtig bewertet. Bei der Bewertung der Herstelleigenschaften scheinen jedoch hellseherische Fähigkeiten im Spiel gewesen zu sein. Ist die Gießbarkeit einer Prinziplösung einigermaßen sicher bewertbar? Die Bewertung der Einfachheit der Montage, hier offensichtlich aus der Anzahl der Bauteile abgeleitet, kann der Realität im Wesentlichen entsprechen. Es können jedoch durchaus erst später erkennbare Montageprobleme auftreten, wie im weiteren Text dargelegt wird.

Lfd. Nr.	Technische Eigenschaften, Wünsche	Bewertungspunkte für Konzeptvariante					Ideallösung
		1.3	1.4	2.1	3.6	4.3	
	Mechanische Eigenschaften						
1	Lagerbeanspruchung	4	4	4	2	3	4
2	Gewicht	3	3	2	4	4	4
3	Steifigkeit	3	3	3	2	2	4
	Herstelleigenschaften						
4	Gießbarkeit	1	1	2	3	2	4
5	Spanabhebende Bearbeitbarkeit	2	2	1	3	3	4
6	Einfachheit der Montage	2	2	2	4	3	4
	Gebrauchseigenschaften						
7	Auswechselbarkeit der Riemen	1	1	1	4	4	4
	Gesamtpunktzahl: Σp	16	16	15	22	21	28
	Techn. Wertigkeit: $x = \Sigma p / (n \cdot p_{max})$	0,57	0,57	0,54	0,79	0,75	1,0

Diese Bewertung ist zum Teil unrealistisch – siehe Text.

Tafel 1.3 Technische Bewertung von Konzeptvarianten eines Flachriemenvorgeleges [nach 32]

Das Arbeiten mit Punktbewertungen von Lösungsvarianten nach dieser Tafel sollte in jedem Fall kritisch betrachtet werden. Die Zahlenwerte können eine Objektivität vortäuschen, die unreal ist, denn Grundlage sind die subjektiv vergebenen Werte 1 bis 4. Auch im Team erarbeitete Bewertungen verbessern diesen Sachverhalt nur wenig, wie praktisches Arbeiten der Verfasser mit dieser Methode ergeben hat. Erst nach Vorliegen einer Entwurfszeichnung wird die Bewertbarkeit realistischer.

Die entsprechend Lösungsprinzip 3.6 erarbeitete Entwurfszeichnung ist in Bild 1.19 dargestellt. Für den Konstrukteur, dessen gestaltendes Denken von der üblichen Maschinenelementeliteratur geprägt ist, liegt diese Lösung vermutlich immer außerhalb des ersten Gestaltansatzes, denn gesucht wird in der Regel nach Welle-Nabe-Verbindungen für die beiden Riemenscheiben mit Achse oder Welle.

In Tafel 1.3 ist erkennbar, dass die Gießbarkeit mit Punktwert 3 als recht gut eingeschätzt wurde. Daher sei der Grundkörper – eigentlich eine Grundplatte mit aufgesetztem Lagerbock – näher betrachtet. Die Gestalt verlangt eine Formteilung/Modellteilung in der Blattebene. Es sind zwei Kerne erforderlich, ein Kern für die Hauptbohrung und ein Kern für die Grundplatte mit hohlem Stützarm. Für derartige Fälle wird sowohl von [32] als auch in der entsprechenden Literatur ein vereinigter Kern gefordert, da er in der Gießform sicherer gelagert werden kann. Das dementsprechend überarbeitete Gussstück ist in Bild 1.20 dargestellt.

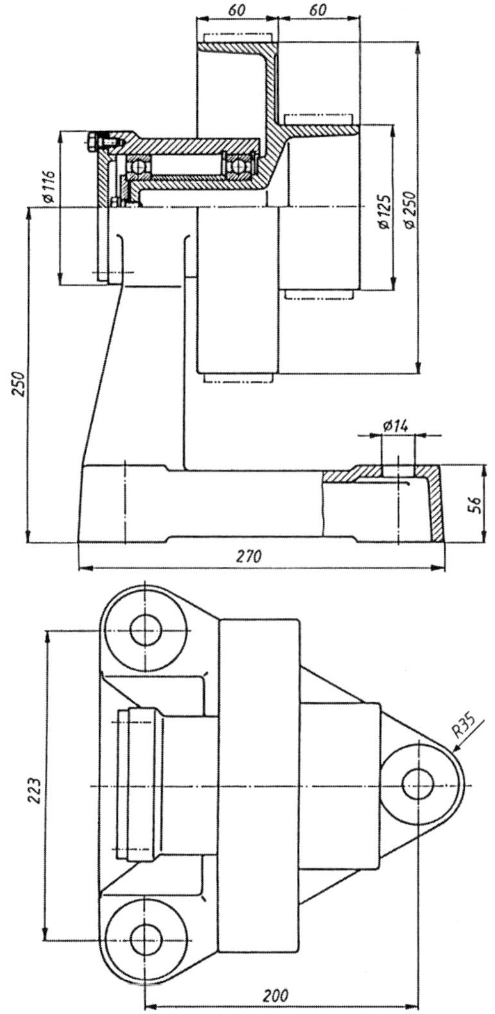

Unkonventionell an dieser Konstruktion ist die Integralbauweise von Hohlwelle und zwei Riemenscheiben, wodurch eine Welle-Nabe-Verbindung entfallen konnte. Nicht sehr gut gelöst erscheint die Montage der Wälzlagerung.

Bild 1.19 Flachriemenvorgelege (Maßstäblicher Entwurf, ausgelegt für eine Fertigungsmenge von 100 Stück pro Monat) [32]

Aufgabe 1.4 Legen Sie die Montagereihenfolge fest und schlagen Sie, falls zweckmäßig, eine montagegünstigere Lagerung vor!

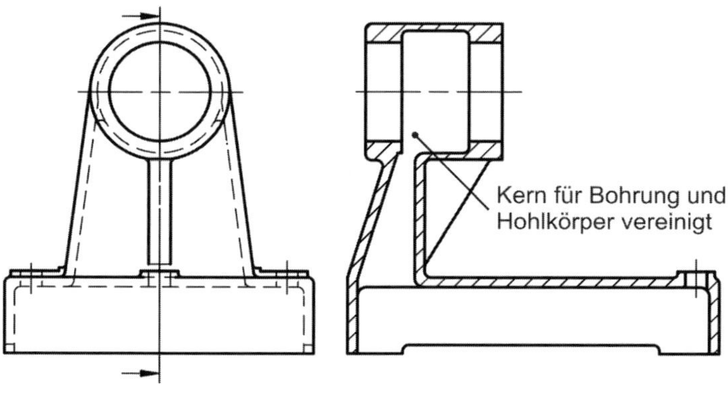

Bild 1.20 Lagerbock für Flachriemenvorgelege

Zusammenfassung

Zu den vorstehenden Beispielen sind z. T. bereits einige Aussagen zur Varianteneinschränkung enthalten. Im Folgenden sei eine Zusammenfassung und Ergänzung vorgestellt:

Erstens sollte immer eine gezielte Variantenentwicklung betrieben werden. Dazu ist es notwendig, neben den funktionellen Anforderungen folgende Angaben zusammenzutragen (ohne Anspruch auf Vollständigkeit):

- Angestrebte Fertigungsmenge (Einzelfertigung, Kleinstserie, Serie, Großserie)
- Baugröße
- Aussage zur Masse (Leichtbau – minimale Masse ohne Kostensteigerung, extremer Leichtbau – Kostensteigerung wird in Kauf genommen, Schwerbau – hohe Masse wird benötigt, z. B. bei Heckpartie am Gabelstapler)
- Vorgaben zum Werkstoff oder zum Fertigungsverfahren
- Beanspruchung durch Kräfte
- Aussagen zur Umgebung bzw. zum Maschinendesign (Soll sich das zu entwerfende Objekt in eine bestehende Maschine/Anlage/Umgebung einordnen? – siehe hierzu Abschnitt 5)

Zweitens ist für viele Fälle eine duale Bewertung zur Varianteneinschränkung möglich. Duale Bewertung heißt z. B. Einteilung nach:

- Gut brauchbar – nicht brauchbar, untragbar
- Vorteilhaft – ungünstig (in beiden Fällen Gründe benennen)
- wenig Einzelteile – zu viele Einzelteile (aufwändige Montage)

Mittels der dualen Bewertung ist die zu beurteilende Menge mit relativ geringem Aufwand einzuschränken. Erst danach sollte mit Punktbewertungen oder dergleichen gearbeitet werden. Dabei ist aber immer zu beachten, dass subjektive Einflüsse durch Gutachter nie vollständig auszuschalten sind.

1.4 Erfinden oder konstruieren?

Der Titel soll provozieren, denn die Antwort soll lauten: Wirkliches Konstruieren führt zu Erfindungen. Das ist allerdings auch immer von der Art der Aufgabenstellung abhängig. So wird es bei einer Varianten- oder Anpassungskonstruktion (z. B. Anpassung an eine vom Kunden gewünschte Baugröße) kaum möglich sein, zu einer völlig neuen, patentwürdigen Teillösung vorzudringen. Das trifft besonders auch dadurch zu, dass für derartige Aufgaben zum Teil sehr enge Termine gesetzt sind und im „Schnellverfahren“ die maßliche Anpassung ausgeführt werden muss. Wenn eingangs vom „wirklichen Konstruieren“ die Rede ist, so soll dieser Begriff etwas präzisiert werden. Gemeint ist damit, dass jeder Neukonstruktion und jeder größeren Konstruktionsüberarbeitung eine gründliche Analyse vorausgehen sollte. Das betrifft die in Abschnitt 1.1 beschriebenen Betrachtungen von gegebenen/aufgefundenen Konstruktionen und selbstverständlich auch einer genauen Kenntnis bzw. gezielten Untersuchungen der eigenen Erzeugnisse. Zwei Beispiele sollen das belegen:

- Reitstock einer Feinstdrehmaschine

So führte eine Feinmessung an einem Drehmaschinenreitstock zu der Erkenntnis, dass die Feststelleinrichtung der Reitstockpinole zu einer horizontalen Verlagerung der Pinole führt. Bei der Konstruktion einer Feinstdrehmaschine wurde auf Grund dieser Einsicht und weiterführender Überlegungen eine völlig unüblich kantige Pinole verwendet. Durch eine von oben wirkende Klemmeinrichtung wurde die erkannte Verlagerung beseitigt – Bild 1.21.

Bild 1.21 Reitstock mit kantiger Pinole

- Montagepresse

Für die Montageautomatisierung von Achse-Nabe-Baugruppen eines größeren Landmaschinenbetriebes war eine Montagepresse mit Werkzeugwechseleinrichtung zu konstruieren. Wegen der freien Zugänglichkeit für eine Roboterbeschickung- und Entnahme wurde ein C-Gestell favorisiert. Der revolverähnliche Werkzeugteller hätte jedoch das C-Gestell im Bereich der hohen Beanspruchung „aufgeschnitten“. An dieser Stelle des Konstruktionsprozesses war es nötig, sich von der Vorstellung des klassischen C-Gestells zu trennen. Im Ergebnis entstand eine C-Gestellvariante in offener Bauweise mit einer Verbindung von Grundkörper und Pressenkopf durch Zuganker und Druckstäbe, wobei der Zuganker gleichzeitig die Lagerstelle für den Werkzeugteller darstellt (siehe Bild).

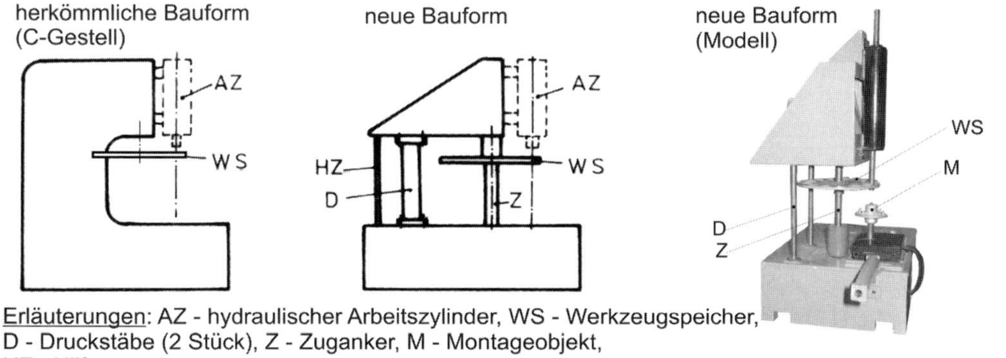

Erläuterungen: AZ - hydraulischer Arbeitszylinder, WS - Werkzeugspeicher, D - Druckstäbe (2 Stück), Z - Zuganker, M - Montageobjekt, HZ - Hilfszuganker

Bild 1.22 Entwicklung eines neuartigen Pressenkonzeptes für eine Montagepresse

Aufgabe 1.5 Stellen Sie weitere vorteilhafte Eigenschaften dieser unüblichen Pressenvariante zusammen!

Zusammenfassend ist festzustellen, dass der Konstrukteur nie ohne Kenntnis vorangegangener Maschinen auskommt. Für die jeweilige Konstruktionsaufgabe sind aber immer die Vor- und Nachteile zu analysieren, und anschließend ist ein Weg zu suchen, die erkannten Nachteile zu beseitigen um eine neuartige – eventuell patentwürdige – Lösung zu erreichen. Das Kopieren – immer wieder anzutreffen – ist nicht die Arbeitsweise eines professionell arbeitenden Konstrukteurs.

Warnung!

Wenn der Leser bei den abgebildeten Beispielen mitunter mit Lösungen konfrontiert wird, die bereits durch Neueres abgelöst sind – siehe z. B. Bestandteil von Trommelbremsen in Abschnitt 2.3 – darf daraus nicht auf eine Befürwortung älterer Konstruktionen durch die Verfasser geschlossen werden. Es sollen konstruktive Tendenzen gezeigt werden, die der Leser für seine heutigen Aufgaben kennen sollte, um sie schöpferisch umzusetzen. Wer ein Buch erwartet, das fertig gestaltete Lösungen für heute und morgen enthält, ist mit diesem Buch schlecht bedient und außerdem im Konstruktionsbüro fehl am Platze. Das Buch will Anregungen geben, die ***selbstständig weiterverarbeitet*** und vor allem ***weitergedacht*** werden sollen.

1.5 Lösungen – Einführung

Lösungen zu Aufgabe 1.1:

Der Riemenzug wird von der Spindel durch die höhere Biegesteifigkeit der Buchse 2 zwar ferngehalten, aber die unvermeidbare Lagetoleranz der Achse der Hohlspindel 1 zur Achse des Deckels 4 führt zu einer Scheuerbewegung zwischen Deckel und Passfeder. Außerdem handelt es sich um keine echte Biegeentlastung, da die Verformung der Buchse 2 unter dem Keilriemenzug lediglich in der gezeichneten Lage die Spindel 1 nicht verformen würde. Bei um 90° verdrehter Spindel behindert die Passfeder die freie Verformbarkeit der Buchse 2. Eine zweckmäßige Lösung muss mit einer elastischen Verbindung zwischen Riemenscheibe und Spindel ausgeführt werden.

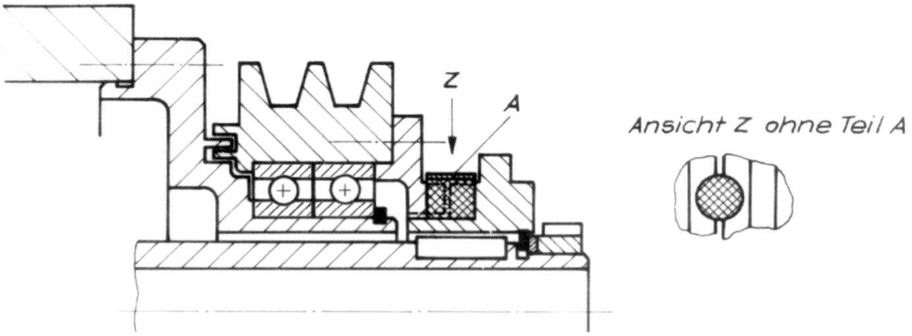

Bild 1.23 Ausführung eines Lösungsvorschlags zu Aufgabe 1.1

Ein weiterer Fehler besteht darin, dass die Sicherungsringe in Riemenscheibe und auf der Buchse zwar montierbar sind, aber eine Demontage nur nach Zerstörung des äußeren Lagers möglich ist. Für die Funktion ist überdies nur der Seegerring auf der Buchse notwendig, der in der Riemenscheibe wäre durch einen Distanzring ersetzbar.

Die (Los-)Lagerung der Spindel in der Buchse ist mit verschiebbaren Innenringen bei möglicher Umfangslast ausgeführt, das ist zumindest nicht vorteilhaft.

Lösungen zu Aufgabe 1.2:

Zum gegossenen und geschweißten Hängelagerbock:

Die Grundregel des kraftgerechten Gestaltens nach [34] ist in beiden Fällen verletzt, da im Fußflansch Biegung auftritt. Die beiden Lageraugen mit Bohrung Ø 20 sind direkt zu verschrauben; das Beispiel aus Bild 1.8 rechts ist zweckentsprechend umzusetzen.

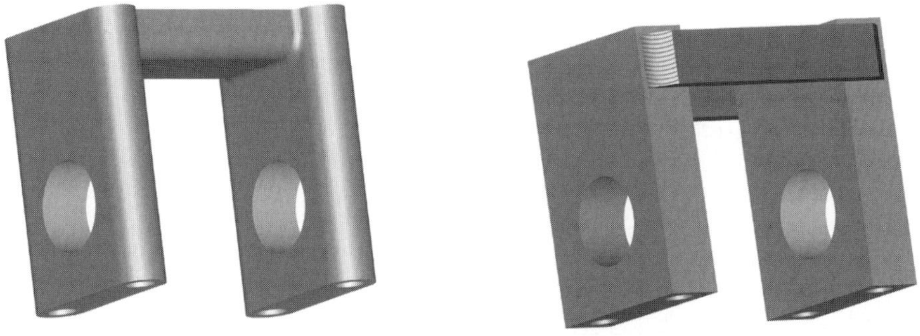

Gussteil Schweißteil

Bild 1.24 Lösungsvarianten des Lagerbocks

Die geschweißte Lösung deutet auf Einzelfertigung hin, obgleich die Fertigungsmenge mit 50 Stück angegeben ist. Bei dieser Stückzahl ist ein Gussstück trotz des Modellaufwands immer zu bevorzugen.

Bild 1.25 Lösungsvariante für das schwingende Bauteil als Dickblechteil mit spanender Fertigbearbeitung

Das schwingende Bauelement kann zur Fertigung aus Dickblech durch Ausschneiden mit dem Wasserstrahlschneiden konzipiert werden. Der Konstrukteur ist zu stark der Gussgestalt gefolgt. Auch hier ist ein Einstück-Dickblechteil völlig ausreichend und damit folgender Regel entsprochen:

Die beste Schweißkonstruktion ist die, an der am wenigsten geschweißt ist!

Lösungen zu Aufgabe 1.3:

1. Schweißkonstruktion

Die gegebene Konstruktion besteht aus 9 Einzelteilen, davon ein Teil mit Drehbearbeitung vor dem Schweißen; eine spanende Nachbearbeitung muss erfolgen.

Lösungsansätze mit weniger Schweißteilen:

a)

Nur 3 Schweißteile erforderlich!

Die bearbeiteten Lagerstellen sitzen im Dickblechteil

Bild 1.26 Zwei Dickblechteile und Rohr als Verbindung

b)

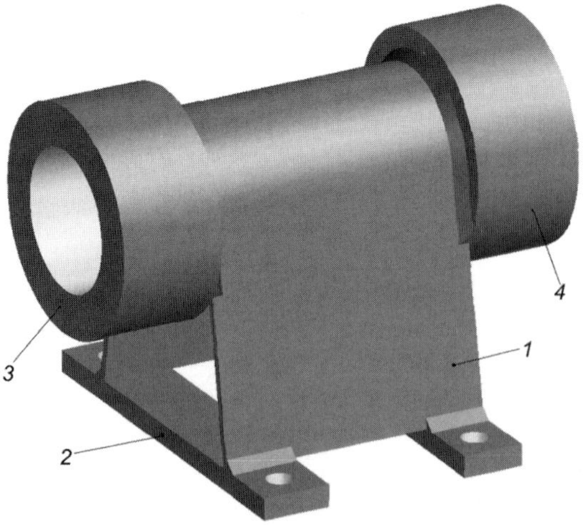

Sattelförmig gebogenes Blech (1), ca. 6 mm dick

Zwei Flachstähle (2) bilden die Füße.

Fertig bearbeitete Drehteile (3 und 4) zur Aufnahme der Wälzlager werden eingeschweißt.

Bild 1.27 Lagerbockkörper aus gebogenem Blech

Für das Heftschweißen ist die Wellenbaugruppe zu montieren, damit 3 und 4 gut fluchten. Danach ist die Wellenbaugruppe zu demontieren und die Teile 3 und 4 sind erst dann endgültig zu verschweißen, sonst besteht die Gefahr einer Schädigung der Lager durch den Wärmeeintrag. Die Demontage und erneute Montage sind bei Einzelfertigung zu verantworten. Bei einer größeren Fertigungsmenge sollte mit einer Vorrichtung gearbeitet werden.

Vorteil: Es ist keine Bearbeitung der Schweißgruppe nach dem Schweißen auf der Fräs- und Bohrmaschine notwendig.

2. Lagerstellen
Das Festlager ist axial spielfrei durch Gewinde auf der Welle und verschraubten Deckel im Lagerbock (Gehäuse) festgelegt. Für einen Keilriementrieb ist das nicht erforderlich, kostengünstigere Sicherungsringe (wie beim Loslager) sind völlig ausreichend. Die Abdichtung mit Filzring auf der Welle ist veraltet und von geringer Dichtwirkung. Wird eine gute Abdichtung benötigt, sind heute Wellendichtringe oder abgedichtete Rillenkugellager verfügbar. Im Widerspruch zur mangelhaften Filzringdichtung steht die doppelte Abdichtung der Deckel mit O-Ring und angepresster Stirnanlage. Bei Verwendung von abgedichteten Rillenkugellagern können beide Deckel entfallen.

3. Befestigung der Riemenscheiben
Hinweis zur Überarbeitung:

- Federringe nicht verwenden
- Kaufteile bevorzugen, auch für Welle-Nabe-Verbindung

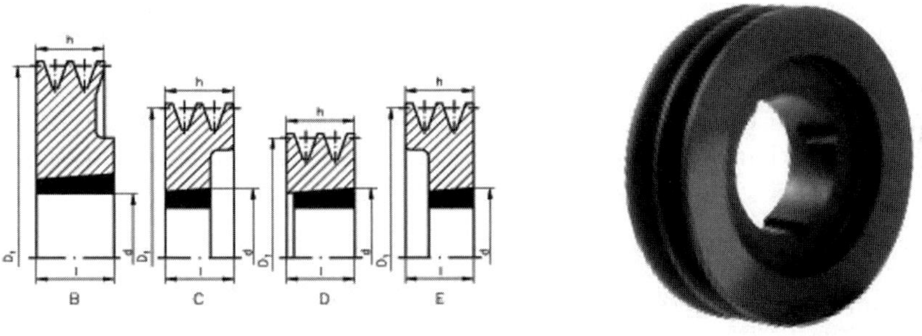

Staffelpreise in EURO pro Stück, bei Abnahme von:

1	5	10	25	50	100	250	500
14,09	13,05	12,53	11,48	10,44	9,40	8,87	7,31

Bild 1.28 Keilriemenscheiben 2-rillig Profil 17 und SPB nach DIN 2215 als Kaufteil mit Preisliste für Nenn-Ø D_1 = 140 [Mädler Internet-Katalog 2006]

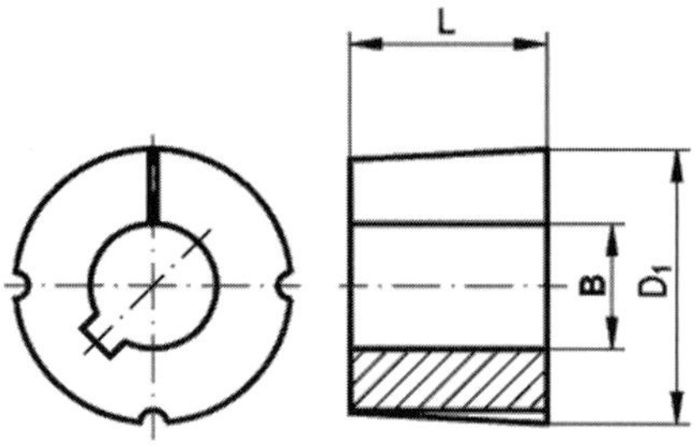

Bild 1.29 Taper-Spannbuchse (Klemmbuchse) als Nabensitz [Mädler Internet-Katalog 2006]

Lösungen zu Aufgabe 1.4:

- Festlager allein in Lagerauge fügen (Übergangspassung ist möglich) und beide Sicherungsringe montieren.
- Riemenscheibe fügen (einpressen), dazu sollte der Innenring des Festlagers mit einer entsprechend langen Hülse abgestützt werden.
- Zwischenbuchse auf Hohlwelle setzen.
- Loslager aufpressen.
- Druckscheibe an Hohlwelle verschrauben.
- Gehäusedeckel aufsetzen und verschrauben.

Lösungen zu Aufgabe 1.5

- Ein weit ausladendes C-Gestell hätte große Werkzeugmaschinen zur Bearbeitung erfordert, die erheblich kleineren Schweißgruppen lassen sich günstiger bearbeiten.
- Der Werkstoffaufwand ist gegenüber dem C-Gestell geringer.
- Für die Anpassung an andere Arbeitshöhen sind nur die Zug- und Druckstäbe zu verändern.
- Der Arbeitsraum ist allseitig zugänglich (auch von hinten durch die Zugstäbe hindurch), das kann für die Bauelementezuführung beim Montieren vorteilhaft sein.

2 Fertigungs- und kostengerechtes Gestalten

Fertigungsgerechtes und kostengerechtes Gestalten sind untrennbar verknüpft, denn es geht beim fertigungsgerechten Gestalten keineswegs nur darum, dass ein Bauteil überhaupt herstellbar ist, sondern dass es bei voller Erfüllung der Funktion mit möglichst geringen Gesamtherstellkosten gefertigt und montiert werden kann. Wenn im weiteren Text nur mit dem Begriff ***fertigungsgerecht*** gearbeitet wird, ist also immer die synonyme Bedeutung des Titels gemeint.

2.1 Die Verantwortung des Konstrukteurs

Auf dem Weg zum fertigungsgerechten Bauteil bzw. Erzeugnis helfen die in [34] dargelegten und erläuterten Regeln F1 bis F4, sie lassen sich durch Regeln zur Gestaltung von Gussstücken, Schweißkonstruktionen und Blechteilen sowie zur spanenden Bearbeitung und Montage untersetzen – siehe Tafel 2.1.

Werkstoff gut ausnutzen! • Rohteil gleich Fertigteil (z. B. bearbeitungsfreie Gussstücke) oder • Rohteil dem Fertigteil weitgehend angenähert
Stufenarmen Fertigungsprozess anstreben!
Minimale Anzahl von Aufspannungen anstreben!
In einer Aufspannung fertig bearbeiten!
Wenige Einzelteile anstreben!
Grundregeln und Kernaussagen zur Gestaltung von Guss-, Schweiß- und Blechkonstruktionen
• ***Gussstücke*** lassen komplizierte Gestalt zu, aber nicht jede Gestalt ist ökonomisch vertretbar! • ***Schweißkonstruktionen*** kennen keine Baugrößenbegrenzung und benötigen kein Modell. Die beste Schweißkonstruktion hat wenige Schweißnähte! • Bei ***Blechkonstruktionen*** ist die gleichmäßige Wanddicke durch geschickte Gestaltung zu kompensieren! • ***Blech- und Schweißkonstruktionen*** kennen keine technologisch bedingte Mindestwanddicke – Leichtbau ist Pflicht!

Tafel 2.1 Regeln des fertigungsgerechten Gestaltens

In [34] ist das fertigungsgerechte Gestalten eingeschränkt auf die Mengenbereiche der Einzel- und Kleinserienfertigung. Für Studierende des Maschinenbaus wird damit nach dem Technischen Zeichnen die Grundlage für den Einstieg in die Maschinenelemente und die ersten Konstruktionsbelege gebildet. Das vorliegende, darauf aufbauende Buch erfasst auch die Bereiche der Serien- und Großserienfertigung. Dabei ist es nicht möglich, auch nur annähernd eine Vollständigkeit zu erreichen, wenn es ein handhabbares Buch sein soll – allein die Fülle der Fertigungs- und Fügeverfahren lässt das nicht zu.

Da unter Nutzung der fertigungstechnischen Möglichkeiten und Einrichtungen eigentlich jede beliebige Gestalt erzeugt werden kann (Bild 2.1), steht für den gestaltenden Konstrukteur grundsätzlich immer die Frage:

- Was ist bezahlbar? Oder besser gefragt:
- Wie ist minimaler Aufwand – von Teilefertigung bis Endmontage – erreichbar?

Bild 2.1 Fertigungsgerechtes Gestalten, was ist möglich? Das geschmiedete Tor (Detail) und die Blechtreibarbeit (Goldener Reiter, Dresden) geben die Antwort: Alles!

Es gibt Bemühungen, dem Konstrukteur die Quellen aller Herstellkosten zu benennen und die Kosteneinflüsse zu verdeutlichen – siehe [15]. Dieser Ansatz ist gut, er darf aber nicht darin gipfeln, den Konstrukteur zum Kostenrechner zu entwickeln. Der Konstrukteur hat sein eigenes Aufgabenfeld, aber braucht Unterstützung.

Kostendenken ist Gemeinschaftsaufgabe! (frei nach [15])

Das trifft insbesondere für den Anfang einer Neuentwicklung zu, der nie allein von der Konstruktionsabteilung getragen werden sollte. Einige weitere Aussagen hierzu sind im Abschnitt 5.1 dargelegt. Welche Möglichkeiten kann aber den Konstrukteur direkt erreichen? Hierzu empfiehlt [15]:

- Der Konstrukteur informiert sich selbst im Unternehmen (sollte selbstverständlich sein)
- Der Konstrukteur wird vom Fertigungsberater informiert
  - nach Anruf
  - bei Rundgang zu festen Zeiten
  - durch ständigen Kontakt – Berater hat seinen Arbeitsplatz im Konstruktionsbüro und übt fertigungstechnische Zeichnungskontrolle aus
- Der Konstrukteur kontaktiert den entsprechenden Zulieferer (Gießerei, Modellbau usw.)

Versteht es der Konstrukteur, zum richtigen Zeitpunkt seiner Konstruktionsarbeiten dem Berater die richtigen Fragen zu stellen, kann diese Art der Unterstützung sehr hilfreich sein. Vom Berater sind durchaus wichtige Hinweise zu erhalten. Die zur einfachen konstruktiven Lösung führenden Schlussfolgerungen sind Konstrukteuraufgabe, erfordern viel Übung, viel konstruktives Gefühl, Geduld und gute Lehrer während der Ausbildung und in der Phase des Berufseinstiegs. Fehlt eine solche „Führung“, können Konstruktionen wie in Bild 2.2 entstehen. Nach der Bereinigung der konstruktiven Funktionsmängel – wie bei fast jeder Neukonstruktion – war diese Maschine über mehrere Jahre in Serienfertigung, die Kompliziertheit blieb (siehe Bild 3.82).

Die Maschine wurde über viele Jahre produziert und erfolgreich eingesetzt. Erst die zweckmäßigere Nachfolgegeneration offenbarte die Kompliziertheit: Die Al-Gussabdeckung erfordert Fräsen in fünf Ebenen und die Bearbeitung einer großen Rundung. „Kompliziert konstruieren ist leicht!“

Bild 2.2 Revolverkopf eines Drehautomaten (Abdeckhaube demontiert)

Es muss betont werden, dass hier mit dem Begriff „einfach“ nicht eine primitive Gestaltung, sondern die Tendenz zu einer genial einfachen Konstruktion gemeint ist. Die zwei folgenden Beispiele sollen zum weiteren Verständnis beitragen. So wird im Bild 2.3 eine kostensparende Lösung vorgestellt, die durchaus noch verbessert werden kann.

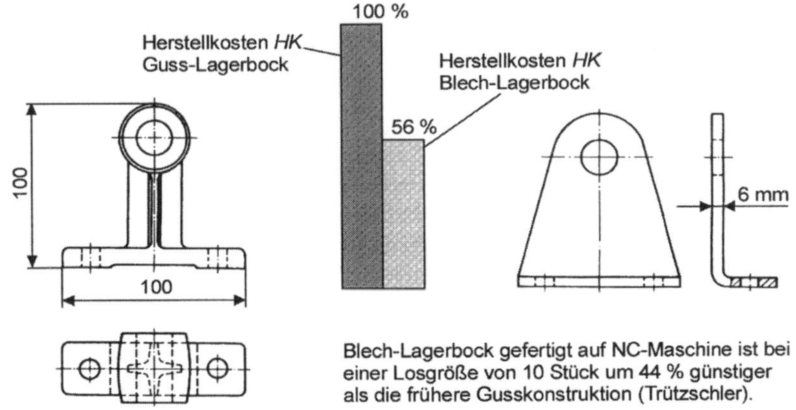

Bild 2.3 Beispiele für kostengünstige Blechkonstruktionen, hergestellt auf NC-Stanzmaschine [15]

Die Umstellung eines Gusslagerbocks auf ein einfaches Blechteil führte zu einer beeindruckenden Kosteneinsparung. Die Blechteilgestalt ist dagegen enttäuschend. Hier ist der Begriff primitiv anwendbar. Die Blechdicke ließe sich ohne Weiteres verringern, wenn Ecksicken und eine gezogene Lagerstelle Anwendung finden würden, was ebenfalls auf NC-Stanzmaschinen machbar ist. Der in Abschnitt 1.1 erwähnte Meißelhalter liegt auf gleicher Ebene.

Ein häufiger Mangel bei Schweißkonstruktionen besteht darin, dass vorangegangene Gusskonstruktionen einfach nachgebildet werden, ohne die veränderten Gestaltungsmöglichkeiten zu beachten. Die Lagerschale – Teil 4 in Bild 2.4 – ist ein derartiges Beispiel. Hinzu kommt, dass dieses Teil mit einer Dicke von 50 mm nur durch Warmumformung gebogen werden kann und vor dem Schweißen noch bearbeitet werden muss.

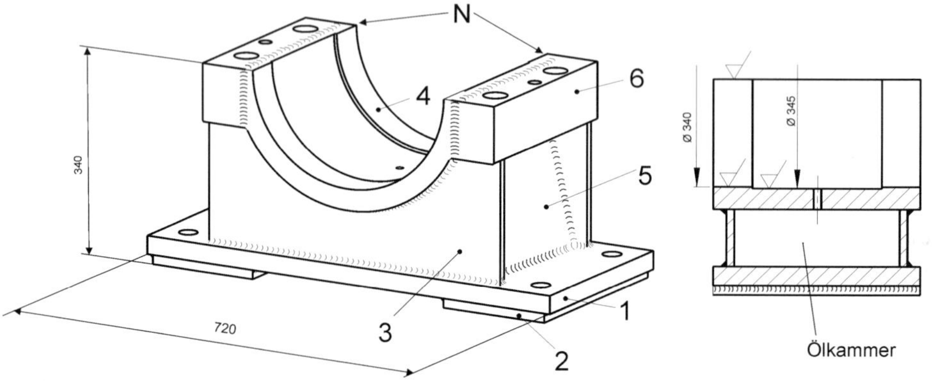

Nachteile: Nähte N liegen in den Arbeitsflächen, Teil 4: Blechbiegeteil (t = 50) mit Bearbeitung vor dem Schweißen
Hinweis: Der Raum unter Teil 4 wird als Ölkammer genutzt; Einfüll-, Ölstandskontrolle und Ablassschraube sind nicht dargestellt. Die Schweißkonstruktion wurde vermutlich nach dem Vorbild einer ähnlichen Gusskonstruktion gestaltet.

Bild 2.4 Stehlager-Gehäuse-Unterteil [76]

Die in der Bearbeitungsebene liegende Naht N war Anlass für die Lösung nach Bild 2.5. Der Gestaltungsansatz mit den Brennschneidteilen 4 ist zu begrüßen und Ergebnis der Beratung mit dem Schweißingenieur [76]. Aber auch er bleibt der ursprünglichen Gestalt zu stark verhaftet.

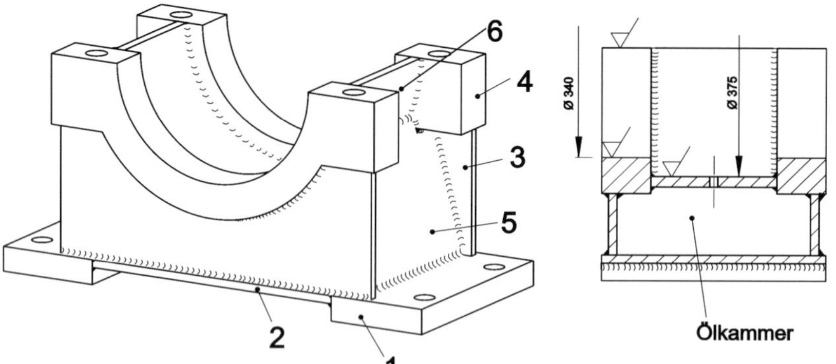

Die Nachteile, insbesondere die Nähte N, wurden beseitigt, das Biegeteil wurde durch ein halbes Rohrstück 6 ersetzt. Die Teile 4 sind Brennschneidteile (t = 70). Die Anzahl der Schweißnähte wurde nicht verringert.

Bild 2.5 Stehlager – verbesserte Variante [76]

Aufgabe 2.1 Verringern Sie die Anzahl der Schweißteile unter Beibehaltung des Gestaltansatzes durch Brennschneiden/Laserschneiden. Die Ölkammer ist beizubehalten.

Die zweite Haupteinflussgröße neben der Wahl des Hauptfertigungsverfahrens und der gestaltbedingten Anzahl der Fertigungsoperationen geht vom verwendeten Werkstoff und der erforderlichen Werkstoffmenge aus. Neben der funktionsbedingten Baugröße hat der Konstrukteur mit der Wahl der Wanddicke seiner Bauteile darauf den größten Einfluss, und er sollte sich bewusst sein, dass die ***Materialkosten*** ein Mehrfaches der ***Lohnkosten*** betragen können [15].

Zu Werkstoffen und Wanddicken

Effektives Gestalten ist nicht denkbar ohne Wahl eines Werkstoffes – mindestens jedoch der Werkstoffgruppe und unter Umständen eines Halbzeugs (z. B. Blech oder Profilmaterial). Voraussetzung für die Werkstoffwahl ist neben der ***selbstverständlichen Kenntnis der Werkstoffeigenschaften*** die Kenntnis der Kosten. Die Relativkosten nach Bild 2.6 sind für den Konstrukteur ausreichend.

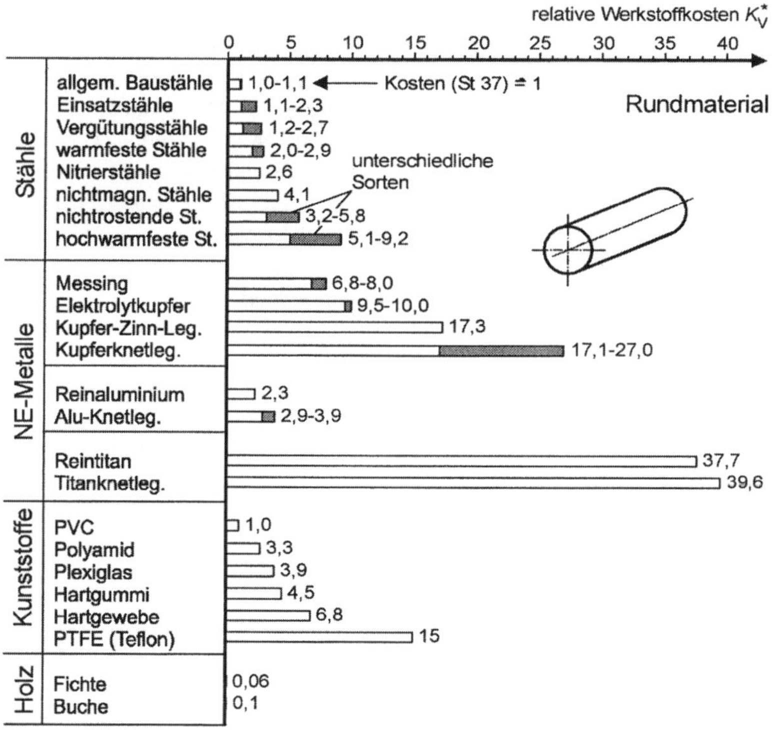

Bild 2.6 Beispiel für Werkstoff-Relativkosten (Kv = Kosten pro Volumen bezogen auf USt 32 Rundmaterial) [15]*

Für Gusswerkstoffe gilt seit längerem [15]:

Grauguss	:	Kugelgraphitguss	:	Temperguss	:	Stahlguss =
1	:	1,2 ... 1,5	:	1,7	:	2,0 ... 2,5

In einem gut geführten Unternehmen sollten aktuelle Relativkosten einer dem Erzeugnisspektrum angepassten Materialauswahlliste selbstverständlich sein, wobei Richtwerte für Mindestmengenzuschläge nicht fehlen sollten.

Jeder Werkstoff kann zweckmäßig und unzweckmäßig eingesetzt werden. Biegebeanspruchte Natursteinquader können nur geringe Abstände überbrücken und erfordern geringe Pfeilerabstände; die Belastbarkeit gegenüber einer Gewölbebrücke ist gering. Der falsche und richtige Einsatz der Konstruktionswerkstoffe im Maschinenbau ist nicht immer so augenscheinlich.

Bild 2.7 Jeder Werkstoff kann zweckmäßig und unzweckmäßig eingesetzt werden

Die Wahl der ***Wanddicke*** ist nicht immer allein an Beanspruchung und Berechnung gebunden. Während bei Schweißkonstruktionen und Blechteilen geringste Wanddicken keine grundsätzlichen Fertigungsprobleme darstellen, ist das bei Guss- und Schmiedestücken anders. Wird bei Guss aller Art eine bestimmte minimale Wanddicke unterschritten (für jede Werkstoffart und jedes Gießverfahren sind das unterschiedliche Werte), fließt der Werkstoff nicht mehr oder nur unvollkommen in den Formspalt. Mit Sondermaßnahmen kann die minimal gießbare Wanddicke eventuell herabgesetzt werden, aber das bedeutet Kostensteigerung oder unerwünschte Veränderung der Gusseigenschaften. Die für den Konstrukteur ***maßgebende Wanddicke*** ist daher immer die von der Gussstückgröße abhängige, ***ohne Sondermaßnahmen gießbare Wanddicke***. Diese Minimalwanddicke ist zweifellos auch vom Gießerei-Know-how abhängig. Bei Gesenkschmiedestücken besteht ebenfalls eine ähnlich geartete minimale Wanddickengrenze.

Gut konstruierte Gussstücke sind aus minimal gießbaren Wanddicken aufgebaut und beherrschen die Beanspruchung durch eine zweckvolle kraftgerechte Gestaltung – siehe hierzu Tafel 2.2 – die Zeit klotziger Wanddicken sollte überwunden sein. Bild 1.8 links zeigt ein solch negatives Beispiel, dagegen steht der Doppelflansch nach Bild 2.8.

K1: **Leite Kräfte auf kurzen und direkten Wegen!**

K1.1: **Zug ist die ökonomischste Beanspruchungsart!**

K1.2: **Jede vermiedene Kraftumlenkung beseitigt werkstoffaufwändige bzw. verformungsungünstige Biegung!**

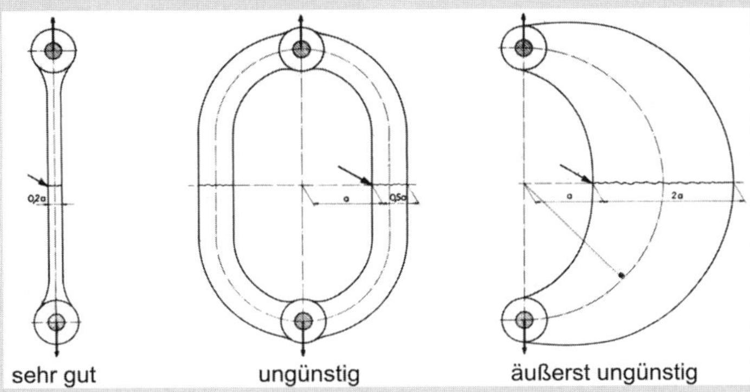

K2: **Strebe bei nicht vermeidbarer Biegung kurze Biegelängen an!**

K3: **Ordne jeder Beanspruchungsart den entsprechenden materialökonomischen Querschnitt zu!**

K3.1: **Biegeträger sollten dem Biegemomentenverlauf angepasst werden!**

K3.2: **Beachte Größeneinfluss und Herstellbarkeit bzw. Herstellaufwand!**

K4: **Torsion bei offenem Querschnitt verlangt Dreieck- oder Diagonalverrippung.**

K5: **Öffnungen in geschlossenen Torsionsquerschnitten in Größe und Anzahl auf ein Minimum begrenzen.**

Kraftgerechte Blechteile zeichnen sich durch Sicken, Bördel, Abkantungen, Wölbungen und Spiegel aus.

Tafel 2.2 Grundregeln des kraftgerechten Gestaltens und Kernaussagen zur kraftgerechten Blechteilgestaltung

Die linke Ansicht lässt die verwendeten Wanddicken nicht erkennen. Ein gutes Gussstück ist mit den ohne Mehraufwand minimal gießbaren Wanddicken ausgeführt – Leichtbau ist Pflicht des professionellen Konstrukteurs

Bild 2.8 Doppelflansch (Al-Guss) – Vorderansicht und Ansicht von unten

2.2 Wirkflächen und Wirkflächenvariation

Die Gestaltung eines Bauteils/Bauelements geht immer von den Wirkflächen aus, wie bereits mit einigen Beispielen im Abschnitt 1.2 angedeutet wurde. So ist z. B. das Gestalten eines Getriebegehäuses erst möglich, wenn die Größe und Lage der Lagerstellen fixiert sind und eine Befestigungsfläche bestimmt ist.

Das Variieren der Wirkflächen ist durch Verändern folgender Eigenschaften möglich [87]:

- Abmessungen
- Anzahl
- Formgeometrie und
- Anordnung

Ein Beispiel für die Variation der Anzahl und der Formgeometrie ist der Übergang vom klassischen Schraubendreher für Schlitzschrauben zur Gestalt für Kreuzschlitzschrauben und bei Schraubenschlüsseln der Übergang vom Maulschlüssel (Gabelschlüssel) zum Ringschlüssel bzw. Steckschlüssel.

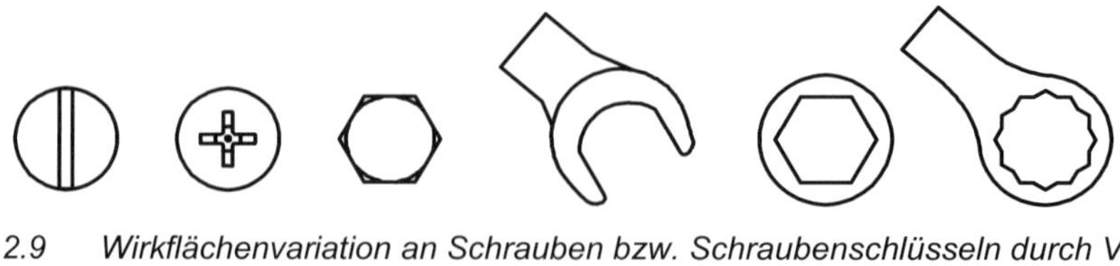

Bild 2.9 Wirkflächenvariation an Schrauben bzw. Schraubenschlüsseln durch Variation der Anzahl und Formgeometrie

Die Beispiele in den folgenden Bildern sollen zur Anregung für eigene Lösungen dienen. Leider gibt es keinen festen Algorithmus dafür, wie und mit welcher Variationsmöglichkeit Erfolg erzielt werden kann (d. h. die optimale Lösung erlangt wird) – siehe auch Bild 1.21.

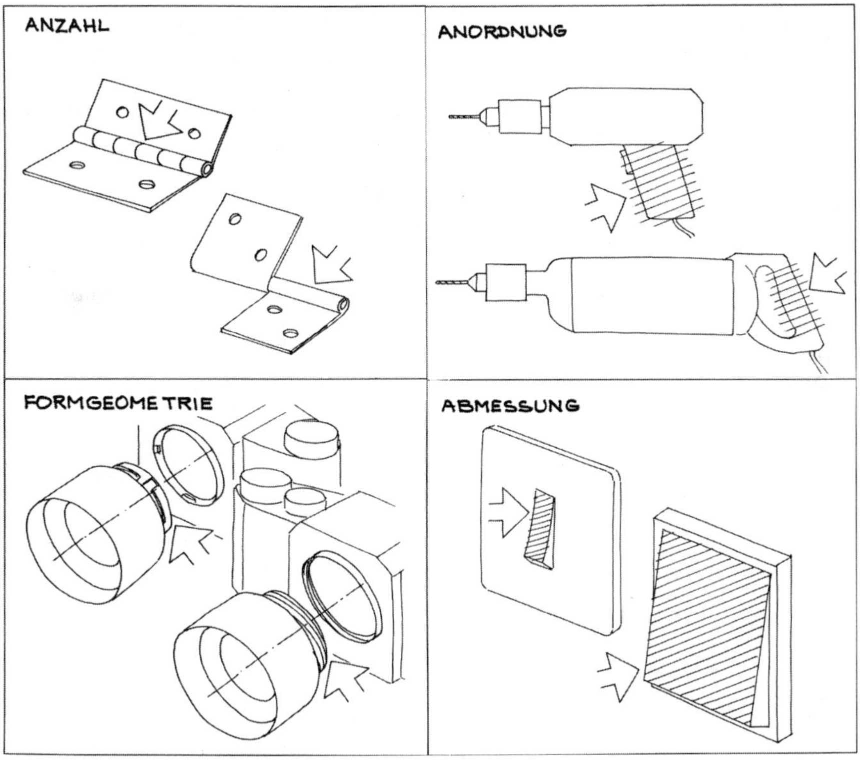

Bild 2.10 Beispiele zur Wirkflächenvariation an Scharnier, Fotoobjektiv, Bohrmaschine und Schalter [87]

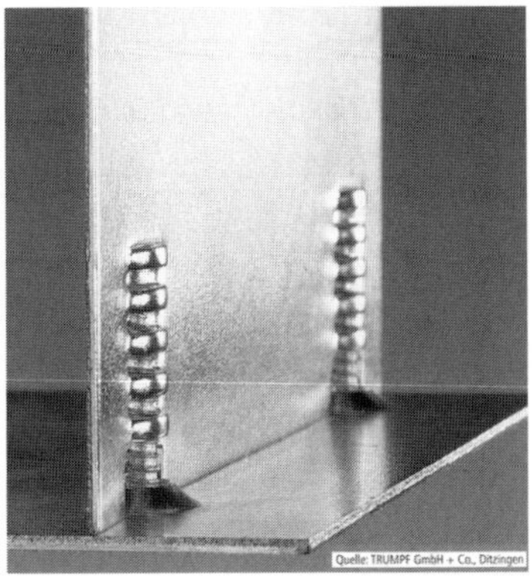

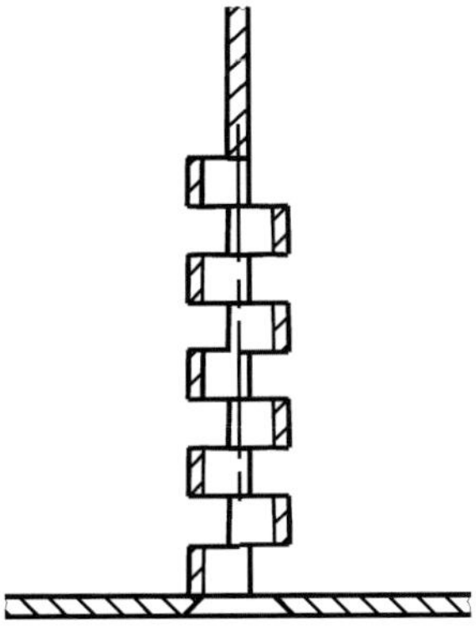

Bild 2.11 Gewinde im Dünnblechteil – durch Stanzumformung (Trumpf) hergestellt – ist eine Variation der Anzahl und der Abmessung

Eine Sonderform des Variierens von Wirkflächen ist das Anstreben minimaler Abmessungen der Wirkflächen – siehe dazu Abschnitt 3.2.

Einer möglichen Wirkflächenvariation folgt das eigentliche Gestalten des Bauteils, d. h. die stofferfüllte Verbindung der Wirkflächen. Wie das folgende Beispiel des Flaschenöffners zeigt, geht dabei ein entscheidender Einfluss von dem gewählten Fertigungsverfahren bzw. Halbzeug aus. Die drei Wirkflächen eines Flaschenöffners sind die zwei schmalen Kanten zum Ansetzen an den Kronenverschluss der Bierflasche und ein recht frei zu gestaltendes Griffstück. Die wirkenden Kräfte sind klein, das kraftgerechte Gestalten rückt in den Hintergrund.

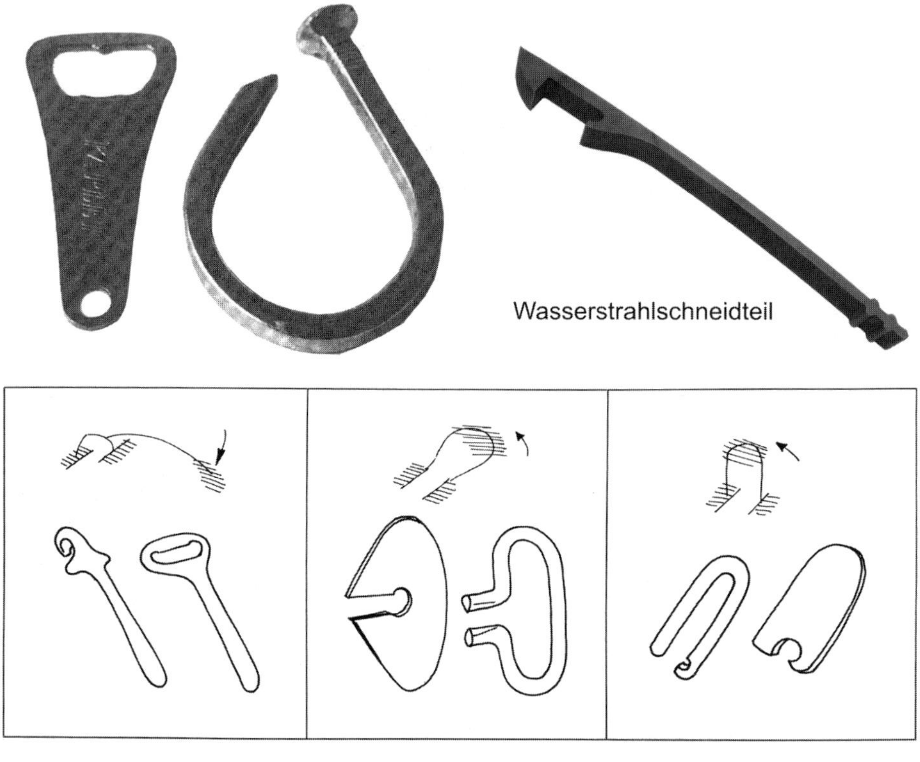

Bild 2.12 Flaschenöffner, ausgeführt aus den Halbzeugen Blech, Draht, Dickblech und als Gussteil (siehe Abschnitt 2.4) [teilweise nach 87]

2.3 Fertigungstechnische Grundrichtungen und Vorzugsformen

2.3.1 Eine Übersicht für den Konstrukteur

Die fertigungstechnische Literatur und Lehrveranstaltungen der Fertigungstechnik arbeiten im Allgemeinen mit der Einteilung der Fertigungsverfahren nach DIN 8580. Das folgende

Bild basiert auf DIN 8580, es ergibt für die Belange der Fertigungstechniken eine gute Gliederung für die Einordnung der großen und stetig weiter wachsenden Menge der Fertigungsverfahren.

Systematisierungsgesichtspunkte		Fertigungshauptgruppen					
		1. Urformen	2. Umformen	3. Trennen	4. Fügen	5. Beschichten	6. Stoffeigenschaften ändern
	Zusammenhalt	schaffen	beibehalten	vermindern	vermehren	vermehren	vermehren
							vermindern
							beibehalten
	Form	schaffen	ändern	ändern	ändern	beibehalten	beibehalten
	Stoffteilchen					einbringen	einbringen
							aussondern
							umlagern

Tafel 2.3 Systematik der Fertigungsverfahren nach [3]

Dem Konstrukteur hilft es wenig, denn eine kostengünstig herstellbare Formenwelt ist daraus nicht ableitbar. Der Konstrukteur muss verschiedensten Konfigurationen eine Gestalt geben, die die gewünschte Funktion erfüllt und mit möglichst geringem Aufwand herstellbar ist. Dabei werden im Kopf des Konstrukteurs geometrische Strukturen entwickelt, es wird nicht Zusammenhalt geschaffen, beibehalten, vermindert oder vermehrt. Auch die Einteilung nach Bild 2.13 – angeblich eine Einteilung nach Praxiserfordernissen – kann den Konstrukteur allerhöchstens anregen, einen Weg zu einem günstigen Fertigungsverfahren bietet sie nicht.

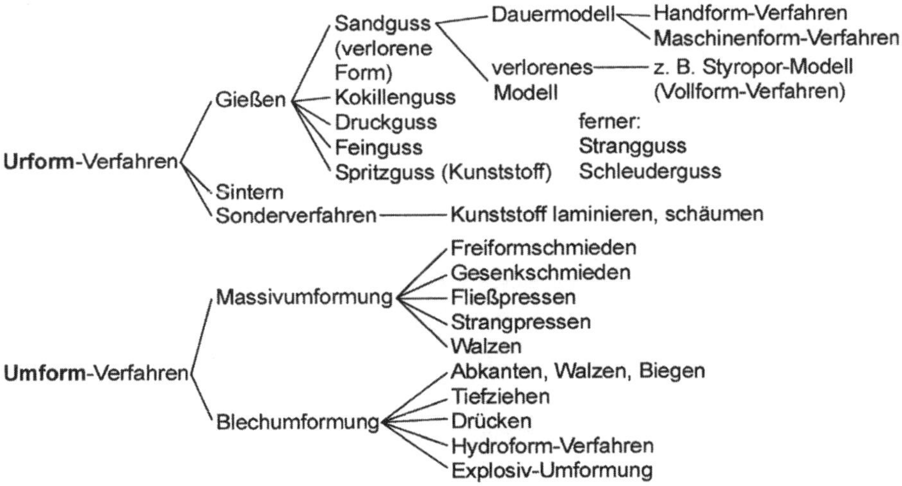

Überblick über die Fertigungsverfahren – Teil 1, Fortsetzung auf folgender Seite

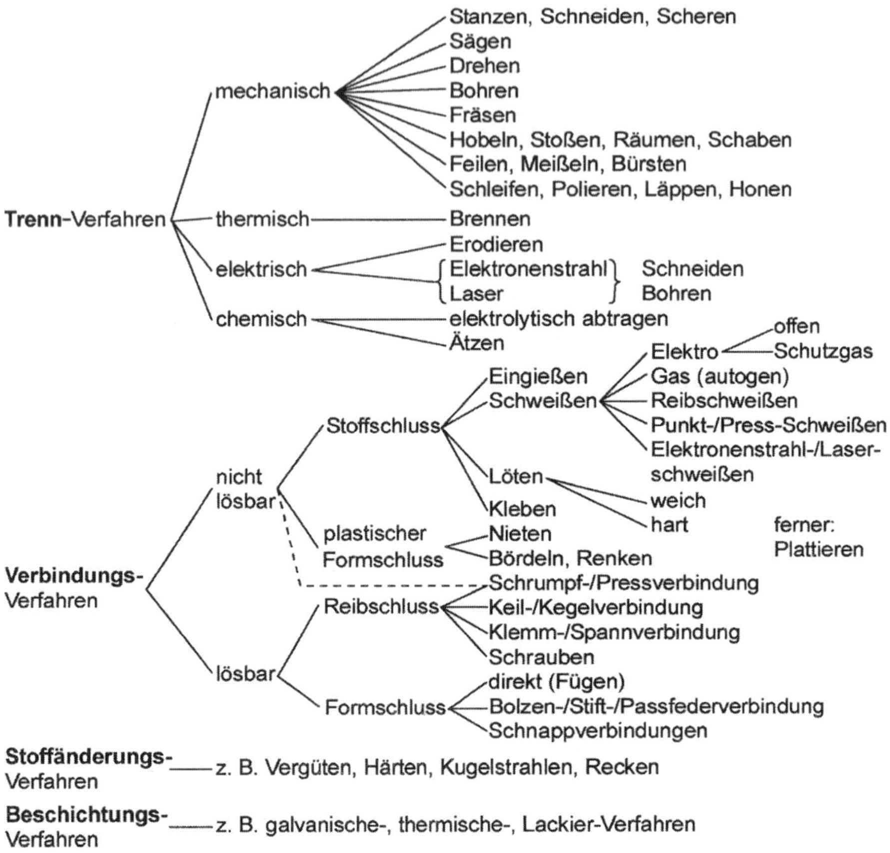

Stellt diese Übersicht eine Hilfe für den gestaltenden Konstrukteur dar?

Bild 2.13 Überblick über Fertigungsverfahren [15]

Die optimalen geometrischen Strukturen werden vom gewählten Werkstoff bzw. Halbzeug und der beabsichtigten Fertigungsmenge beträchtlich beeinflusst. Bauteilgestaltung ohne Vorstellung über ein Halbzeug (z. B. Blech oder Strangmaterial) oder eine Werkstoffgruppe (z. B. Gusseisen oder Thermoplast) ist nicht möglich bzw. nicht zweckmäßig. Im Folgenden werden Grundrichtungen und Vorzugsformen (Bild 2.14) als gestaltungsunterstützende Denkhilfe vorgeschlagen. Inwieweit sie tatsächlich helfen können, muss die Zukunft erweisen bzw. möge der Leser für sich entscheiden.

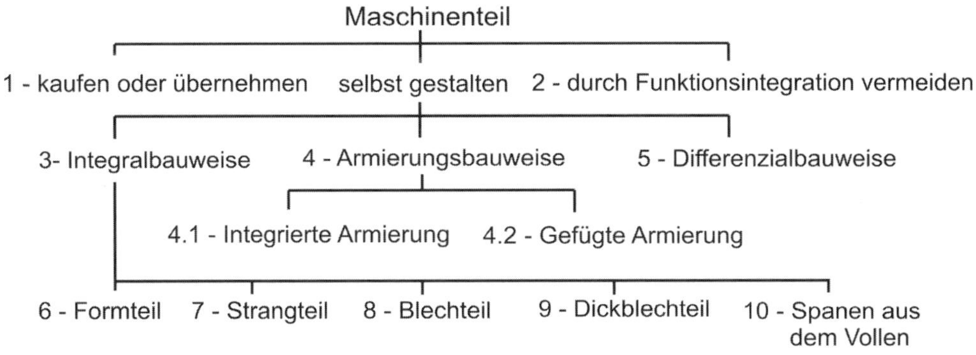

1: Normteile, Zulieferkomponenten und Wiederholteile aus eigenen Erzeugnissen

2: Zwei oder mehrere Funktionen durch ein Bauteil ausführen (z. T. mit Nachteilen für eine der Funktionen verbunden)

3: **Einstückbauweise bevorzugen** (Fügen wird vermieden)

4: Örtliche Verstärkung besonders beanspruchter Zonen an Bauteilen aus kostengünstigen Werkstoffen.
Möglichkeiten:
Partielle Härtung (integrierte Armierung), aufgeschraubte, aufgeklebte, angeschweißte, aufgeschweißte, eingelegte Armierung

5: Auflösung des funktionsnotwendigen Bauteilkörpers in fertigungsgünstige Einzelstücke

Bild 2.14 Fertigungstechnische Grundrichtungen und Vorzugsformen, Übersicht

Ein Maschinenteil wird erst dann selbst gestaltet, wenn es nicht anders beschaffbar ist. Dieser Weg begann mit der Verwendung von Normteilen (Schrauben, Stifte, Passfedern, Kugellager usw.) und hat heute mit dem umfassenden Angebot der Zulieferindustrie einen kaum noch überschaubaren Umfang angenommen. Außerdem ist es üblich geworden, aus dem eigenen Erzeugnissortiment Bauteile und Baugruppen (Wiederholteile) nach zweckentsprechender Prüfung zu übernehmen.

2.3.2 Funktionsintegration

Funktionsintegration liegt vor, wenn funktionsbedingte Bauteile konstruktiv so vereinigt werden, dass der Bauteilkörper des einen Teiles vollständig oder teilweise vom andern Teil gebildet wird, sodass Werkstoff und/oder Fertigungsaufwand für das integrierte Teil eingespart werden können. Funktionsintegration ist vollständig oder teilweise möglich – siehe Bild 2.15.

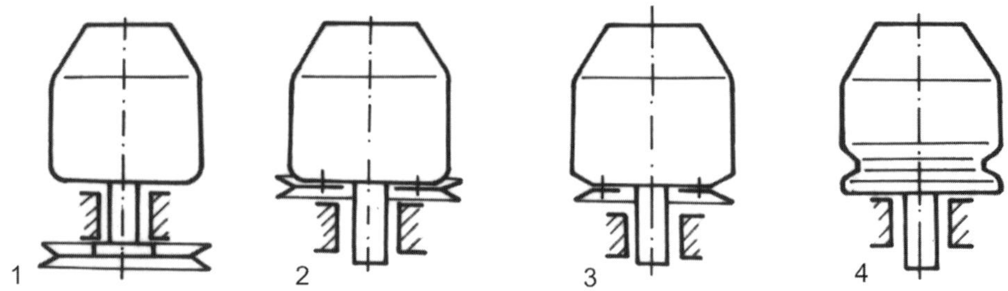

1 Keilriemenscheibe nicht integriert
2 u. 3 Keilriemenscheibe teilweise integriert
4 Riemenscheibe vollständig integriert, für die Herstellung einer solchen Blechtrommel werden besondere Umformwerkzeuge benötigt, daher setzt diese Variante eine relativ hohe Fertigungsmenge voraus.

Bild 2.15 Antriebsvarianten für Mischertrommel

Zwei Fragestellungen können zur Funktionsintegration hinleiten:

- Lässt sich ein vorhandenes Bauelement mit einer zweiten Funktion belegen bzw. für einen weiteren Zweck nutzen?
- Lassen sich zwei oder mehrere Bauelemente verschiedener Zweckbestimmung zu einem einheitlichen Bauelement vereinigen?

Der folgende dargestellte Kolbenkompressor zeigt ein Beispiel für die Beantwortung der ersten Frage. Die Riemenscheibe hat durch entsprechende Gestaltung der Speichen zusätzlich die Funktion des Lüfterrades übernommen. Das Bauelement Schaufelrad ist voll integriert, es muss weder hergestellt noch montiert werden.

Bild 2.16 Kolbenkompressor

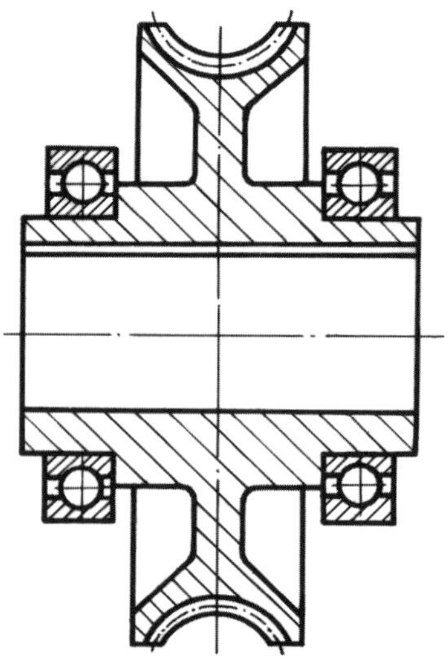

Bild 2.17 Schneckenrad

Ein Beispiel für die Beantwortung der zweiten Frage zeigt das Schneckenrad – Bild 2.17. Das Bauelement Welle – hier eine Hohlwelle – wurde mit dem Schneckenrad vereint. Je nach Schneckendrehzahl und Leistungsübertragung kann ein derart gestaltetes Bauteil aus Grauguss oder Bronze hergestellt werden. Der Kolbenkompressor zeigt aber auch deutlich den Nachteil der Funktionsintegration, denn die ideale Lüfterdrehzahl stimmt wohl kaum mit der Kurbelwellendrehzahl überein. Für einen Kompressor in Kurzzeitbetrieb kann das in Kauf genommen werden, ein Hochleistungskompressor benötigt einen separaten Lüfter.

Wer Funktionsintegration anwenden möchte, sollte daher über die Vorteile der Funktionsteilung gut informiert sein.

Beachte die Grenzen der Funktionsintegration und die Vorteile der Funktionsteilung

Funktionsteilung:

- ermöglicht eine höhere Grenzleistung der einzelnen Elemente, da in der Regel die Beanspruchung eindeutiger ist bzw. eine Monooptimierung betrieben werden kann,
- bringt höhere Sicherheit und Zuverlässigkeit durch eindeutiges Bauteilverhalten, einfachere und genauere Berechnung oder bessere Werkstoffhomogenität,
- macht Reparaturen leichter/billiger, da nur einfache Bauteile ausgetauscht werden müssen,
- kann die Ausschussgefahr erheblich verringern; es sind einfachere Bauelemente als bei Funktionsintegration herzustellen.

Mitunter ist Funktionsintegration seit langem selbstverständlich und wird fast nicht mehr bewusst wahrgenommen. Folgende Beispiele können das belegen:

- Getriebegehäuse – Stützelement bzw. Tragwerk für Getriebeteile und Hüllelement gegen Einwirkung äußerer Umstände sowie Vorratsbehälter für Schmieröle
- Selbsttragende Pkw-Karosserie – Fahrgestell und Hüllelement für die Insassen
- Radreifen der Eisenbahn – Lauffläche und Bremsfläche (bei älteren Konstruktionen)
- Rahmenloser Traktor – Motor und Getriebe zu einem Block verschraubt, ersetzen teilweise das Fahrgestell
- Rillenkugellager werden häufig als Radiallager und gleichzeitig als Axiallager verwendet.
- Die Drehmomentübertragung mit Passfeder erfordert eine zusätzliche Axialsicherung, beim Presssitz ist die Axialsicherung integriert.

Zug- und Druckfedern werden häufig für Rückholbewegungen verwendet, können aber gleichzeitig Haltefunktionen ausführen. Bei der Weiterentwicklung der Trommelbremse (Bild 2.18) wurde davon Gebrauch gemacht. Eine Schmierölbohrung kann unter Umständen als integrierte Ölleitung aufgefasst werden, wie das Bild 2.19 zeigt. Es ist auch möglich, Normteile bzw. Kleinteile durch integrierte Elemente zu ersetzen (Bild 2.20 und Bild 2.21).

Bei 2 entfällt ein Lagerbolzen. Die Herstellung der halben Bohrungen erfordert jedoch andere, eventuell aufwändigere Maßnahmen als das herkömmliche Bohren und Reiben.

Bremse 2 montiert

Bild 2.18 Bremsbacken für Trommelbremsen

Bild 2.19 Pleuel mit separater und integrierter Ölleitung

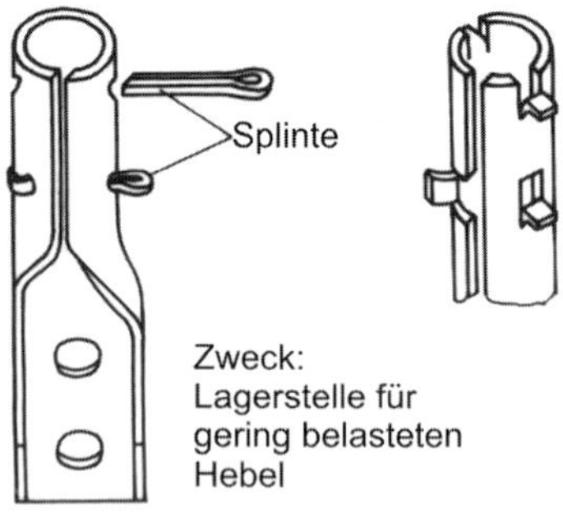

Bild 2.20 Achse in Blechbauweise – keine Präzisionslösung!

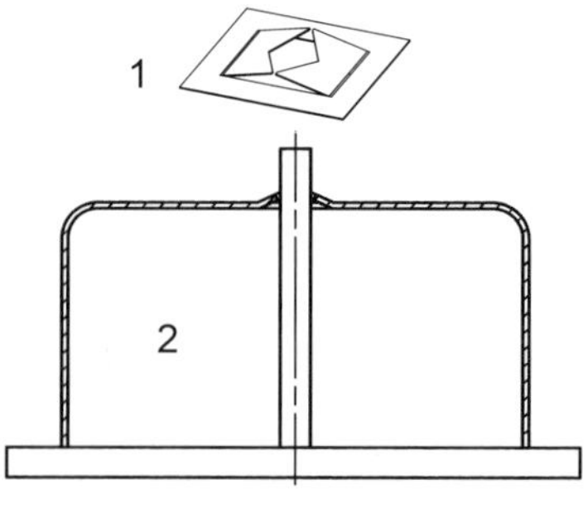

Bild 2.21 Spreizmutter (1) und Kappe mit der gleichen Lochung (2)

Auf weitere im vorliegenden Buch vorhandene Beispiele von Funktionsintegration sei verwiesen:

- Elastizität anstelle Scharnier bzw. Gelenk – Abschnitt 3.5
- Integrierte ruhende Dichtungen – Abschnitt 3.9

Die Absicht, mit einer Schraube zwei Funktionen zu erfüllen, wurde bei einem Fahrradbremshebel versucht. Die Schraube sollte gleichzeitig Klemmschraube und Drehachse sein (Bild 2.22). Die üblichen Fertigungstoleranzen lassen es kaum zu, dass die Schelle am Lenker festgeklemmt ist, der Hebel jedoch beweglich bleibt.

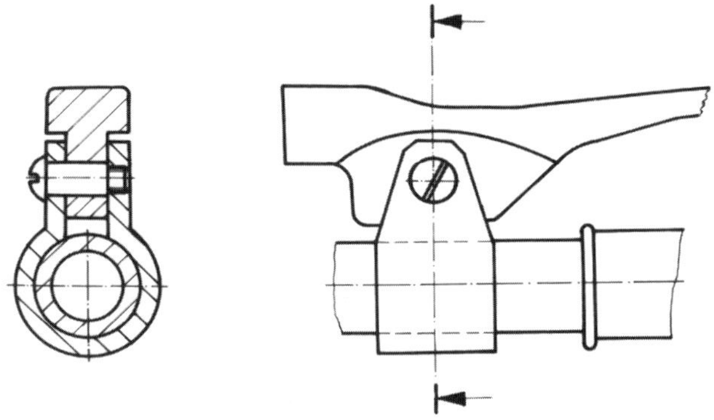

Falsche Funktionsintegration!

Bild 2.22 Befestigung für Fahrradbremshebel

2.3.3 Integralbauweise

Die Integralbauweise kann auch als Einstückbauweise bezeichnet werden und hat gegenüber der gegensätzlichen Differenzialbauweise den Vorteil, dass Fügeoperationen, die in der Regel aufwendiger zu automatisieren sind, entfallen. Integralbauweise wird bei Kleinteilen auch dann eingesetzt, wenn bei Differenzialbauweise der Materialverbrauch erheblich geringer wäre – siehe folgendes Bild.

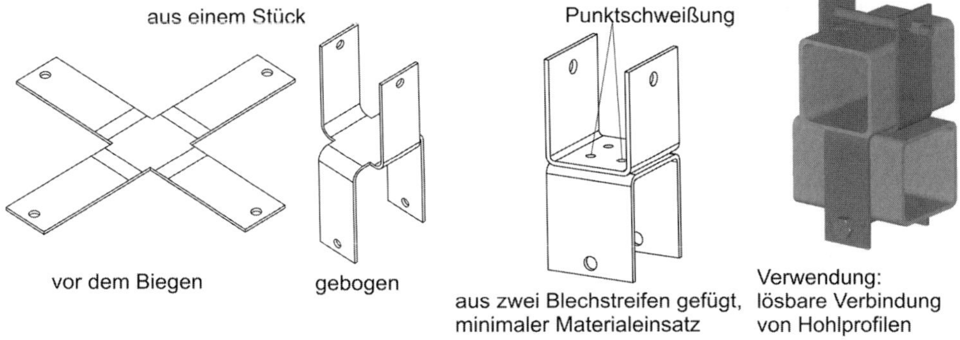

Bild 2.23 Doppelklammer [88]

Bei größeren Baumaßen wird wegen des hohen Materialkostenanteils der Differenzialbauweise der Vorzug gegeben (Bild 2.24).

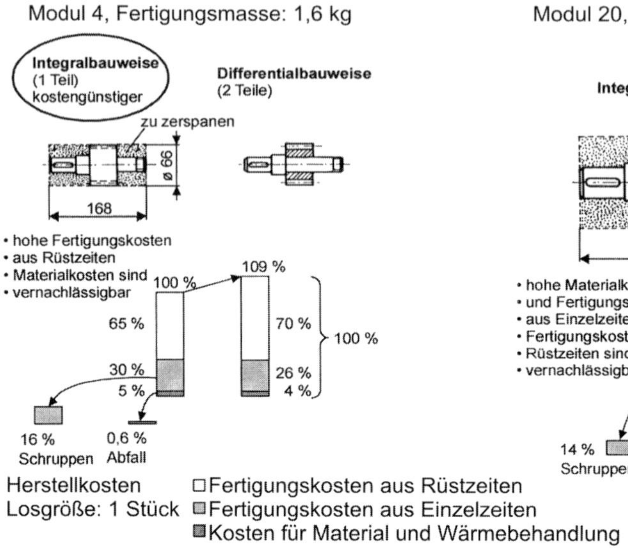

Bild 2.24 Ritzelwelle [15]

Weitere Kriterien für oder wider sind die Fertigungsmenge und der Aufwand für Vorrichtungen, Formen und Werkzeuge – siehe folgende Bilder.

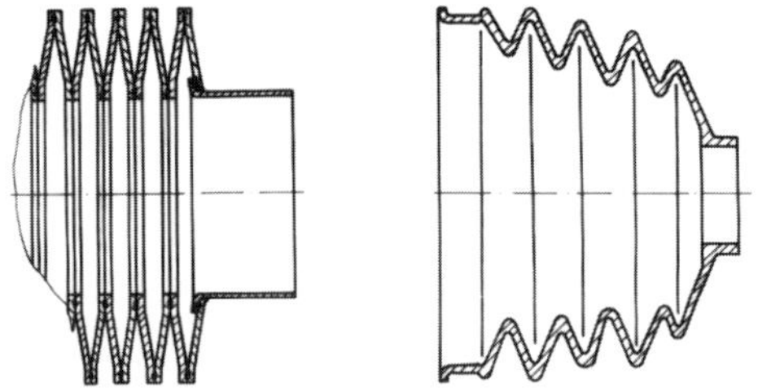

Thermoplast, geschweißt (Einzelfertigung)

Gummiformteil (Serienerzeugnis)

Bild 2.25 Schutzbälge

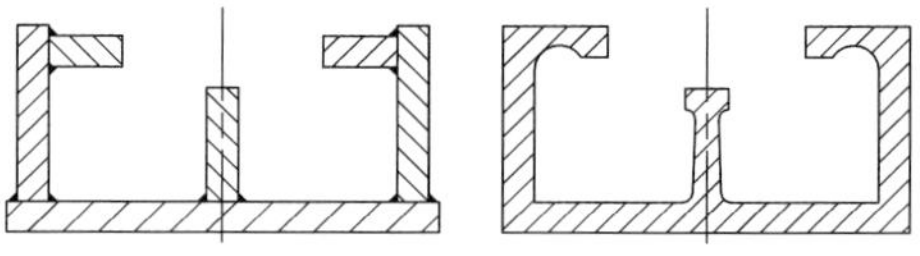

geschweißt

stranggepresst

Bild 2.26 Führungsschiene

Ein besonderes Feld sind Blechkonstruktionen. Während der Maschinenkonstrukteur aus dem Betrieb mit vorherrschender Gussbauweise zu Konstruktionen neigt, wie die Blechführung 1 im Bild 2.27, findet der geübte Blechkonstrukteur Lösungen, die dem gut verformbaren Halbzeug Blech besser angepasst sind (siehe auch Bild 2.28)

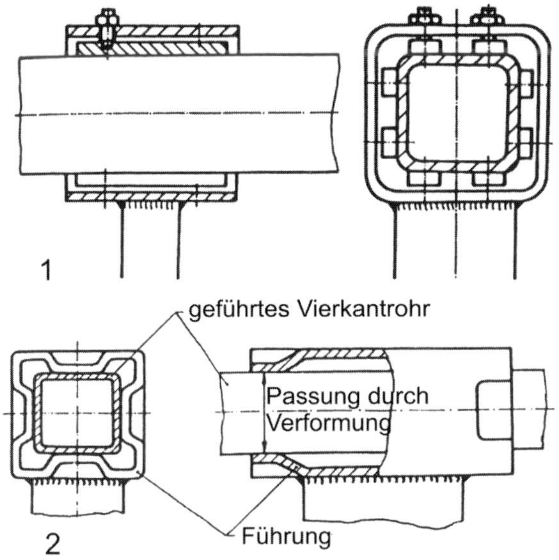

1 – Aufwendige Ausführung, sehr viele Einzelteile

2 – Blechgerechte Ausführung

Bild 2.27 Führung in Leichtbauweise

Bild 2.28 Abstandselemente bei doppelwandiger Blechkonstruktion

Dass mit gespritzten Kunststoffbauteilen sehr umfangreiche Möglichkeiten der Integralbauweise einschließlich Funktionsintegration bestehen und weit verbreitet sind, zeigen z. B. viele Behältnisse der Kosmetikindustrie, wo Behälter, Verschluss und Gelenk (Filmgelenk) ein Stück bilden – Abschnitt 2.4.

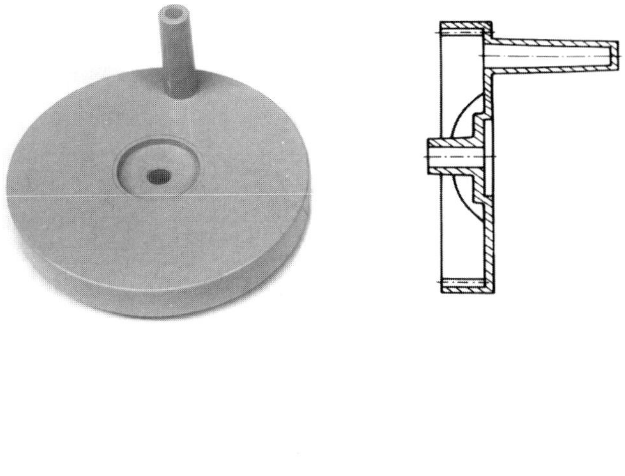

Integralbauweise eines innenverzahnten Kurbelrades mit Kurbelgriff

Bild 2.29 Kurbel

Der gleichen Zielstellung – Integralbauweise und/oder Funktionsintegration – dienen Erzeugnisse der Zulieferindustrie. Während ursprünglich der Anwender von Wälzlagern allein auf Normlager angewiesen war, sind immer mehr integrale Elemente verfügbar. Dazu zählen sowohl kombinierte Radial-Axiallager als auch spezielle Zulieferungen wie Radlagerbaugruppen für Pkw oder Lagereinheiten für Wasserpumpen von Pkw- und Lkw-Motoren (Bild 2.30). Bei neuesten Versionen bilden bereits Lagerbaugruppe und Gleitringdichtung eine Baueinheit.

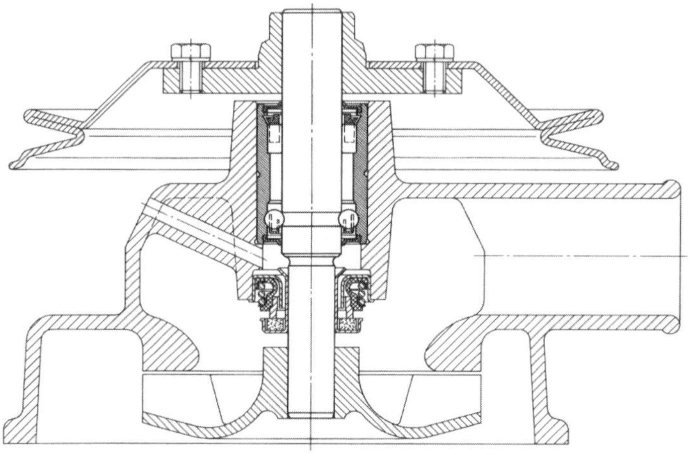

Bild 2.30 Wasserpumpe für Pkw- und Lkw-Motoren [18] – Für die Wälzlagerung findet eine spezielle Lagerbaugruppe Verwendung

2.3.4 Armierungsbauweise

Integral- und Differenzialbauweise sind Begriffe, die seit langem in der Konstruktionslehre-Literatur verbreitet sind. Das örtliche Verstärken einer Bauteiloberfläche bzw. einer Wirkfläche blieb bei diesen grundsätzlichen Möglichkeiten jedoch unberücksichtigt (obgleich bereits 1987 vom Verfasser Hoenow in [91] dargestellt). Der Begriff Armierungsbauweise wird hier gleichberechtigt hinzugefügt und folgendermaßen definiert:

Armierungsbauweise ist die Verstärkung örtlich höher beanspruchter Bauteilzonen an Werkstücken aus kostengünstigen Werkstoffen.

Die Integralbauweise ist zwar grundsätzlich der Armierungsbauweise vorzuziehen, aber der besondere Vorteil der Armierungsbauweise ist stets zu beachten. Er besteht darin, dass man vielfach billige Massenwerkstoffe verwenden kann und nur die hoch beanspruchten Bereiche der Bauteile verstärkt. Die Gegenüberstellung der Kosten für Herstellung und Fügen der Armierungsteile und der Kosten für ein Bauteil aus hochwertigerem Werkstoff muss über die Anwendung der Armierungsbauweise entscheiden.

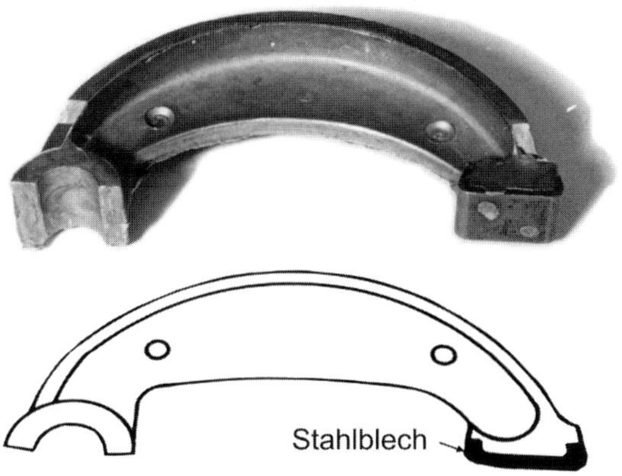

Die Angriffsfläche des Bremsnockens ist mit Stahlblech verstärkt und wird beim Druckgießen gefügt (Fügen durch Urformen).

Bild 2.31 Bremsbacke (Al-Guss) in Armierungsbauweise

Für die Armierungsbauweise gibt es folgende Möglichkeiten:

- Lösbar gefügte Armierung (z. B. eingelegt, eingepresst oder angeschraubt)
- Unlösbar gefügte auswechselbare Armierung (z. B. geklebt, eingewalzt genietet, durch Heftschweißung befestigt oder auftraggeschweißt)
- Unlösbar gefügte, nicht auswechselbare Armierung (z. B. eingegossen, eingekittet, geschrumpft)
- Integrierte Armierung (z. B. partielle Oberflächenhärtung oder Kaltverfestigung)

Diese Aufzählung zeigt, dass verschiedenste Gebiete der Fertigungstechnik genutzt werden können. So wird z. B. das Glattwalzen als Feinbearbeitungsverfahren betrachtet, bewirkt aber gleichzeitig verfestigte verschleißfeste Oberflächen mit hohem Traganteil, guten Laufeigenschaften und besserer Korrosionsbeständigkeit. Durch hochglanzgeläppte, gehärtete Stahlrollen werden vom vorangehenden Spannen vorhandene Erhebungen eingedrückt und Vertiefungen angehoben – siehe Bild 2.32. Einen Einblick in die mögliche Formenwelt gibt Bild 2.34. Mit Bild 2.33 sei auf die sehr einfache Möglichkeit des Aufkugelns von Bohrungen verwiesen.

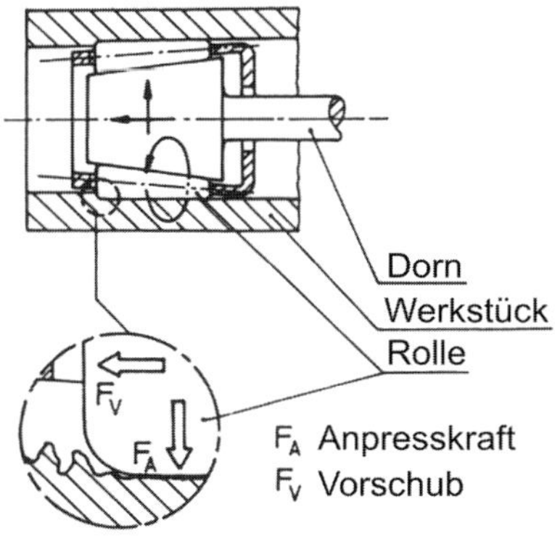

Bild 2.32 Prinzip des Umformens beim Glattwalzen [41]

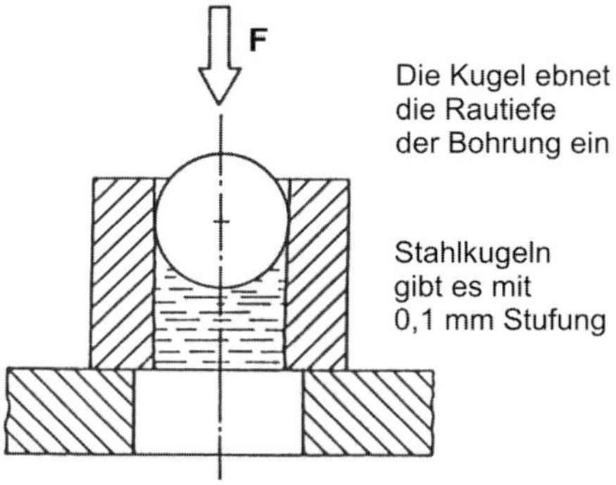

Bild 2.33 Kalibrieren mit einer Kugel [41]

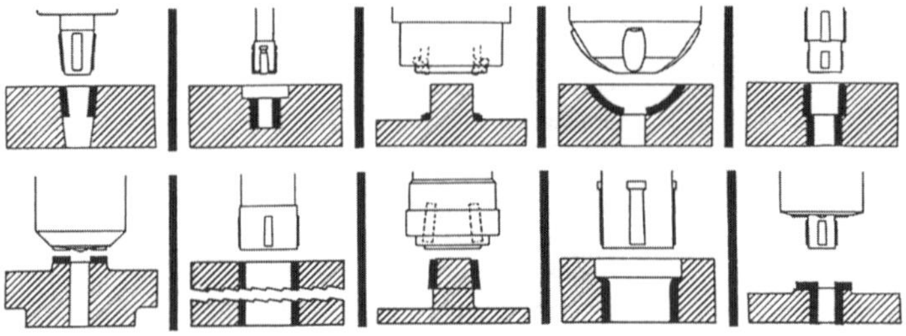

Bild 2.34 Geometrie beim Umformen durch Glattwalzen [41]

Mit Hilfe der Tafel 2.4 soll dem Konstrukteur die Übersicht erleichtert werden. Die aufgeführten Verfahren können keinen Anspruch auf Vollständigkeit erheben, Ergänzungen durch neue Verfahren und neue konstruktive Ideen sind jederzeit möglich. Dass der Konstrukteur neben der Armierung je nach Aufgabe unter Umständen völlig neue Wege beschreiten kann, ist mit den Blöcken 5 und 6 angedeutet und darf konstruktiv-schöpferisch verwendet werden. Der Block 3 „Beschichten" ist selbstverständlich nicht nur für die Eigenschaftsverbesserung von Oberflächen bezüglich Pressung, Gleitverschleiß und dergleichen nutzbar, sondern kann auch hilfreich bei der Auswahl dekorativer Schichten auf Sichtflächen sein.

<table>
<tr><td colspan="5">Örtliche Verstärkung durch:</td></tr>
<tr><td>1. Kaltverfestigung</td><td colspan="2">2. Wärmebehandlung</td><td>3. Beschichten</td><td>4. Fügen</td></tr>
<tr><td>1.1 Glattwalzen</td><td colspan="2">2.1 Glühen</td><td>3.1 Einölen</td><td>4.1 Einlegen</td></tr>
<tr><td>1.2 Aufkugeln kleiner Bohrungen</td><td colspan="2">2.2 Vergüten</td><td>3.2 Einfetten</td><td>4.2 Eingießen</td></tr>
<tr><td>1.3 Kugelstrahlen</td><td colspan="2">2.3 Härten</td><td>3.3 Farbspritzen</td><td>4.3 Einbetten</td></tr>
<tr><td rowspan="9"></td><td rowspan="6">Oberflächenhärtung</td><td>2.4 Flammenhärten</td><td>3.4 Phosphatieren</td><td>4.4 Einwalzen</td></tr>
<tr><td>2.5 Induktionsten</td><td>3.5 Emaillieren</td><td>4.5 Aufschrauben</td></tr>
<tr><td>2.6 Tauchhärten</td><td>3.6 Verzinken</td><td>4.6 Aufnieten</td></tr>
<tr><td>2.7 Nitrieren</td><td>3.7 Chromatieren</td><td>4.7 Aufkleben</td></tr>
<tr><td>2.8 Karbonieren</td><td>3.8 Hartverchromen</td><td>4.8 Aufschweißen</td></tr>
<tr><td>2.9 Einsatzhärten</td><td>3.9 Glanzverchromen</td><td rowspan="4"></td></tr>
<tr><td colspan="2" rowspan="3"></td><td>3.10 Eloxieren</td></tr>
<tr><td>3.11 Auftragsschweißen</td></tr>
<tr><td>3.12 Metall-, Keramik-, Plastspritzen</td></tr>
<tr><td colspan="5">Verzicht auf örtliche Verstärkung durch:</td></tr>
<tr><td colspan="3">5. Einsatz der Schmiertechnik</td><td colspan="2">6. Verringerung der spezifischen Belastung</td></tr>
<tr><td colspan="3">5.1 Ausnutzung hydrodynamischer Effekte
5.2 Ausnutzung hydrostatischer und aerostatischer Effekte</td><td colspan="2">6.1 Vergrößerung der aktiven Fläche (bei Hertzscher Pressung auch durch Verbesserung der Schmiegung)
6.2 Magnetische Entlastung</td></tr>
</table>

Tafel 2.4 Möglichkeiten zur Verbesserung der Eigenschaften von Wirk- und Sichtflächen

Hartstoffbeschichtete Werkzeuge sind seit längerem bekannt. Bei Schrauberbits wurden TiN-Beschichtungen zur Verbesserung der Gebrauchseigenschaften mit gleichzeitiger dekorativer Aufwertung des Produkts verbunden. Gleiches wurde bei Friseurscheren erreicht. Bei Hüftköpfen für Prothesen und Schnecken für PVC-Extrusion wurde der abrasive Verschleiß eingedämmt – siehe folgende Bilder.

Bild 2.35 TiN-beschichteter Kugelhahn-Absperrkörper [63]

Bild 2.36 CrN-beschichtete Schnecke für PVC-Extrusion [63]

2.3.5 Differenzialbauweise

Wirtschaftliche Lösungen der Differenzialbauweise sind besonders aus der Kleinserien- und Einzelfertigung bekannt, z. B. geschweißte Maschinengestelle anstelle von Gussstücken. Die Differenzialbauweise sollte nur zur Anwendung kommen, wenn geringere Kosten als bei Integralbauweise oder integrierter Armierung nachgewiesen sind. Bei den Grauguss-Maschinenständern nach Bild 2.37 wurde die ursprüngliche Integralbauweise verlassen, um den dünnwandigen Ständer in einer wenig spannungsanfälligen Werkstoffqualität geringerer Festigkeit – EN-GJL-200 und den Zylinder in einem verschleißfesteren Werkstoff zu gießen – EN-GJL-300.

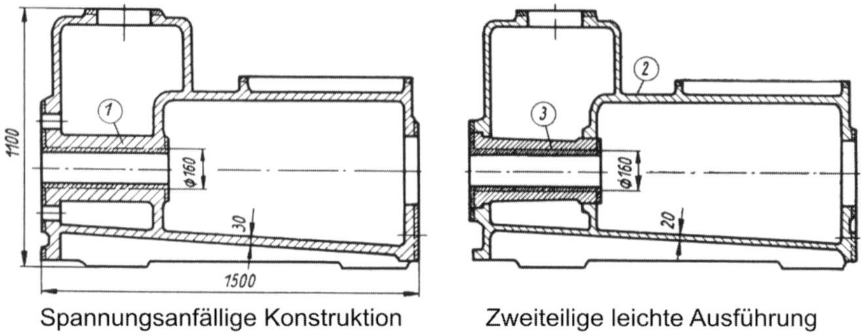

Bild 2.37 Ständer, GGL-25 [74]

Einige Vorteile der Differenzialbauweise:

- Schweißkonstruktionen können Großteilbeschaffung erübrigen
- Transport sperriger Großteile kann sich vereinfachen, es wird am Aufstellort montiert und geschweißt
- Anpassung an Kundenwünsche kann sich vereinfachen

Besondere Formen der Differenzialbauweise sind die Outsert-Technik – Bild 2.77 und die Lamellenbauweise – siehe Abschnitt 3.4.

2.4 Formteilgestaltung

Formteile sind in vollständig oder teilweise umschließenden Hohlformen hergestellte Maschinenteile. Die innere Oberfläche der Hohlform entspricht der gewünschten Werkstückoberfläche, wobei die Abmessungen um die Schwindmaße größer sind. Die Bauteilgestalt weist vielfach Entformschrägen bzw. Entnahmeschrägen auf, und Auswerfer können Markierungen hinterlassen. Als Hohlformen kommen infrage:

- Sand mit Bindemitteln (Sandguss)
- Metallformen (Kokillenguss, Druckguss, Spritzguss, Sinterformen usw.)
- Gesenke (Gesenkschmiedestücke)
- Rotierende Formen (Schleuderguss)
- Mit Innendruck arbeitende Formen (Blasformen, Innenhochdruck-Umformen – IHU)

und als Randgebiete:

- Fließpresswerkzeuge
- Feinschneidwerkzeuge.

Hinweis: Diese Zusammenstellung entspricht nicht der in der Fertigungstechnik üblichen Ordnung, sondern ist auf das Gestalt gebende Denken des Konstrukteurs ausgerichtet.

Zum Entnehmen der Bauteile wird die Form zerstört (Sandguss) oder geöffnet. Besteht bei Metallformen die Gefahr, dass das Bauteil festsitzt (z. B. durch Schrumpfvorgänge), kann mit Hilfe von Auswerfern das Bauteil aus der Form/Formhälfte ausgestoßen werden. An der Formteilung ist Gratbildung möglich. Am entformten Rohteil sind der Grat und Einguss und Steiger (Sandguss) bzw. Angusssysteme (z. B. Spritzguss) zu entfernen. Die Werkstoffpalette umfasst alle Werkstoffgruppen des Maschinen- und Gerätebaus einschließlich der Kunststoffe.

Das ***Hauptziel der Gestaltung*** ist das ***einbaufertige Formteil***. Dieses Ziel ist bei Spritzguss-Kunststoffteilen sehr häufig erreichbar (von Gratbeseitigung und Abtrennen des Eingusssystems abgesehen), bei metallischen Formteilen wird in der Regel nur das ***weitgehend einbaufertige Formteil*** erreicht. Es ist dann gut gestaltet, wenn es mit einem einzigen nachfolgenden Arbeitsgang bzw. einer Einspannung auf einer NC-Maschine fertiggestellt werden kann.

Die ***Hauptregel der Gestaltung*** lautet:

Hinterschnittfrei gestalten und ebene Teilfugen bevorzugen!

Das hinterschnittfreie Bauteil ist die wirtschaftlichste geometrische Gestalt. Dabei kann es sich um massive, profilierte oder schalenförmige Teile in rotationssymmetrischer oder nicht rotationssymmetrischer Form handeln.

Diese Hauptregel ist als vorherrschender Denkansatz oder als konstruktiv-gestalterische Denkweise unzureichend ausgeprägt. Dafür gibt es viele Gründe, einige seien genannt:

- Die Gießtechnik erlaubt durch Kerne, Außenkerne, Ansteckteile, Seitenschieber die Beherrschung komplizierter Konstruktionen.
- In der fertigungstechnischen Literatur und der Lehre werden die Verfahren von Fertigungsspezialisten vorgestellt, denen die Denkweise des Konstrukteurs wenig geläufig ist.
- In der Konstruktionsausbildung wird dem Gestalten wenig Platz eingeräumt, eine Ursache ist vermutlich die unzureichend wissenschaftlich fundierte Begründung der Gestaltung, und mit dem Begriff Gestaltungskunst wagt niemand in der Nähe der mathematisch fundierten Lehre zu hantieren.

Die Verfahrensvielfalt ist sehr umfangreich, und kaum ein Konstrukteur kann das gesamte technologische Detailwissen übersehen. Daher ist der erste Gestaltungsansatz/Konstruktionsentwurf meist nur als erste Näherung zu betrachten und muss durch Zusammenarbeit mit Spezialisten vervollkommnet werden (sogenanntes "simultaneous and concurrent engineering"). Diese frühzeitige Beratung ist wichtig, da Gestalteinflüsse auf andere Bauteile der entsprechenden Baugruppe zu diesem frühen Zeitpunkt noch berücksichtigt werden können. Kommt es erst am fertigen Gussmodell oder Gesenk zur Einarbeitung fertigungstechnischer Anforderungen, ist der Kostenaufwand immer beträchtlich höher und der Einfluss auf benachbarte Teile kaum noch möglich. In größeren Konstruktionsabteilungen sollte darauf geachtet werden, dass sich Konstruktionsspezialisten – z. B. Gusskonstrukteure – herausbilden. Regelmäßige Kontakte zu den entsprechenden Zulieferern z. B. zur „Hausgießerei" sind durch diese Spezialisten zu pflegen.

2.4.1 Sandguss-Formteile

Zur besseren Einschätzung der Anwendbarkeit von Sandguss-Formteilen seien einige Aussagen zu Mengenbereich, Modellbauart und Kosten in Form von Thesen nach [15] und [2] vorangestellt:

- Sandguss mit Schablone oder frei geformt ab 1 Stück
- Sandguss mit Schaumstoffmodell (Vollformguss) 1 bis 2 Stück
- Sandguss, Rapid-Prototype-Modell, z. B. für Vorserie bzw. Versuch je nach Kompliziertheit 1 bis 25 Stück
- Sandguss, Holzmodell
  - einfach herstellbare Modelle (z. B. Rotationskörper durch drechseln oder Modell mit geraden Konturen) ab 3 Stück
  - aufwendigere Modelle ab 10 bis 30 Stück
  - bei hoher Stückzahl darf Modell schwierig zu fertigende Gestalt haben – Leichtbau ist Pflicht!
- Modellbauarten:
  - Holz – 3 bis 1000 Abgüsse,
  - Kunststoff 1000 bis 5000 Abgüsse,
  - Metall > 500 bis 50000 Abgüsse
- Modellkosten verteilen sich auf abzugießende Menge, Problem: Auftragsmenge häufig schwer überschaubar. Beachte Vorteile der Integralbauweise: die Versteifungsrippe am Gussstück wird einmal für das Modell gefertigt, bei der Schweißkonstruktion ist jede Rippe herzustellen und einzuschweißen
- Großguss (Abmessungen deutlich ≥ 1000 mm), Hauptkostenanteil sind die Materialkosten, d. h. aufwendiges Modell macht sich relativ schnell bezahlt; bei Einzelfertigung auch Formherstellung durch Fräsbearbeitung von Formstoff – lässt Modell entfallen (Entwicklungen z. B. an der TU Dresden)

Die Kenntnis der Herstellung der Sandgussformen mit ungeteiltem und geteiltem Modell mit und ohne Kern/Außenkern wird hier vorausgesetzt. Lediglich das Formen mit Formsandballen anstelle eines Kernes sei hier wiederholt:

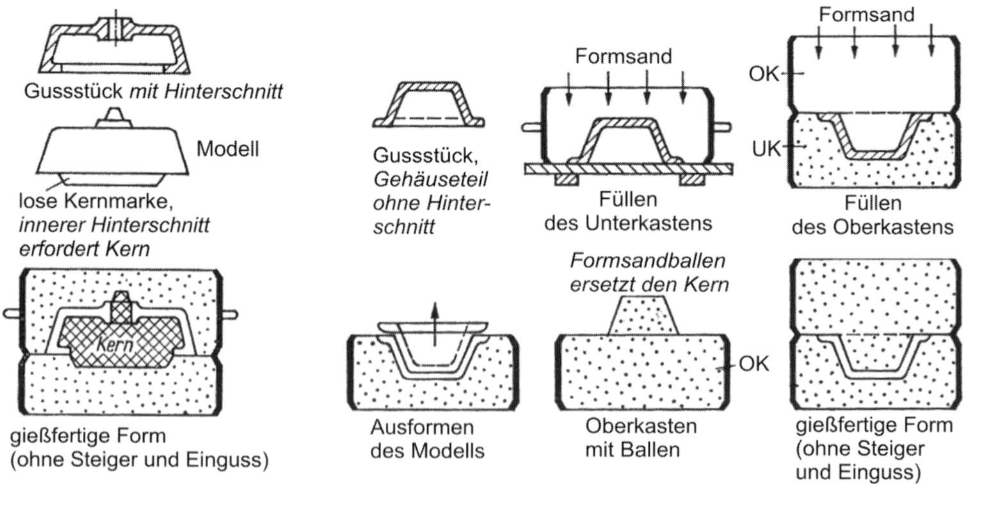

Bild 2.38 Formen eines Gehäuseteils mit und ohne Kern

Die weiteren Bilder zeigen Beispiele zur konsequenten Anwendung der einleitend genannten Hauptregel. Sie sollen deutlich machen, dass die Suche nach der formgerechten Gussstückgestalt stark von der Hauptregel und der zweckmäßigen Lage der Modellteilung/Formteilung getragen werden sollte.

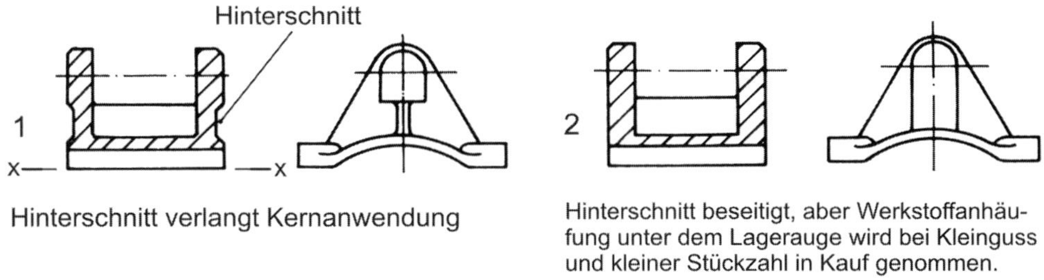

Bild 2.39 Doppellagerbock, 2 Varianten [2]

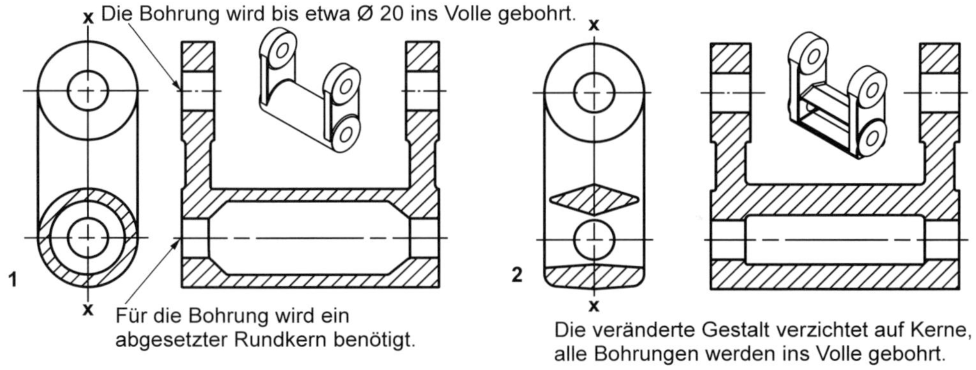

Bild 2.40 Doppelhebel, 2 Varianten (frei nach [58])

Beim Gestalten der Umgebung von Bohrungen wird kaum einmal die runde Gestalt verlassen und das Gießen des Doppelhebels – Bild 2.40, Variante 1 mit einem Kern, gilt als völlig normal. Der in Variante 2 dargestellte Vorschlag geht auf ein Maschinenelementebuch aus dem Jahr 1931 [58] zurück und wurde von den Verfassern bisher an keiner anderen Stelle aufgefunden. Diese ungewöhnliche Variante kommt ohne Kern aus und hat außerdem den Vorteil, dass ins Volle gebohrt wird und eventueller Kernversatz unberücksichtigt bleiben kann. Dass dieser Gestaltungsvorschlag – zwar nicht für jede Beanspruchungsart geeignet – fertigungstechnisch günstig ist, liegt auf der Hand, warum war er so lange verschüttet?

Ähnlich unkonventionell ist die Wandkonsole gestaltet.

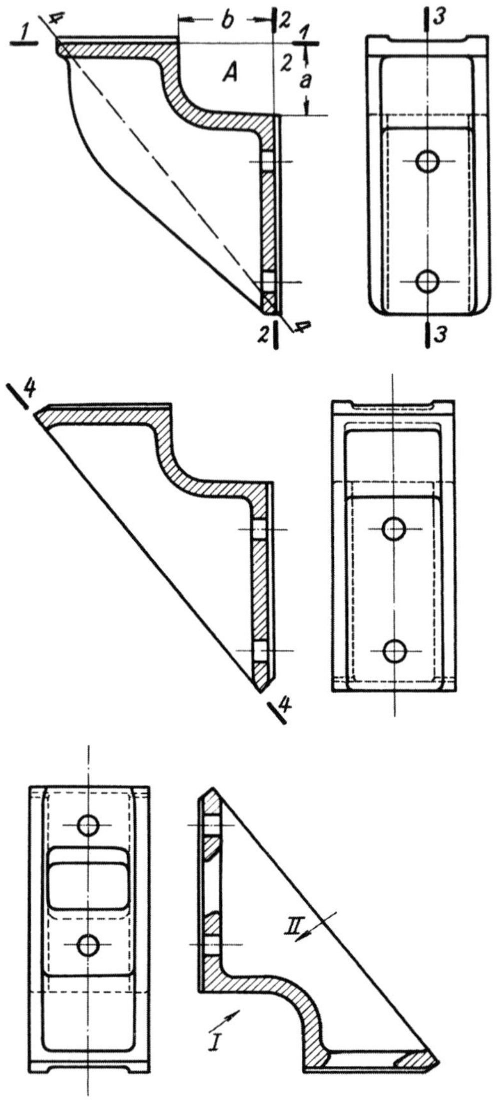

1 Ausgangsvariante. Im Bereich A mussten benachbarte Bauteile umgangen werden. Infolge dieser Freisparung (Maße a, b) kann weder mit Formteilung 1-1, 2-2 noch 3-3 ohne Kern gearbeitet werden.

2 Ungewöhnliche Teilebene 4-4 und eine veränderte Außenkontur (Bildteil 2) lässt kernloses Formen zu.

3 Sollen Masse sparende Durchbrüche angewendet werden, sind sie entsprechend Bildteil 3 zu gestalten. Die Schraubenlöcher werden gebohrt.

Bild 2.41 Wandkonsole, 3 Varianten [58]

Das Beispiel des kappenartigen Teiles enthält zwei Gestaltungshinweise für gegossene Hohlkörper:

- Die rotationssymmetrische Gestalt sollte bevorzugt werden, denn Modellbau ist dann durch Drechseln sehr rationell möglich.
- Eine Idealgestalt für Hohlkörper ist der „Blumentopf", da ohne Kernarbeit gießbar (Tiefe < 2 x Öffnungsdurchmesser, Schrägung > 3 ... 5°).

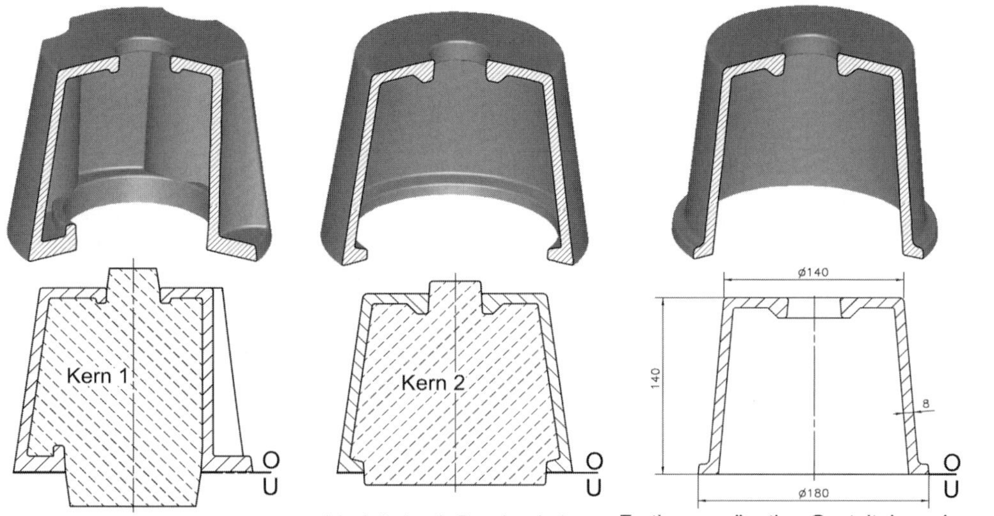

Einbuchtungen verlangen ein aufwändiges Modell, komplizierter Kern erforderlich

Modell durch Drechseln herstellbar, innerer Hinterschnitt erfordert einen Kern

Fertigungsgünstige Gestalt, Innenkontur wird durch Formen mit Formsandballen erreicht, kein Kern notwendig!

Ungeteiltes Modell für alle Varianten, Gestalt wurde schrittweise vereinfacht
O - Oberkasten, U - Unterkasten

Bild 2.42 Kappenartiges Gussteil, 3 Varianten [74]

Die an unbearbeitet bleibenden Gusskonturen übliche Kantenabrundung sollte bei ungeteiltem Modell in der Teilungsebene entfallen – Bild 2.43, denn sie erfordert zusätzliche Arbeitsgänge in der Handformerei.

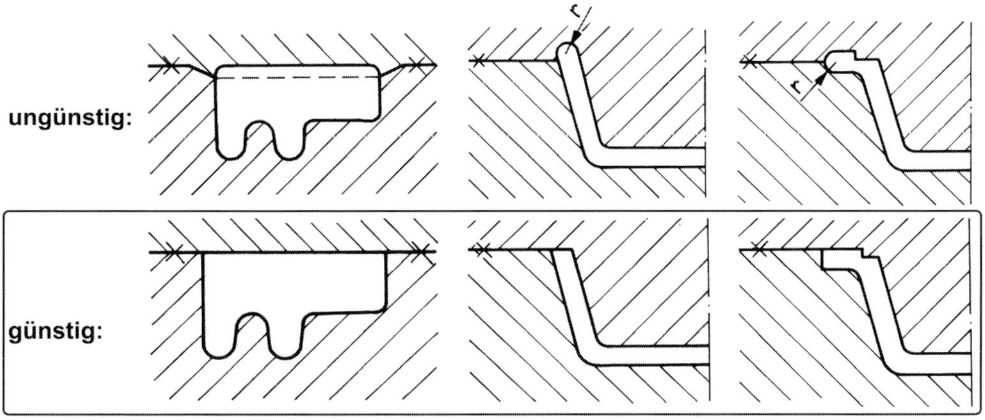

Bild 2.43 Keine Gussrundungen in der Teilungsebene anordnen! [2]

Für die Anschlussstutzen wird bei AK ein Außenkern benötigt.

Kontur verändert, es kann ohne Außenkern geformt werden.

Die Formteilung ist bei beiden Varianten identisch mit der Gehäuseunterseite.

Bild 2.44 Wasserpumpengehäuse

Für komplizierte Innenkonturen wie im Bild 2.44 – hier bestehen strömungstechnische Anforderungen – kann selbstverständlich auf Kernanwendung nicht verzichtet werden. Der Außenkern an der Außenkontur wurde erst im „zweiten Anlauf" beseitigt.

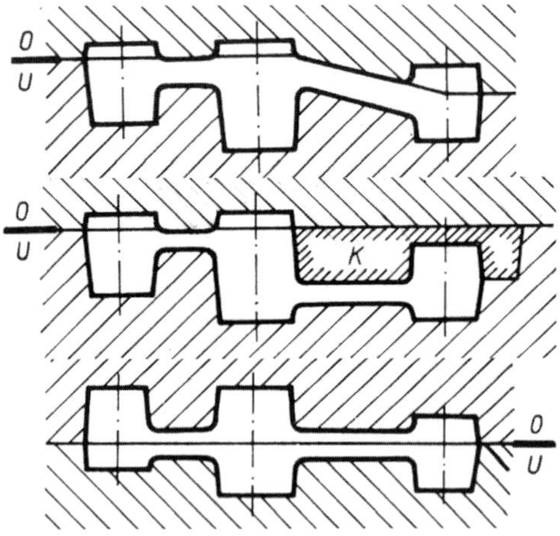

ungünstig: Die Hebelgestalt verlangt unebene Formteilung.

ungünstig: Bei ebener Formteilung ist ein Außenkern erforderlich.

günstig: Die Verbindungsarme liegen in einer Ebene - ebene Formteilung möglich, kein Kern!

Bild 2.45 Hebel in drei Gestaltvarianten

Nicht jeder Gestaltempfehlung aus der Gussliteratur kann oder darf der Konstrukteur folgen. So ist zwar die Forderung nach Rippenguss anstelle von Hohlguss fertigungstechnisch richtig (Bild 2.46), an erster Stelle steht jedoch die Beanspruchung – bei Torsion steht ein

Hohlprofil immer an erster Stelle. Ein anderer Gesichtspunkt ist das Aussehen des Gussstücks in seiner Umgebung (siehe dazu Aussagen zum Maschinendesign in Abschnitt 5) und das Säubern der Maschine. Je nach Schmutzanfall, Einsatzort und Notwendigkeit einer gründlichen Reinigung muss u. U. dem Hohlprofil ohne Schmutzecken der Vorzug gegeben werden.

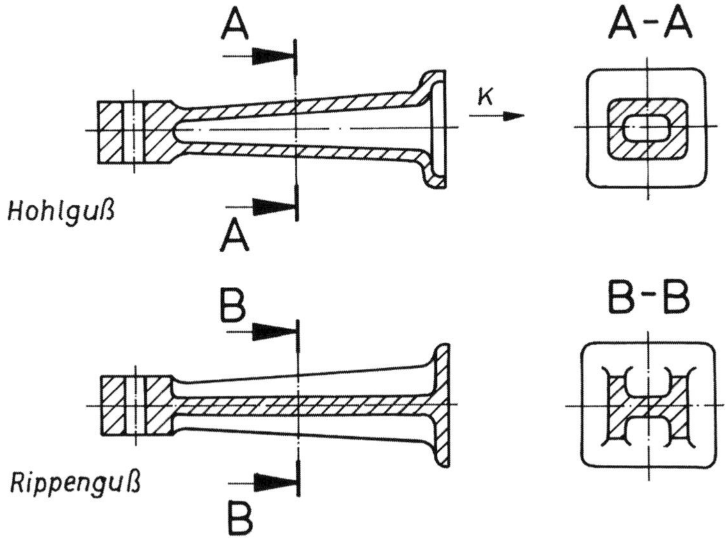

Bild 2.46 Vermeidung von Kernen durch konstruktive Umgestaltung von Hohl- auf Rippenguss [2] – dieser Forderung kann nicht immer gefolgt werden!

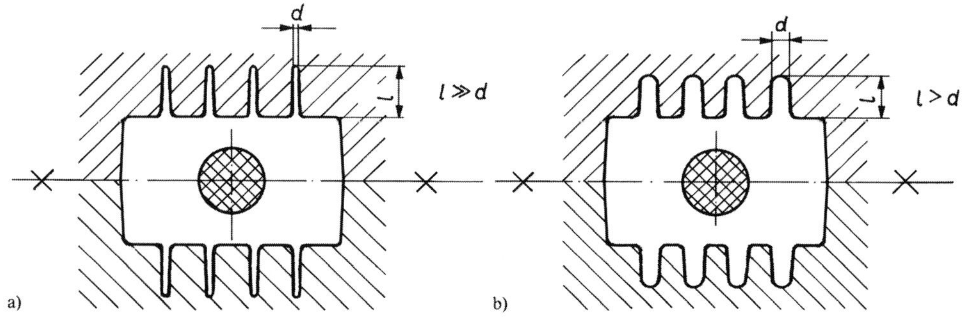

Die Ausführung b) – rechts – wird in [2] empfohlen!
Bei geringer Kühlleistung kann dieser Empfehlung gefolgt werden. Bei hoher Kühlleistung wird der Konstrukteur die schmalen Rippen, aber in doppelter Anzahl, bevorzugen. Lehnt die Gießerei das ab, ist ein anderes Verfahren oder eine andere Gießerei zu wählen.

Bild 2.47 Fragwürdige Gestaltempfehlung für schmale, vorstehende Rippen [2]

2.4.2 Formteilgestaltung für Dauerformen

Während die im vorangegangenen Abschnitt behandelten Verfahren bereits bei kleinen Fertigungsmengen rentabel sein können, liegen bei Anwendung von Dauerformen die Mindestmengen wegen der Herstellkosten der Formen erheblich höher. Dazu gelten folgende grobe Richtwerte, die bei einfacher Gestalt – man denke an den „Blumentopf" (S. 58) – unterschritten, bei komplizierter Gestalt aber auch erheblich überschritten werden können:

- Kokillenguss selten ab 200, meist ab > 1000 Stück
- Druckguss ab 500 bis 3000 Stück
- Pulverspritzguss > 2000 Stück

Für die Formteilgestaltung sind die eingangs genannten Hauptregeln ebenfalls voll gültig. Die Vielfalt der funktionellen Erfordernisse kann man damit jedoch selten voll befriedigen. Für seitliche Öffnungen im Gehäuse sind Seitenschieber und Einlegeteile bekannt (Bild 2.48). Der fertigungstechnische Aufwand dafür ist wegen der erforderlichen Passgenauigkeit sehr hoch. Zusätzlich benötigen die Seitenschieber zum Entnehmen der Formteile Antriebe (z. B. pneumatische Arbeitszylinder und entsprechende Steuerelemente). Einlegeteile werden nach dem Entformen oft manuell in die Form zurück befördert, behindern damit die Automatisierung und finden daher nur noch selten Anwendung.

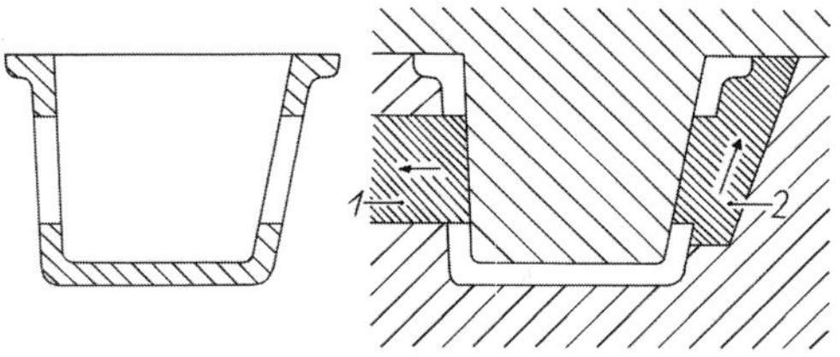

1 – Seitenschieber (Antrieb erforderlich!)
2 – Einlegeteil

Bild 2.48 Kastenartiges Formteil mit seitlichen Öffnungen

Einen anderen Weg ohne bewegliche Formbestandteile zeigen die folgenden Bilder.

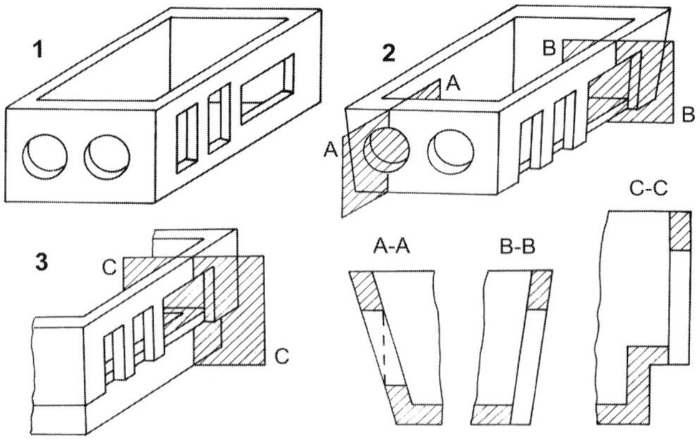

1 ungünstiger Hinterschnitt

2 und 3 zweckmäßige Öffnungen

Diese Ausführungen sind an Plastformteilen und Leichtmetalldruckguss bekannt, an Sinterteilen bisher sehr selten, an Sandformguss bisher nicht üblich und beim Gesenkschmieden und Fließpressen nicht möglich.

Bild 2.49 Varianten hinterschnittfreier Öffnungen in Seitenwänden gehäuseartiger Formteile

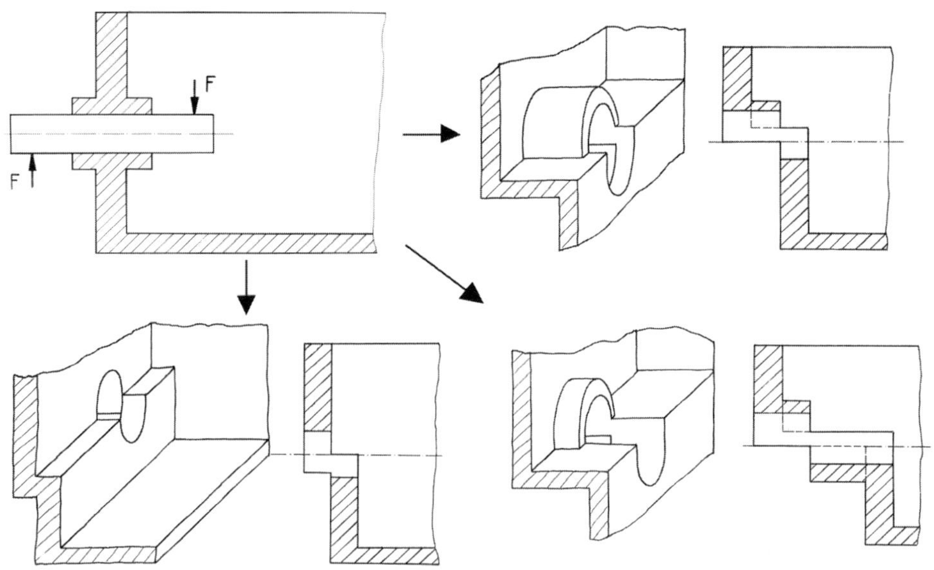

Bild 2.50 Lagerstelle in Seitenwand mit Hinterschnitt und Varianten hinterschnittfreier Seitenwände, wenn analoge Belastung vorliegt

Nachbildung der Tassenhenkel macht Formwerkzeug teuer. Becher mit Stülprand erfüllt Handhabbarkeit trotz heißen Inhalts, Formwerkzeug ist erheblich herstellungsgünstiger – nur Drehbearbeitung

Bild 2.51 Trinkgefäße in Wegwerfausführung [98]

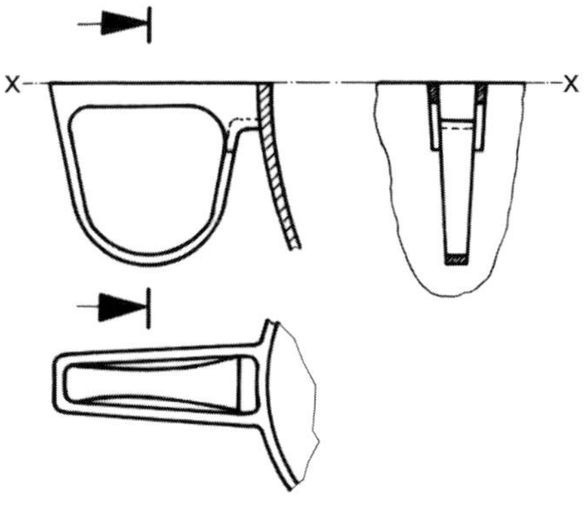

Die vergrößerte Darstellung des Tassenhenkels macht die komplizierte Gestalt der Formteile deutlich

Bild 2.52 Tassenhenkel

Seitenöffnungen nach Beispiel aus Bild 2.49,
Schnitt C-C

Bild 2.53 Gepresstes Sinterteil

Pulvermetallurgische Bauteile konnten bis vor kurzer Zeit ausschließlich durch Pressen vorgeformt werden. Seitenöffnungen wurden wie in Bild 2.49 erkennbar gestaltet. Derartige Bauteile sind jetzt durch Metallpulverspritzen [93], [94] herstellbar. Die Formenwelt hat sich dadurch erweitert. Hinterschnitt ist mit entsprechendem Mehraufwand wie beim Kunststoffspritzgießen mit Seitenschiebern beherrschbar. Die folgenden Bilder zeigen Beispiele recht präziser Kleinteile. Eigenschaften und weitere Kennwerte enthält Tafel 2.5.

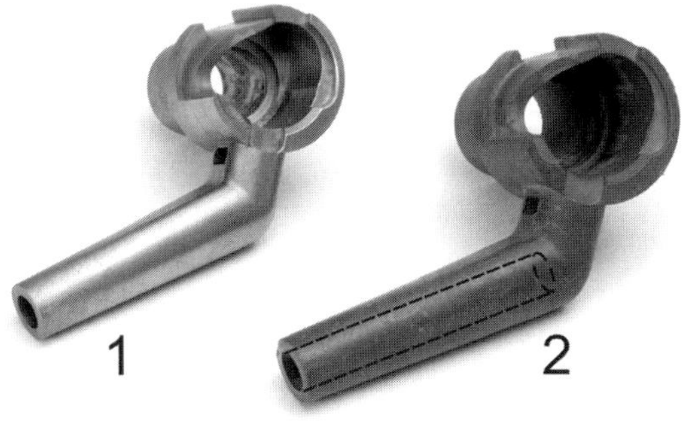

1 Fertigteil mit Hinterschnitt
2 Grünling (Spritzling vor dem Sintern)
Bei Sintermetall war ursprünglich kein Hinterschnitt möglich, das ist durch Metallpulverspritzguss überwunden!

Bild 2.54 Pulverspritzguss [98]

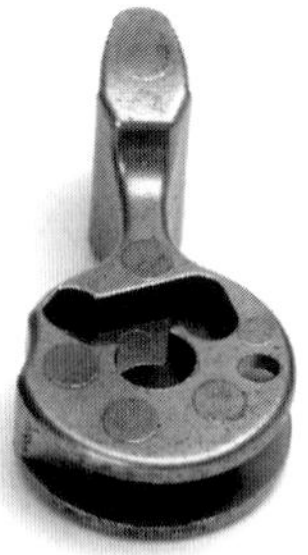

Verriegelungshebel mit Auswerfermarkierungen, größte Länge ca. 25 mm

Kleinteil, größte Länge ca. 20 mm
Beim Fertigen aus dem Vollen folgende Arbeitsgänge:
5 x Fräsen, 1 x Bohren

Kleinteil, größte Länge ca. 12 mm mit minimaler Wanddicke s_{min} = 0,8 mm

Bild 2.55 Pulverspritzguss – Kleinteile [98]

Eigenschaft	**Bereich**	
Länge	3 bis 200 mm, kleinere Werte sind problemlos realisierbar	
Wanddicke	12 bis 20 mm, kleinere Werte sind möglich bei geringeren linearen Dimensionen	
Toleranzen in Anlehnung an DIN 2768	Nennmaß (mm) < 3 3 bis 6 6 bis 15 15 bis 30 30 bis 60 > 60	Toleranz (+/– mm) 0,05 0,06 0,075 0,15 0,25 ±0,5 % vom Nennmaß
Geradlinigkeit, Ebenheit Winkel	0,5 % des Längsmaßes ± 0° 30´ Diese Toleranzen sind typische Werte. Bei speziell abgestimmten Einzelmaßen am Bauteil können die Toleranzen besser sein. Im Bereich von Werkzeugtrennlinien, bei großen Wanddickenunterschieden sowie in Anschnitt- und Auswerferbereichen können die Toleranzen größere Werte annehmen.	
Teilgewicht	Typische Werte liegen zwischen 1 und 60 g. Teile bis 700 g wurden schon realisiert.	
Dichte	96 bis 100 % der theoretischen Dichte	
Oberflächenqualität	Rz (4 bis 20), abhängig vom verwendeten Pulver, der Qualität der Werkzeugoberfläche (Erodierstruktur, poliert) und den Sinterbedingungen	
Gestaltungselemente	Prinzipiell sind die aus dem Kunststoffspritzguss bekannten Designmöglichkeiten realisierbar: Hinterschneidungen, dünne Stege, Bohrungen kleiner 1 mm im Durchgang oder als Grundbohrung, Außen- und Innengewinde	
Stückzahlen	Das Verfahren wird wirtschaftlich ab Losgrößen von 1000 bis 20 000 Teilen. Geringere Stückzahlen sind möglich. Ebenfalls ist die Großserienfertigung von 100 000 bis > 1 Million Teilen möglich.	

Tafel 2.5 Überblick über die Eigenschaften des Pulverspritzguss-Verfahrens und dessen Anwendungsmöglichkeiten

Zum Abstreifen der Gussstücke werden in der Regel Auswerfer verwendet. Dafür muss eine ausreichende Angriffsfläche zur Verfügung stehen – siehe Bilder.

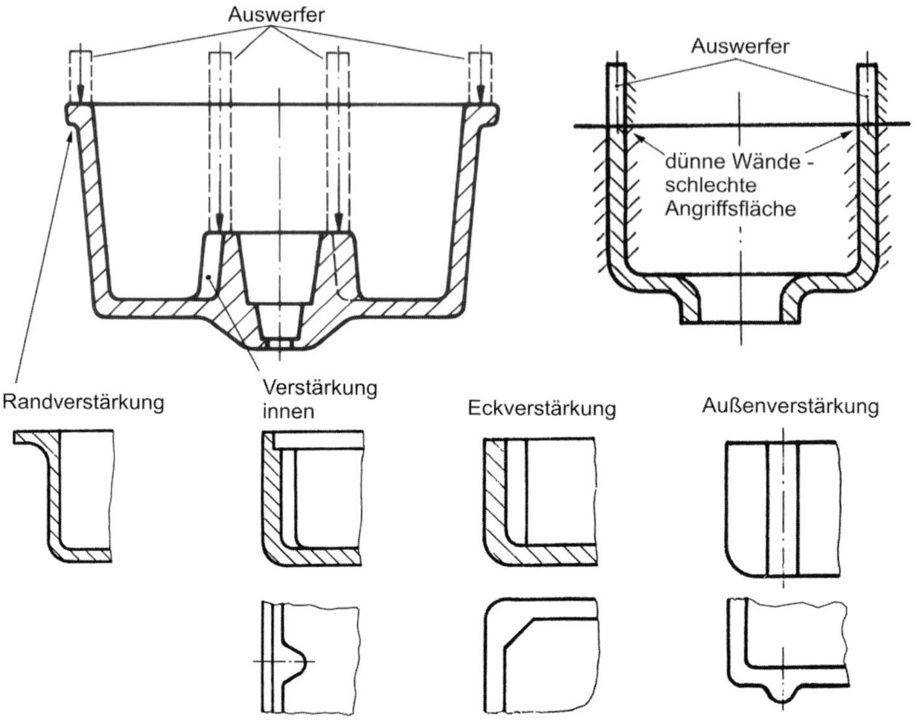

Bild 2.56 Gestalteinfluss durch Auswerferstifte [2]

Bezüglich der erreichbaren Genauigkeiten ist zwischen ***formgebundenen*** und ***nicht formgebundenen Maßen*** zu unterscheiden – folgende Bilder.

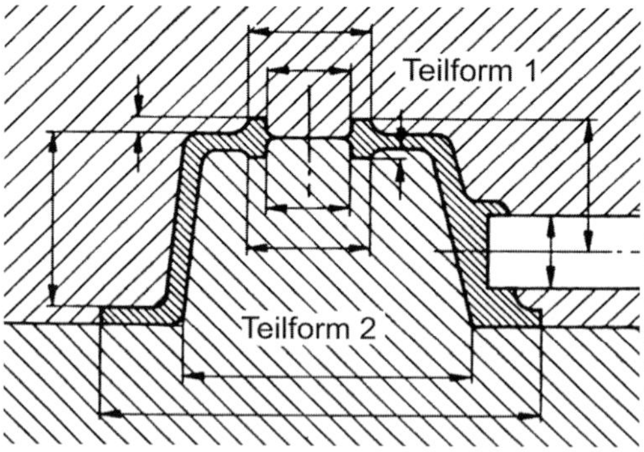

Bild 2.57 Formgebundene Maße werden von einem einzigen Teil einer Form gebildet und haben daher eine höhere Genauigkeit als nichtformgebundene Maße. [5]

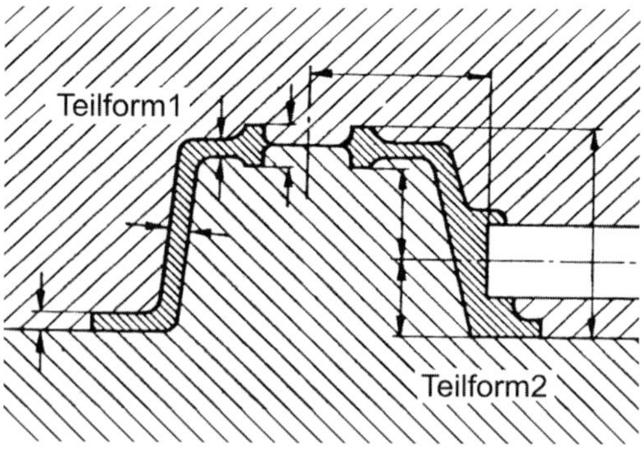

Bild 2.58 Nichtformgebundene Maße werden von mehreren Teilen einer Form gebildet, es entstehen größere Toleranzen als bei formgebundenen Maßen. [5]

2.4.3 Zu den Besonderheiten der Kunststoff- Formteile

Die große Gruppe der Kunststoffe ist eine sich immer noch stark entwickelnde Werkstoffgruppe. Ähnlich ist es mit den Fertigungsverfahren. Erst in jüngster Zeit sind mit Mehrkomponentenspritzguss, Kunststoff-Metall-Hybrid-Teilen oder dem Gasinjektionsverfahren neue Möglichkeiten erschlossen worden. Kunststoffe sind weniger steif und fest als die klassischen Maschinen-/Gerätebauwerkstoffe und unterliegen einem starken Einfluss durch die Verarbeitung. Sie sind andererseits wie keine andere Werkstoffgruppe ideal für Integralbauweise und Funktionsintegration. Schnappverbindungen und Filmscharniere sind dafür typische Beispiele.

In der Konstrukteurausbildung und beim Konstruieren mit Kunststoffen bestehen teilweise noch Rückstände gegenüber dem Umgang mit metallischen Werkstoffen. Im Folgenden sind einige Grundsätze zur Gestaltung mit Kunststoffen zusammengetragen. Wer sich intensiv mit diesem Konstruktionsgebiet beschäftigen will oder muss sollte sich mit entsprechender Spezialliteratur, z. B. [7], [13], [51], auseinandersetzen. Außerdem muss darauf verwiesen werden, dass zwischen Kunststoffen mit und ohne Faserverstärkung zu unterscheiden ist. Bauteile mit Kurzfaserverstärkungen (1 ... 10 mm) sind dem vorliegenden Abschnitt zuzuordnen. Bezüglich der Langfaser- und Gewebeverstärkungen darf auf den folgenden Abschnitt verwiesen werden.

Die im Abschnitt 1.1 geforderte Analyse bestehender Konstruktionen als eine mögliche Voraussetzung für das Gestalten ist auf dem Kunststoffgebiet recht einfach möglich. In jedem Haushalt und anderen jedermann zugänglichen Stellen sind Kunststofferzeugnisse auffindbar und spätestens bevor sie zur Entsorgung kommen, sollte sie der Konstruktionsinteressierte „unter die Lupe nehmen“. Das Gehäuse einer Kaffeemaschine, Kabelbinder, Kunststoffschnapper an den Gurten eines Rucksackes u. v. a. m. können viele Gestaltungshinweise vermitteln und das „Kunststoffgefühl“ schulen.

Zur Gestaltung von Kunststoffspritzguss

Das Bohrmaschinengehäuse im folgenden Bild ist ein typisches Spritzguss-Formteil. Es ist aus recht gleichmäßigen Wanddicken aufgebaut. Die Außenkonturen sind infolge der schrägen bzw. gewölbten Flächen gut entformbar. Für Schraubverbindungen sind Befestigungsaugen nach innen gesetzt und wo es zweckmäßig ist, durch dünne Rippen mit der Außenwand bzw. den Trennwänden zur Stabilisierung verbunden. Die bei Metallteilen immer wieder verwendeten Verbindungsflansche verbieten sich bei Kunststoffteilen wegen der geringen Steifigkeit von selbst. Gleichzeitig demonstriert das Bohrmaschinengehäuse eine sehr montagegünstige Gestalt. Der Massebereich der Spritzgussteile beginnt bei Kleinteilen unter 1 g und reicht bis etwa 10 kg.

Die Gehäuseteile sind ohne Verbindungsflansch verschraubt.

Bild 2.59 Spritzgegossenes Bohrmaschinengehäuse (Bosch Heimwerker)

Gestaltungsregeln und Beispiele

- Bauteilkörper aus dünnen Wänden aufbauen (geringe Wandstärken gewährleisten geringe Zykluszeiten)
- Formschrägen vorsehen – Bild 2.60
- Hinterschnitt möglichst vermeiden, notwendiger Hinterschnitt wird durch zweckmäßige Öffnungen gut formbar – Bild 2.61, Hinterschnittbeherrschung durch Seitenschieber ist aufwändig! – Bild 2.48 und Bild 2.62
- Werkstoffanhäufungen konsequent vermeiden – Bild 2.63, Bild 2.65 rechts
- Anschlüsse von Versteifungsrippen führen zu Einfallstellen (Bild 2.65 links), sie können durch Zierrippen und Ziernute kaschiert werden – Bild 2.64
- Befestigungsaugen nach innen setzen und nur mit dünnen Rippen anbinden
- Ebene Flächen neigen zu Verwerfungen, gewölbte Flächen bevorzugen bzw. mit Rippen oder Sickenversteifungen arbeiten
- Die verringerte Festigkeit von Bindenähten beachten, dazu Klarheit über Art und Ort des Angusses verschaffen – Bild 2.67 und Bild 2.68 – mit Werkzeugkonstrukteur zusammenarbeiten!
- Den ungünstigen Kosteneinfluss kantiger Formelemente gegenüber rotationssymmetrischen Elementen berücksichtigen – Bild 2.69
- Filmscharniere ermöglichen bei beweglichen Elementen die Integralbauweise – Bild 2.70 bis Bild 2.72.
- Federelemente können in Integralbauweise ausgeführt werden – Bild 2.72.
- Spielfreie Passungen werden durch Anpassungsrippen und Biegeverformung erreicht – Bild 2.73 und Bild 2.74.

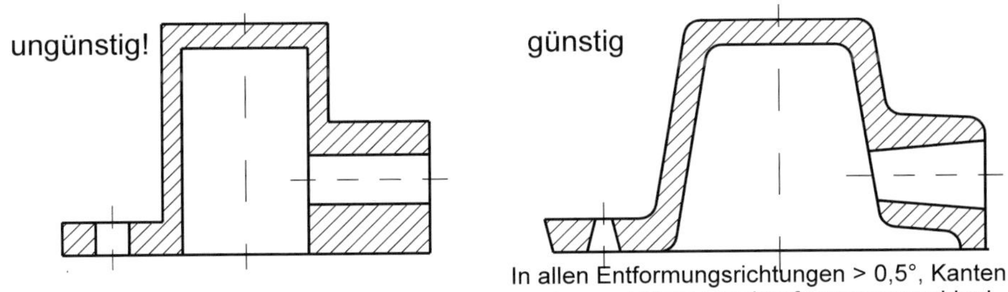

In allen Entformungsrichtungen > 0,5°, Kanten runden und Massenanhäufungen vermeiden!

Bild 2.60 Entformungsschrägen

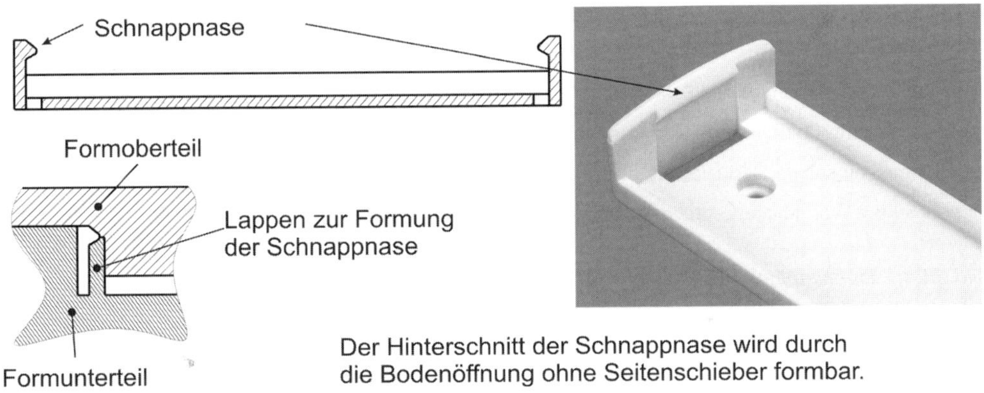

Der Hinterschnitt der Schnappnase wird durch die Bodenöffnung ohne Seitenschieber formbar.

Bild 2.61 Formung einer Schnapsnase

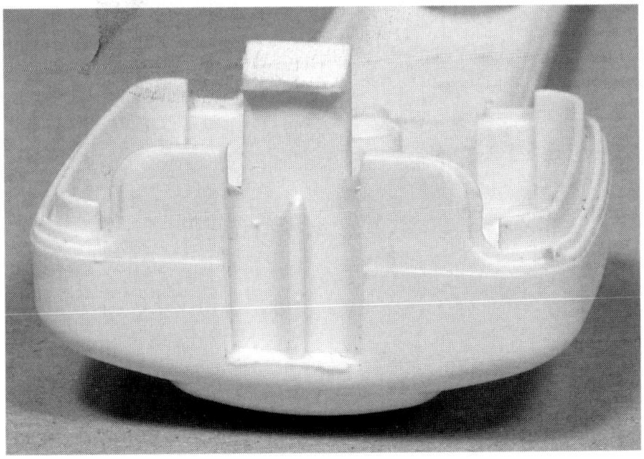

Der Umriss des Seitenschiebers hat sich am Kunststoff-Formteil markiert. Die Lösung nach Bild 2.61 ist wegen des Fertigungsaufwandes für den passgenauen Seitenschieber stets zu bevorzugen.

Bild 2.62 Schnappkontur durch Seitenschieber geformt

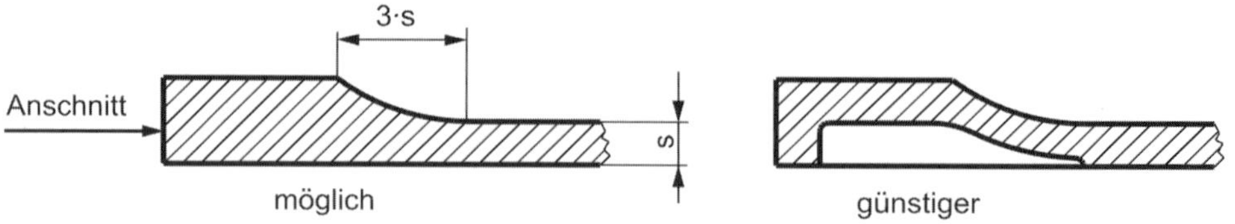

Bild 2.63 Wanddickenübergänge

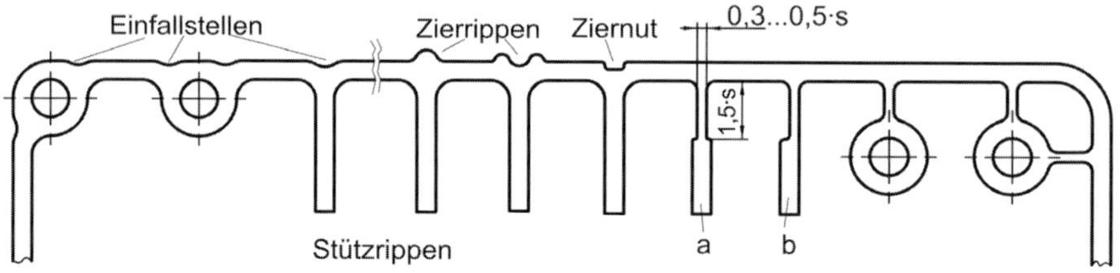

Einfallstellen entstehen durch Werkstoffanhäufungen z. B. an Rippen und Befestigungsaugen

a – Wanddickenreduzierung im Übergangsbereich

b – eventuell einseitige Reduzierung erleichtert Entformen

Rippendicke = Wanddicke, reduzierte Rippen für Augen = 0,5 s

Bild 2.64 Einfallstellen und Möglichkeiten zur Verringerung bzw. Verdeckung

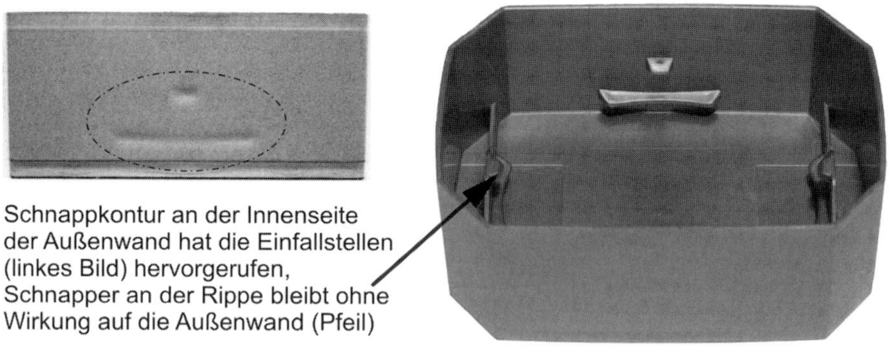

Bild 2.65 Kunststoffdeckel mit Einfallstellen

Beim Zusammenfließen der Spritzgussmasse hinter Kernen bzw. Innengeometrien entstehen Bindenähte mit geringerer Festigkeit – Bild 2.67. Die Anschnittlage ist entsprechend der Beanspruchung wählen (Beanspruchungsrichtung längs der Bindenaht anstreben) und stets mit Werkzeugkonstrukteur abstimmen. Mit geeigneten Angussvarianten sind Bindenähte beeinflussbar (Bild 2.68). Ein praktisch ausgeführtes Bauteil zur Abdeckung von Lüftungsöffnungen zeigt das folgende Bild. Die für die Stabilität erforderlichen Innenrippen würden Einfallstellen an der Außenseite verursachen; durch die Ziernuten sind diese kaschiert.

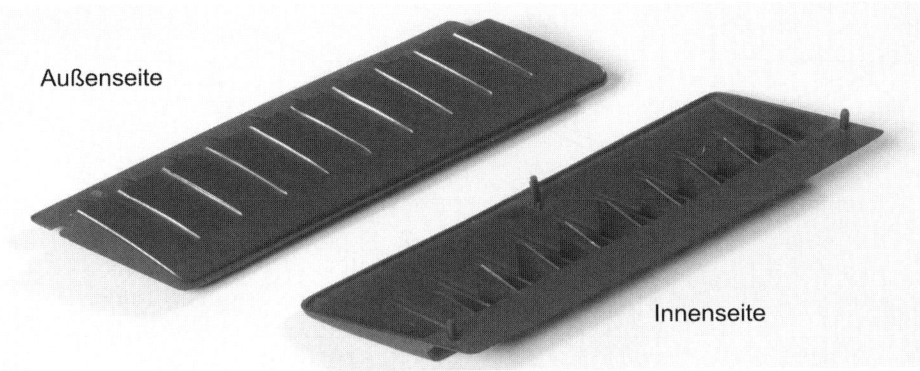

Die möglichen Einfallstellen durch Rippen wurden in die Gestaltung einbezogen.

Bild 2.66 Kunststoffverkleidung [98]]

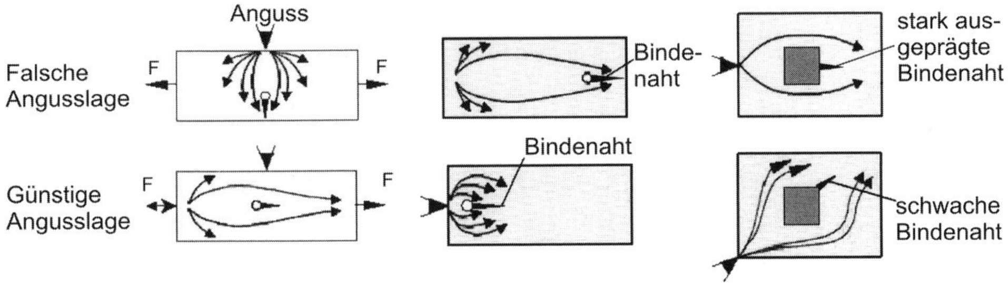

Bild 2.67 Bindenähte hinter Kernen

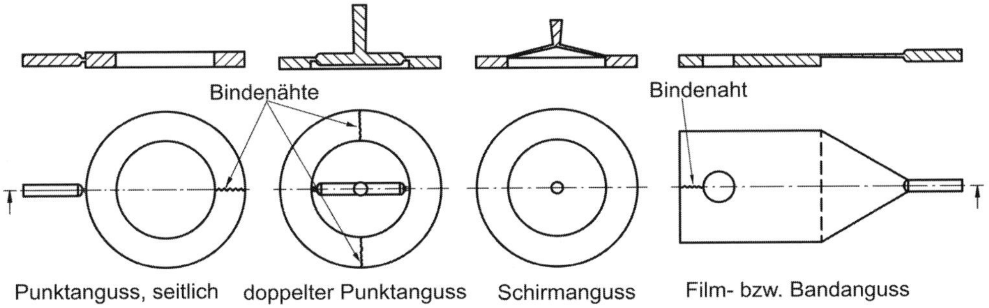

Bild 2.68 Bindenähte und Angussvarianten

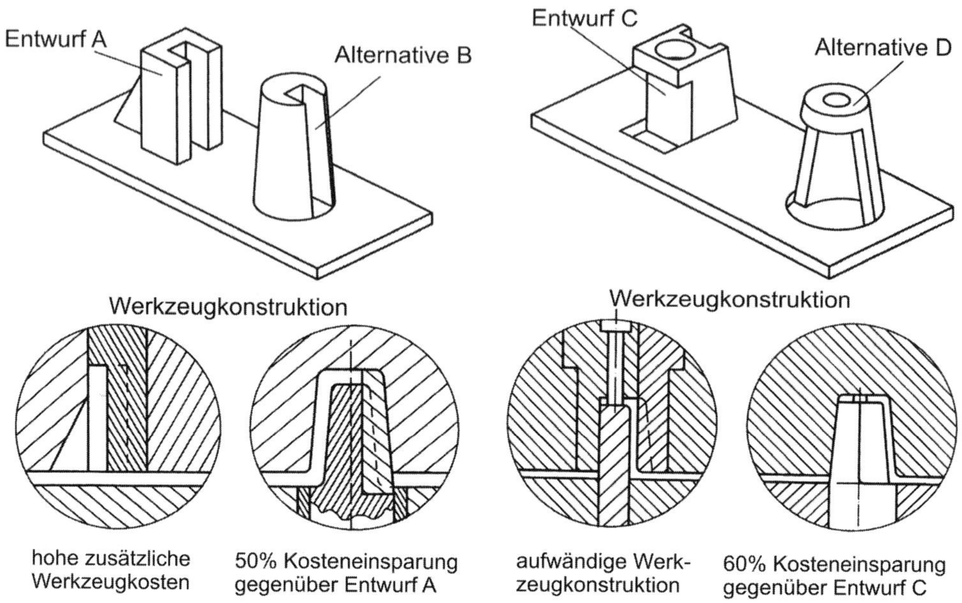

Kleinelemente in rotationssymmetrischer Gestalt sind beim Werkzeugbau kostengünstiger.

Bild 2.69 Kosteneinfluss kleiner Gestaltelemente [7]

Die Variante mit drei Scharnieren (rechts) – im offenen und geschlossenen Zustand abgebildet – schnappt nach leichtem Andrücken selbst zu. Es handelt sich um eine überdurchschnittlich gute konstruktive Lösung, sie darf fast als genial bezeichnet werden.

Bild 2.70 Kabelclips mit Filmscharnier und Schnappverschluss, zwei Varianten [98]

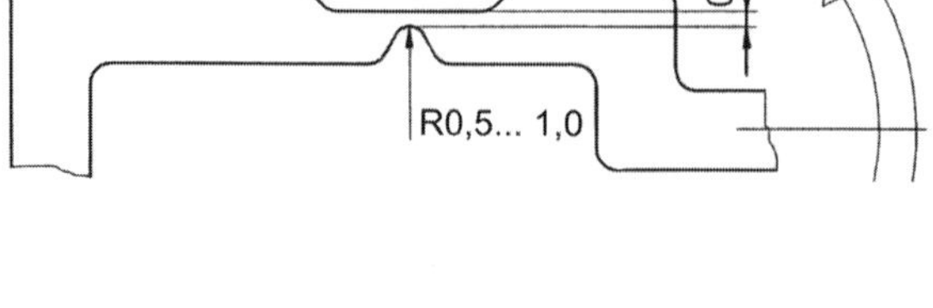

Bild 2.71 Filmscharnier, Gestaltungsvorschlag [30]

Fünf Einzelteile, nur durch Schnappen gefügt. Integrierte Federelemente wirken als Bremse für Kleberolle. Die Schlitze hinter den Federn (siehe S) beseitigen den Hinterschnitt für das Federelement.

Bild 2.72 Klebeband-Rollenhalter mit Detail [98]

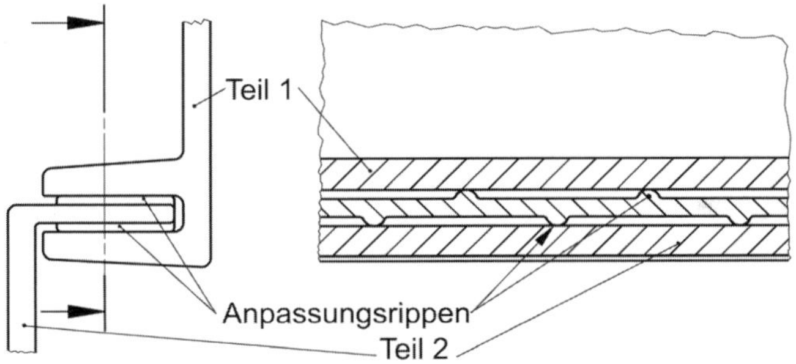

Bild 2.73 Spielfreiheit einer Flachpassung durch Anpassungsrippen

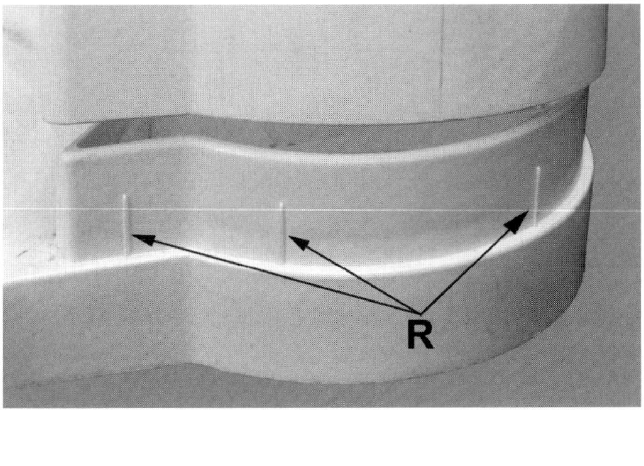

Bild 2.74 Anpassungsrippen R an Bauteilen einer Kaffeemaschine [98]

Neben den Voll-Kunststoffteilen stellen ***Kunststoff-Metall-Verbunde*** eine besonders interessante Kombination dar. Die hohe Steifigkeit eines metallischen Blechteils wird dabei mit der Formenvielfalt des Kunststoffs verknüpft. In Ableitung von seit langem bekannten Metalleinsätzen (Inserts) werden derartige Verbundteile als ***Outserttechnik*** bezeichnet – Bild 2.75. Dabei handelt es sich um eine Differenzialbauweise, die nach Abschnitt 2.2 eigentlich keine Bevorzugung erfahren sollte. Da die Bestückung der Blechplatine mit allen Kunststoffteilen in einem einzigen Arbeitsgang in einer Spritzgießmaschine möglich ist, stellt diese Bauteilgattung innerhalb der Differenzialbauweisen eine positiv zu bewertende Variante dar, wobei eine kostengünstige Mindestmenge deutlich über 5000 Stück liegen dürfte – bei wenigen einfach gestalteten Outserts auch darunter. Ein weiterer Vorteil der Outserttechnik liegt besonders darin, dass Deformationen bei Abkühlung aus der Spritztemperatur auf Raumtemperatur bei Aufteilung in kleine Outsertelemente weitgehend eingeschränkt werden – Bild 2.76. Das Nutzen der hohen (weitgehend) elastischen Verformbarkeit des Kunststoffs für federnde Elemente bis hin zu drehbeweglichen Stellteilen und mehr sind schöpferisch nach den Beispielen in Bild 2.77 anzuwenden.

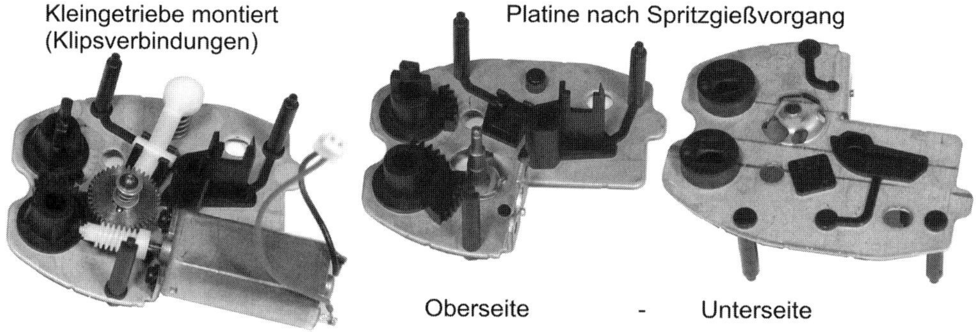

Bild 2.75 Kleingetriebe und dessen Outsert-Platine (Outsert Center GmbH)

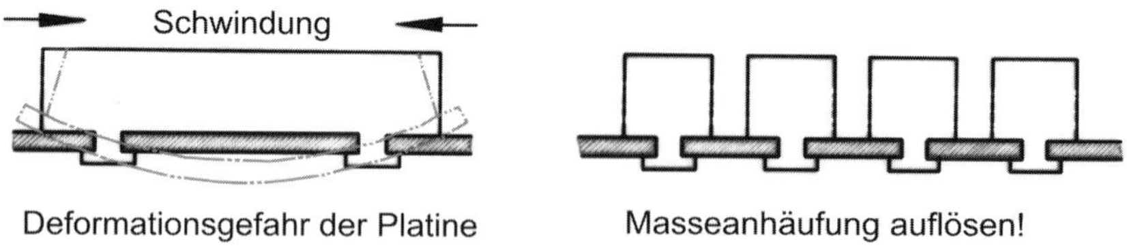

Bild 2.76 Deformationsgefahr bei Groß-Outserts

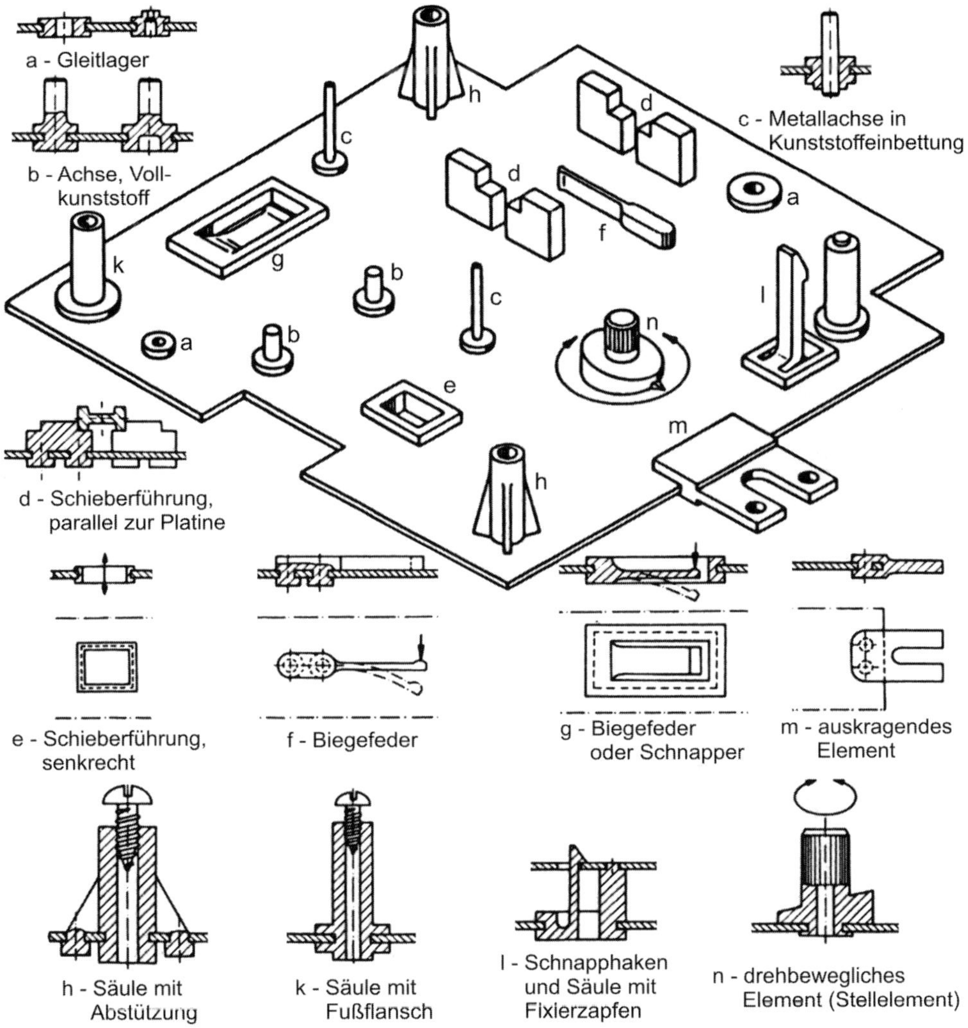

Bild 2.77 Outsertelemente an einer Blechplatte [nach Hoechst AG]

Ein anderer Weg wird mit ***Hybrid-Kunststoff-Metall-Verbunden*** beschritten. Bei der Suche nach immer leichteren tragenden Strukturen werden immer dünnwandigere Blechteile verwendet. Dabei stellt sehr häufig nicht die Festigkeit die Belastungsgrenze dar, sondern es treten Stabilitätsprobleme auf. Hier kann der gegenüber Blech sehr gut formbare Kunststoff helfen (Bild 2.78). Ein Blech-Hut-Profil ist hier mit einer Variante der Dreieckverrippung versehen. Es entsteht eine Stützwirkung gegen Beulen durch Aufteilung der langen Blechwände in kleine Beulfelder. Bei der Herstellung des Kunststoffteils wird ein vorgeformtes Blechprofil mit Lochungen in ein Spritzgusswerkzeug eingelegt, der Kunststoff bildet an den Löchern eine kraft- und formschlüssige Verbindung (ähnlich der Nietverbindung). Im gleichen Arbeitsgang können weitere Funktionselemente mit angespritzt werden

(z. B. Halterungen für Kabel, Schläuche, Rohre). Aus den Belastungs-Verformungs-Kennlinien (Bild 2.79) ist die Wirkung eines derartigen Hybrid-Bauteils bei Biegebeanspruchung im Vergleich zu einem offenen Blech-Hut-Profil und zu einem geschlossenen Blechprofil zu entnehmen. Das Hybrid-Teil ist am höchsten belastbar und je nach Anwendungsfall ist eine Masseverringerung um bis zu 25 % erreichbar. Ein noch günstigeres Verhalten ist bei Torsionsbeanspruchung zu verzeichnen.

Bild 2.78 Verrippung eines offenen Stahlblechprofils mit Kunststoff [13]

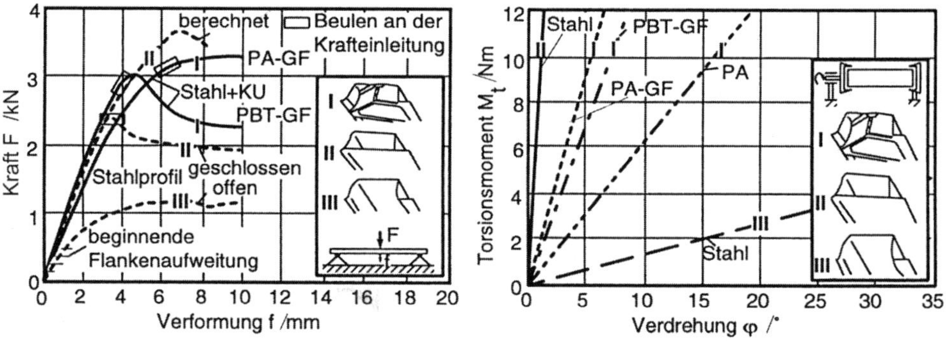

Bild 2.79 Biege- und Torsionssteifigkeit von U-Verbund-Profilen aus Stahlblech mit und ohne Verrippung aus Kunststoffen [13]

Im Sinne der im Abschnitt 1.1 vorgestellten Analyse aufgefundener Konstruktionen und Bauteile darf das folgende Bild – Bildteil 1 – betrachtet werden. Die angewendete Rippenversteifung ist an anderer Stelle vielfach schon durch die aus der Blechteilgestaltung bekannte Versteifungsform – die Ecksicke – ersetzt. So wurden die auskragenden Lagerstellen an Gussgetriebegehäusen früher ausschließlich durch Rippen abgestützt. Inzwischen sind sickenähnliche Versteifungen üblich; auch am Kunststoffwinkel wäre eine Sickenversteifung recht zweckmäßig.

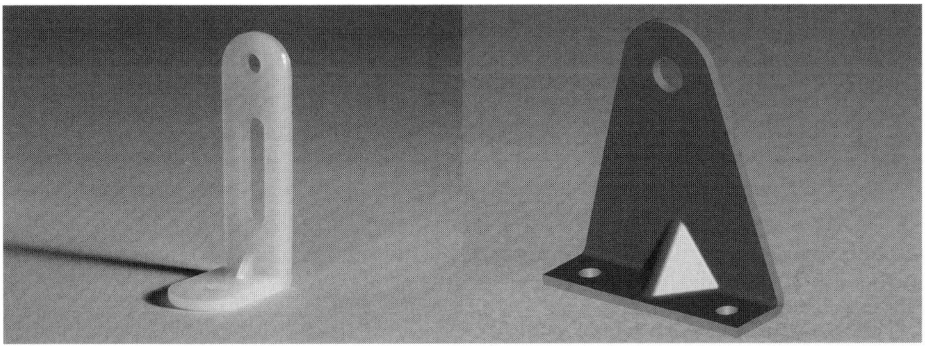

Bild 2.80 Kunststoffwinkel mit Rippenversteifung und alternatives Blechteil mit Ecksicke

Aufgabe 2.2 Welche Gründe sprechen eventuell gegen die Ecksicke und für die Rippe?

Als weiteres Beispiel für eine Analyse bestehender Konstruktionen sei hier abschließend ein recht komplexes Teil einer Kaffeemaschine betrachtet.

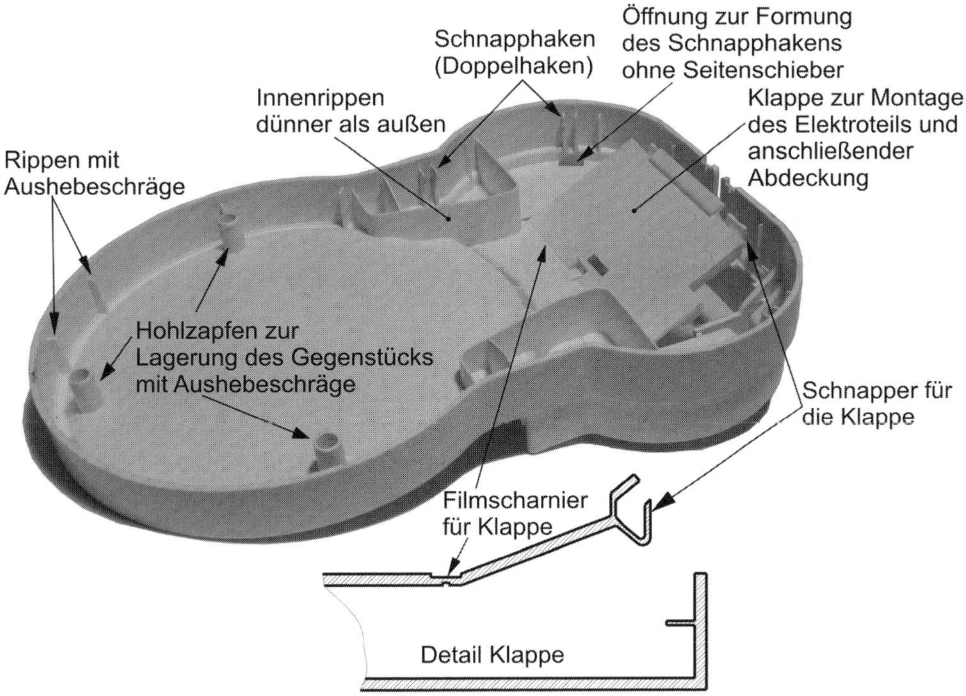

Bild 2.81 Bodenteil einer Kaffeemaschine

2.4.4 Faser-Kunststoff-Verbunde (FKV)

Bauteile aus Kunststoffen mit eingelagerten langen Fasern oder Geweben (vorrangig die preiswerteren Glasfasern und Glasgewebe) stellen eine besondere Werkstoffgruppe dar. In der Literatur werden sie u. a. faserverstärkte oder Faserverbund-Kunststoffe (FVK) genannt. Im Unterschied zu Kurzfaserverstärkungen (max. Faserlänge 10 mm), deren Gestaltanforderungen im vorangegangenen Abschnitt behandelt wurden, geht es hier um Faserlängen > 25 mm und Endlosfasern, die z. T. präzise ausgerichtet im Formteil vorliegen können. Sie vereinen Eigenschaften sehr unterschiedlicher Stoffe:

Faser

- hochgradig zugfest
- bei Druck ausweichend (Knicken)
- im Gewebe zugfest in um 90° versetzten Richtungen

Kunststoff

- geringe Festigkeit
- geringe Masse
- hohe Chemikalien- und Korrosionsbeständigkeit

Faser-Kunststoff-Verbund - FKV

- hohe Festigkeit
- geringe Masse
- hohe chemische Beständigkeit

Aufgabe der Fasern:

- Kräfte leiten

Aufgabe des Kunststoffs (Matrix):

- Fasern einbetten und Baukörper ausbilden bzw. die Gestalt fixieren
- Kräfte zwischen Einzelfasern und Faserschichten leiten

Tafel 2.6 Faser-Kunststoff-Verbund

Im Verbund nehmen die Fasern etwa 95 % der beanspruchenden Kräfte auf, während die Matrix nur mit 5 % beteiligt ist.

Ein wesentlicher Unterschied zu den klassischen Maschinenbauwerkstoffen ergibt sich aus der Lage der Fasern in der Kunststoffmatrix. Liegen die Faserstränge parallel neben- und übereinander im Kunststoff, ergibt sich ein ausgesprochen richtungsabhängiges, d. h. ***anisotropes Werkstoffverhalten***, während die metallischen Werkstoffe ein eher isotropes Werkstoffverhalten zeigen (Eigenschaften in allen Richtungen eines Körpers gleich).

Anisotropie ist dem ältesten Konstruktionswerkstoff des Menschen, dem Holz, ebenfalls eigen. Im Holz befinden sich sehr feste Zellulosefasern in einer Lignin-Matrix. Der zivilisierte Mensch von heute kennt die Eigenschaften des Holzes oft nur noch, wenn er beruflichen Zugang hat (Tischler, Zimmermann) bzw. wenn er sich sein Kaminholz selbst zerkleinert. Hier sei nur erwähnt, dass sich das Holz eines astfreien Baumstamms in Wuchsrichtung (= Faserrichtung) sehr leicht spalten lässt, aber quer dazu ein völlig anderes Verhalten zeigt.

Sofern eine deutliche Zugbeanspruchung im Bauteil vorherrscht, wird man von einer klaren Ausrichtung der Faserstränge Gebrauch machen. Bei eher unklaren Beanspruchungsrichtungen werden für die Faserverstärkungen dann Matten, Gewebe oder andere textile Verarbeitungsarten verwendet. Hier ist aber die ***Hilfe von Berechnungsingenieuren*** gefragt.

Welche FKV-Eigenschaften für den Maschinenbau?

Der Maschinenbaukonstrukteur muss selten nach ausgesprochenen Leichtbaukonstruktionen oder gar nach ***Ultraleichtbau*** (Flugzeugbau, Raumfahrt) streben, wie sie insbesondere ***mit den kostenaufwendigen Kohlefaserverbunden*** möglich sind. Welche Eigenschaften berechtigen aber zu einem FKV-Abschnitt in diesem Buch?

Einleitend wurde bereits auf die hohe ***Chemikalienbeständigkeit*** verwiesen, woraus sich eine sehr gute Korrosionsbeständigkeit, aber auch Lebensmittelbeständigkeit ergibt. In Verbindung mit einer Temperaturbeständigkeit bis 100 °C (mit Spezialharzen auch bis 150 °C) erschließen sich u. a. folgende Anwendungsgebiete:

- chemische Verfahrenstechnik
- Verarbeitungsmaschinenbau/ Lebensmittelverarbeitung
- Wasseraufbereitung/ Kläranlagen
- Entlüftungsanlagen insbesondere für die Ableitung aggressiver Dämpfe, Rauchgase

Für diese Bereiche wurden u. a. Einrichtungen folgender Art gefertigt:

- drucklose und Druckbehälter, Reaktionsgefäße
- Transport- und Sammelbehälter bis zu 3 m Durchmesser und Volumina bis 20 000 l, begrenzt allein durch die Transportierbarkeit auf der Straße
- Rohrleitungen mittlerer und großer Nennweiten (≥ 1000 mm Durchmesser)

Die Herstellungstechniken lassen sehr gut die Einbindung von Messsonden und anderen Sensoren sowie integrierte Stütz- und Aufstellelemente zu, wie u. a. das folgende Bild zeigt.

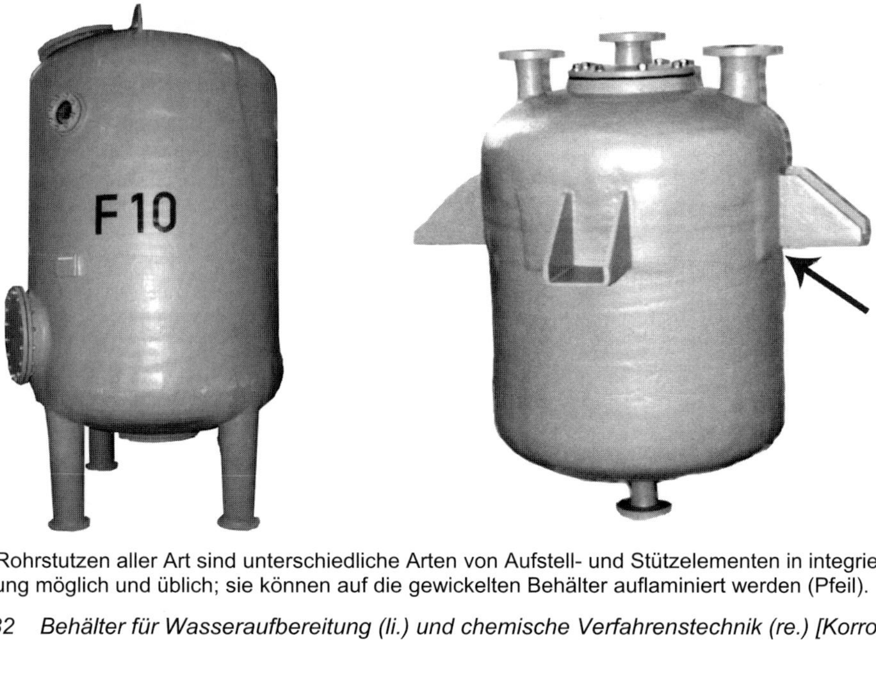

Neben Rohrstutzen aller Art sind unterschiedliche Arten von Aufstell- und Stützelementen in integrierter Gestaltung möglich und üblich; sie können auf die gewickelten Behälter auflaminiert werden (Pfeil).

Bild 2.82 Behälter für Wasseraufbereitung (li.) und chemische Verfahrenstechnik (re.) [Korropol]

Eine weitere bemerkenswerte Eigenschaft ist die sehr große ***Freizügigkeit in der Formgebung***, insbesondere bei doppelt gekrümmten Flächen. Hinzu kommt die ***fertige Oberfläche***, die Farbgebung kann beim Laminieren erfolgen. Beim Lampenträger für einen Sportwagen kommt das deutlich zum Ausdruck, siehe Bild 2.83. Eine Herstellung des Lampenträgers aus Blech dürfte große Schwierigkeiten bereiten, vor allem die tiefen und scharfen Konturen an den Übergängen der verschiedenen Radien. Auch die milderen Krümmungen an den Bugbauteilen für die Straßenbahn (Bild 2.84) würden bei der Fertigung aus Blech aufwendige Umformwerkzeuge erfordern, die bei den geringen Seriengrößen dieser Erzeugnisgruppe nicht angemessen wären. Diese Freiheiten der Bauteilformgebung sind bereits bei kleinsten Fertigungsmengen nutzbar und stehen auch für die Serienfertigung zur Verfügung. Bei Kleinstserienfertigung ist der Aufwand für Formwerkzeuge um Größenordnungen geringer als bei der Blechumformung. Hinzu kommt, dass mit steigender Fertigungsmenge sowohl die Werkzeuge als auch die Verfahren der beabsichtigten Stückzahl gut angepasst werden können. Für sehr große Stückzahlen kann mit Pressen und umschließenden Formwerkzeugen (Matrize und Patrize) gearbeitet werden. Auf jedem Fall bleibt zu konstatieren, dass die ***Bauteilformgebung*** bei dieser Werkstoffgruppe ***viel einfacher als mit metallischen Werkstoffen*** ist.

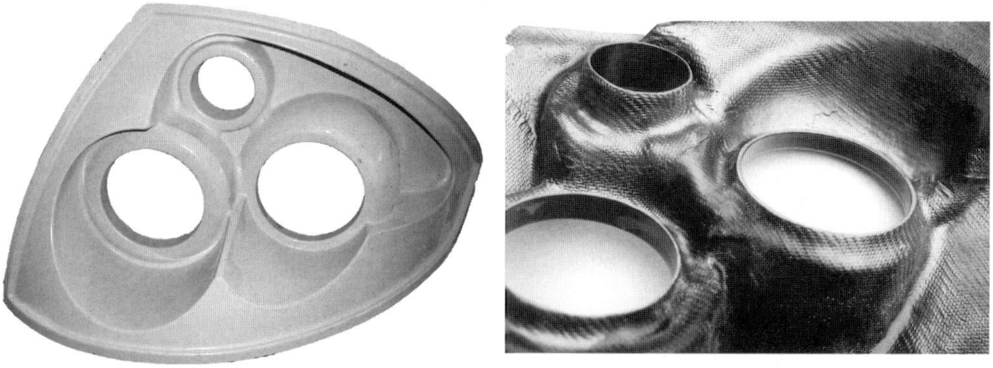

Ansicht der hochwertigen abgeformten Vorderseite mit fertig glänzender Oberflache

Rückseite (Teilansicht) mit deutlich erkennbarer Gewebestruktur

Die komplizierte geometrische Gestalt demonstriert die recht große Gestaltungsfreiheit, die jedoch nur in enger Zusammenarbeit mit dem FKV-Hersteller ausgeschöpft werden kann.

Bild 2.83 Lampenträger für Sportwagen (max. Abmessung ca. 350 mm) [Korropol]

So lassen sich die blechüblichen Versteifungsformen ***Sicke***, ***Bördel***, ***Wölbung*** und ***Spiegel*** problemlos anwenden, wie u. a. am Luftführungselement für Großelektromotoren (Bild 2.85) erkennbar ist. Neben diesen offenen Versteifungsformen lassen sich Verstärkungen durch Einlaminieren von Schaumstoffen, halbierten Schläuchen u. a. Einlagen herstellen – Bild 2.86.

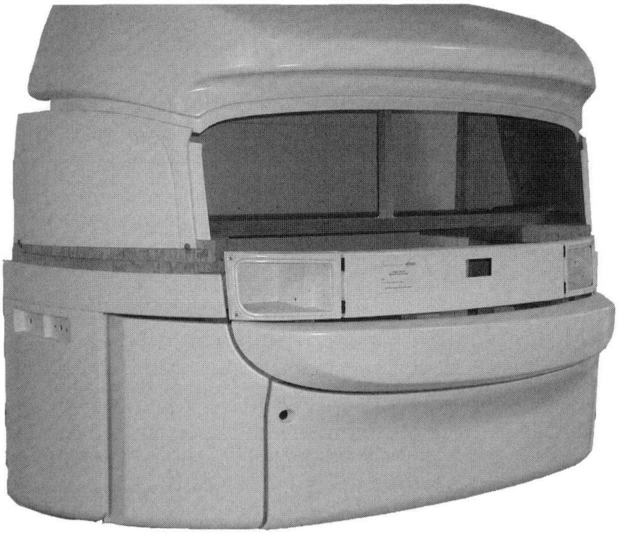

Bild 2.84 Bauelemente für Straßenbahn-Bugbaugruppen [Korropol]

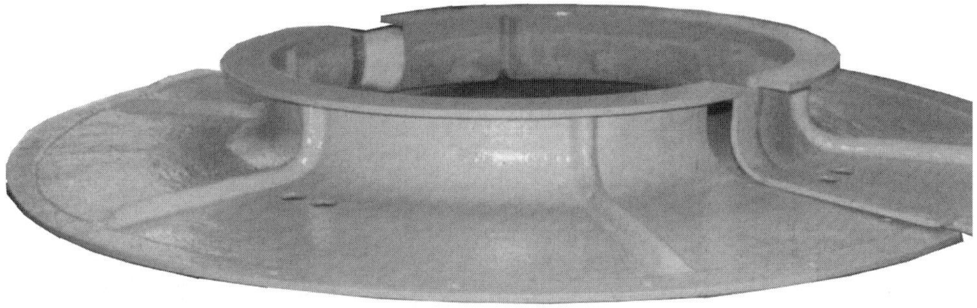

Die hohe elektrische Isolationsfähigkeit kommt der Anwendung im Elektromaschinenbau entgegen; Aussagen zu den Versteifungsformen im Text (Außendurchmesser 2000 mm).

Bild 2.85 Luftführungselement für große Elektromaschinen [Korropol]

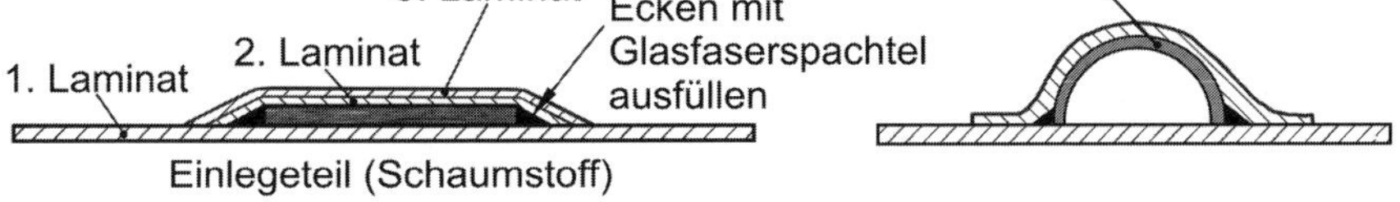

Bild 2.86 Laminierte Versteifungen mit Schaumstoffen u. a.

Der Umgang mit Faser-Kunststoff-Verbunden, die Gestaltung, Berechnung und Fertigung bedürfen einiger Erfahrungen. Zu weiteren Eigenschaften und der Verarbeitung sei z. B. auf [102], [103] hingewiesen. Für den gestaltenden Konstrukteur gilt es, aus der Vielzahl der aktuellen Publikationen die entsprechenden Hinweise aufzunehmen. Ein geeignetes Konzentrat für den Maschinenbaukonstrukteur konnte für dieses Buch nicht ermittelt werden. Dem Leser wird empfohlen, die im Abschnitt 5.4.8 gegebenen Beispiele auf Anwendbarkeit für sein eigenes Erzeugnisspektrum zu prüfen und zusammen mit entsprechenden Herstellern/Zulieferern konstruktive Lösungsansätze zu entwickeln und umzusetzen.

2.4.5 Gesenkschmiede-, Fließpress- und Feinschneid-Formteile

Die Fertigungsverfahren Gesenkschmieden und Fließpressen sind seit langem bekannt, und die Gestaltungsrichtlinien in der gängigen Konstruktionslehre-Literatur werden fast immer mit den gleichen Bildern beschrieben (z. B. [15], [32], [70]). Von einer nochmaligen Wiederholung wird hier abgesehen. Beide Verfahren sind Massivumformverfahren, kommen aber mit einer sehr unterschiedlichen Formenwelt zum Einsatz – siehe folgende Bilder und Kurzcharakteristiken. Die hohen Aufwendungen für Gesenke und Fließpresswerkzeuge können im Allgemeinen nur bei hohen Fertigungsmengen, also in der Großserien- und Massenfertigung, ausgeglichen werden Eine optimale Gestaltung ist ohne Beratung mit einem Expertenteam kaum erreichbar. Für viele Anwendungsfälle, z. B. hochbeanspruchte Fahrwerkteile, ist eine FEM-Optimierung üblich, auch hierfür ist der Experte gefragt und z. T. kann heute auf Spezialbetriebe für derartige Aufgaben zurückgegriffen werden.

Gesenkschmiedestücke

Bild 2.87 Zahnräder und Ritzelwellen, Rohlinge gesenkgeschmiedet und Fertigteile

Die oben abgebildeten Motorradteile werden vollständig bearbeitet, und der Konstrukteur hat hierbei keinerlei Gestaltungseinflüsse des Gesenkschmiedens zu beachten, sie sind hier zur Verdeutlichung der Formenwelt wiedergegeben. Der größte Teil der Oberfläche des Querlenkers (Bild 2.88) bleibt dagegen unbearbeitet und ist vom Konstrukteur mit entsprechenden Aushebeschrägen zu versehen. Alle präzisen Formelemente müssen spanend bearbeitet werden. Das Schmieden hinterschnittener Bauteile ist zwar möglich, wird aber jedoch recht selten ausgeführt. Das hinterschnittene Bauteil ist durch spanende Bearbeitung zu erzeugen oder z. B. als Schweißkonstruktion ausführbar – Bild 2.89. Die größere Gestaltungsfreiheit beim Gussstück in Verbindung mit modernen Werkstoffen wie z. B. Gusseisen mit Kugelgraphit hat teilweise zur Abkehr von Schmiedestücken geführt (Bild 2.90).

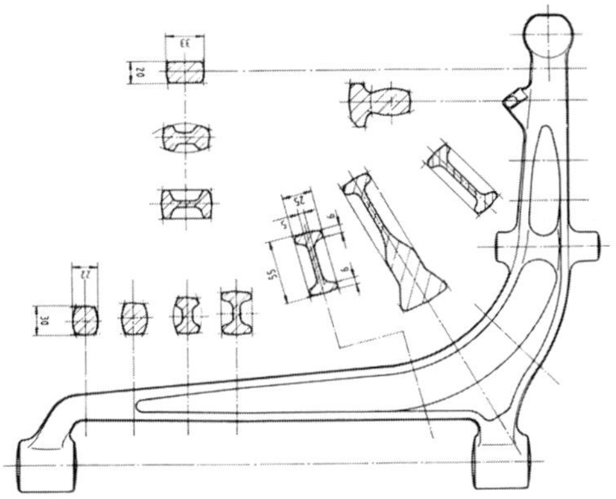

Bild 2.88 Querlenker, erster Entwurf für Festigkeitsberechnung

Bild 2.89 Hochdruckventilgehäuse, Schweißkonstruktion unter Verwendung von Gesenkschmiedestücken

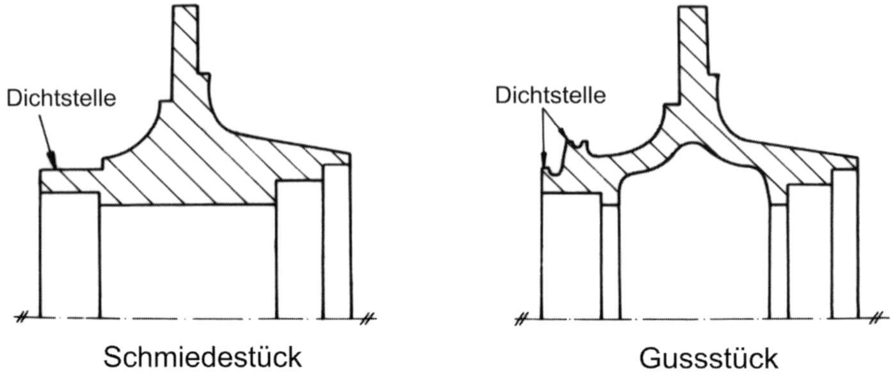

Ursprünglich Gesenkschmiedestück, Hinterschnitt nicht möglich! Neu: Gussstück aus Kugelgrafitguss (GJS), 22 % leichter durch Kernanwendung für Innenkontur und 20 % kostengünstiger.

Bild 2.90 Nabe für Lkw [74]

Fließpressteile

Fließpressen wird vorrangig bei rotationssymmetrischen Formen angewendet, ist aber nicht allein auf diese Formenwelt eingeschränkt. Das Fließpressen kann für den Konstrukteur sehr interessant sein, da es bezüglich der minimal möglichen Wanddicken – 1 mm und darunter ist möglich – dem Bereich der Blechteile zugeordnet werden kann, gleichzeitig aber dickwandige Böden oder Flansche möglich sind.

(Rohling für Ritzel mit Schaft)

Bild 2.91 Fließpressvollkörper

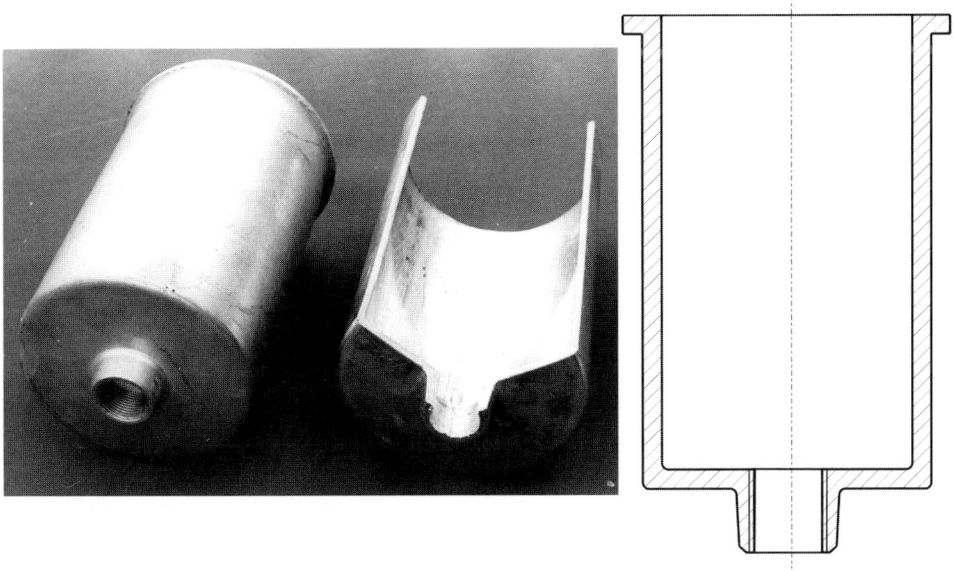

Das Rohteil wird in einer Aufspannung durch Gewindebohren, Bördeln und Überdrehen des Randes fertig bearbeitet. Die Zylinderbohrung wird nach dem Fließpressen nicht mehr bearbeitet.

Bild 2.92 Fließgepresster Druckluftzylinder (Ø 100 mm)

Kurzcharakteristik der Gesenkschmiede- und Fließpressteile:

Gemeinsame Eigenschaften

- Faserverlauf ist nicht unterbrochen, daher prädestiniert für hohe Dauerfestigkeit.
- Geringer Materialeinsatz gegenüber Spanen; besonders zutreffend für Fließpressen.

Gesenkschmiedeteile

- Im Vergleich zu Gussstücken
  - höhere Festigkeiten erreichbar
  - sauberere Oberflächen
  - größere Aushebeschrägen
- Hinterschnitt aufwendig, in der Regel vermeiden
- Passmaße spanend bearbeiten
- rissfreie Bauteile
- obgleich höhere Festigkeit z. T. durch Guss (z. B. aus GJS) abgelöst – Bild 2.90

Anwendungen

- Schraubenschlüssel (Gabel- und Ringschlüssel)
- Pleuel für Verbrennungsmotoren
- Kfz-Fahrwerkteile wie Achsschenkel, Querlenker, Lenkhebel

Fließpressteile

- hohe Qualität der Oberfläche – siehe hierzu Bild 2.92
- hohe Kaltverfestigung
- Durchmessertoleranzen beim Kaltfließpressen IT8, mit Sondermaßnahmen bis IT6!
- kein Hinterschnitt möglich
- prädestiniert für dünnwandige hülsenartige Teile mit unterschiedlich dicken Böden, aber auch massive Teile (siehe Bild 2.91)
- Massebereich: Wenige Gramm bis 20 kg, selten bis 40 kg.

Feinschneid-Formteile

Das dritte, im Titel dieses Abschnitts benannte Verfahren ist ebenfalls auf hohe Fertigungsmengen angewiesen, da neben dem besonderen Feinschneidwerkzeug auch besondere dreifach wirkende Pressen benötigt werden – Bild 2.93. Das auszuschneidende Werkstück wird durch eine umlaufende Ringzacke geklemmt und zwischen zwei Stempeln eingespannt. Der dadurch erreichte Spannungszustand im Blech führt zu einer sauberen und abrissfreien Schnittfläche über die gesamte Materialdicke (Bild 2.94), die damit ohne Nacharbeit als Funktionsfläche dienen kann. Es sind Maßtoleranzen IT13 bis IT8 üblich und IT7 durchaus erreichbar – siehe Tafel 2.7. Blechdicken bis 10 mm sind möglich, die maximalen Abmessungen (Länge, Ø) liegen in der Regel unter 200 mm. Das Feinschneiden wird hier nicht den Blechteilen (Abschnitt 2.5) zugeordnet, sondern den Formteilen, weil gleichzeitig mit dem Schneiden Umformvorgänge ausführbar sind – Bild 2.95. Das Musterteil der Firma Schuler (Bild 2.96) zeigt, dass die flächige Blechgestalt kaum noch vorhanden ist.

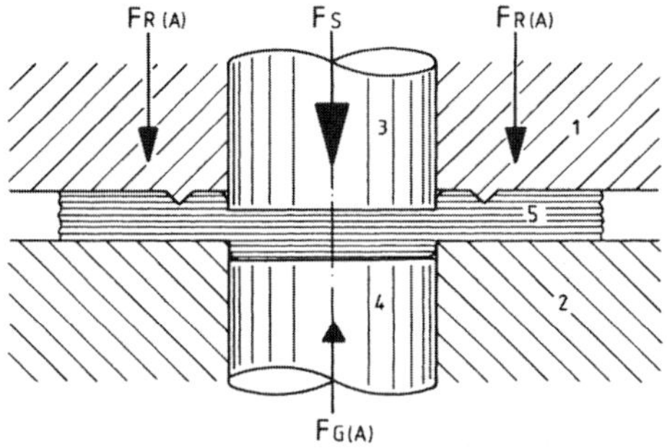

F_S Schneidkraft

F_G Gegenkraft

F_R Ringzackenkraft

Bild 2.93 Feinschneiden

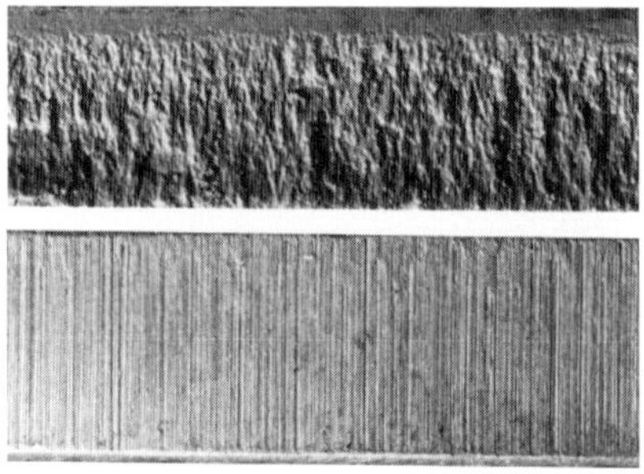

oben: Die Fläche beim normalen Scherschneiden zeigt Schnittzone und Bruchfläche.

unten: Die Feinschneidfläche hat eine gleichmäßige Struktur über die Blechdicke.

Bild 2.94 Schnittfläche beim Scherschneiden und beim Feinschneiden (vergrößert)

	Zugfestigkeit bis 500 N/mm²			Zugfestigkeit über 500 N/mm²		
Blechdicke in mm	Innenformen ISO-Qualität	Außenformen ISO-Qualität	Lochabstands-toleranzen in mm	Innenformen ISO-Qualität	Außenformen ISO-Qualität	Lochabstands-toleranzen in mm
0,5 bis 1	6 bis 7	7	± 0,01	7	8	± 0,01
> 1 bis 2	7	7	± 0,015	7 bis 8	8	± 0,015
> 2 bis 3	7	7	± 0,02	8	8	± 0,02
> 3 bis 4	7	8	± 0,02	8	9	± 0,03
> 4 bis 5	7 bis 8	8	± 0,03	8	9	± 0,03
> 5 bis 6	8	9	± 0,03	8 bis 9	9	± 0,03
> 6	8 bis 9	9	± 0,03	9	9	± 0,03

Tafel 2.7 Erreichbare Toleranzen beim Feinschneiden [80]

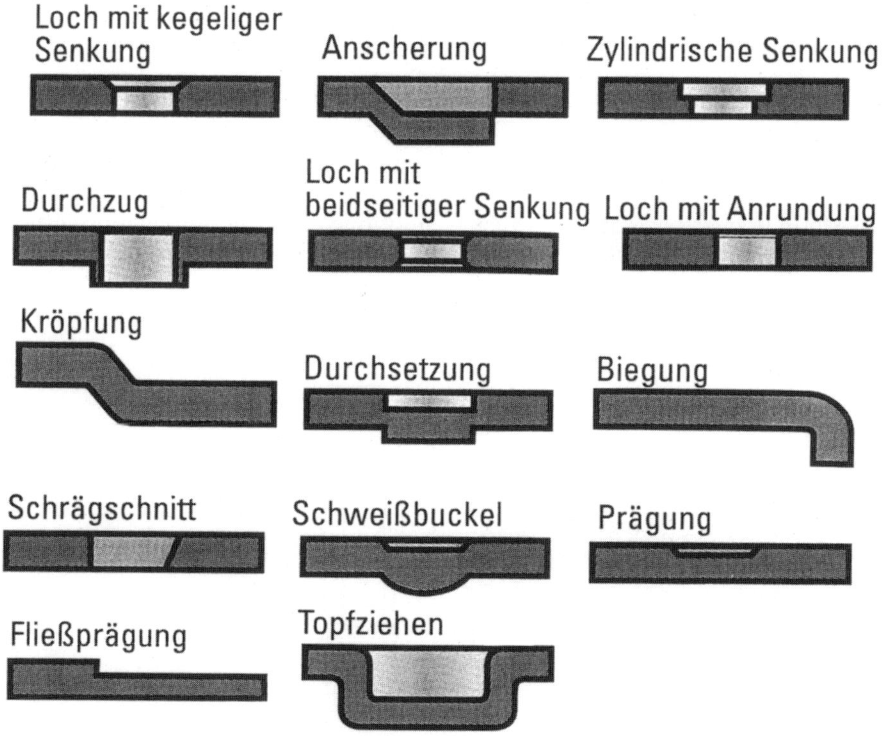

Bild 2.95 Beispiele verschiedener Umformverfahren, die sich mit dem Feinschneiden kombinieren lassen [80]

Das Teil zeigt Umformungen durch Kröpfung, Durchsetzen, Topfziehen, Fließprägen, Biegen, Kegelsenken und Durchziehen.

Bild 2.96 Feinschneidteil [80]

2.4.6 Formteilfertigung durch Innendruck

Typische Blasformprodukte sind durch Extrusionsblasformen gefertigte Hohlkörper. Durch dieses Verfahren hergestellte Objekte sind z. B. die weithin bekannten Kunststoff-Getränkeflaschen.

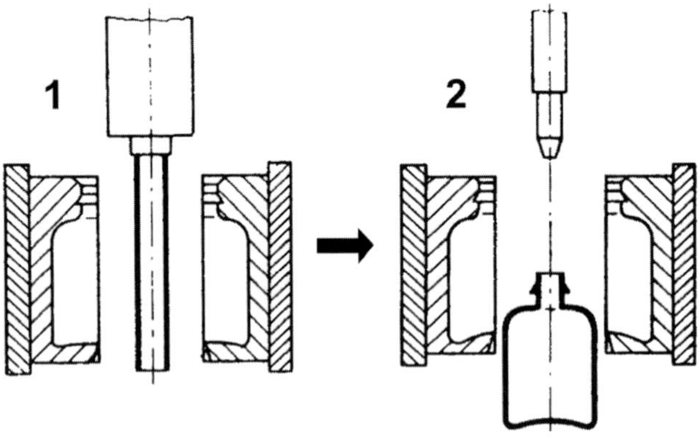

Bild 2.97 Extrusionsblasformen von Kunststoff-Hohlkörpern [7]

Ein Extruder erzeugt einen schlauchförmigen Vorformling zwischen zwei beweglichen Formhälften (Bild 2.97 – **1**). Durch das Schließen der Form wird der Schlauch abgequetscht und kann durch Druckluft aufgeblasen werden. An der gekühlten Werkzeugwand erstarrt er zu einem Hohlkörper. Die geöffnete Form gibt den Hohlkörper frei (Bild 2.97 – **2**).

Der warme Vorformling ist leicht verformbar, der Aufblasdruck ist niedrig (ca. 5 bis 8 bar), die Beanspruchung der Form ist dementsprechend gering.

Sehr ähnlich arbeitet das Gas-Innendruck-Verfahren (Bild 2.98). Nach einer Füllung der Form zwischen 50 bis 90 % erfolgt eine Gasinjektion (sehr häufig Stickstoff). Es ergeben sich folgende Vorteile (nach [13]):

- Minimierung der Einfallstellen
- Gewichtsreduzierung und Kühlzeitverkürzung
- Gute Biege- und Torsionssteifigkeit (Hohlkörper)

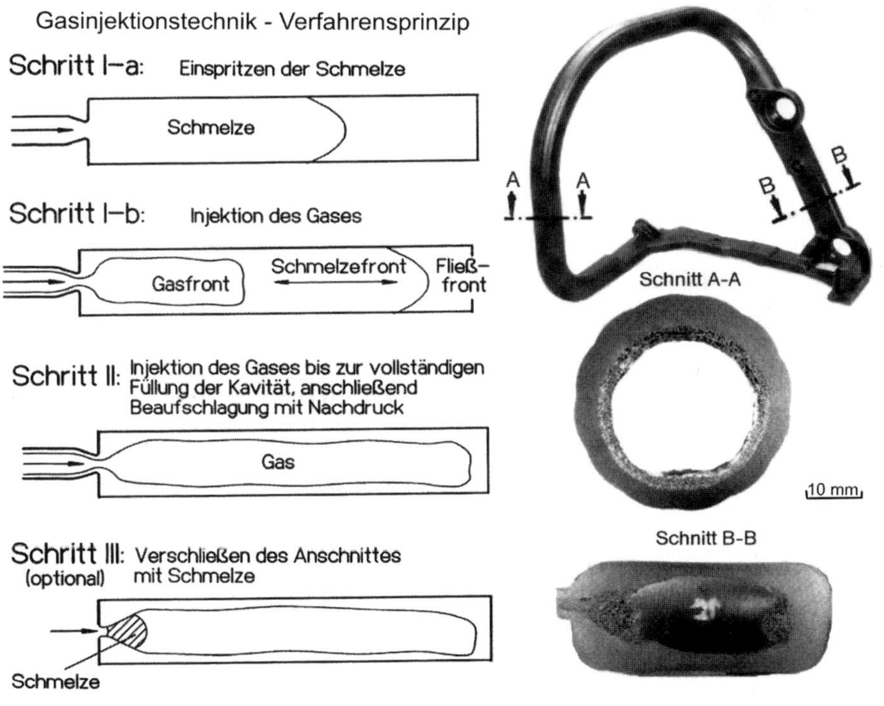

Bild 2.98 Halte und Schutzbügel einer Kettensäge aus Polyamid (PA) 6, hergestellt im Gas-Innendruck-Verfahren [7]

Nach dem gleichen Grundprinzip arbeitet das Innenhochdruck-Umformen (IHU), allerdings mit metallischen Rohren und anderen Hohlteilen – siehe Bild 2.99 – und bedeutend höherem Druck (Wasserdruck 1000 bis 6000 bar). Das Werkzeug, eine geteilte Form, wird im Allgemeinen von einer hydraulischen Presse geschlossen, zugehalten und geöffnet.

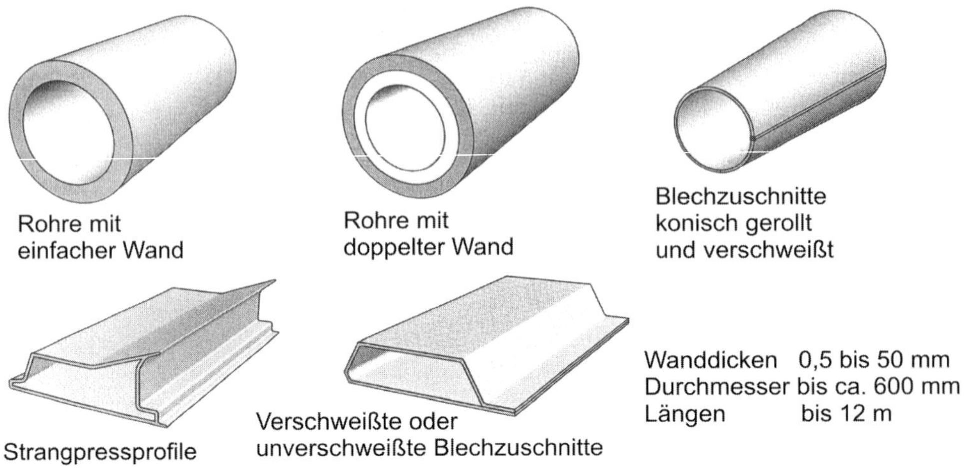

Bild 2.99 Rohteilformen [80]

Das Werkzeug kann bewegliche Elemente. z. B. für Querschnittsverlagerung oder Lochung enthalten – siehe folgende Bilder.

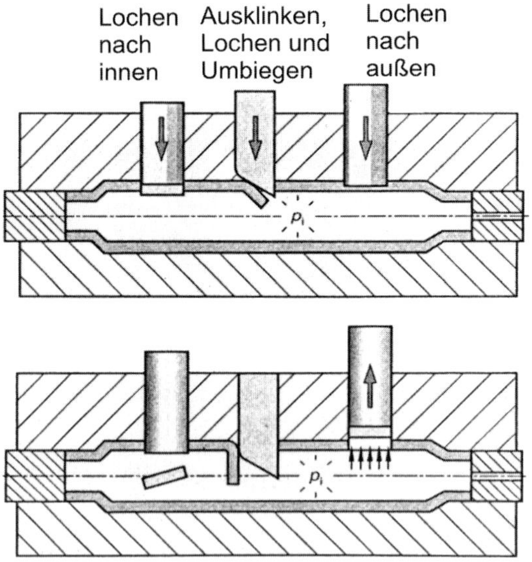

Bild 2.100 Aufweiten eines Rohres durch IHU mit zusätzlichen Lochungen [Schuler-Handbuch]

Es lassen sich metallische Hohlkörper aus einem Stück formen. Für die Innenkontur ist kein Werkzeug bzw. Kern erforderlich. Die Vorformlinge können gerade, gekrümmt oder anderweitig vorgeformt sein.

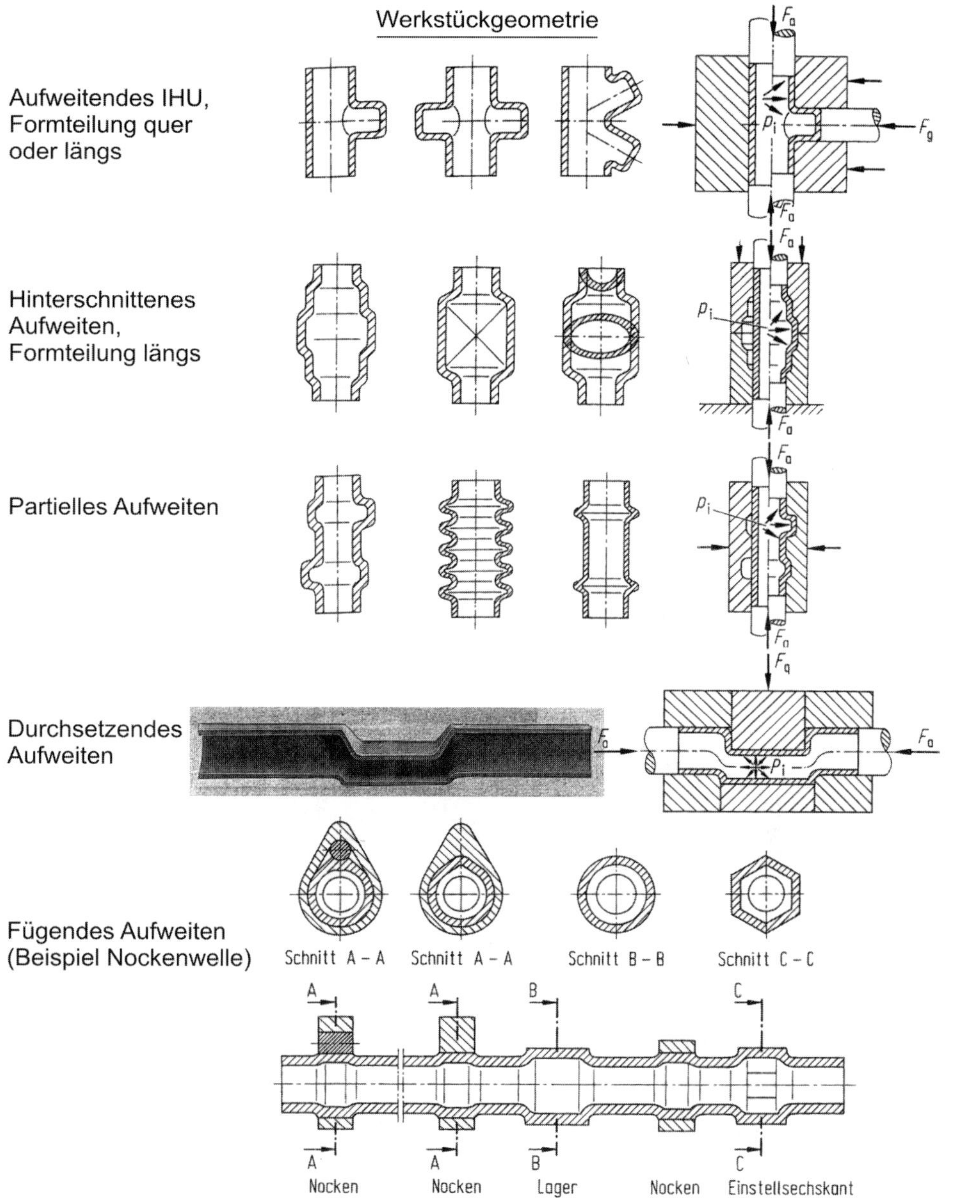

Bild 2.101 IHU-Formenwelt [nach 96]

Bisher standen dem Konstrukteur für lange und dünnwandige Hohlteile fast ausschließlich Strangmaterialien mit gleichmäßigem Querschnitt über die gesamte Länge zur Verfügung. Jetzt können derartige Hohlkörper mit rotationssymmetrischen und nicht rotationssymmetrischen Querschnitten und anderen Gestaltergänzungen unterschiedlichster Art versehen werden – siehe Bild 2.101. Gleichzeitig kann der Hohlkörper mehr oder weniger stark gekrümmt sein. Neben den einfachen Anwendungsfällen für Rohrformstücke des Rohrleitungsbaus (T-Stücke, Kreuzstücke, Reduzierstücke) werden stark gekrümmte Abgas- und Ansaugsysteme des Fahrzeugbaus sowie für Wärmetauseher und dergleichen hergestellt. Dabei wirken sich die glatte innere Oberfläche und die gerundeten Konturen an den Querschnittsübergängen strömungsgünstig aus. Für kraftbeanspruchte Bauteile kommt der Hohlquerschnitt bei Biegung und insbesondere bei Torsion äußerst günstig zur Wirkung. Die im Karosseriebau bisher ausschließlich übliche punktgeschweißte Blechhalbschalen-Bauweise kann dadurch abgelöst werden. Weitere Anwendungsfälle können der folgenden Tafel entnommen werden.

Branche	Baugruppe	Bauteil (Beispiel)
Automobilindustrie Fahrzeuge. Straße, Wasser, Luft, Schiene	Fahrwerk, Abgas- und Ansaugsysteme, Anbauteile, Antrieb, Sitze, Rahmen/ Karosserie, Lenkung	Quer- und Längsträger, Krümmer, Dachrehling, Spoiler, Getriebewellen, A-, B-, C-Säule, Dachrahmenprofile, Lenksäule mit Kompensator
Chemie-, Gas-, Ölindustrie, Kraftwerksbau	Leitungs- und Behälterteile, Rohrformstücke	T-Stücke, Reduzierstücke, Gehäuse, Verkleidungen
Haushaltsstechnik	Armaturen, Maschinen	Rohrbögen, T-Stücke, Kreuzstücke, Bögen
Zweiradindustrie	Rohrformstücke	Tretlager, Knoten, Rahmen

Tafel 2.8 Anwendungsmöglichkeiten des Innenhochdruckumformens [Schuler-Handbuch]

Die mögliche Formenwelt der IHU-Technik ist schwer überschaubar, hier weitere Bilder:

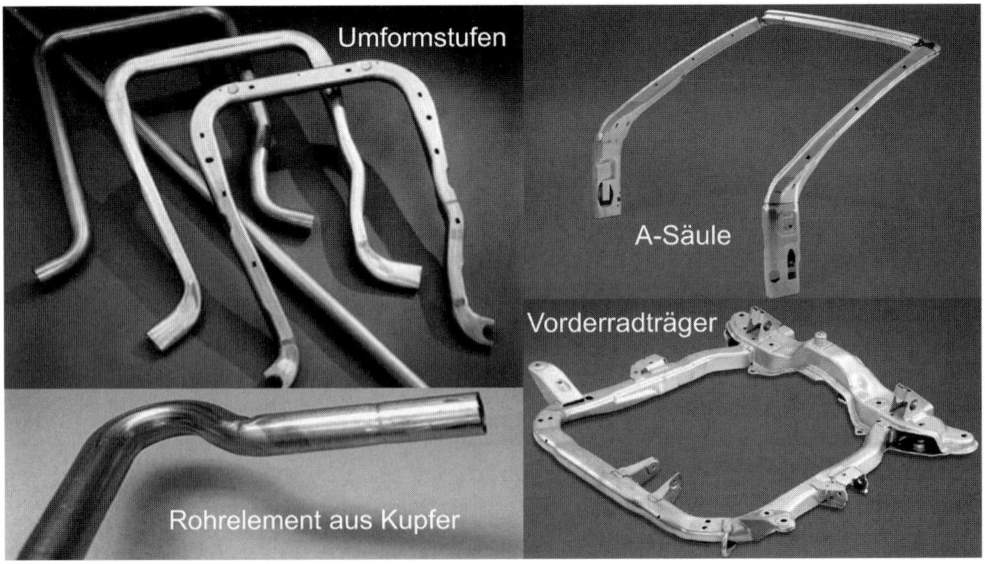

Bild 2.102 Bauteile, geformt durch Innenhochdruck [Schuler]

Neben den im Bild 2.99 dargestellten Rohteilformen kann auch mit lasergeschweißten Blechplatinen aus unterschiedlichen Blechen (Dicken, Blechqualität) gearbeitet werden (sog. Tailored Blanks – siehe Abschnitt 4.3).

Durch den hohen Aufwand für Formen und Pressen ist dieses Verfahren teuer und eher für hohe Stückzahlen geeignet. Außerdem dürfte eine Machbarkeitsanalyse unter maßgeblicher Mitwirkung entsprechender Erfahrungsträger unvermeidbar sein.

2.5 Die Formenwelt des Rundknetens

Folgt man der Definition der Fertigungstechnik. dann ist Rundkneten sowohl Freiformen als auch Gesenkformen [20] (letzteres bezieht sich auf Rundkneten über einen Dorn, z. B. Rundkneten von Innenverzahnungen). Dass diese Einordnung dem Konstrukteur wenig Hilfe leistet, wurde bereits im Abschnitt 2.3.1 behandelt. Rundknetmaschinen werden seit über 80 Jahren hergestellt. Die Standardliteratur für den Maschinenbaukonstrukteur enthält jedoch nur sehr wenige Aussagen zum Verfahren und fast keine Angaben zur Formenwelt, obwohl leicht bauende Hohlwellen mit vielen Nebenformelementen herstellbar sind – siehe Arbeitsbeispiele in Tafel 2.9. Neben den Beispielen der Tafel sind Innen- und Außenverzahnungen und weitere Sonderformen möglich – Fa. Felss.

Bild 2.103 Rundknet-Teile im Größenvergleich [Fa. Felss]

Verschiedene Außendurchmesser mit unterschiedlichen Längen, vorrangig aus Rohr, auch massiv möglich	
Verschiedene Innendurchmesser mit unterschiedlichen Längen	
Einschnürungen und Einstiche (auch in Werkstückmitte)	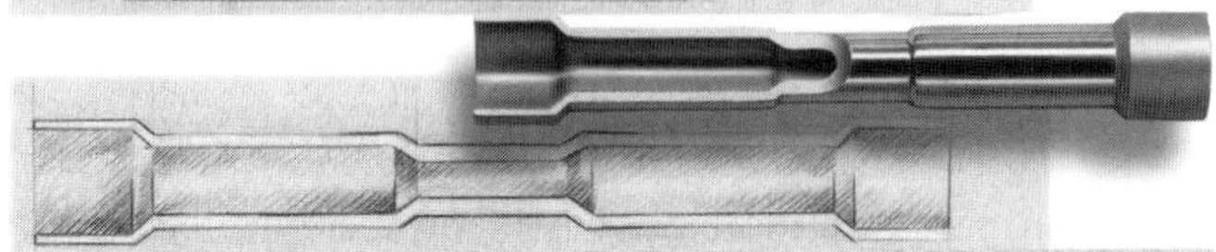
Außenwulst (gestaucht) Außennut (gerollt)	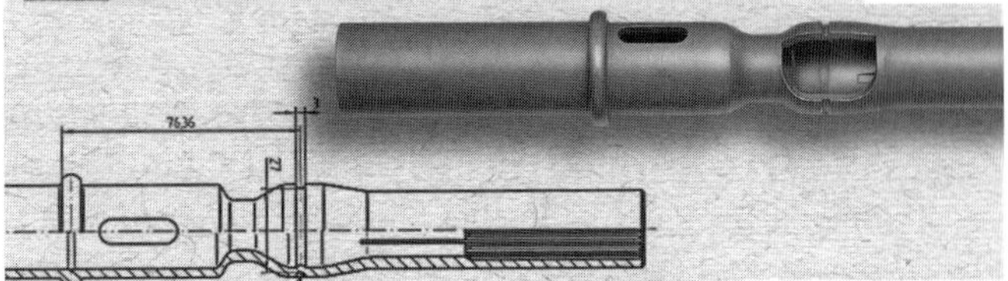
Innen- und Außengewinde	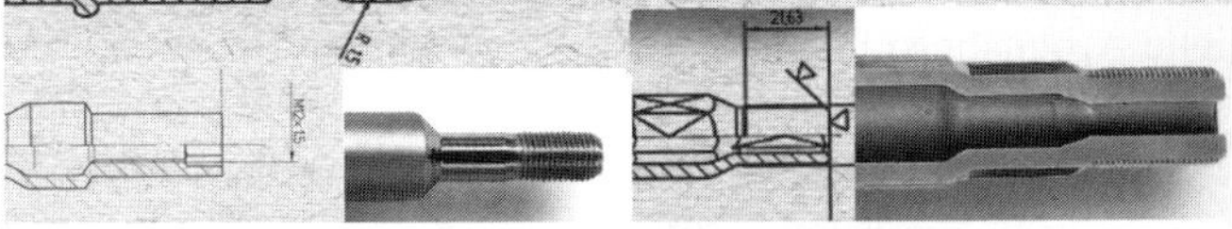
Innen- und Außenverzahnung (z. B. Kerbverzahnung)	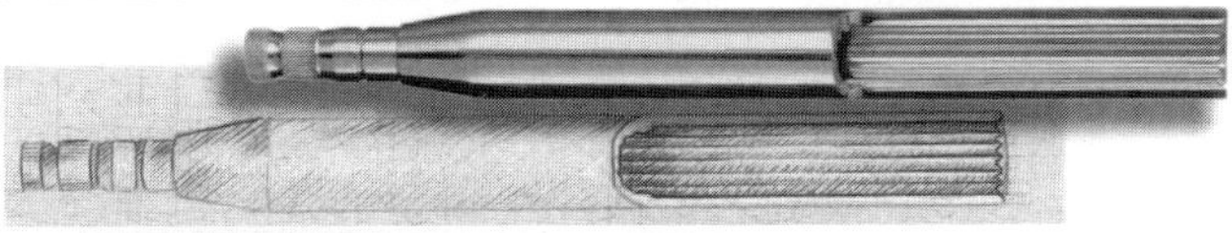
Schlauchanschlussprofil kugelige Endform	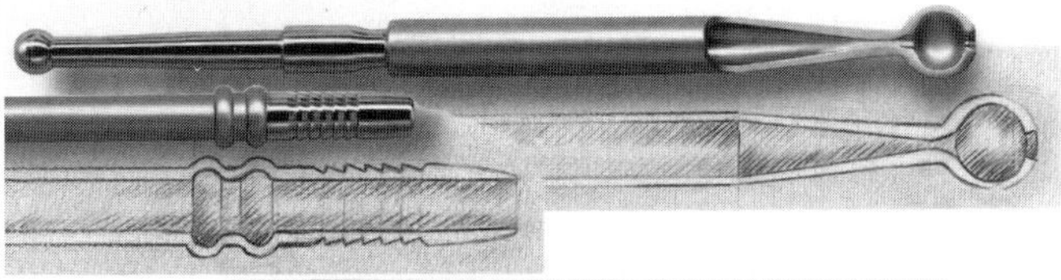
Verschlossenes Endstück	
Unrunde Außengeometrie Zweiflach Dreikant Vierkant Sechskant	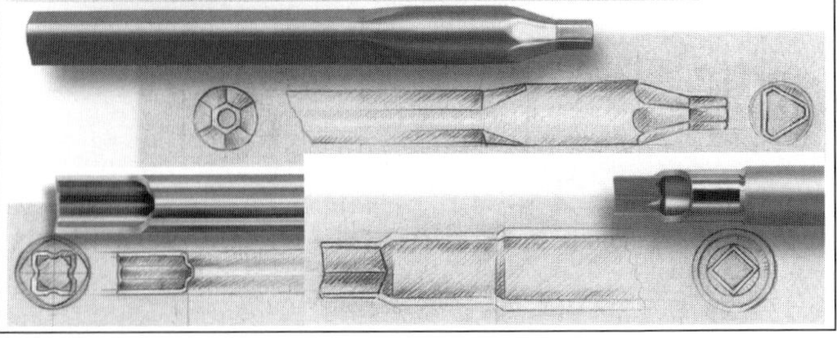

Tafel 2.9 Formenwelt Rundkneten [Fa. Felss]

Schlitz schneiden (hier Langloch 8 x 25) und andere Stanzoperationen	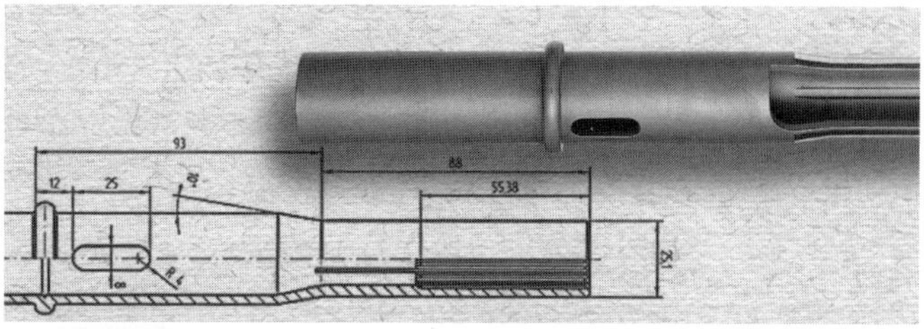
Eingängige und mehrgängige Spiralgeometrien	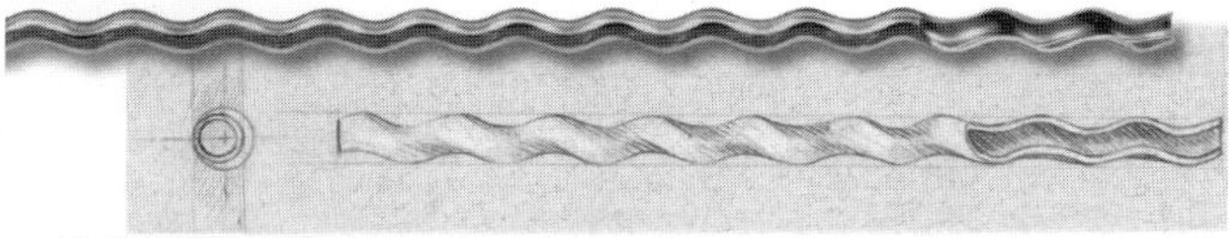
Kraft- und formschlüssige Verbindungen können Schweißverbindungen ersetzen	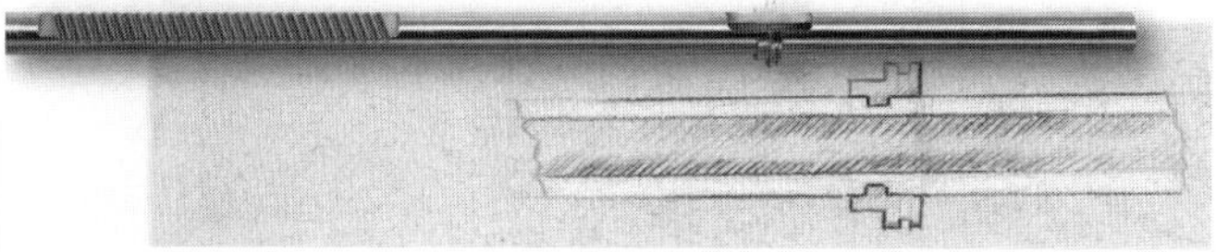

Tafel 2.10 Formenwelt Rundkneten – Sondergeometrien (Auswahl) [Fa. Felss]

Der ***Hauptvorteil*** des Rundknetens ist wohl die auf der Verwendung von Rohr beruhende ***Leichtbauweise***. Hinzu kommen die Kaltverfestigung und der nicht unterbrochene Faserverlauf. Zur Anwendung können alle niedrig- und hochlegierten Stähle, Edelstähle, Aluminium und praktisch alle NE-Metalle in folgenden Durchmesserbereichen kommen:

Stäbe: 0,4 bis 70 mm
Rohre: 0,4 bis 120 mm

Die erreichbaren Toleranzen liegen im Bereich von ± 0,1 bis ± 0,01 mm (IT9 … IT8). Innendurchmessertoleranzen beim Kneten über Dorn ≤ 0,03 mm sind erreichbar. Die besten Oberflächen sind bei Einstechvorgängen mit Ra < 0,1 µm erreichbar. Sonst ist Ra < 1 µm möglich.

Die Hersteller von Rundknetteilen werden neben dem eigentlichen Rundkneten ergänzende Umformverfahren (z. B. Fließpressen) und weitere Verfahren (z. B. Stanzen, Drehen, Schleifen) zur Anwendung bringen. Damit wird sich immer ein spezielles Know-how entwickeln, auf welches der Anwender durch zweckentsprechende Zusammenarbeit mit Spezialunternehmen zurückgreifen kann.

2.6 Lösungen – Fertigungs- und kostengerechtes Gestalten

Lösungen zu Aufgabe 2.1:

Die verbesserte Variante (Bild 2.5) enthält mit der Anwendung der Brennschneidteile 4 (hier 1) und des halben Rohrstücks 6 (hier 3) den richtigen Ansatz, hier die weiterentwickelte Lösung:

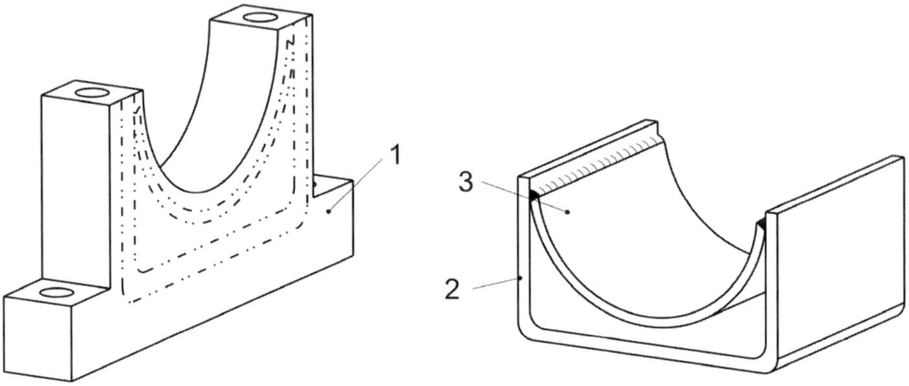

Zwei Brennschneidteile bilden den tragenden Lagerkörper

Zwei Blechbiegeteile bilden die Ölkammer und verbinden die Teile

Bild 2.104 Stehlager – Schweißvariante 3

Lösung zu Aufgabe 2.2:

Die Formherstellung ist einfacher, nur eine Formhälfte enthält eine Nut. Bei geringer Fertigungsmenge kann das von Bedeutung sein.

3 Spezielle Anforderungen und Gestaltungsmittel

Das fertigungsgerechte Gestalten für den Maschinenbau ist in der Maschinenelementeliteratur im Allgemeinen nur fragmentarisch enthalten. Um diesen Mangel zu beseitigen, wurde von den Verfassern die Gestaltungslehre [34] herausgegeben. Sie ist als Grundlage für die Konstrukteurausbildung gedacht. Das hier vorgelegte Buch stellt eine Erweiterung und Ergänzung dar und es wird versucht, bisher vereinzelt aufgefundene Gestaltungsansätze und -beispiele zweckmäßig zusammenzutragen sowie die Erfahrungen aus eigener Lehrtätigkeit einzubeziehen. Hierzu gehört der bereits im Abschnitt 2.2 vorgestellte methodische Ansatz zur Variation der Wirkflächen nach Tjalve [87]. Im aktuellen Abschnitt wird auf Fragen eines minimalen Bauraums für die Baugruppe und die gesamte Maschine, auf Fragen eines minimalen Baukörpers für die Einzelteile und mehr eingegangen. Dabei können z. T. jedoch nur Hinweise gegeben und Fragestellungen aufgeworfen werden, die schöpferisch für die eigenen Aufgaben des Lesers zu verarbeiten sind. Die Verfasser sind der Meinung, dass die dargestellten Gestaltungshinweise und –beispiele zu ungewohnten und unüblichen Lösungen führen können. Dieser Effekt wird jedoch nur eintreten, wenn dieses Buch öfter zur Hand genommen wird. Es soll auch dazu dienen, bei der Herausbildung des Erfahrungsschatzes des Konstruktionseinsteigers behilflich zu sein. Die Verfasser sehen einer Rückäußerung des Lesers mit Interesse entgegen.

3.1 Minimaler Bauraum für eine Baugruppe

In der Regel wird jeder Konstrukteur versuchen, die von ihm zu entwerfende Baugruppe in einem möglichst kleinen Bauraum unterzubringen. In dem Klassiker der Konstruktionsmethodik [44] wird das Trennschalterbeispiel nach Bild 3.1 vorgestellt. Kesselring stellte fest, dass ein bereits über lange Zeit hergestellter Schalter, obgleich an Einfachheit kaum zu übertreffen, viel kleiner gebaut werden kann und damit die Kosten für die Gebäude zur Unterbringung der Hochspannungsschaltanlagen merkbar herabgesetzt werden konnten. Aus dieser Erkenntnis wurde das

Prinzip vom minimalen Raumbedarf

hergeleitet.

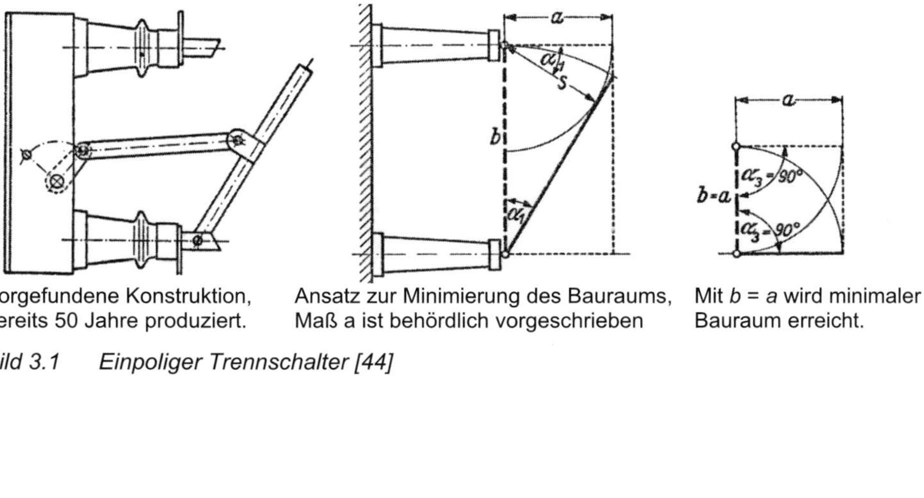

Vorgefundene Konstruktion, bereits 50 Jahre produziert. — Ansatz zur Minimierung des Bauraums, Maß a ist behördlich vorgeschrieben — Mit $b = a$ wird minimaler Bauraum erreicht.

Bild 3.1 Einpoliger Trennschalter [44]

Auch ohne Kenntnis dieses Prinzips haben sich die Konstrukteure von Schraubvorrichtungen und Bohrköpfen bei sehr kleinen Bohrungsabständen mit Platzproblemen zu befassen. Lösungsbeispiele können Bild 3.2 und Bild 3.3 entnommen werden. Beim dargestellten Mehrspindelbohrkopf tritt ein minimaler Abstand der Außenringe von Null auf. Ein ähnliches Bauraumproblem bereitet die Unterbringung der Verbindungsschrauben zwischen den Tonnenlagern eines Walzwerkgetriebes – Bild 3.4.

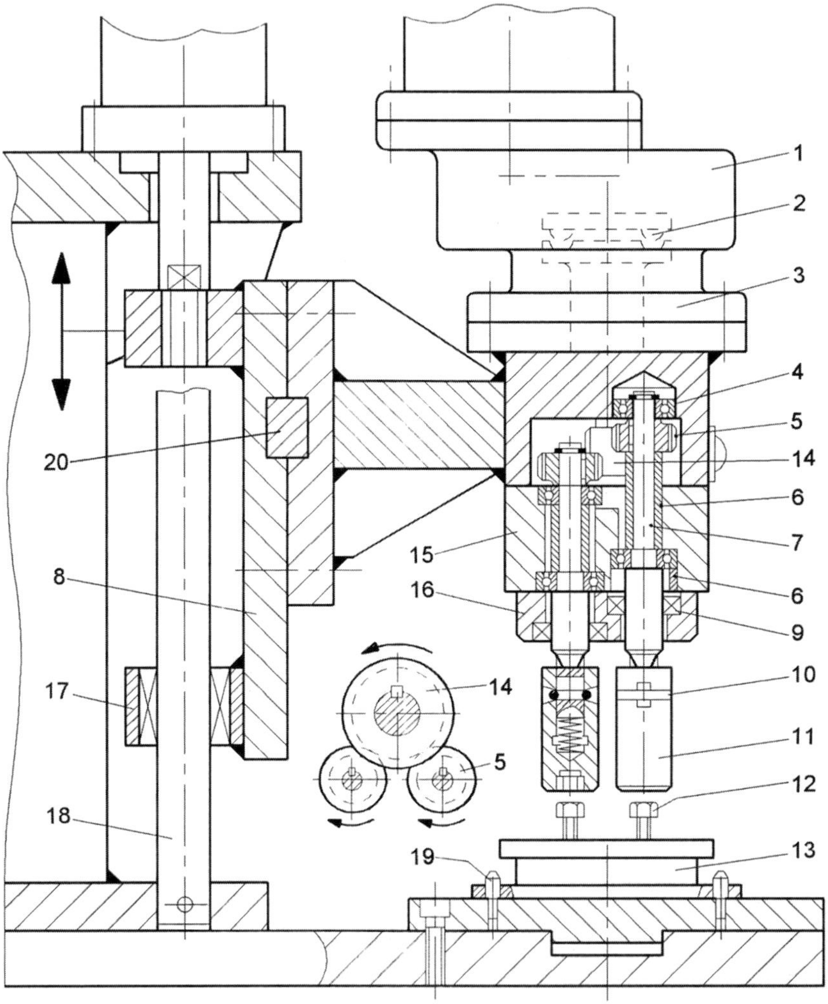

Der geringe Abstand der Schraubobjekte 12 verlangt einen engen Schraubspindelabstand. Damit sich die Dichtringe 9 nicht berühren bzw. durchdringen sind sie höhenversetzt angeordnet worden. Die Notwendigkeit für den Höhenversatz der Kugellager 4 und der Zahnräder 5 bleibt dagegen unklar – beachte dazu auch die Draufsicht von 14 und 5.

Bild 3.2 Doppelschraubvorrichtung nach [31]

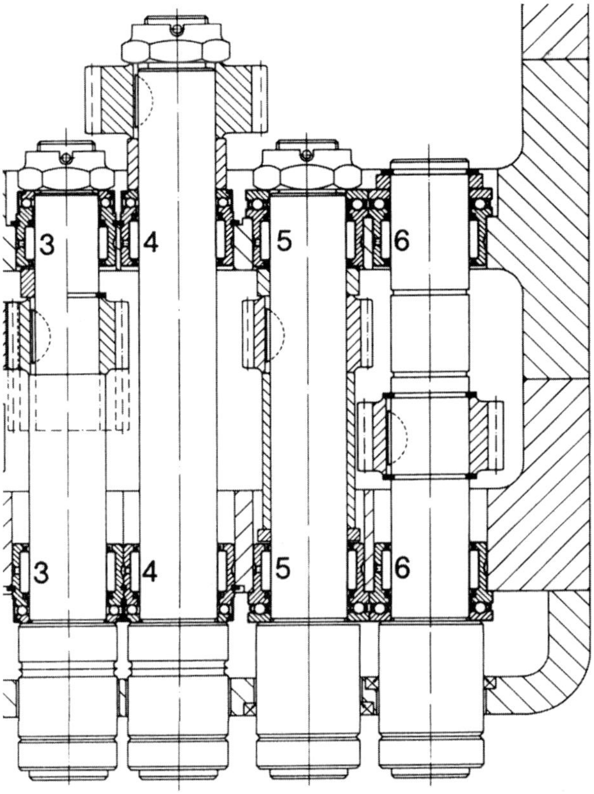

Die verwendeten kombinierten Wälzlager sind für minimalen Bauraum ausgelegt. Zwischen Spindel 3 und 4 ist der Abstand der Außenringe 0 mm!

Bild 3.3 Mehrspindelbohrkopf [18]

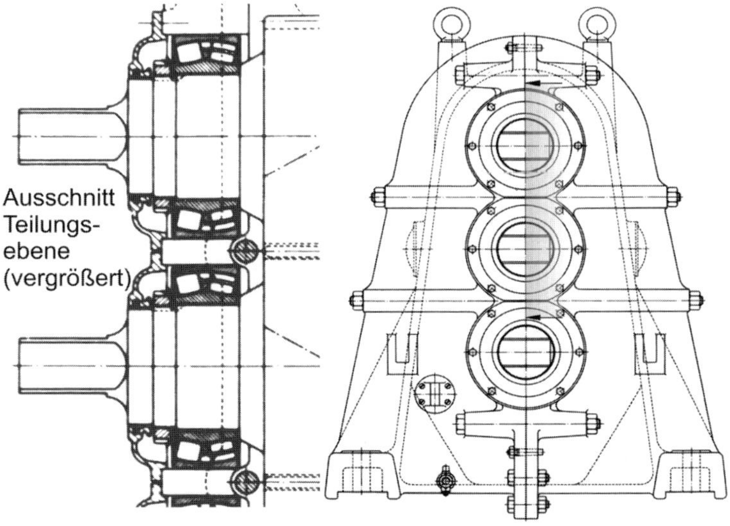

Für die Schrauben zwischen den Wellenlagerungen ist der Bauraum nicht ausreichend. Die Schrauben sind zwischen der ausgesparten Gehäusewand, den Tonnenlagern und den Zahnrädern „eingezwängt“. Die Beherrschung des freien Durchgangs für die Schrauben erfordert die Kontrolle der Gussstücke und gegebenenfalls Nacharbeit.

Bild 3.4 Walzwerkgetriebe [18]

Aufgrund dieser Beispiele wurden für ein Konstruktionsseminar an der TU-Dresden die im Bild 3.5 niedergelegten Fragen entwickelt und mit den Konstrukteurstudenten diskutiert. Dem Leser sei empfohlen, für diese Fragen selbst eine Antwort zu finden bevor die folgenden Lösungsansätze zur Kenntnis genommen werden.

1. Darf für Sicherungsringe der minimale Abstand nach DIN unterschritten werden?	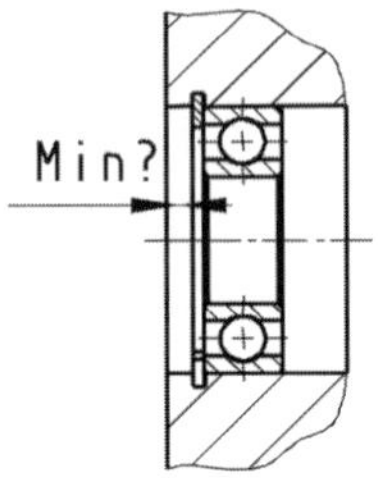
2. Wie weit darf ein Wälzlager aus der Gehäusebohrung herausragen?	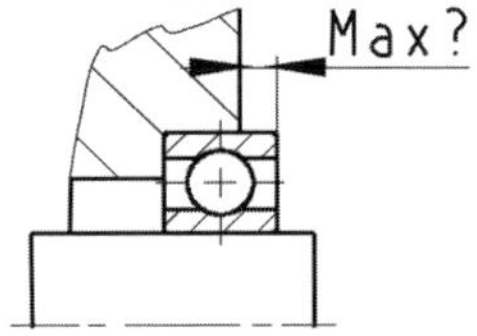
3. Wie eng dürfen zwei Wälzlager benachbart werden?	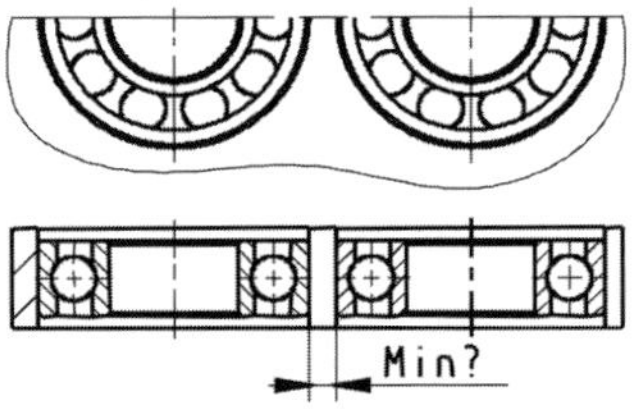
3. Wie eng darf ein Wälzlager einer Schraube oder dergleichen benachbart sein?	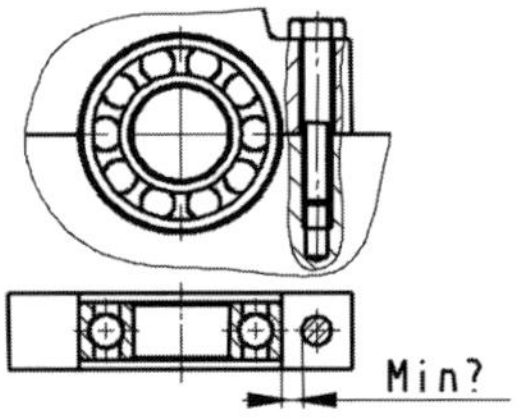
5. Wie viel % des Umfangs eines Wälzlageraußenringes dürfen freiliegen?	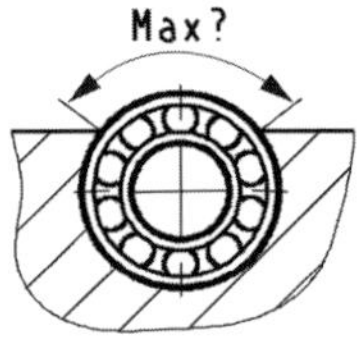

Gesichtspunkte zur Beantwortung der Fragen im Text.

Bild 3.5 Minimale Abstände an Wälzlagern

Zur Beantwortung der Fragen.

zu 1: Eine Begründung des Abstands ist laut DIN nicht gegeben. Auf der Zeichnung sieht der geforderte Abstand sehr klein aus, man sollte sich aber immer vergegenwärtigen, dass bei einer Axialbelastung diese Kante auf dem gesamten Bohrungsumfang abgeschert werden müsste und eine recht sichere Berechnung möglich ist. Liegt keine axiale Belastung vor – nur Führungskräfte – dürfte einer Breite von nur 1 mm nichts im Wege stehen, bei Bohrungsdurchmessern unter 20 mm auch darunter, bei Ø > 80 besser etwas größer; bei Fasen breiter. Mögliche Kräfte durch unachtsamen Umgang mit der Maschine sollten Berücksichtigung finden.

zu 2: Liegt nur die Kantenrundung frei, dürfte die Tragfähigkeit des Lagers unbeeinflusst bleiben. Ragt das Lager weiter heraus, sollten Abstriche an der Tragfähigkeit vorgenommen werden.

zu 3: Im Bild Mehrspindelbohrkopf ist ein Abstand von Null erkennbar. Sofern die Lagerkräfte nicht zu diesem „Engpass" gerichtet sind, dürften keine Probleme auftreten. Es sind Beispiele an Bohrköpfen bekannt, wo an den Außenringen kleine Flächen angeschliffen wurden, um „Abstände" < 0 zu verwirklichen (Sondermaschinenbau). Sollte so ein Lager vorzeitig ausfallen, kann der Wälzlagerhersteller selbstverständlich nicht haftbar gemacht werden.

zu 4: Einem Abstand von Null dürfte nichts entgegenstehen (Toleranzen beachten!)

zu 5: Dass die resultierende Lagerkraft deutlich innerhalb des umschlossenen Ringabschnittes liegen sollte, bedarf sicher keines Kommentars. Treten ausnahmsweise (gelegentlich, nicht im normalen Betriebsablauf) geringe Kräfte in Richtung des offenen Abschnitts auf, sollten sie klein sein. Auch hier wird der Lagerhersteller jede Haftung ablehnen.

Am kleinsten bauende Wälzlagerungen sind mit direktlaufenden Nadelkäfigen erreichbar, wobei bei geringen Belastungen und Drehzahlen u. U. auch ungehärtete Bauelemente Verwendung finden könnten Bild 3.6. Auch die Möglichkeiten der Armierungsbauweise – Abschnitt 2.3.4 – könnten Anwendung finden (z. B. Kaltverfestigung).

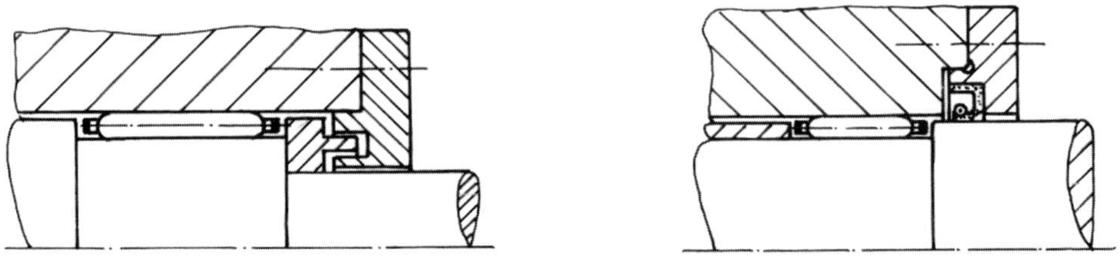

Kleinste Wälzlagerabmessungen sind mit direktlaufenden Nadelkäfigen erreichbar. Berührungslose Dichtungen gestaltet der Konstrukteur selbst (links) oder es sind zweckmäßige Wellendichtringe auszuwählen (rechts).

Bild 3.6 Nadellager-Dichtungs-Kombinationen [54]

Im Planetengetriebe nach Bild 3.7 ist ein Kompromiss für den Sitz des großen Wälzlageraußenringes im Sinne eines minimalen Getriebeaußendurchmessers erkennbar. Einen andersartigen Kompromiss zeigt die Lagerung von Tellerrad und Kettenrad auf einem einzigen Kugellager am drehbaren Greifer nach Bild 3.8. Die Zahnkräfte bewirken eine kippende Belastung bzw. Momentenbelastung des Wälzlagers – siehe hierzu Abschnitt 3.10.

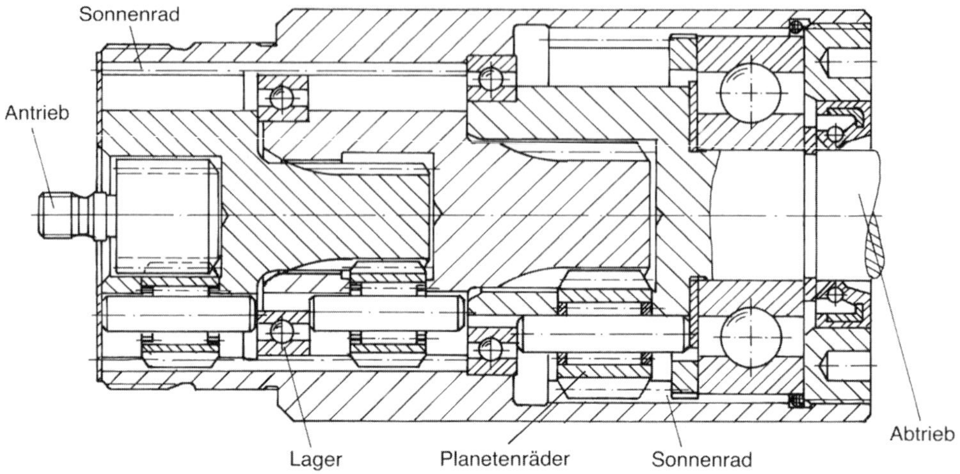

Für den Außenring des großen Kugellagers steht kein zylindrischer Sitz zur Verfügung, die teilweise ausgedrehte Innenverzahnung bildet den Lagersitz. Dadurch sind etwa nur 50 % der Zylinderfläche vorhanden. Die gleichmäßige Verteilung der tragenden Anteile dürfte die Lagerlebensdauer kaum beeinflussen.

Bild 3.7 Dreistufiges Planetengetriebe [54]

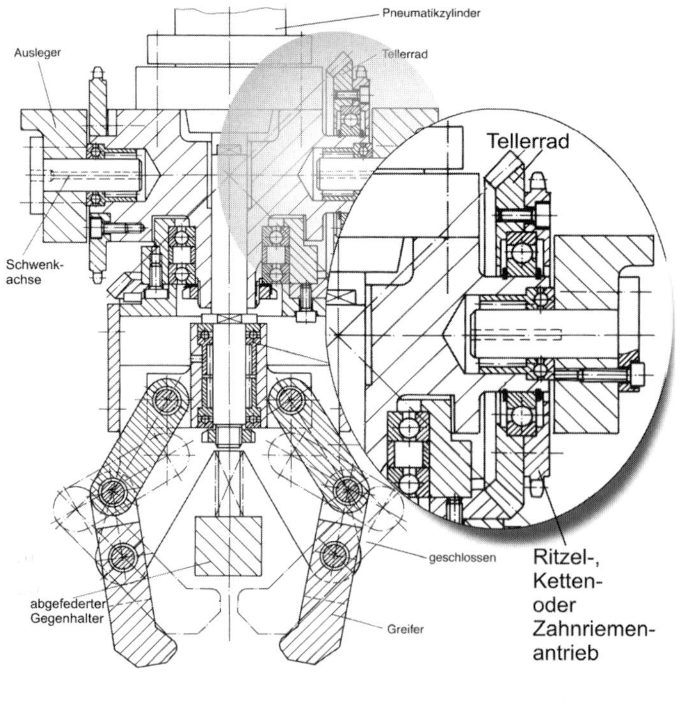

Die Lagerung des Tellerrades kann eine Schwachstelle sein.

Bild 3.8 Greifer mit Handdrehachse [54]

Beim Anstreben eines minimalen Bauraums sind mitunter Fragen zu klären, für die der Konstrukteur die Mitwirkung von Vertretern anderer Fachbereiche benötigt. Eventuell müssen besondere Untersuchungen zweckentsprechender Institutionen veranlasst werden. So fordert Derndinger [95], das jeweils ***baugrößenentscheidende Minimalmaß*** zu ermitteln. Als Konstrukteur von Verbrennungsmotoren nennt er als Beispiel den Abstand der Arbeitszylinder von wassergekühlten Verbrennungsmotoren - Bild 3.9. Dieses Maß hat entscheidenden Einfluss auf die Baulänge eines Mehrzylindermotors. In diesem Fall handelt es sich um ein Problem des Formstoffs für den Gießkern. Der Gießer muss den sicheren Durchfluss des Kühlwassers zwischen den Zylindern gewährleisten. Welcher Aufwand betrieben werden kann, um ein derartiges Maß zu minimieren, muss jeweils in Abhängigkeit von der Gesamtaufgabe entschieden werden.

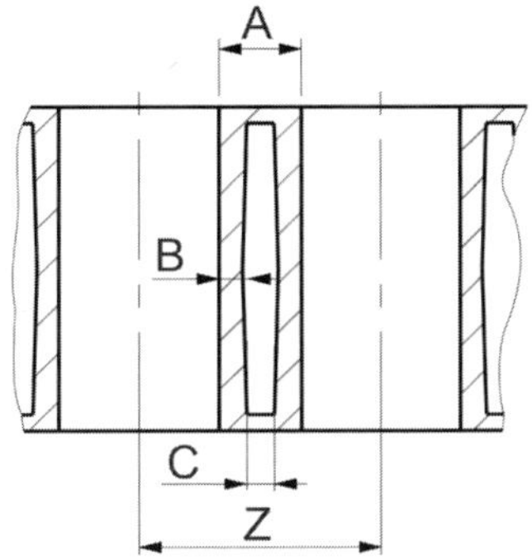

Erläuterung im Text

Bild 3.9 Baugrößen entscheidendes Minimalelement

Die Anstrengungen zum Erreichen eines minimalen Bauraums werden auch durch nennenswerte Beiträge der Zulieferindustrie unterstützt. Neben vielen anderen Beispielen sei hier ein besonders flach bauende Druckluftzylinder vorgestellt - Bild 3.10. Dass der Begriff „Zylinder“ hier noch Verwendung findet, obgleich die Zylinderform verlassen wurde, ist aus Gründen der Verständigung zweckmäßig.

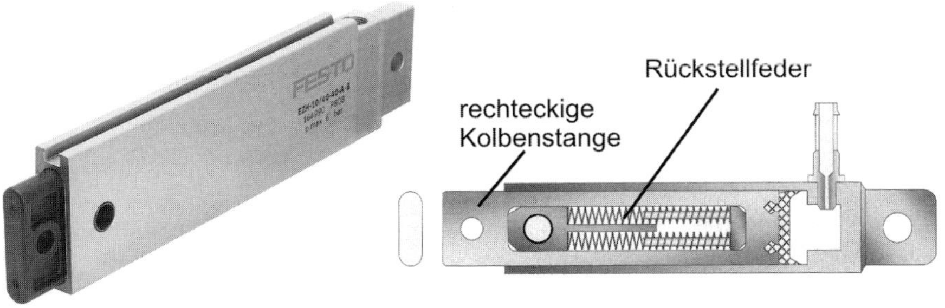

Bild 3.10 Flachzylinder [FESTO]

Aufgabe 3.1 Ein Deckel D mit quadratischer Grundform soll mit vier versenkten Innensechskantschrauben M8 befestigt werden. Für die Außenmaße wird ein Minimum gefordert. Wie weit darf der Abstand A verringert werden bzw. welche minimale Wanddicke s sollte bestehen bleiben?

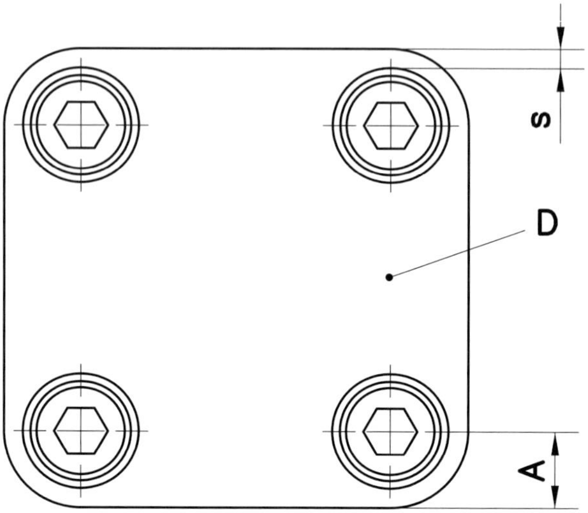

Bild 3.11 Skizze zur Aufgabenstellung (Originalgröße)

3.2 Vom Vollkörper zum Minimalkörper

Minimalkörper durch Blechanwendung

Geradezu extrem sind die Unterschiede in der Werkstoffmenge für die drei Varianten einer Grundplatte – siehe folgende Bilder.

Massive Platte, aus dem Vollen gearbeitet

Gussplatte, Ansicht von unten

Blech-Rohr-Konstruktion, geschweißt

Bild 3.12 Grundplatten

Während Platte 1 nur im Ausnahmefall (Einzelfertigung) Anwendung finden dürfte, gehören Gussplatten zu den selbstverständlichen Maschinenelementen. Zur „Platte" 3 wird man jedoch nur vordringen, wenn man sich nicht von der verbalen Aufgabenstellung „Konstruiere eine Grundplatte für …" ***verführen*** lässt und die Grundsätze des kraftgerechten Gestaltens anzuwenden weiß. Einen anderen Weg weist Tjalve [87], indem er dazu auffordert, neben dem funktionserfüllenden Vollkörper den Minimalkörper zu entwerfen, wie es das folgende Bild verdeutlicht.

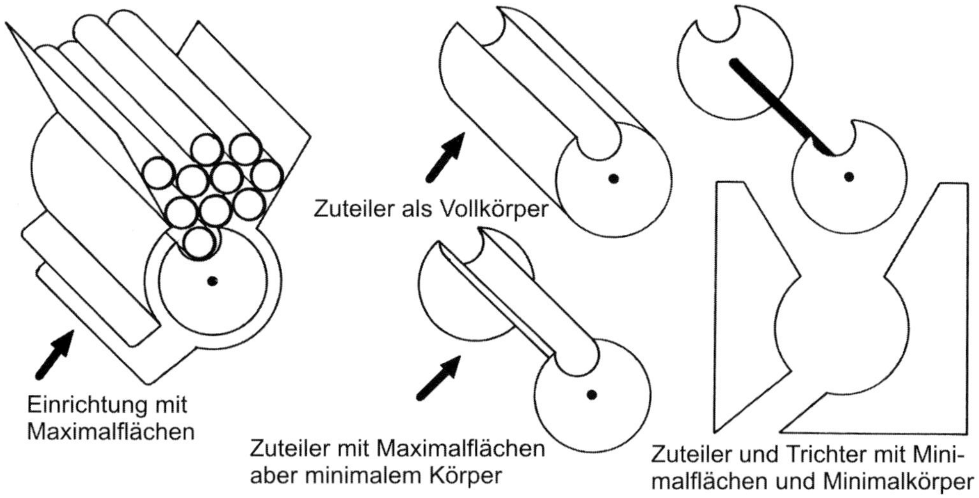

Am Beispiel einer Vorrichtung zum Vereinzeln von Reagenzgläsern zeigt Tjalve [87] den Weg zum Minimalkörper.

Bild 3.13 Vom Vollkörper zum Minimalkörper

Bei der Suche des Minimalkörpers kann die Vorstellung einer Blechkonstruktion Hilfe leisten, wenn versucht wird, die Wirkfläche allein aus der Blechdicke zu bilden. Vielfach dienen jedoch Guss- oder Schmiedestücke als Vorbild und der Konstrukteur bleibt dem flächigen Umfassen verhaftet. Mit der folgenden Gegenüberstellung soll nochmals auf diesen Sachverhalt verwiesen werden.

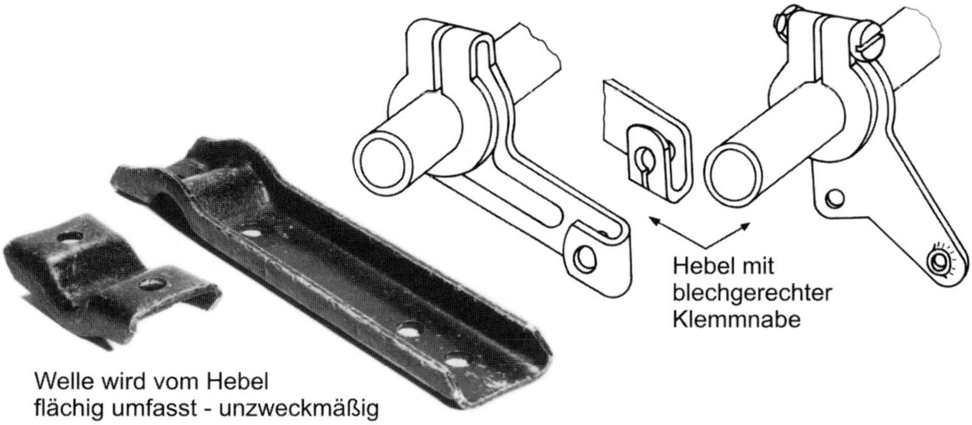

Bild 3.14 Verschiedene Blechhebel

Beide Bilder mit weiterführenden Erläuterungen sind dem Abschnitt Blechteilgestaltung aus [34] entnommen. Mit einem Lehrbeispiel, das aus der Vergangenheit stammt, werden in Bild 3.15 drei Varianten von Ausrückgabeln für Pkw-Kupplungen vorgestellt. Variante 2 kommt dem Minimalkörper am nächsten. Variante 3 stellt eine Blechkonstruktion dar, bei der der Konstrukteur einer geschmiedeten Variante zu stark verhaftet war und sich dem Ziel Minimalkörper unzureichend angenähert hat. Wenn ein Oldtimerbastler mangels Originalersatzteil eine derartige Lösung zustande bringt, können wohl kaum Einwände erhoben werden; für eine Kfz-Serienfertigung zeugt eine derartige fünfteilige Variante nur von konstruktiv-gestalterischer Unfähigkeit.

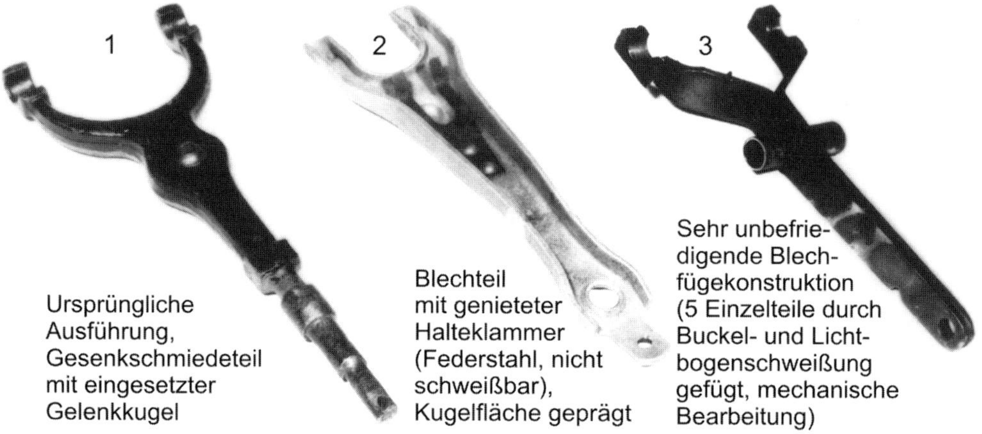

Hinweis: Die kugeligen Gelenkpunkte bei 1 und 2 gewähren einen höheren Freiheitsgrad als bei 3. Die Gabeln liegen dadurch an beiden Gabelenden an. Bei Variante 3 ist dafür eine entsprechend genaue mechanische Bearbeitung erforderlich.

Bild 3.15 Ausrückgabeln für Pkw-Kupplung

Eine nicht alltägliche Lösung eines Minimalkörpers für das Tellerrad eines Kegelradgetriebes zeigt Bild 3.16.

Das aus Blech geformte Kegelrad ist offensichtlich ein Produkt geringer Präzision – hier aber ausreichend – und geringer Lebensdauer. Es wird jedoch beim Häuslebauer die Hausbausaison und einige Ergänzungsbauten durchstehen und damit seine Zwecke ausreichend erfüllen können.

Bild 3.16 Tellerrad für Kleinbetonmischer

Minimalkörper bei Gussstücken

Das Anstreben eines minimalen Baukörpers ist jedoch nicht auf Blechkonstruktionen beschränkt. So macht bereits Leyer [59] mit dem Beispiel einer großen Lagerbaugruppe darauf aufmerksam, dass keinesfalls eine große Wanddicke sondern zweckmäßige Verrippungen anzustreben sind – Bild 3.17. Ein optimales Gussstück ist aus der ohne Sondermaßnahmen gießbaren minimalen Wanddicke aufzubauen – es ist also der Minimalkörper anzustreben. In mehrfacher Hinsicht vorbildlich ist das Gussstück für eine Landmaschine nach Bild 3.18. Anstelle der bisherigen 17-teiligen Ausführung erfüllt ein einziges kernlos geformtes Gussstück die gleiche Funktion. Der entscheidende Schritt dafür war das Verlassen der topfartigen Federaufnahmen. Die maximale Wirkfläche wurde durch einen kreuzartigen Aufnahmekörper mit minimaler Wanddicke ersetzt.

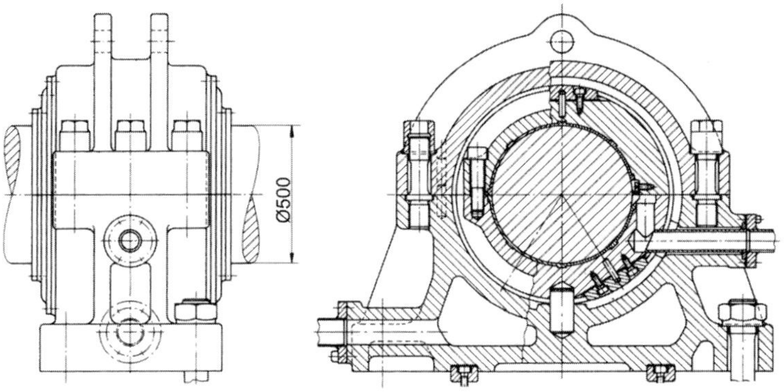

Anstelle großer Wanddicken wurde Rippenguss gewählt

Bild 3.17 Schweres Maschinenlager [59]

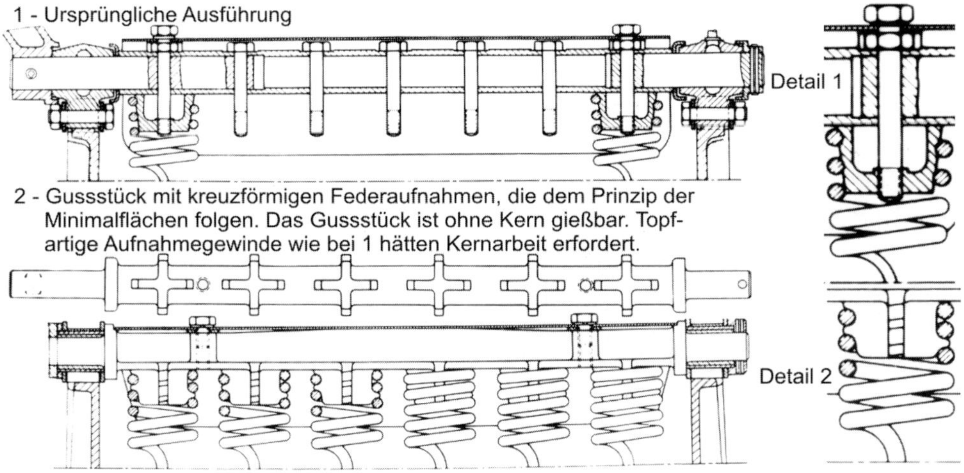

Bild 3.18 Träger einer Landmaschine zur Aufnahme von schraubenfederähnlichen Elementen [50]

Die Gussteile dieses pferdebespannten Pfluges kommen der Zielstellung zum Minimalkörper nahe.

Bild 3.19 Pflug (Detail) [Bauernmuseum Landwüst, Vogtland]

Heute anzustrebende Gestaltungsziele sind eventuell auch an sehr alten Konstruktionen zu beobachten. Das hakenartige Gusstück – Bild 3.19 oben – an diesem Pflug ist über 100 Jahre alt und entspricht dem Ziel des Minimalkörpers. Die Mittelrippe am gegabelten Gelenkstück ist dagegen wohl mehr als Zierelement zu betrachten.

Eine ungewöhnliche Gestaltung in Richtung Minimalkörper stellt der skelettartige Stützkörper für eine Kunststoffkreiselpumpe dar – Bild 3.20.

Der für die chemische Beanspruchung günstige Kunststoff hat für die mechanische Beanspruchung ungünstige Kennwerte. Eine Stützkonstruktion sorgt für ausreichende Festigkeit. Der skelettartige Stützkörper wurde als minimaler Baukörper ausgeführt.

Bild 3.20 Kreiselpumpe für Rauchgase [Fa. WERNERT-PUMPEN]

Minimaler Baukörper auf der Basis Draht bzw. Rundstahl

Der minimale Baukörper auf der Basis des Halbzeugs Blech für Bauteile des Maschinenbaus ist mehr oder weniger verbreitet, wenngleich das Gestalten ***„echter" Blechkonstruktionen*** wohl selten Übungsstoff der Konstrukteurausbildung ist (zumindest enthält die entsprechende Literatur dazu keine Aussagen). Das Thema Draht wird dagegen überhaupt nicht berücksichtigt. Mit den folgenden Zeilen und Bildern soll auf das Halbzeug Draht hingewiesen werden. Inwieweit sich daraus weitere praktische Anwendungen ergeben könnten, muss der Leser selbst entscheiden, und die Verfasser sehen einer Rückäußerung mit Interesse entgegen.

Für die lösbare Verbindung zweier Rohre mit entsprechend geformten Klemmstücken zu arbeiten, wie in Bild 3.21 unten dargestellt, dürfte als normal angesehen werden. Blechschellen für den gleichen Zweck sind allgemein üblich. Die Drahtausführung im Bild 3.21 oben ist dagegen untypisch. Auch die Schlauchschelle aus Draht im folgenden Bild 3.22 ist wohl als untypisch anzusehen. Aber selbst am Kaminfeuer kann man einer ungewohnten Drahtgestaltung begegnen, wie Bild 3.23 zeigt. Und auch beim Öffnen der Sektflasche vor dem Kamin bekommt man gelegentlich einen Minimalkörper in die Hand, allerdings nicht aus Draht aufgebaut – Bild 3.24. Auch diese beiden Hinweise sollen belegen, dass Gestaltideen auch an sehr (un)gewöhnlichen Orten auffindbar sind. Wann und wofür sie jedoch verwendbar werden können bleibt hier unbeantwortet.

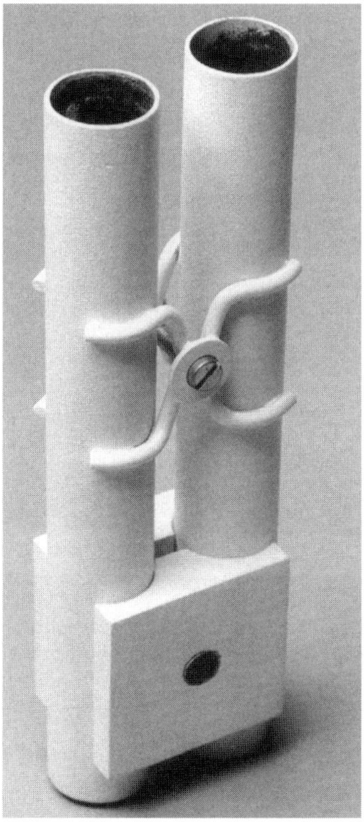

Obere Verbindung:

Untypisches Gestaltungsergebnis der Aufgabe: „Suche minimalen Baukörper auf der Basis von Draht."

Untere Verbindung:

Typische Gestalt für den „Normalfall" des gestaltenden Denkens.

Bild 3.21 Lösbare Verbindung zweier paralleler Rohre, 2 Varianten [25]

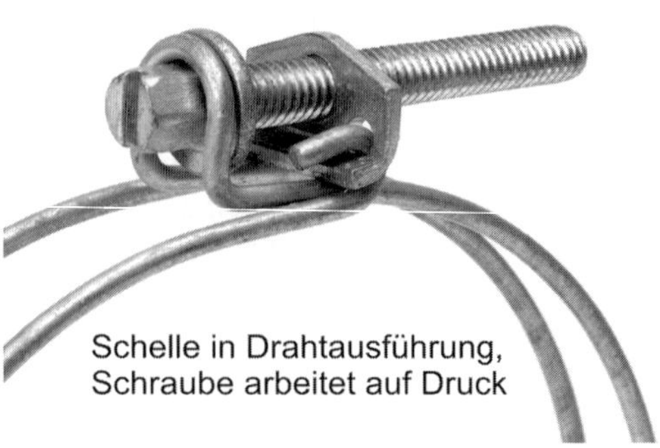

Bild 3.22 Schlauchschellen, 2 Varianten [98]

Aufgabe 3.2 Warum ist die Schraube in Bild 3.22 – 2 eine Druckschraube.

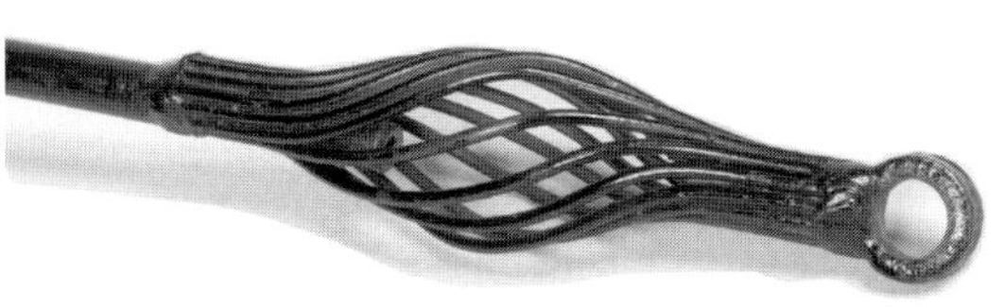

Gestaltungsprinzip des minimalen Baukörpers durch Stahldraht-Schweißausführung (Kunstschmiedearbeit) verwirklicht.

Bild 3.23 Griffstück eines Kaminwerkzeuges [98]

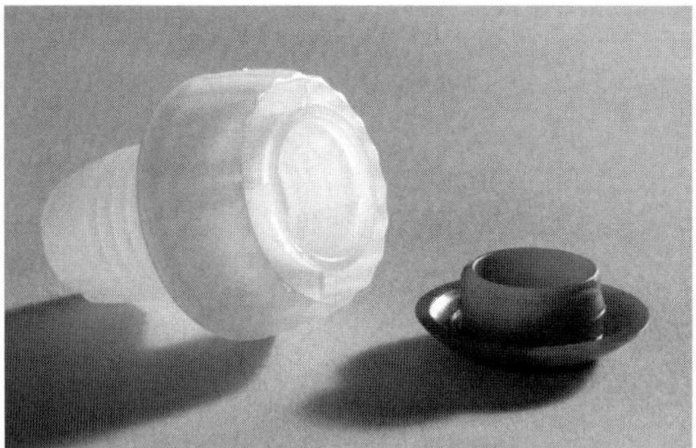

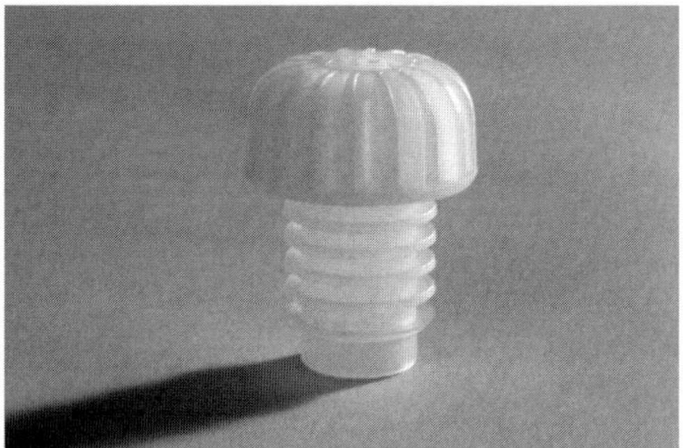

Gestalt dem Naturkork nachgebildet. Der oben offene Kopf wird durch die Kappe verschlossen. Es wird ein zweites Formwerkzeug benötigt und es ist ein Fügevorgang erforderlich!

Einstückvariante – kein Fügevorgang

Die Gestalt ist ebenfalls dem Naturkorken nachgeahmt, aber der Kopf ist aus sternförmig angeordneten Rippen gebildet – Minimalkörper.

Bild 3.24 Stopfen für Sektflaschen

Minimalkörper – Beispiele

Beispiel 1:

Der nebenstehende Klemmkopf (Gussausführung, Höhe 220 mm) sollte im Rahmen einer Studienübung zum Minimalkörper gewandelt werden.

Das abgebildete Gussstück ist bereits teilweise bearbeitet.

Bild 3.25 Klemmkopf

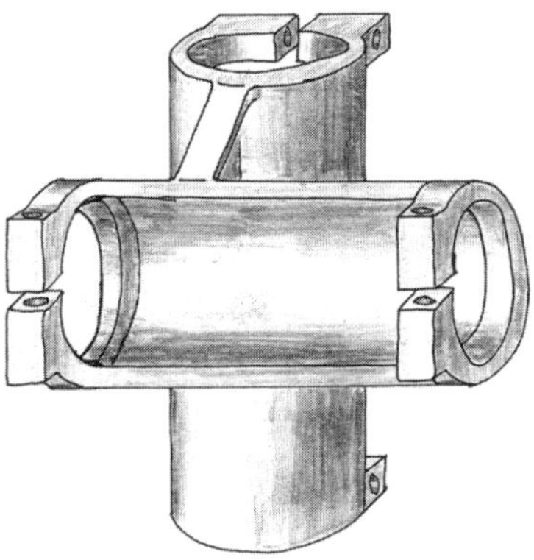

Bild 3.26 Klemmkopf als gegossener Minimalkörper (Skizze)

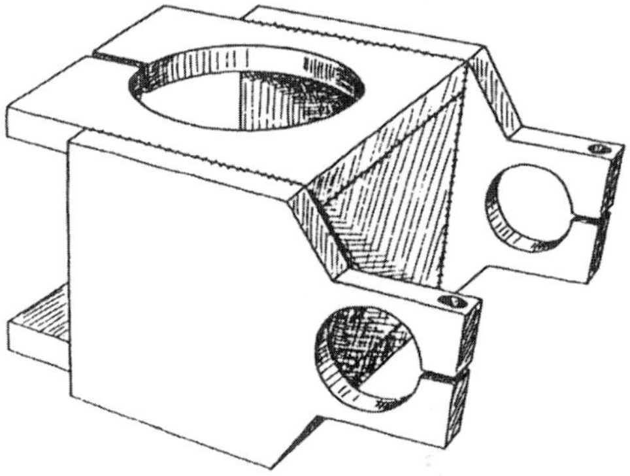

Bild 3.27 Klemmkopf als geschweißter Minimalkörper (Skizze)

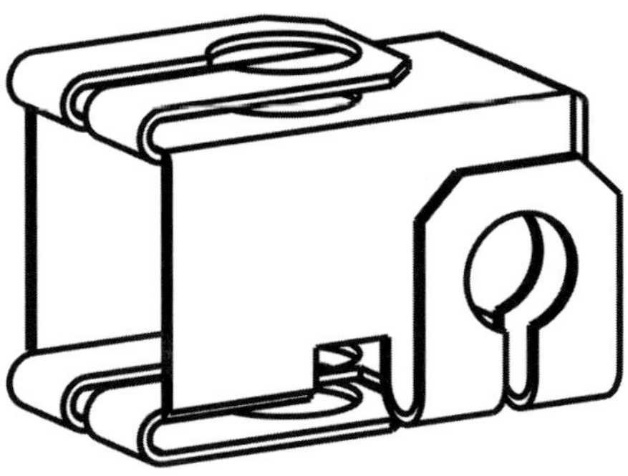

Bild 3.28 Klemmkopf als Blechfaltkonstruktion

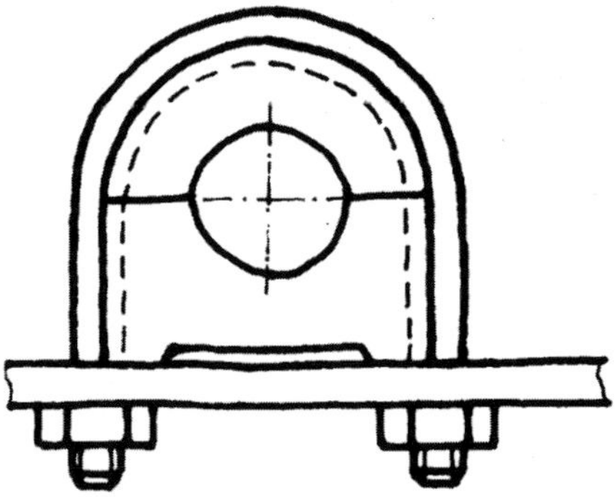

Bild 3.29 Befestigung durch Rundstahlbügel nach DIN 3570 als Lösungsidee für einen Klemmkopf als Draht- oder Rundstahlvariante – Lösungsansatz

Alle Bilder sind studentische Entwürfe

Beispiel 2:

Sammeleinrichtung für ringförmige Werkstücke

Anstelle der schwierigen Herstellung einer Blechspitze wurde eine Drahtschweißausführung und damit – vermutlich unbewusst – der Weg zum Minimalkörper gewählt.

Bild 3.30 Sammel- und Transporteinrichtung für ringförmige Werkstücke (Kupplungsbeläge)

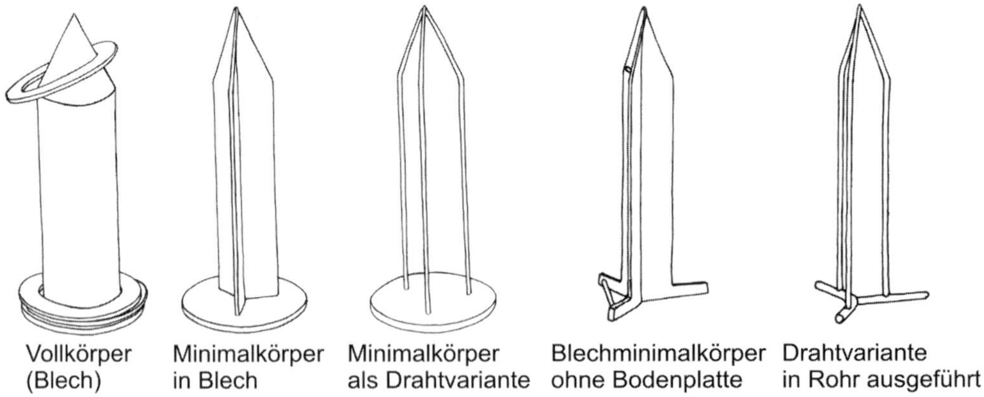

Bild 3.31 Lösungsvarianten für Sammeleinrichtung

3.3 Zum Problem minimaler und optimaler Bauraum für eine Maschine

Wie bereits im Abschnitt 3.1 formuliert, wird der Konstrukteur grundsätzlich bemüht sein, für sein zu konstruierendes Objekt eher in Richtung eines minimalen Bauraums zu arbeiten, sofern keine anderen Randbedingungen dagegen sprechen. Für eine Maschine kann allerdings auch ***minimaler Flächenbedarf*** eine zweckmäßige Zielstellung sein. Aus Bild 3.32 kann der Leser eventuell zweckentsprechende Schlussfolgerungen für seine Maschinengruppe ableiten. Mit der senkrechten Bauart ist ein sehr geringer Flächenbedarf gegenüber der üblichen Horizontalbauweise erreichbar. Es tritt jedoch bei der Beschickung des Stangenmagazins der Nachteil auf, dass für diese Bedienoperation ein Stockwerkbau bzw. eine Beschickungsbühne erforderlich ist, die den Vorteil des geringen Flächenbedarfs negativ beeinflussen.

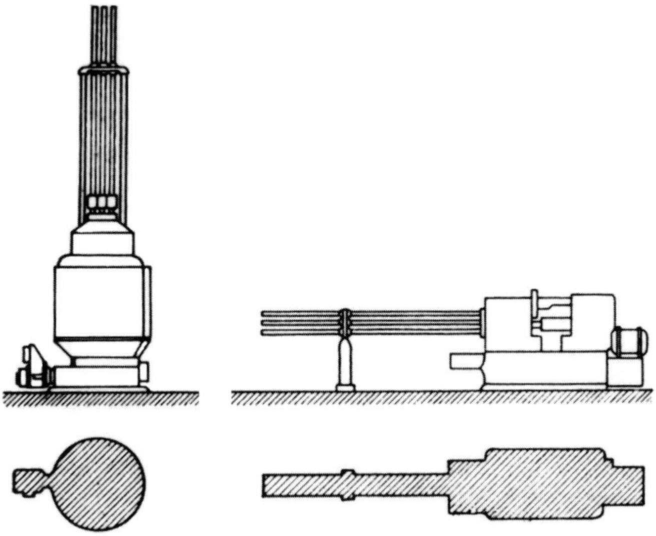

Bild 3.32 Mehrspindel-Stangendrehautomat in senkrechter und waagerechter Bauart

In der Regel wird man von Senkrechtmaschinen mit derartigen Nachteilen Abstand nehmen, es sei denn, es gelingt z. B. mit Hilfe der Schwerkraft Wirkungen zu erzeugen, die sonst zusätzliche Einrichtungen erfordern.

In ähnlicher Art wird bei anderen Maschinenarten über horizontale oder vertikale Bauweise entschieden. Bild 3.33 und Bild 3.34 deuten das für Rundtakt- und Längstaktmaschinen an. Die jeweiligen Entscheidungen werden vordergründig jedoch kaum wegen des minimalen Bauraums getroffen werden. Wesentlicher sind häufig optimale Verhältnisse bei Einricht- und Wartungsarbeiten – siehe dazu Abschnitt 5, besonders 5.5.5.

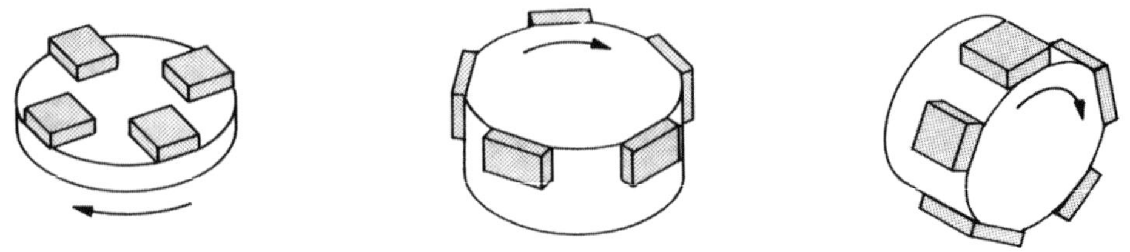

Bild 3.33 Rundtaktmaschinen, Bauartvarianten, auszugsweise nach [28]

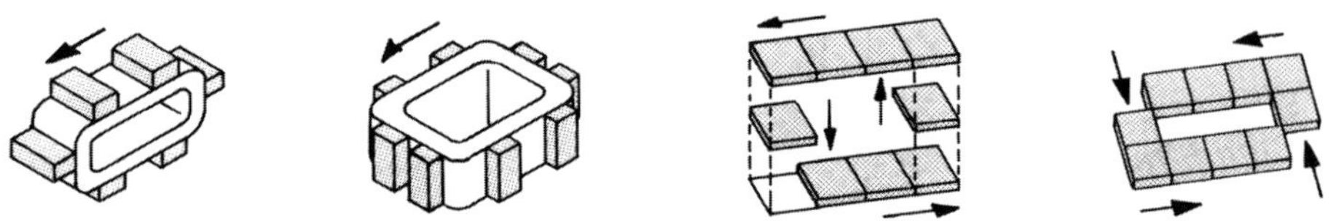

Bild 3.34 Längstaktmaschinen, Bauartvarianten, auszugsweise nach [28]

Ein weiteres Beispiel soll verdeutlichen, dass ein minimaler Bauraum negative Auswirkungen haben kann. Um eine bessere Oberflächenqualität beim Drehen zu erreichen, wurde ein Maschinenkonzept nach Bild 3.35 umgesetzt. Das Getriebe der Drehmaschine wurde getrennt von der eigentlichen Bearbeitungsmaschine fundamentiert und die auf Dämpfungselementen (im Bild als Feder angedeutet) stehende Bearbeitungseinheit wie eine Glocke über die Antriebseinheit gestülpt. Die angestrebte Verbesserung der Oberflächen wurde erreicht. Negativ war die sehr umständliche Maschinenaufstellung, sofern kein Deckenkran zur Verfügung stand. Da derartige Feinbearbeitungsmaschinen gern in kleinen Räumen, getrennt von Maschinenhallen mit Schwingungsbeeinflussung, aufgestellt werden, war das ein absatzmindernder Nachteil. Bei einem nachfolgenden Maschinentyp wurde dieser Nachteil dadurch beseitigt, dass Antriebseinheit und Bearbeitungseinheit nebeneinander angeordnet wurden – Bild 3.36. Der Nachteil des größeren Flächenbedarfs wurde durch höchste Bearbeitungsgüte kompensiert.

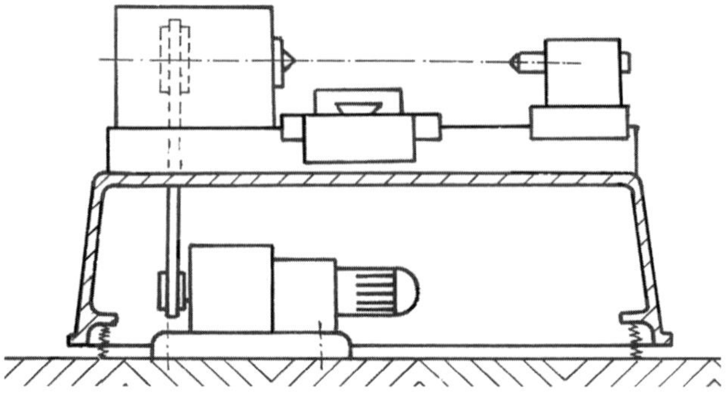

Bild 3.35 Feindrehmaschine, Antrieb und Hauptgetriebe sind von der Maschine getrennt fundamentiert – die Maschinenaufstellung ist umständlich.

Antriebseinheit AE ist von Bearbeitungseinheit BE vollständig getrennt, die Drehbewegungen für Hauptspindel und Vorschubantrieb werden über elastische Kupplungen übertragen.

Bild 3.36 Feindreh- und Bohrmaschine

Mit Bild 3.37 soll auf die Nachteile der engen oder aufgelockerten Anordnung von Baugruppen einer Maschine hingewiesen werden. Der Nachteil der dichten Packung ist jederzeit im Motorraum moderner Pkw zu betrachten. Selbst das Auswechseln von Scheinwerferlampen kann mitunter wegen zu dichter Packung sogar für einen Techniker ein Problem darstellen.

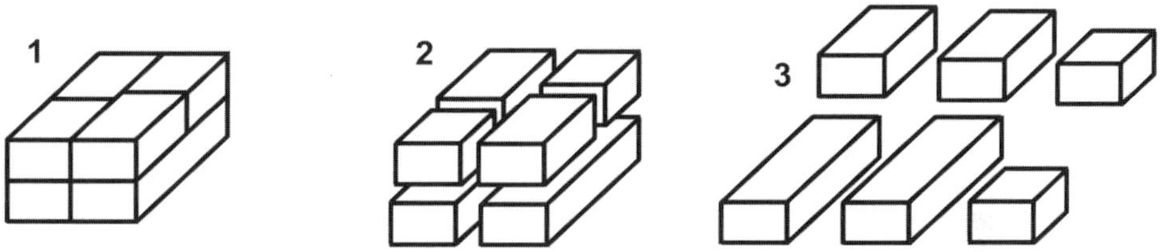

Dichte Packung:
Minimaler Bauraum
Schwierige Wartung bzw. Reparatur, kein Reservevolumen für Nachrüstungen

Aufgelockerte Packung:
Größerer Bauraum
Nachteile von 1 beseitigt bzw. eingeschränkt

Aufgelöste Packung:
Sehr großer Bauraum
Sehr gute Zugänglichkeit für Eingriffe bei laufender Maschine (sofern Arbeitsschutz gewährleistet ist)

Bild 3.37 Prinzipielle Anordnung der Baugruppen einer Maschine

Im Abschnitt 3.1 wurde bereits mit dem Begriff ***baugrößenentscheidendes Minimalmaß*** auf besonders zu behandelnde Engstellen bei der Baugruppenkonstruktion verwiesen. Auch bei der Erarbeitung eines Maschinenkonzepts kann eine derartige Engstelle auftreten. Ein Beispiel zeigt Bild 3.38. Das in der Bildlegende benannte Problem des Kühlmittelabflusses wurde durch einen Modellversuch mit realen Spänen gelöst. Das durch diese Versuche ermittelte Maß A bildete die Grundlage zum Festlegen des Maschinendurchmessers. Erst danach konnte mit dem maßstäblichen Entwerfen des Rundtakttisches ***begründet*** begonnen werden.

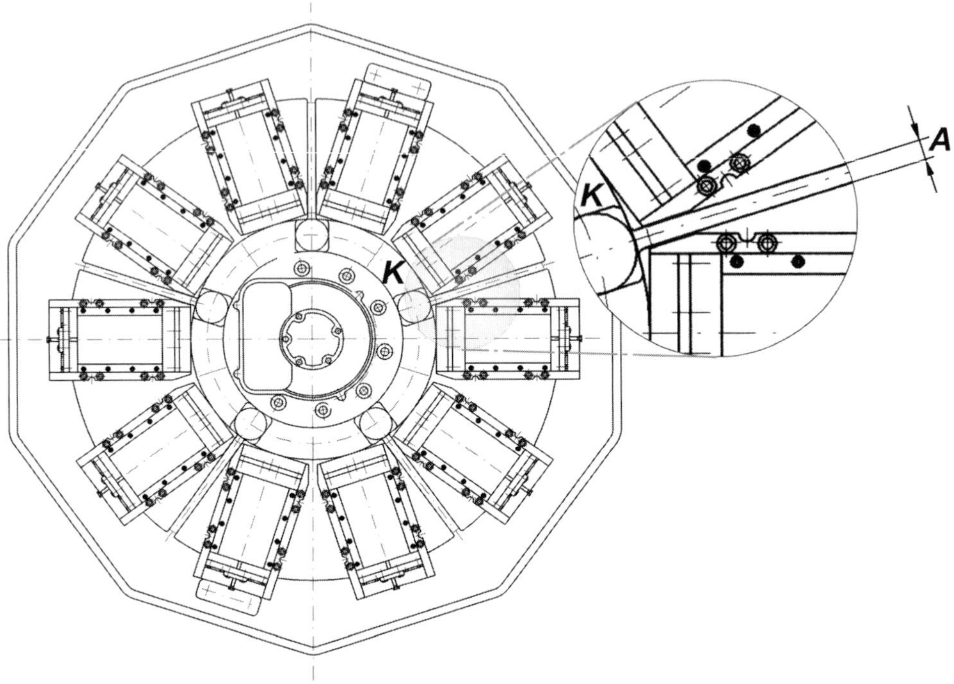

Maß ***A*** ist ein konstruktionsentscheidendes Maß mit Einfluss auf den Maschinendurchmesser. Zwischen den Schlitten fließt späneverschmutztes Kühlmittel zum Ringkanal ***K***. Stau muss verhindert werden. Die Entscheidung für ein sehr kleines ***A*** ist schwierig.

Bild 3.38 10-Stationen-Rundtaktmaschine (Draufsicht)

Zusammenfassende Hinweise:

Minimaler Bauraum bzw. minimaler Flächenbedarf sollten Berücksichtigung finden, dürfen jedoch wichtigere Anforderungen anderer Art nicht verletzen!

Baugrößenentscheidende Minimalmaße sind in früher Entwicklungsphase zu ermitteln und zu klären, damit maßgenaue Entwurfsarbeiten begründet möglich sind.

3.4 Segmentierung und Lamellenbauweise

Der Ursprung segmentierter bzw. teilsegmentierter Bauelemente darf in den Spannzangen für Mechaniker-Drehmaschinen gesehen werden. Durch die Firma Ringspann sind teilsegmentierte Ringe auf den Markt gekommen (Bild 3.39), die für verschiedenste Spannzwecke im Vorrichtungsbau sowie als Maschinenelement (z. B. Bild 3.40) Verwendung finden. Das Spannen mit mehrfach geschlitzten Elementen ist im Vorrichtungsbau seit Längerem eingeführt und wird in der entsprechenden Literatur immer wieder vorgestellt – siehe Bild 3.41.

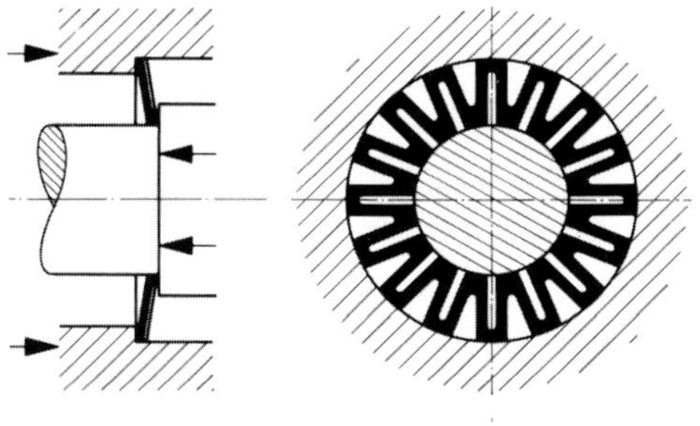

Bild 3.39 Ringspannscheibe – die Veränderung des Außen- oder Innendurchmessers bei axialer Kraftbeaufschlagung kann für die Innen- oder Außenspannung zylindrischer Bauteile genutzt werden. (Ringspann GmbH)

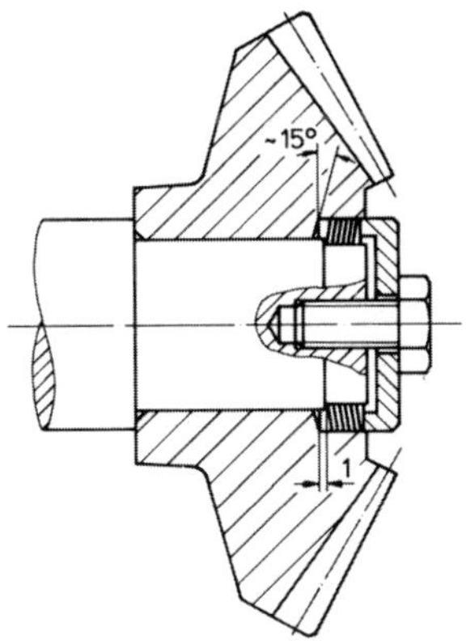

Bild 3.40 Zahnradbefestigung durch Ringspannscheiben

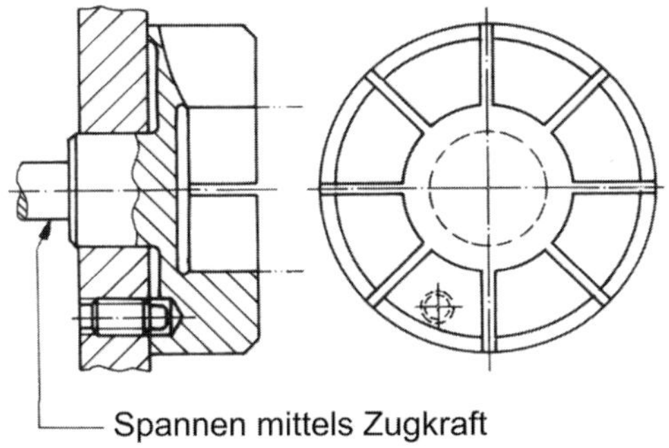

Bild 3.41 Korbfutter [54]

Mit den folgenden Beispielen werden die Integralbauweise und die rotationssymmetrische Grundform verlassen. Der Winkelhebel einer mechanisch geschalteten Lamellenkupplung (Bild 3.42) war ursprünglich ein Gesenkschmiedeteil mit aufwendiger Bearbeitung der Radien mit den Abständen A und B (Formfräsen bzw. Formschleifen). Durch die Verwendung von 1,5 mm dicken Blechlamellen entfiel diese Bearbeitung, da durch Feinschneiden (siehe Abschnitt 2.4.5) diese Maße mit ausreichender Genauigkeit in einem Arbeitsgang erzeugt werden konnten. Außerdem konnten unterschiedliche Kupplungstypen mit unterschiedlich „dicken" Hebeln (mehr oder weniger Blechlamellen) ausgerüstet werden. Der Übergang vom Einstückhebel zum Lamellenhebel führte zu einem deutlichen Rationalisierungseffekt bei der Teilefertigung, der durch den geringen Mehraufwand bei der Handmontage der Hebellamellen nicht aufgehoben wurde.

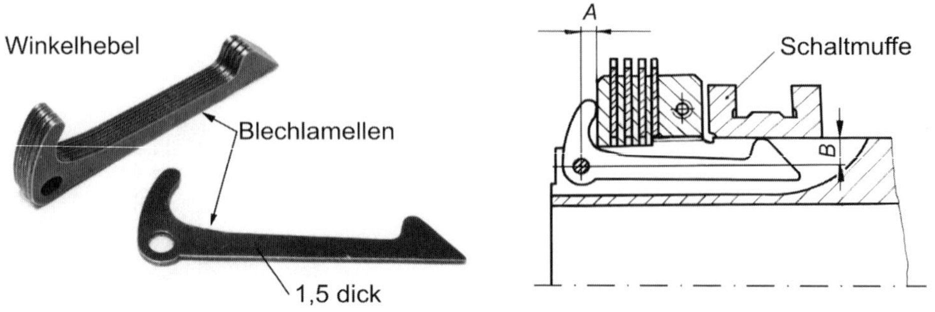

Bild 3.42 Mechanisch geschaltete Kupplung und lamellierter Winkelhebel

Maschinenelemente in Lamellenbauweise in einer völlig anderen Größenordnung als hier bisher vorgestellt, sind im Abschnitt 5.4 enthalten. Es handelt sich um Großteile, die als Maschinengestelle bzw. Tragwerke Verwendung finden.

Einem etwas anderen Ziel als bisher beschrieben dient das Aufeinanderschichten und Verbinden (z. B. Löten, Kleben) von Blechlamellen durch die LOM-Technik (Laminated Object Manufacturing), z. T. als Multi-Layer-Technik bekannt.

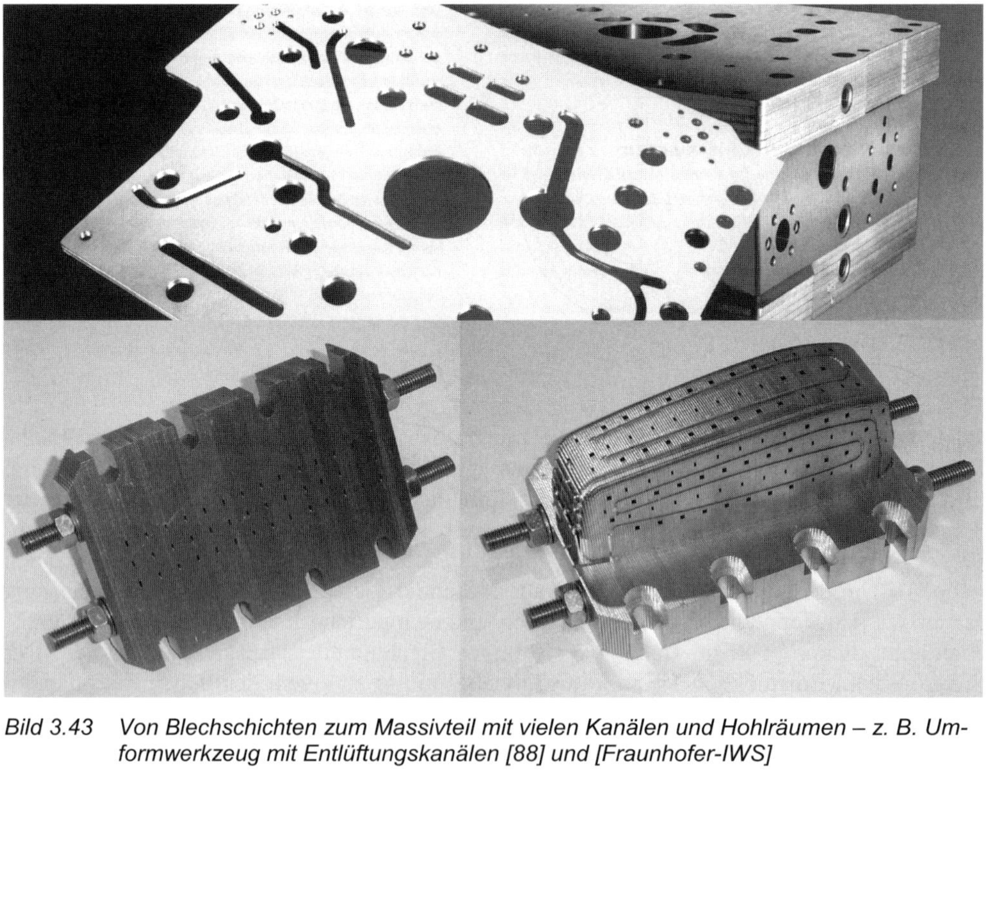

Bild 3.43 Von Blechschichten zum Massivteil mit vielen Kanälen und Hohlräumen – z. B. Umformwerkzeug mit Entlüftungskanälen [88] und [Fraunhofer-IWS]

Bisher mussten Ölbohrungen und andere Medienzuführungen in massiven Bauteilen durch aufwendiges Bohren – z. T. in Tiefbohrtechnik – und bei winkligen Verläufen teilweise mit ergänzenden Verschlussstopfen hergestellt werden. Dagegen gestattet die LOM-Technik geradezu filigrane Kanalverkäufe, die durch Bohren nicht möglich sind. Die Blechlamellen oder -platinen können durch Stanz- und Nibbelmaschinen, besser durch Laserschneiden gefertigt werden. Sie werden programmgesteuert in der richtigen Reihenfolge erzeugt und gestapelt. Inwieweit diese Schichtbauweise auch für höhere Drücke sicher beherrscht wird, muss der Interessent aktuellen Berichten entnehmen. Anwendungen sind u. a. für Kühlelemente in der Leistungselektronik bekannt [88].

3.5 Das „Bauelement" Elastizität

Schnappverbindungen und Filmscharniere sind heute selbstverständliche Möglichkeiten bei der Verwendung von Kunststoffen. Das wurde bereits im Abschnitt 2.4.3 vorgestellt und ist außerdem durch umfangreiche Anwendungen für den Alltag weitgehend bekannt, z. B. an Behältnissen für kosmetische Erzeugnisse und vieles andere mehr. Es haben sich damit der Integralbauweise bzw. der Funktionsintegration weite Anwendungsfelder erschlossen, die am Einstück-Kunststoffbauteil sehr häufig extrem einfache Lösungen darstellen. Der Weg zu diesen Ergebnissen war nicht immer so selbstverständlich, wie es heute erscheint – siehe z. B. Bild 3.44.

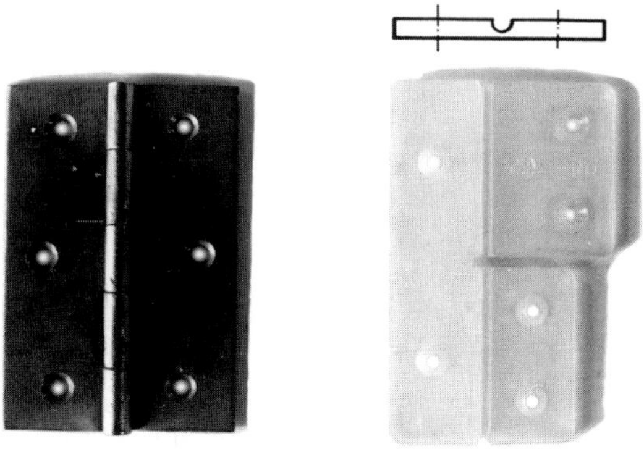

Bild 3.44 Der falsche Weg – Kunststoffscharnier ersetzt drei Metallteile, verzichtet aber auf Integralbauweise

Mit den Beispielen bei Bild 3.45 bis Bild 3.50 soll von den Alltagsanwendungen zu technischen Zwecken übergeleitet werden (siehe auch Outsert-Elemente f, g und l in Bild 2.77).

Bild 3.45 Schnappelement aus dem Möbelbau [98]

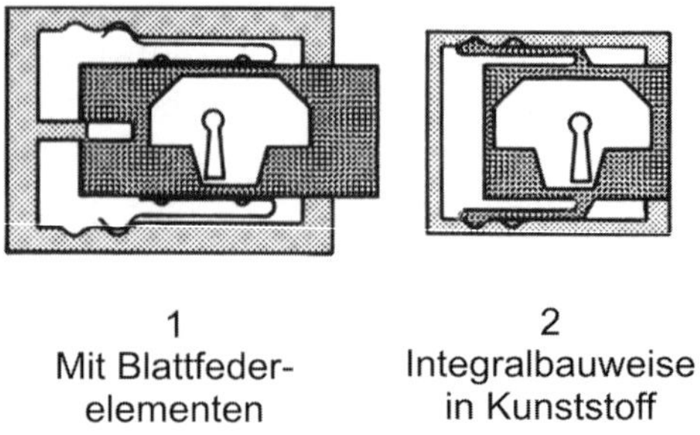

Bild 3.46 Riegel eines Kastenschlosses [48]

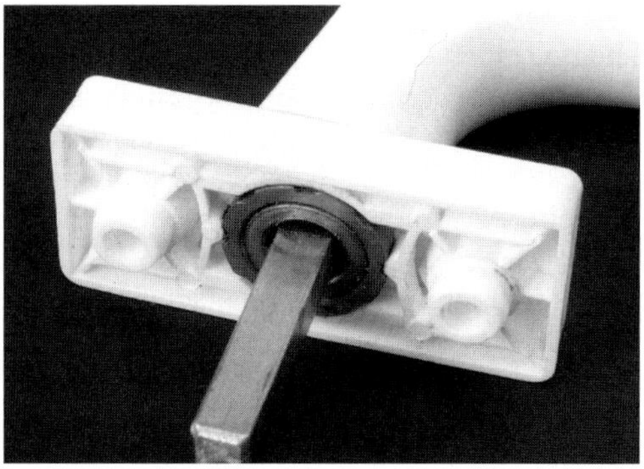

Bild 3.47 Rastelement für Fenstergriff, integrales Element des gehäuseartigen Teiles [98]

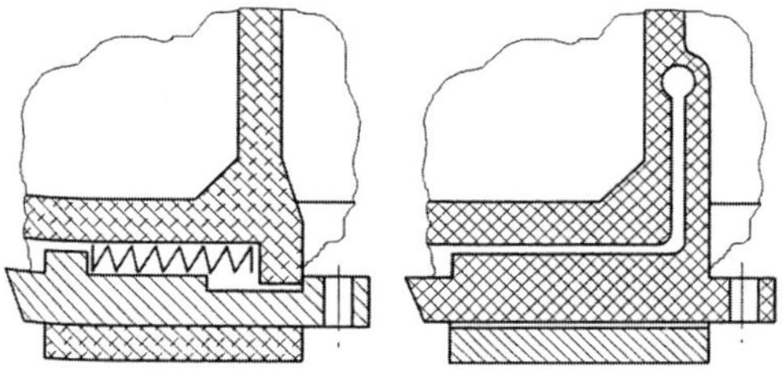

Bild 3.48 Riegel und Feder zum Integralbauteil vereinigt [30]

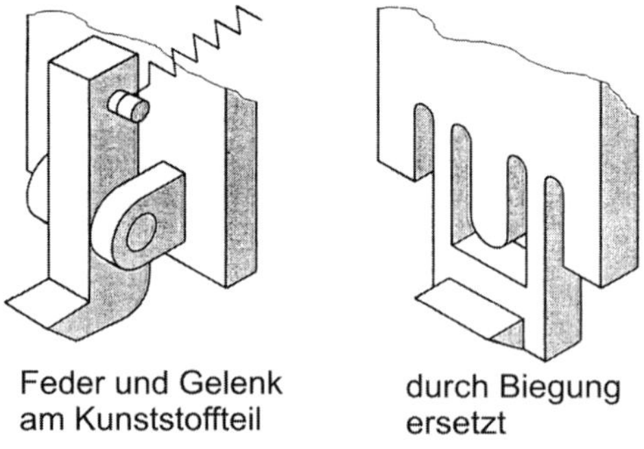

Bild 3.49 Schnapper [30]

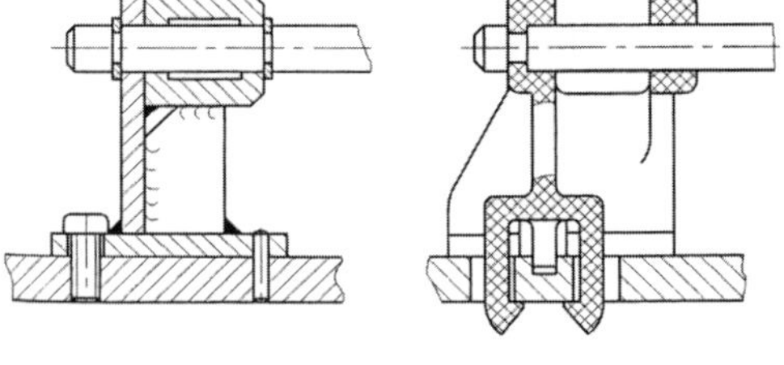

Bild 3.50 Schnappelement eines Lagerböckchens ersetzt Schraubenverbindung [30]

Auf die Nutzung der Elastizität an segmentierten Bauelementen im Vorrichtungsbau wurde bereits im vorangegangenen Abschnitt hingewiesen (z. B. Spannzangen). Die Anwendungsbeispiele in Bild 3.51 bis Bild 3.53 kommen auch aus diesem Bereich.

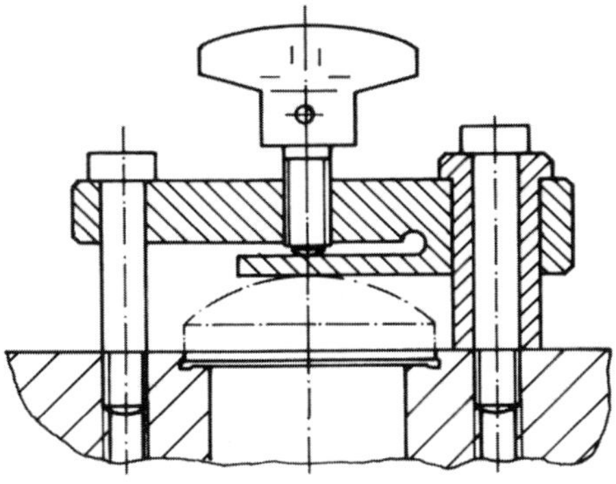

An diesem Spannelement wird Verschleiß am empfindlichen Werkstück mittels einer elastischen Zunge vermieden.

Bild 3.51 Federndes Schutzelement [54]

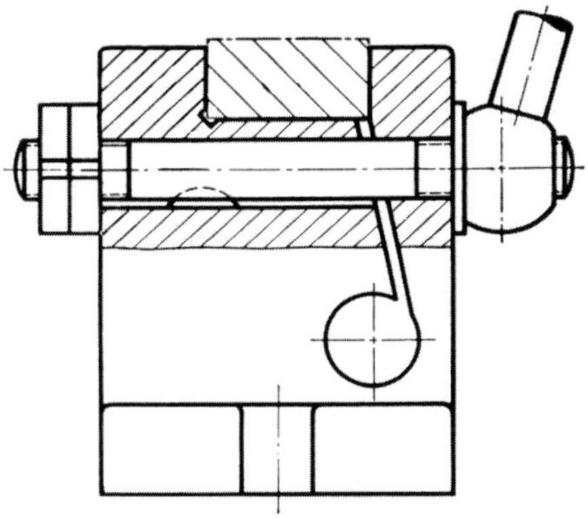

Mit elastisch angelenkter Spannbacke, Spannweg deutlich kleiner 0,5mm

Bild 3.52 Grundkörper für Fräsvorrichtung [29]

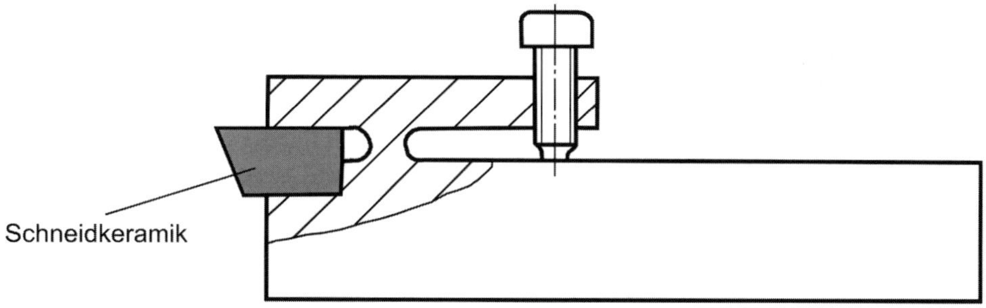

Bild 3.53 Klemmeinrichtung für Schneidkeramik

Ein feinjustierbarer Hebel – Bild 3.54 – nutzt ebenfalls die Elastizität des Stahls und verzichtet auf ein Gelenk bei Einschränkung des Justierweges. Für die Herstellung dieses Biegegelenks bietet sich z. B. das Wasserstrahlschneiden an. Das gleiche Prinzip liegt einer im Mikrometerbereich arbeitenden Feinzustelleinrichtung zugrunde (Bild 3.55). Sie fand Verwendung auf der Feindrehmaschine nach Bild 3.36. Bei dieser Konstruktion bewegt sich der Drehmeißel auf einer Kreisbahn. Da nur ein sehr kleiner Gesamtzustellweg genutzt wird, kann der Einfluss der Kreisbewegung vernachlässigt werden.

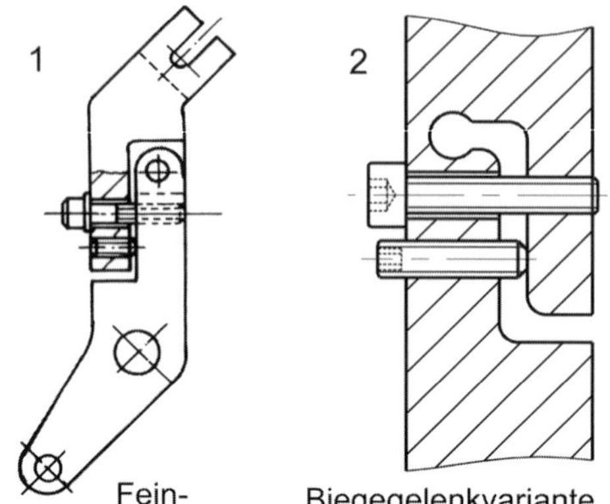

1 Fein-einstellbarer Hebel mit Gelenk [54]

2 Biegegelenkvariante, Justierbarkeit gegenüber 1 eingeschränkt

Bild 3.54 Hebel

Anwendung eines Biegegelenks; mit der Feinstellschraube (Differenzialgewinde) kann ein Drehmeißel durch Schwenken um den Drehpunkt des Biegegelenks mikrometerweise sicher (hysteresefrei) vor oder zurückgestellt werden, Gesamtweg ca. 0,2 mm

Bild 3.55 Feinzustellmeißelhalter

Ähnlich geartet sind Federführungen aus der Feinmechanik. Dabei kommen Parallelfederführungen mit Blattfedern zur Anwendung – Bild 3.56. Für sehr hohe Präzisionsanforderungen werden derartige Führungen auch aus dem Vollen gefertigt – Bild 3.57. Anstelle von flachen Blattfedern wird für Messzwecke auch mit Membranfederführungen gearbeitet [56]. Derartige Führungen sind spielfrei, praktisch reibungs- und verschleißfrei, d. h. auch wartungsfrei.

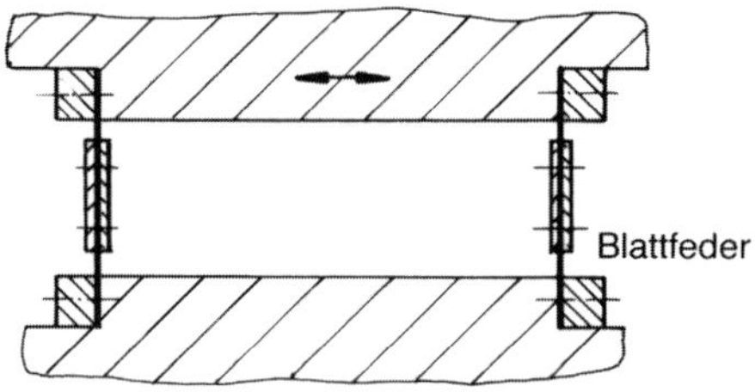

Bild 3.56 Parallelfederführung [56]

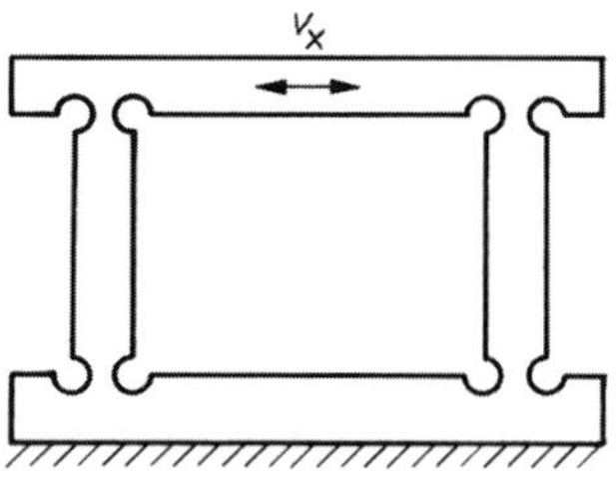

Bild 3.57 Parallelfederführung aus dem Vollen gearbeitet [56]

Bei der Membrananwendung von Bild 3.58 soll das Verspannen einer hochpräzisen ebenen Oberfläche vermieden werden. Hier dient die elastische Membran also der Bekämpfung einer Formabweichung, die durch ein Verspannen gegen eine nicht völlig ebene Anlagefläche eintreten könnte. Einen völlig anderen Anwendungsfall mit einer membranartigen runden Federstahlscheibe stellt die kleine Scheibenbremse auf Bild 3.59 dar. Im ungebremsten Zustand bewegt sich die Bremsscheibe frei zwischen den Bremsbacken. Beim Bremsen wird die Scheibe von der bewegten Bremsbacke gegen die feststehende Backe leicht verformt.

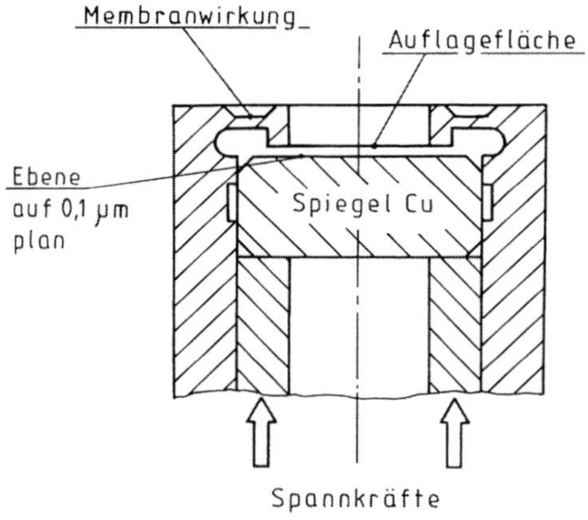

Der Kupferspiegel mit hochpräziser Oberfläche erfährt durch die elastische Membran nur eine äußerst minimale Verformung, Hinweis: Membrandicke im Bild stark überhöht dargestellt

Bild 3.58 Deformationsarmes Spannen eines Spiegels [42]

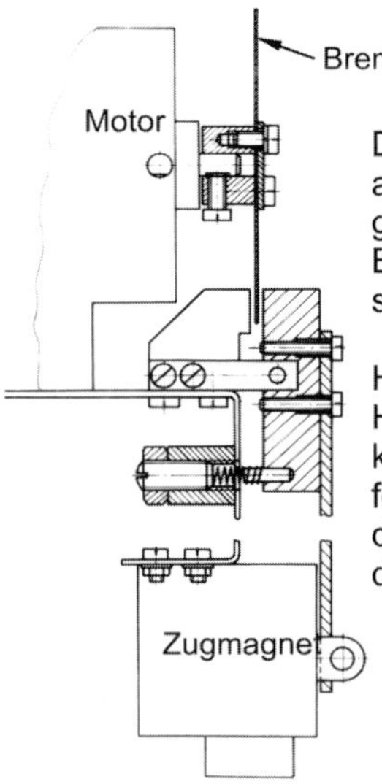

Da die Bremsscheibe aus Federstahl hergestellt ist, kann eine Bremsbacke fest stehen.

Hinweis:
Hier wird die Bremskraft von der Druckfeder aufgebracht, der Zugmagnet lüftet die Bremse.

Bild 3.59 Scheibenbremse für eine geringe Bremsleistung

Der mit Blechlamellen ausgestatteten Haube in Integralbauweise auf Bild 3.60 lag eine Vorgängerkonstruktion zu Grunde, die für jede Lamelle zwei einfache Lagerstellen und eine aufwändige Verstelleinrichtung für alle Lamellen aufwies. Damit konnte die gewünschte Ausströmrichtung in einem Winkel von etwa 70° verstellt werden. In der Regel wurde diese Verstellung jedoch nur sehr selten betätigt, eigentlich nur einmal nach der ersten Montage bzw. Inbetriebnahme. Diese Erkenntnis führt zu der bedeutend einfacheren hier abgebildeten Ausführung. Allerdings wurde hier nicht die Elastizität genutzt, sondern eine bleibende Verformung der schmalen Stege zwischen Lamelle und Außenkontur bei der Ersteinstellung herbeigeführt.

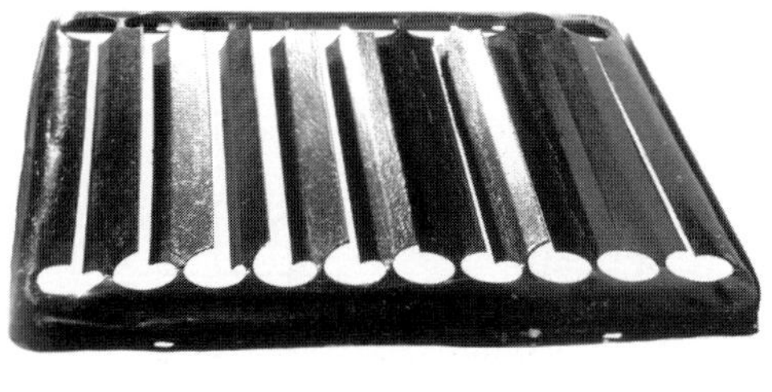

Die gewünschte Luftaustrittsrichtung wird durch plastische Verformung der schmalen Verbindungsstege eingestellt.

Hinweis: am abgebildeten Objekt sind die Lamellen zu Demonstrationszwecken in unterschiedliche Lagen gestellt worden.

Bild 3.60 Luftleitblech eines Warmluftwerfers für eine Hallenbeheizung [98]

Zusammenfassend zum hier vorgestellten Sachverhalt über die Nutzung der Elastizität bzw. im letzten Fall der Plastizität, kann auch hier kein systematischer Weg für den Konstrukteur beschrieben werden. Bei welcher Aufgabenart mit dem „Bauelement“ Elastizität eine optimale Lösung bzw. ein Lösungsansatz erreichbar ist, muss der Leser herausfinden.

3.6 Das „Bauelement" Bruchfläche

Im Motorenbau wurde eine Uralt-Technologie wiederbelebt, allerdings auf der Basis neuerer Werkstoffe. Anstelle gesenkgeschmiedeter Pleuel werden Sinterschmiedestahl-Pleuel verwendet, und die Teilung des großen Lagerauges wird durch gezieltes Brechen herbeigeführt [15]. Die mehrfachen fertigungstechnischen Vorteile sind leicht überschaubar, denn die Bearbeitung der großen Pleuelbohrung ist im geschlossenen Zustand möglich (vorher Teilen durch Sägen/Fräsen und Zusammenfügen vor der Bohrungsbearbeitung). Bei der Montage des Pleuels wird die genaue Lage der beiden Teile durch die Bruchfläche bei höchster Passgenauigkeit ohne Passschraube oder andere Passstücke erreicht – Bild 3.61.

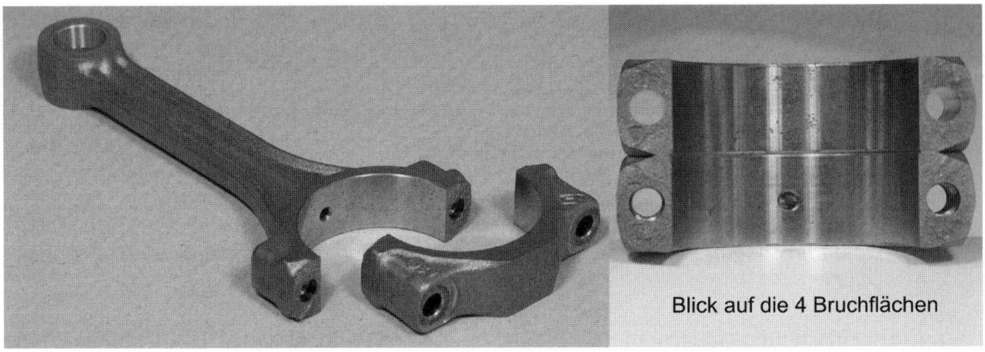

Bild 3.61 Gecracktes Sinterschmiedepleuel (BMW)

Die Behauptung, dass es sich dabei um ein sehr altes Prinzip handelt, kann jederzeit bei Besichtigung alter Maschinenbauerzeugnisse in historischen Wassermühlen oder anderen musealen Einrichtungen mit Transmissionswellen überprüft werden. Die gegossenen Flachriemenscheiben derartiger Antriebe mussten an beliebigen Stellen der durch die Fabrikgebäude laufenden Wellen montierbar sein. Dazu waren diese Riemenscheiben geteilt. Die beiden Radhälften wurden mit Hilfe der Bruchflächen gegeneinander fixiert, wie es für ein Landmaschinenbauteil auf Bild 3.62 beschrieben ist.

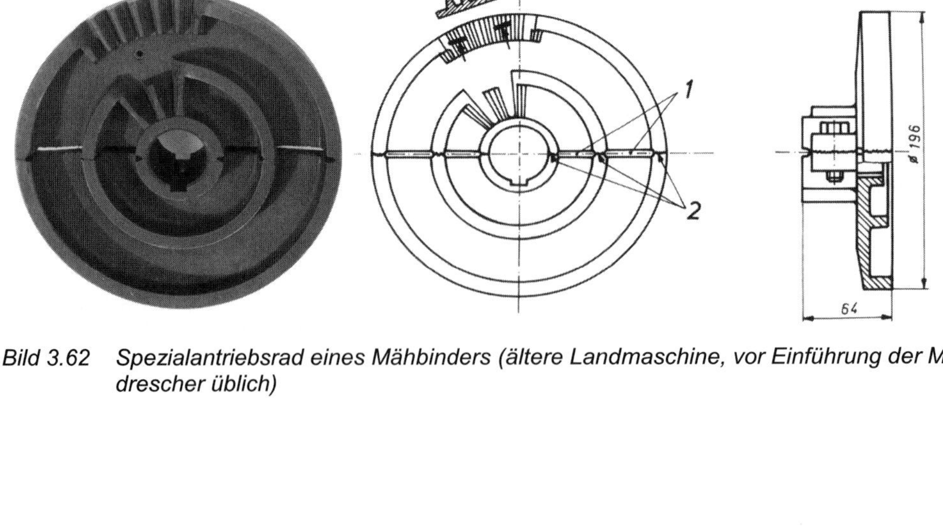

Bild 3.62 Spezialantriebsrad eines Mähbinders (ältere Landmaschine, vor Einführung der Mähdrescher üblich)

Die Durchbrüche (1) werden mitgegossen. Für die Montage auf eine durchgehende Welle wird das Bauteil an den Stellen 2 auseinandergebrochen (gesprengt). Zur Lagesicherung beider Teile gegeneinander wird die rohe Bruchfläche verwendet.

Bei durchgehärteten Bauteilen kann in gleicher Weise gearbeitet werden – Bild 3.63 und Bild 3.64. In diesen beiden Fällen wird die Teilung für das Montieren benötigt. Die fertigungstechnischen Vorteile sind die gleichen wie weiter oben beschrieben. Umschließende Bauteile müssen die gebrochenen Maschinenteile zusammen halten.

Insgesamt ist diese konstruktive Möglichkeit selten anzutreffen. Vielleicht erschließen die hier niedergelegten Beispiele weitere Anwendungen.

Bild 3.63 Innenring eines Pendelgleitlagers. Für das Sprengen nach der Fertigbearbeitung ist der durchgehärtete Ring mit zwei Kerben versehen.

Bild 3.64 Kegelrad für ein Bohrfutter. Als Kerbe dienen zwei kleine Bohrungen.

3.7 Die hohle Welle

Die Vollwelle als Getriebewelle und für unendlich viele weitere Anwendungsfälle des Maschinenbaus ist ein selbstverständliches und allseits behandeltes Objekt in der Maschinenelemente-Literatur. Die Hohlwelle wird dagegen seltener vorgestellt. Die hier folgenden Abbildungen zeigen Hohlkonstruktionen anstelle durchgehender Vollwellen aus unterschiedlichen Quellen. So berichtet Richter über eine Generatorwelle, ausgeführt in GGG 40 (GJS-400-15), in seinem Buch über Gussstückgestaltung [74] – siehe Bild 3.65.

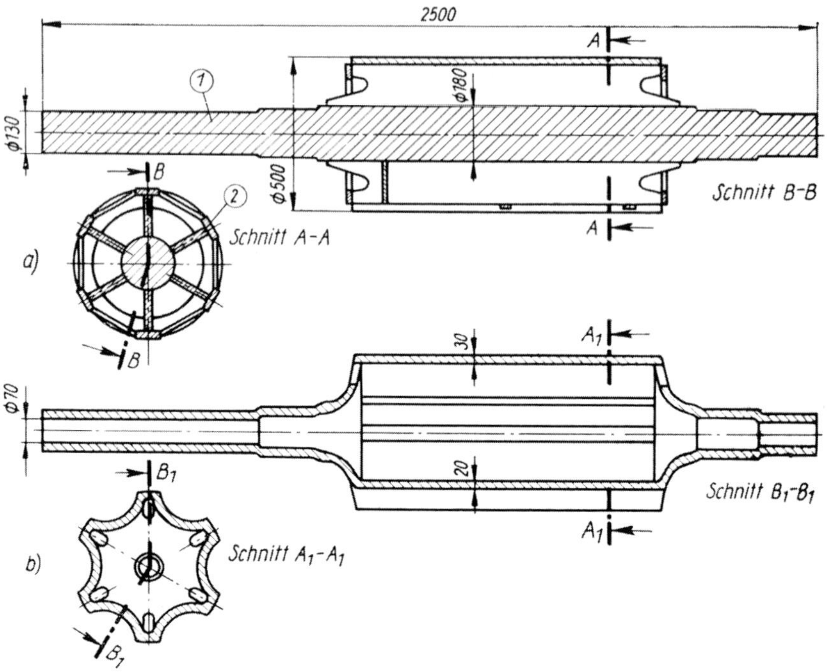

Bild 3.65 Generatorwelle – Schweißkonstruktion, Fertigteilmasse 700 kg und Gussstück aus GGG 40, ca. 450 kg [74]

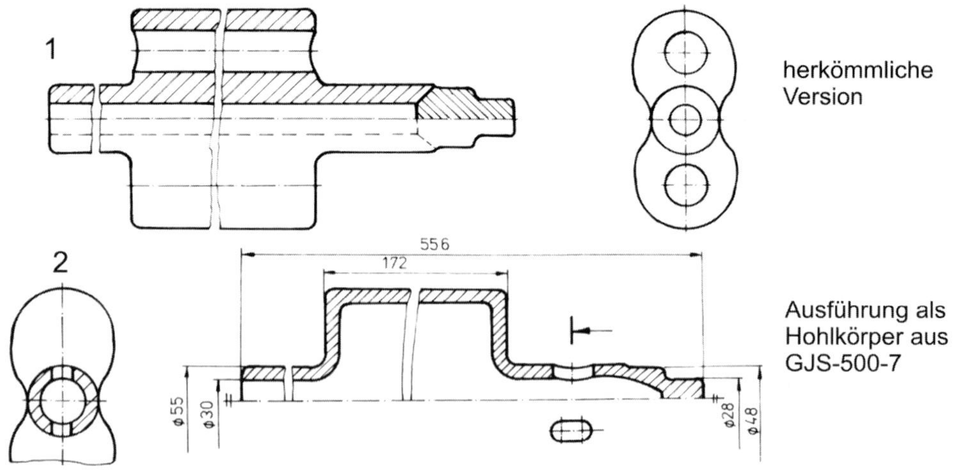

Bild 3.66 Läufer eines Kreiskolbengebläses (Rootsgebläse)

Ebenfalls der Gussliteratur entnommen sind die Hohlwelle eines Rootsgebläses – Bild 3.66 – und die Fördergurttrommel mit schablonengeformten Stahlgussendstücken. Das Schablonenformen ermöglicht die rationelle Gusstückfertigung bereits bei kleinen Fertigungsmengen.

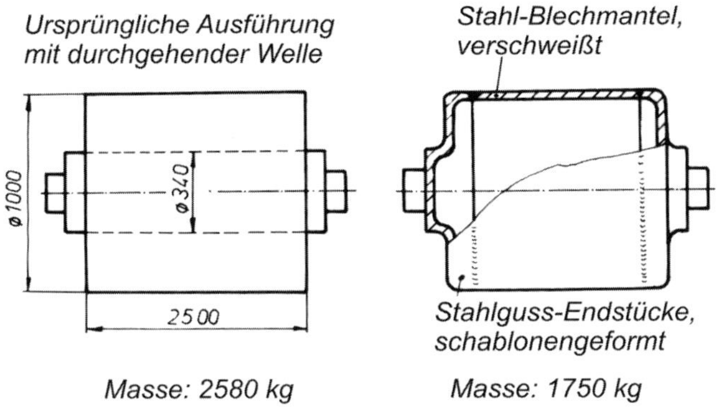

Bild 3.67 Fördergurttrommel

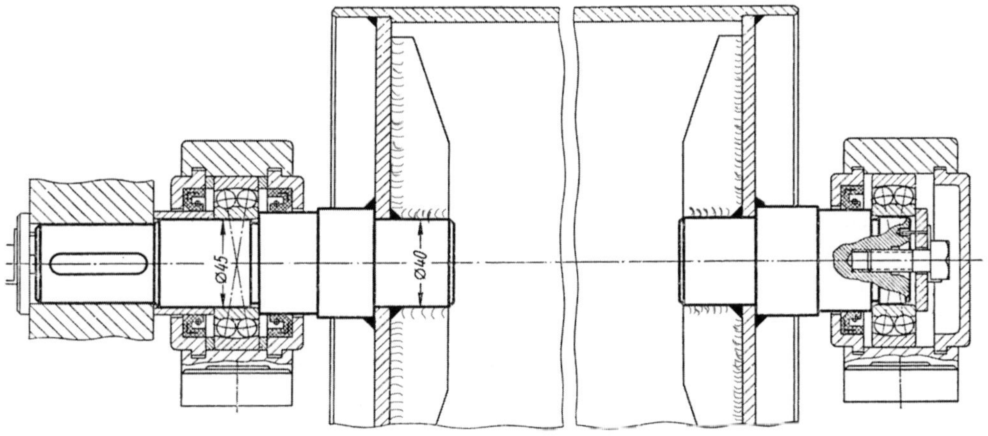

Bild 3.68 Geschweißte Fördergurttrommel, Trommeldurchmesser ca. 250 mm [73]

Dass insbesondere bei großen Abmessungen beachtliche Masseeinsparungen möglich sind, ist in den Abbildungen teilweise mit Zahlenangaben belegt. Für die Berechnung dieser Hohlkörper stehen (z. B. mit FEM) ausreichende Möglichkeiten zur Verfügung. Als Gestaltungsregel kann zusammengefasst werden:

Durchlaufende Wellen mit aufgesetzten Hohlkörpern (Seiltrommeln, Umlenkrollen und dergl.) sind auf die Anwendung einer vollständigen oder teilweisen Integralbauweise zu überprüfen!

Vorstehende Regel richtet sich vorrangig auf Bauelemente mit relativ hohen Durchmessern und Längen. Neue Schweißverfahren (z. B. Reibschweißen, Elektronenstrahlschweißen) ermöglichen jetzt auch Hohlwellen bei erheblich kleineren Abmessungen – Bild 3.69. Der höhere Aufwand (zweiteilige Vorfertigung – Schweißen – Fertigbearbeitung) ist jedoch nur zu rechtfertigen, wenn z. B. die Masseverringerung sich bei Beschleunigungs- und Bremsvorgängen nutzbringend auswirkt oder funktionelle Forderungen zu erfüllen sind.

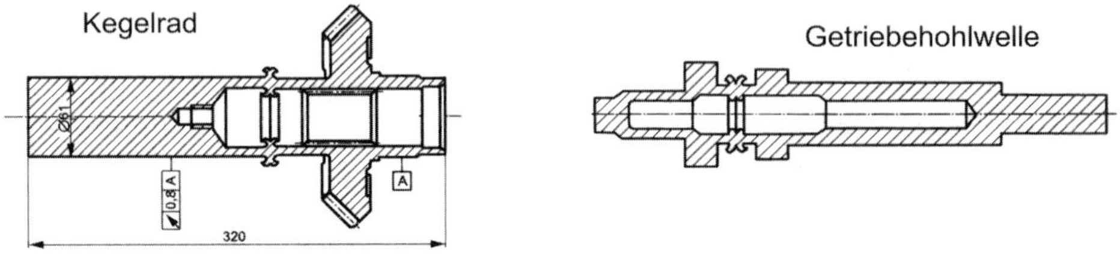

Bild 3.69 Reibschweißverbindungen für Hohlwellenkonstruktionen [3]

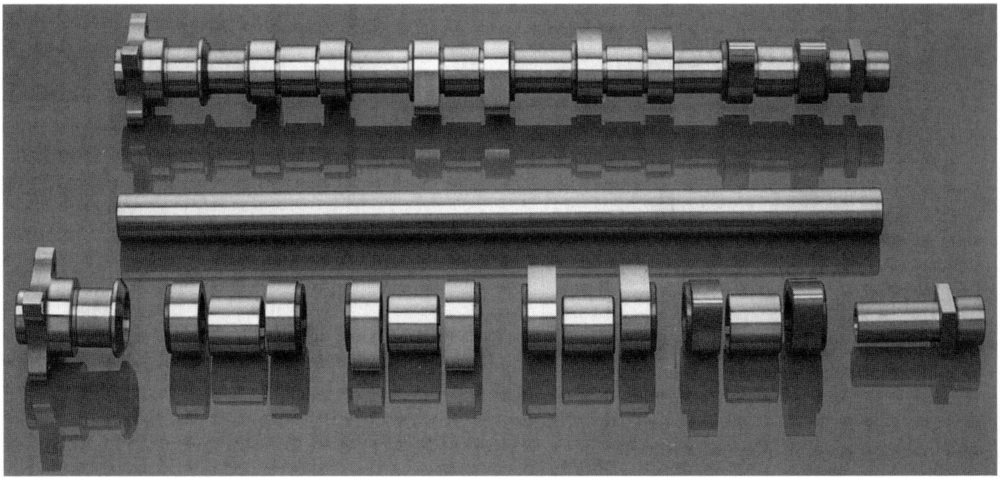

Bild 3.70 Gebaute Nockenwelle – Presssitze durch gezieltes örtliches Aufweiten erzeugt [Mannesmann]

Einen anderen Weg bietet die Verwendung von Rohr als Hohlwellengrundkörper mit aufgesetzten Bauelementen, z. B. Nocken für Kfz-Nockenwellen, wobei die Presssitze nicht durch Übermaß der Welle, sondern durch hydraulisches Aufweiten der Hohlwelle entstehen – Bild 3.70. Die Verwendung von Rohr in Verbindung mit dem Rundkneten wurde bereits im Abschnitt 2.5 behandelt.

3.8 Wellendichtungen für hohe Drehzahlen

In der Maschinenelemente-Literatur werden zur Abdichtung von Wellen gegen Öl- und Fettaustritt oft Filzringdichtungen, federnde Abdeckscheiben (Nilosringe), Radial-Wellendichtringe (DIN 3760) und auch Rundringe (O-Ringe DIN 3771) benannt. In allen Fällen handelt es sich um schleifende Dichtungen, die in jedem Fall ihre Anwendungsgrenzen bei höheren Drehzahlen bzw. Umfangsgeschwindigkeiten haben (siehe Herstellerangaben). Dass Filzringe immer noch aufgeführt werden erscheint recht fragwürdig. Sie entstammen der Frühzeit des Maschinenbaus, als Radial-Wellendichtringe noch nicht verfügbar waren, haben eine geringe Dichtwirkung und Lebensdauer und sind – vielleicht von einigen Sonderfällen abgesehen – spätestens seit den 1950er Jahren technisch überholt. Als Standarddichtelement ist der Radial-Wellendichtring mit seiner hohen Dichtwirkung und ansprechenden Lebensdauer in seinen verschiedenen Bauformen anzusehen. Vorausgesetzt wird dabei eine entsprechende Fertigungsqualität der umgebenden Bauteile, insbesondere Rauheit und Zylinderform der Dichtstelle sowie eine sachgerechte Montage – keine Verletzung der Dichtlippe durch scharfe Kanten, kein Trockenlauf der Dichtlippe. Der allgemeine Zwang zur Leistungssteigerung aller maschinenbaulichen Erzeugnisse verlangt vielfach immer höhere Drehzahlen, so dass immer häufiger die Geschwindigkeitsbegrenzung der Radial-Wellendichtringe erreicht und überschritten wird. In derartigen Fällen können oft nur ***berührungslose Dichtungen*** helfen.

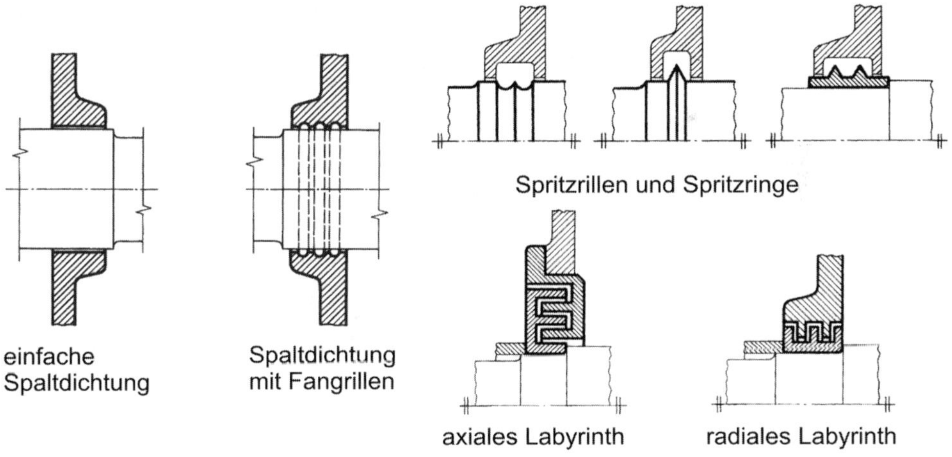

Bild 3.71 Berührungslose Wellendichtungen [11] – Hinweise im Text beachten !

Wer erstmalig diese Geschwindigkeitsgrenze überschreiten muss, kann sich in der gängigen Literatur über Spalt-, Rillen-, Labyrinthdichtungen, Spritzrillen und deren Variationen informieren – siehe z. B. Bild 3.71. Diese Dichtungen erfüllen ihre Funktion bei Ölschmierung jedoch nur, wenn für den Rückfluss bzw. Ablauf des Öls aus den Abspritzkammern oder Fangrillen gesorgt wird. Typische Anwendungsfälle derartiger Dichtungen sind Hauptspindeln von Werkzeugmaschinen, und so zeigen einige Konstruktionsbeispiele in [89] derartige Dichtungen – allerdings ohne die Wirkungsweise dieser Elemente zu beschreiben und auf mögliche Probleme hinzuweisen.

Eine vollständig berührungslose und damit verschleißfreie Dichtung besteht in der Regel aus mehreren hintereinandergeschalteten Teilelementen. Die Funktion wird mit Hilfe von Bild 3.72 und Bild 3.73 und den folgenden Erläuterungen vorgestellt. Wesentliche Anteile der Dichtwirkung beruhen auf dem Effekt der Fliehkräfte bei laufender Maschine. Im Stillstand darf die Dichtungswirkung nicht verloren gehen, da das im Innenraum verspritzte Schmiermittel dann herunterläuft.

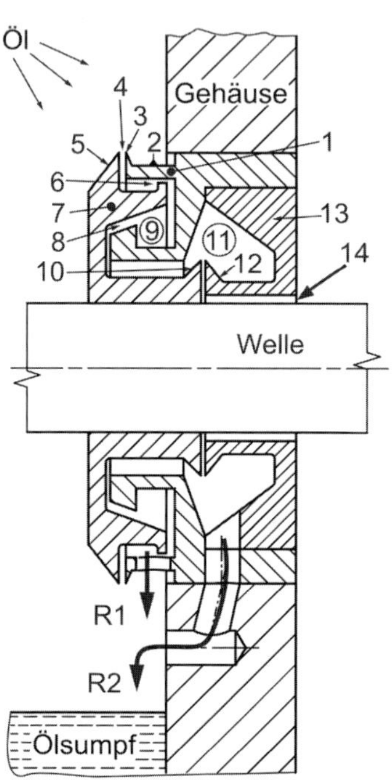

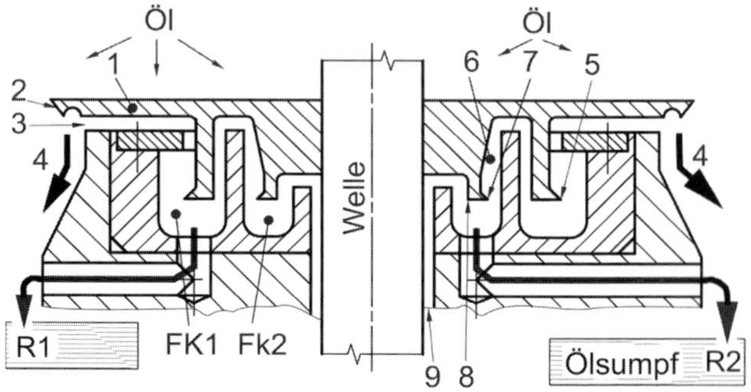

1 - rotierende Spritz- und Deckscheibe deckt Spalt 3 ab
2 - Tropfkante bei Stillstand
3 - äußerer Dichtspalt
4 - Ablauf für Tropföl bei Stillstand
5 - Spritzring schleudert durch Spalt 3 eingedrungenes Öl in Fangkammer FK1, Öl fließt über R1 ab
6 - Restöl
7 - Spritzring schleudert Restöl in FK2 mit Abfluss R2
8 - Abdeckung für Ausgangsspalt 9

Hinweis: Funktionsschemata – keine Fertigungszeichnungen, alle Spalte vergrößert dargestellt, Umlaufkanten vorzugsweise ausgeblendet! Schmieröl muss im Stillstand und bei umlaufender Welle zu den Rückflusskanälen R1 und R2 geleitet werden.

Bild 3.72 Berührungsfreie Wellendichtung für horizontale Welle

Bild 3.73 Berührungsfreie Dichtung für vertikale Welle

Wirkung der Dichtung nach Bild 3.72:

Im ***Stillstand*** wird das Tropföl von der Wand durch Außenrille 2 um den Dichtspalt herumgeleitet und läuft unten ab. Der Fangring 3 und Spritzring 5 sorgen dafür, dass wenig Öl in den Spalt 4 eindringt. Durch Spalt 4 hindurchtretendes Öl wird durch äußere Ringnut von Bauteil 7 zum Ablauf R1 geleitet. Gelangt Öl durch Spalt 6 in den Raum 9, läuft es ebenfalls über R1 ab. Sollte noch eine Restölmenge den Kegelspalt 8 passieren, wird dieses Öl über R2 abgeleitet.

Im ***Betriebszustand*** wird das Öl durch Fliehkräfte am rotierenden Bauteil 7 radial abgeschleudert; die Dichtwirkung der Spalte 4 und 8 wird so erhöht, und im Raum 11 kommt der

Spritzring 10 zur Wirkung. Ausgangsspalt 14 wird durch den inneren Ring mit Fangrille 12 des Bauteils 13 abgedeckt. Das Öl läuft über R2 ab.

Es ist dafür zu sorgen, dass der Höchststand des Öls deutlich unter den Rückläufen bleibt; keinesfalls darf ein Spritzring im Ölstand „planschen". Eine relativ sichere Dichtwirkung wird erst erreicht, wenn zwei hintereinander angeordnete Fangkammern mit getrennten Rückläufen zur Wirkung kommen. Auch Bild 3.73 zeigt eine derartige Anordnung für eine senkrechte Welle. Die Rücklaufkanäle sollten im Interesse eines sicheren Ölablaufs deutlich über dem Spiegel des Ölsumpfes enden und möglichst reichlich bemessen sein (eventuell Langlöcher an Stelle einfacher Rücklaufbohrungen anwenden – Bild 3.74).

Wegen der Anwendung von Kühlöl oder anderen Kühlschmierstoffen an spanenden Werkzeugmaschinen muss die Dichtung an der Spindelnase dieser Maschinen auch das Eindringen dieser Stoffe in den Schmierölkreislauf verhindern. Im Bild 3.74 sind die nach außen führenden Rücklauföffnungen (8 x 15 und 12 x 18) dafür vorgesehen.

Eigenartigerweise sind erst in jüngster Zeit die oben beschriebenen berührungslosen Dichtungen in der Fachliteratur des allgemeinen Maschinenbaus auffindbar. So wird diese Dichtungsart in [99] als ***Fanglabyrinthdichtung*** bezeichnet, und es werden acht Prinzipien für die Dichtwirkung benannt:

Abweisen, Abspritzen, Abschirmen, Umlenken, Drosseln, Rückfördern, Auffangen und Abführen

Diese Wirkungen kann der Leser an den Bildern jederzeit erkennen.

Vorteile: Kein Heißlaufen, keine Drehzahlbegrenzung, keine Werkstoffvorgabe und kein Verschleiß

Nachteile: Kein Standardprodukt, vom Konstrukteur selbst auszulegen, gänzlich ungeeignet für überflutete Abdichtungen (siehe Angabe zu Höhe des Ölstandes in den Bildern)

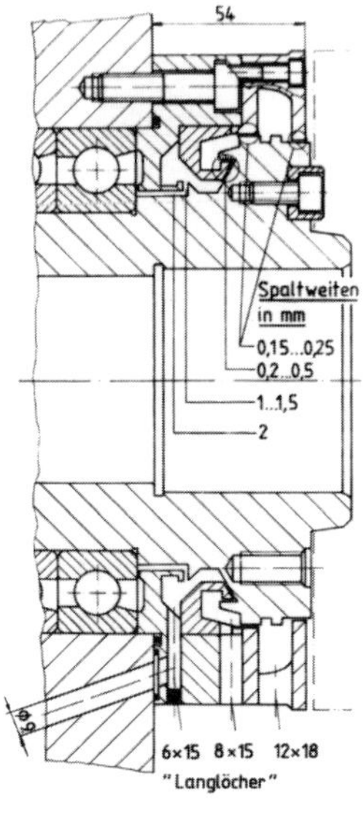

Bild 3.74 Berührungsfreie Spindeldichtung einer Werkzeugmaschine [Konstruktion, Heft 7, 1989]

Ähnlich den berührungsfreien Dichtungen arbeitet die Ölversorgung eines Pleuellagers. An einer Kurbelwelle sorgt ein rotierender Ring mit einer Fangrille dafür, dass Öl, welches bereits das Hauptlager passiert hat, zum Pleuellager gelangt (ohne Abbildung).

3.9 Dicht ohne Dichtung

Flachdichtungen an Getriebedeckeln und Dichtscheiben an Öleinfüll- und Ölablassschrauben sind sehr verbreitet und selbstverständliche Elemente. Dass es auch ohne Dichtung geht, bleibt mitunter immer noch unbeachtet. Hinzu kommt, dass die Dichtungshersteller sich nicht selbst in Frage stellen wollen.

Automatisierungsbestrebungen in der Montage haben die schlechte Handhabbarkeit größerer Flachdichtungen offengelegt und zum verstärkten Arbeiten mit pastösen Dichtstoffen geführt – Bild 3.75. Während berührenden Wellendichtungen in der Maschinenelemente-Literatur eine angemessene Beachtung zu kommt (siehe auch Abschnitt 3.8), werden Flachdichtungen kaum erwähnt. Lediglich Leyer [59] hat vermittelt:

Schmale Dichtflächen ersetzen Flachdichtungen!

Diese Aussage wurde mit Bild 3.76 belegt, und ihre Anwendung ist für runde Deckel gut möglich.

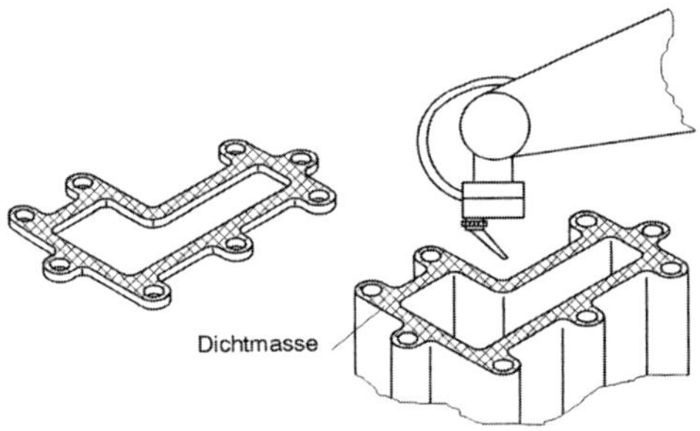

Bild 3.75 Dichtstoff ersetzt Flachdichtung

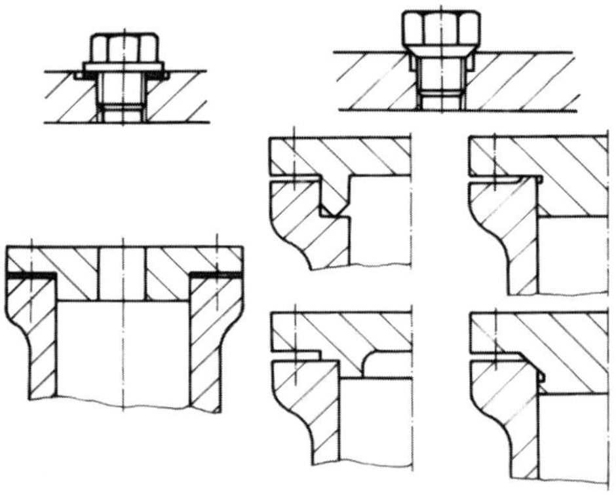

Bild 3.76 Schmale Dichtflächen ersetzen Dichtringe [59]

Es muss darauf hingewiesen werden, dass sich unter den Befestigungsschrauben ein Luftspalt befindet, um die schmale Dichtfläche sicher anzupressen. Viel zu häufig werden immer noch die Schrauben in die zu dichtenden Fläche hineingesetzt, zum Teil finden auch zu flache Deckel Verwendung, und eine ausreichende Dichtwirkung wird dann nur mit vielen Schrauben erreicht. Beide Mängel zeigt Bild 3.77 links. In Ergänzung zur o. g. Forderung von Leyer, sei daher hinzugefügt:

Dichte Deckel so gestalten, dass wenige Schrauben einer schmalen Dichtfläche annähernd gleichmäßige Anpressung erteilen!

Idealgestalt: Glockenform mit zentraler Schraube

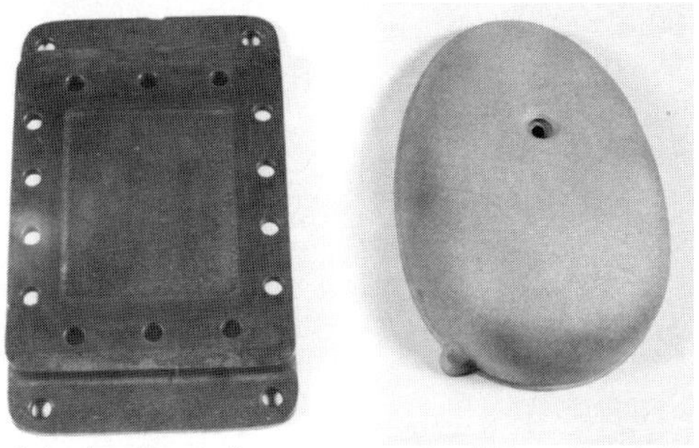

falsche Gestalt zweckmäßige Gestalt

Die glockenähnliche Form ist mit nur **einer** Schraube dicht!

Bild 3.77 Öldichte Deckel falsch und richtig

Mit Bild 3.78 sollte diese Forderung ausreichend erläutert sein.

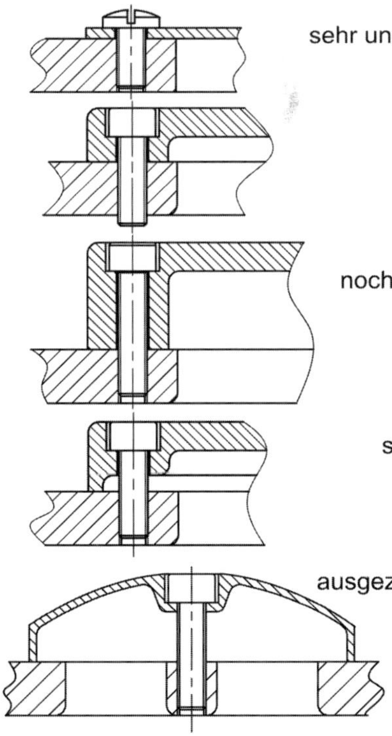

sehr ungünstig 1 - Ein Blechdeckel benötigt viele Schrauben und ist ohne Dichtstoff immer undicht.

besser 2 - Ein Gussdeckel ist stabiler und kommt mit weniger Schrauben aus.

noch besser 3 - Eine größere Deckelhöhe ist günstiger.

sehr gut 4 - Die freigesetzte Schraube sorgt für gute Anpressung der schmalen Dichtkante.

ausgezeichnet 5 - Der gewölbte Deckel mit schmaler Dichtkante und ***einer*** zentralen Schraube ist die günstigste Lösung, sofern diese Gestalt das Maschinenbild (Design) nicht verdirbt.

Hinweis: Die Varianten 4 und 5 benötigen Dichtstoff unter den Schraubenköpfen!

Bild 3.78 Zweckmäßige Gestaltung öldichter Deckel

Wird die Schraube nach außen gelegt (Bild 3.79), entfällt das Dichtproblem am Schraubenkopf. Auch hier sind die Schrauben freigesetzt – aus der Dichtfläche herausgenommen, und die Schraubenkräfte pressen nur die Dichtflächen aufeinander.

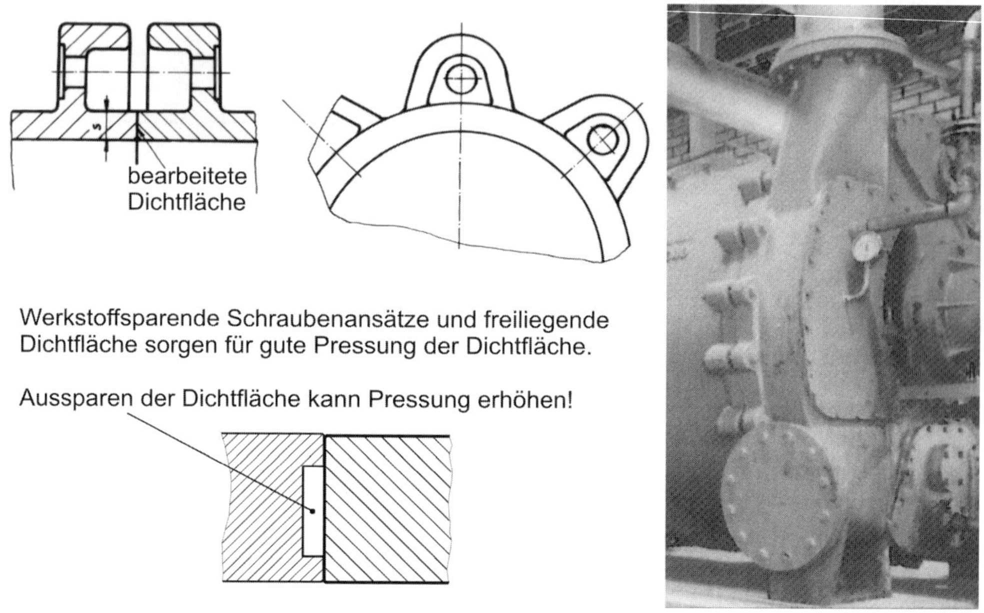

Bild 3.79 Es geht auch ohne Flansch

Bei dem flachen Deckel des Spindelkastens der Drehmaschine nach Bild 3.36 war dem Konstrukteur unklar, ob die vier Schrauben an den Ecken eine ausreichende Pressung in der Deckelmitte bewirken – Bild 3.80. Daher wurden vorsichtshalber die zwei Gussaugen an der Mittelrippe beim ersten Abguss mit gegossen. Die vier Eckschrauben erwiesen sich jedoch trotz nur fein gefräster Oberflächen als ausreichend. Die Verwendung eines günstigeren gewölbten Deckels ließ das zum Entwicklungszeitpunkt vorherrschende „kubistische" Design nicht zu (siehe dazu Abschnitt 5.5.2, Einfluss der Bauhausbewegung).

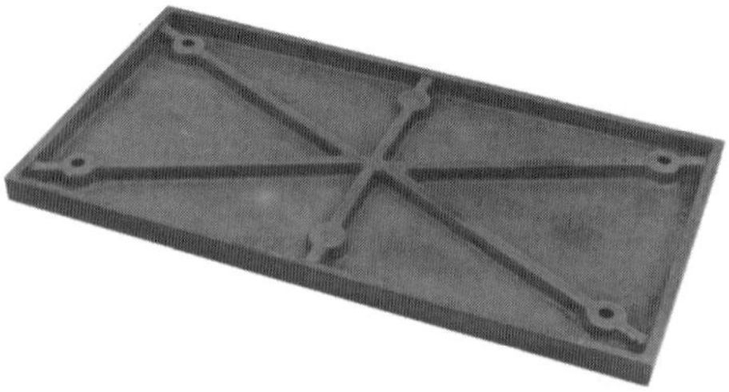

Abmessungen: 440x240x20 mm, Gusswände 8 mm, Dichtkante 6 mm

Deckelgestalt entspricht Variante 4 in Bild 3.78, Erläuterung im Text beachten!

Bild 3.80 Deckel für Spindelkasten (Blick in die Deckelinnenseite)

Alle o. g. Aussagen zur Deckel- bzw. Dichtungsgestaltung bezogen sich auf ebene Dichtflächen. Abweichungen davon sollten vermieden werden, da neben Ebenheit und Oberfläche weitere Form- oder/und Lagetoleranzen eng zu begrenzen sind bzw. nur mit dickeren

Weichdichtungen gute Dichtwirkungen zu erzielen sind – Bild 3.81. Einen negativen Extremfall stellt der Deckel für den Revolverkopf des Drehautomaten von Bild 2.2 dar, der hier im Bild 3.82 abgebildet ist. Dieser Deckel erfordert Fräsvorgänge in 5 Ebenen (E1 bis E5) und zusätzlich die Bearbeitung des Radius *R*. Bei dieser Gestalt ist Öldichtheit illusorisch.

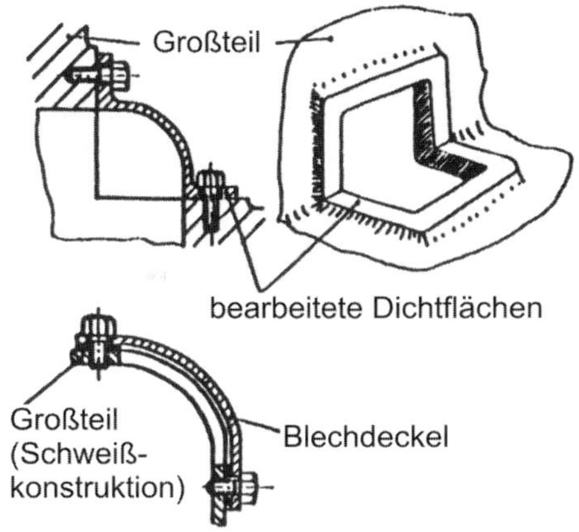

Bild 3.81 *Winkelige oder gewölbte Dichtflächen sind* ***unzweckmäßig***

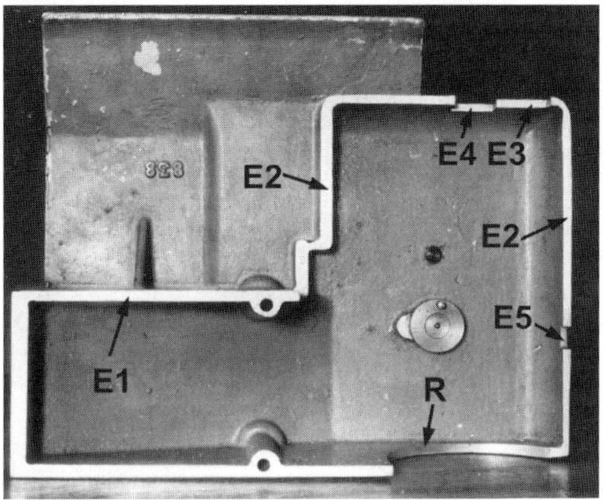

Dieser Deckel ist eine grobe konstruktive Fehlleistung!

Bild 3.82 *Abdeckung, Al-Guss, Verwendung siehe Bild 2.2*

3.10 Kräfte, Kraftwirkungen und deren zweckmäßige Beherrschung

In Maschinenbau-Lehrbüchern werden nicht selten Gestaltvarianten von Lagerungen, Hebeln und anderen kraftbeanspruchten Bauelementen vorgestellt, ohne dass Aussagen über

- Kräfte (mindestens Größenordnung und Richtung),
- Baugröße und
- Fertigungsmenge

getroffen werden. ***Alle drei Angaben zusammen*** haben einen nennenswerten Einfluss auf eine zweckmäßige, d. h. in diesem Fall kraft- und fertigungsgerechte Bauteilgestalt. Sie gehören vernünftigerweise immer zur Aufgabenstellung des Maschinenkonstrukteurs. Gestalten ohne Kenntnis dieser Größen ist dilettantisch (siehe dazu z. B. Bild 1.12). Die Grundsätze des kraftgerechten Gestaltens sind ein zentrales Anliegen und müssen vorausgesetzt werden (siehe auch Tafel 2.2). Hier soll das folgende Bild dazu anregen, sich mit damit – sofern noch nicht bekannt – zu beschäftigen Alle weiteren Ausführungen des vorliegenden Abschnittes stellen Ergänzungen zu [34] dar.

Zweckmäßige Anordnung der Verbindungsschrauben, die Regel K1 wurde eingehalten und ein kraftumlenkender Verbindungsflansch vermieden.

Bild 3.83 Getriebegehäuse, Al-Guss

Kräfte am Maschinenteil ***rufen immer Spannungen (σ, τ) und Verformungen*** hervor. Vorhandene Spannungen zu berechnen und zulässige Spannungen einzuhalten, ist im Allgemeinen selbstverständlich. Die Berücksichtigung der Verformungen ist nicht in jedem Fall deutlich ausgeprägt. Daher ist vom Konstrukteur zu fordern:

Stets in Verformungen denken!

Die folgenden Bilder zeigen, wie dem Vorrichtungskonstrukteur diese Gestaltungsregel vermittelt wird. Daraus darf ganz allgemein für die Konstrukteursausbildung bzw. Weiterbildung abgeleitet werden, dass eine zeitweise Tätigkeit in der Vorrichtungskonstruktion für jeden Maschinenbaukonstrukteur eine gute Ergänzung sein könnte.

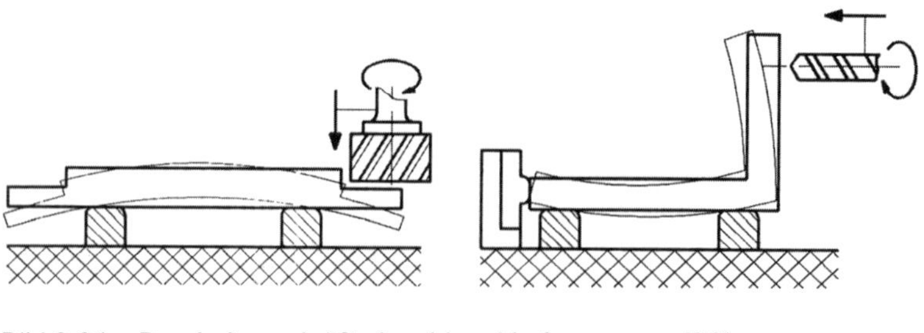

Bild 3.84 Bearbeitungskräfte bewirken Verformungen [31]

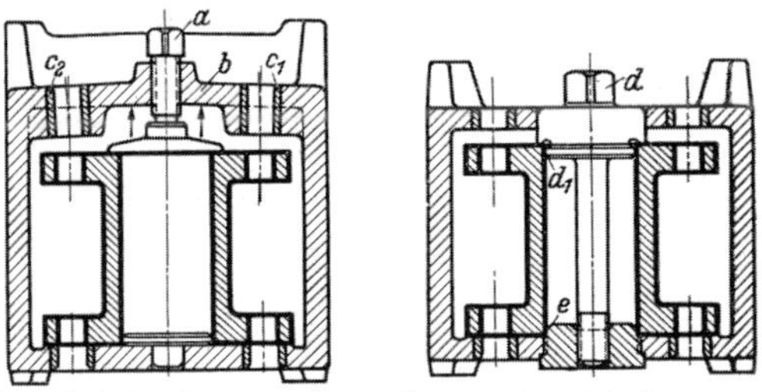

1 Bohrbuchsen verlieren ihre senkrechte Lage
2 Vorrichtung mit verbesserter Spanneinrichtung

Bild 3.85 Spannkräfte bewirken eine Verformung der Bohrvorrichtung [79]

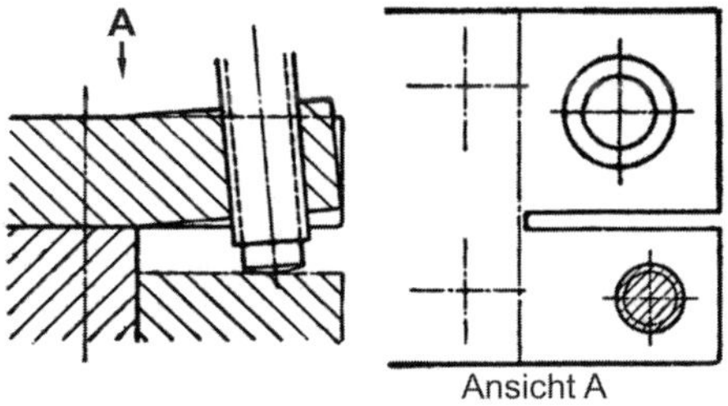

Hält Verformung durch Spannschraube von der Bohrbuchse fern [79]

Bild 3.86 Schlitz im Vorrichtungskörper

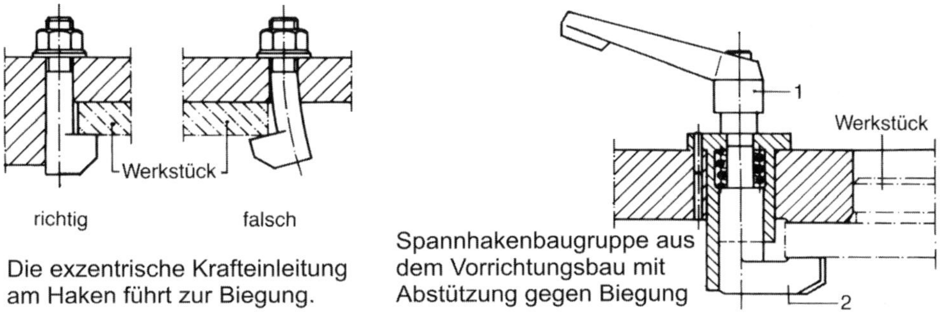

Bild 3.87 Hakenschrauben erleiden Biegeverformung [54]

Auch in der Maschinenelementeliteratur wird dem ***Denken in Verformungen*** ansatzweise Rechnung getragen. Das geschieht z. B. bei der Behandlung der Vorteile der Zugmutter im Vergleich zur Normalmutter – Bild 3.88.

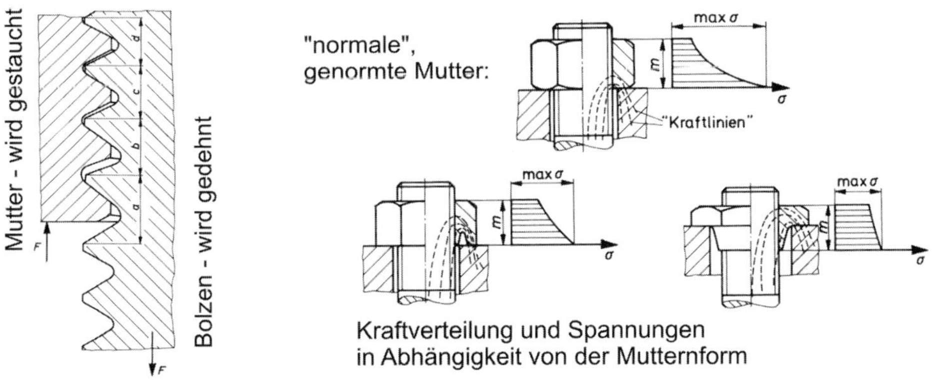

Bild 3.88 Verformungen im Gewinde und ihre Auswirkungen bei den verschiedenen Mutterformen [4]

Die elastische Ausbildung der Umgebung von Gleitlagerbuchsen zum Kompensieren der Wellendurchbiegung gehört ebenfalls dazu – Bild 3.90

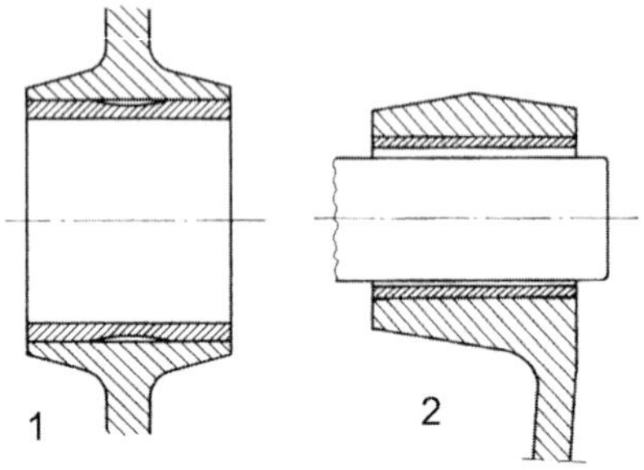

1 Nachgiebige Stützkörperenden

2 Nachgiebige Wand

Bild 3.89 Elastische Ausbildung der Umgebung von Gleitlagerstellen [11]

Aus diesen Beispielen wird jedoch nicht das „Denken in Verformungen" als allgemeine Konstruktions- bzw. Gestaltungsregel abgeleitet. Die weiteren Beispiele sollen die Allgemeingültigkeit für den Maschinenbaukonstrukteur belegen.

Bei einer Blechverbindung (Bild 3.90) liegt die Lösung mit gebogenem Flansch „auf der Hand", Lösung C ist dagegen seltener anzutreffen. Die Stanzformung D ermöglicht es, die Schraube direkt in der Blechebene anzuordnen, und stellt so eine äußerst verformungsarme Lösung dar.

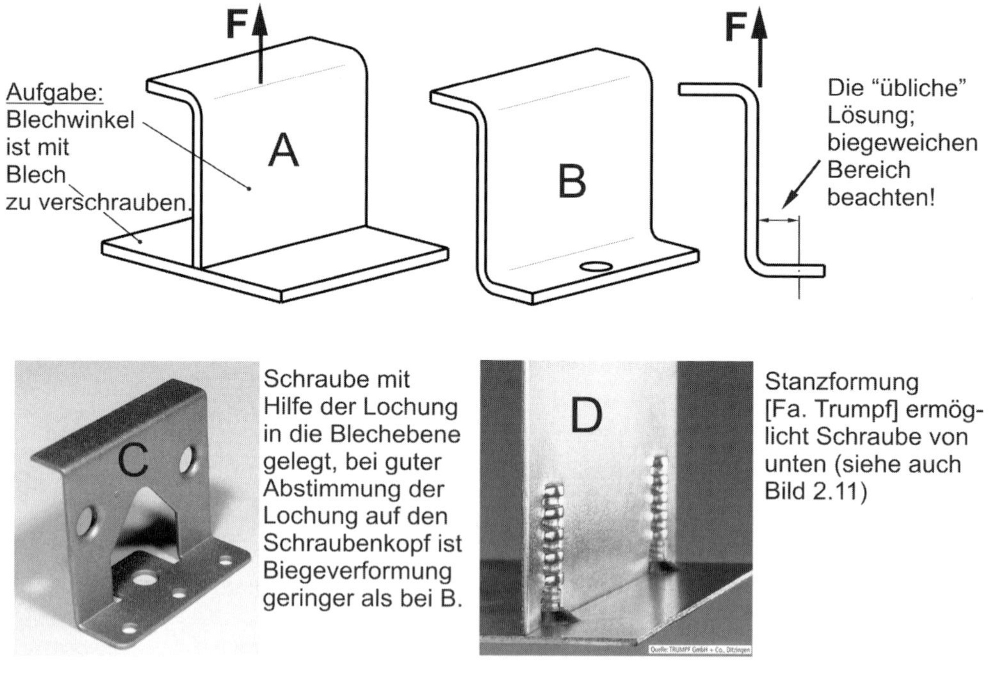

Bild 3.90 Schraubenverbindung zweier Blechteile

Bei der Einleitung von Kräften in Kastenprofile sind viele Varianten denkbar (Bild 3.91). Wird eine hohe Steifigkeit gebraucht, sind die fertigungsgünstigen Lösungen 1 und 4 zu verlassen.

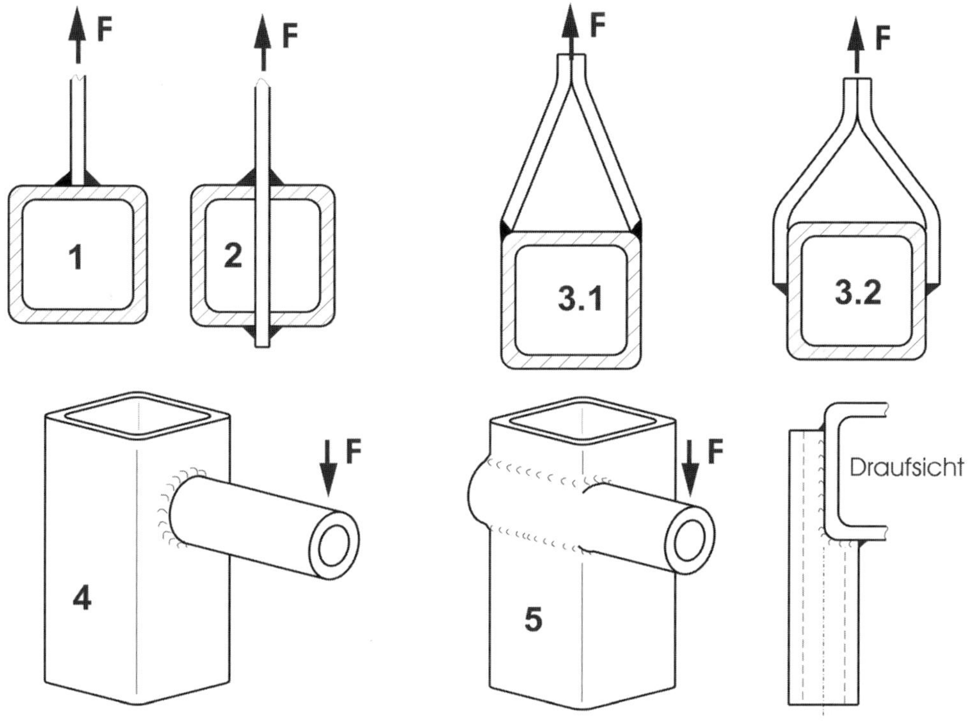

1 weicher Anschluss durch Biegung der Wand
2 steifer als 1, Aufwand beachten (2 Schlitze, 4 Nähte)
3.1 steifer Anschluss ohne Schlitze
3.2 steifer Anschluss an neutraler Faser, mögliche Spaltkorrosion beachten!
4 biegeweicher Rohranschluss
5 biegesteifer Rohranschluss

Bild 3.91 Weiche und steife Anschlüsse an Hohlprofilen

Werden die Verformungen durch Torsion an offenen Profilen und offenen Kästen genauer beobachtet (hierfür können selbstgebastelte Modelle aus Karton empfohlen werden), zeigen sich Wege zu torsionssteifen Ausführungen. Beobachtbare Verformungen und ihre Bekämpfung (Bild 3.92):

- Die Flansche verschieben sich gegeneinander – Gegenmaßnahme 3
- Die Flansche verdrehen sich gegeneinander – Gegenmaßnahme 4
- Der Boden wölbt sich (deutlich merkbar bei 6) – Gegenmaßnahme 8

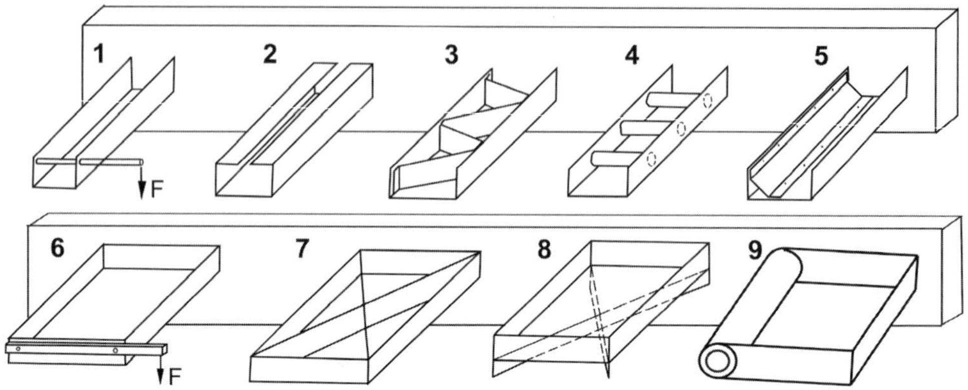

1 Offenes Profil – sehr nachgiebig bei Torsion
2 fast geschlossenes Profil – keine Verbesserung gegenüber 1
3 Dreieckverrippung – sehr gute Versteifung
4 Drillkopplung der Flansche – sehr gute Versteifung
5 Teilweises Hohlprofil – sehr gute Versteifung, beidseitige Ausführung möglich
6 Torsionsweicher Kasten
7 Diagonalverrippung – sehr gute Versteifung
8 Diagonalrippe unter dem Boden verhindert die Verwölbung – sehr gute Versteifung
9 Hohlprofil einer Seitenwand (Rohr eingeschweißt) macht Kasten verwindungssteifer

Bild 3.92 Bekämpfung der Torsion an offenen Profilen und Kästen

Werden sehr präzise Bauteile mit Schrauben befestigt, muss die Verformung unter Wirkung der Schraubenkraft berücksichtigt werden – Bild 3.93. Auch die in Bild 3.94 dargestellte Aufgabe betrifft diesen Sachverhalt.

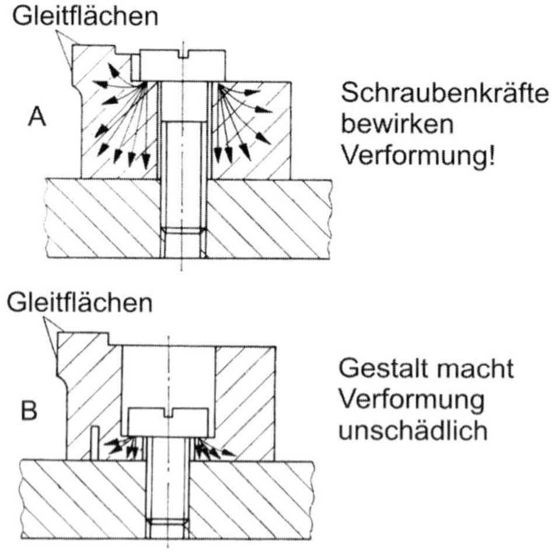

Bild 3.93 Schraubenbefestigung hochgenauer Bauelemente [75]

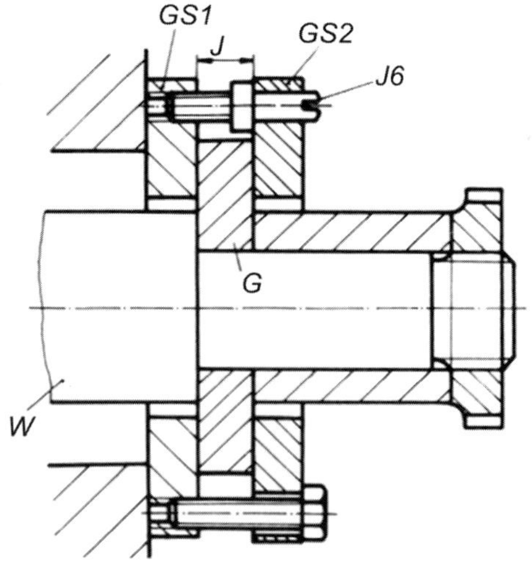

Bild 3.94 Justierung an Axialgleitlagern, Aufgabe

Aufgabe 3.3 Der Abstand J soll mittels Feingewindeschraube J6 justiert werden (Bild 3.94).
W: Welle, G: Gleitscheibe mit W umlaufend, GS1 und GS2: feststehende Gleitscheiben
Gesucht: Zweckmäßige Verteilung von Befestigungsschrauben (Sechskant) und Justierschrauben J6, Bohrbild der Scheiben GS1 bzw. GS2

Die im Bild 3.95 erläuterte Verformung setzt bereits ein gut entwickeltes „konstruktives Gefühl" voraus, um die Biegeverformung der langen Stützschraube beim Anziehen der Spannmutter zu erkennen. Es ist zu vermuten, dass dieser Mangel erst an der fertigen Ausführung erkannt wurde und daraufhin Aufnahme in dem Lehrbuch [79] fand.

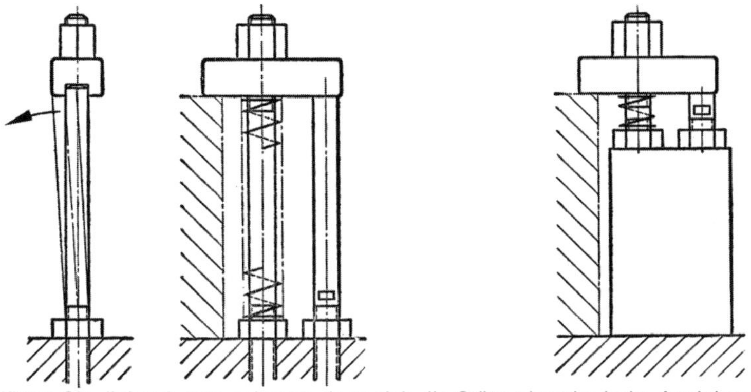

Hätten Sie, lieber Leser, erkannt, dass sich die Stützschraube beim Anziehen der Spannmutter so verbiegt, dass kein sicheres Spannen mehr möglich ist?

Bild 3.95 Unzureichende Stützschraube einer Spannvorrichtung [79]

Funktionsbehindernde Reibung

Bei der in Bild 3.96 dargestellten und auch praktisch ausgeführten Schubstange stellte sich bei der Ersterprobung ein völliges Versagen heraus. Die Stange sollte eine kleine Kraft F über einen Weg von 5 mm von s nach s' übertragen. Die Stange war mit einer relativ engen Spielpassung in einfachen Gleitbuchsen von 12 mm Länge gelagert. Worin könnte das funktionelle Versagen bestanden haben? Die Antwort zu finden, fällt nicht allzu schwer, wenn das „Denken in Verformungen" beherzigt wird. Denn die sehr schlanke Stange (Abmessung siehe Bild) erfährt durch den exzentrischen Kraftangriffspunkt eine Biegeverformung selbst bei geringen Gegenkräften bei s'. Dadurch entsteht in den Gleitlagern eine Kantenpressung, und die Axialbewegung der Stange wird blockiert.

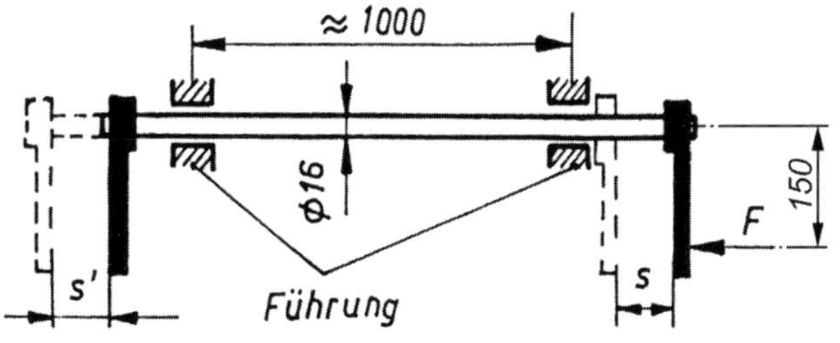

Bild 3.96 Schubstange mit exzentrischem Kraftangriff

Der gleiche Effekt ist bei einer verstellbaren Tischlerschraubzwinge gewollt – Bild 3.97. Da dieses Blockieren früher bei alltäglichen Schubladen beobachtet werden konnte, wurde auch vom Schubladeneffekt gesprochen. (Bei heutigen Möbeln ist dieser Effekt nicht mehr zu beobachten, da Wälzführungen die Reibverhältnisse völlig verändern.)

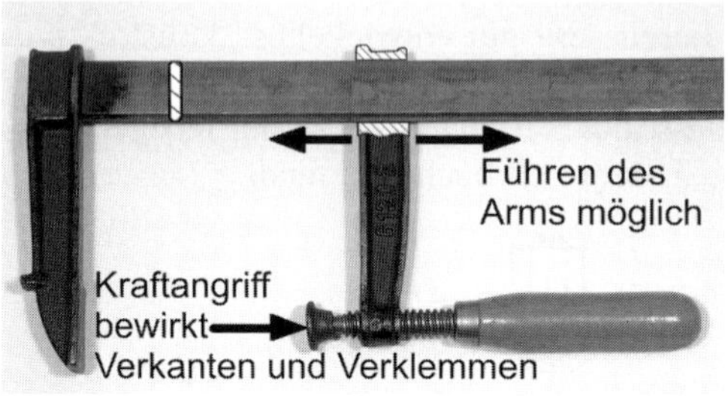

Bild 3.97 Schraubzwinge mit verstellbarem Arm

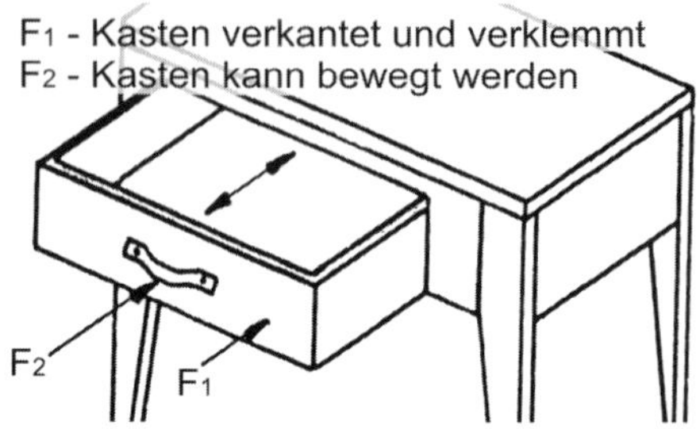

Bild 3.98 Schubladeneffekt

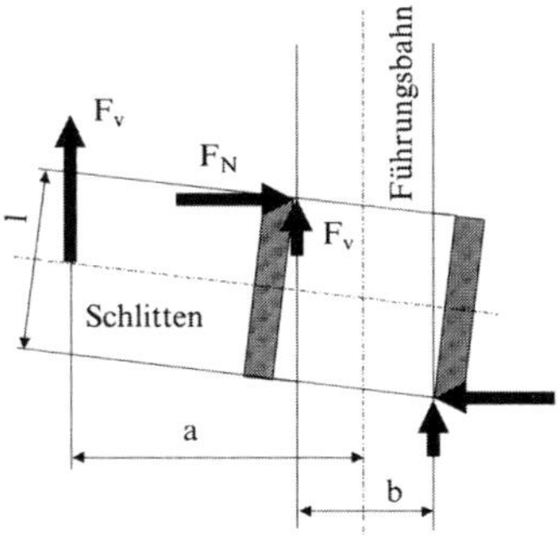

Beim gleitgeführten Schlitten ist mit dem Verklemmen bei $\mu \geq \dfrac{L}{2a}$ zu rechnen.

Bild 3.99 Schubladeneffekt [9]

Leider ist festzustellen, dass den Fragen derartiger funktionsbehindernder Reibverhältnisse in der Konstrukteurausbildung wenig Aufmerksamkeit entgegengebracht wird. Welches Fachgebiet ist eigentlich zuständig, das Fach Maschinenelemente oder die Technische Mechanik? Das folgende Beispiel stellt in den Lehrbüchern für Maschinenbau- bzw. Feinmechanikkonstrukteure bisher eine Ausnahme dar – Bild und Textzitat aus [56].

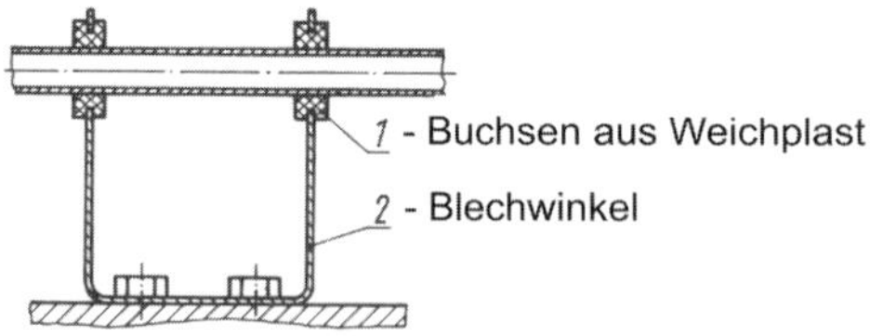

Bild 3.100 Gefahr der Selbstsperrung an einer zweistelligen Gleitführung

„Wird für die Gleitführung nach Bild 3.100 der Bewegungswiderstand in den Buchsen (Reibwert, Schmierung, Spiel) in Relation zur Biegesteifigkeit des Blechwinkels falsch gewählt, verbiegt sich dieser so weit, dass Selbstsperrung, also totales Versagen der Funktion eintritt."

Das Verklemmen dieser Führung ist hauptsächlich auf die mangelhafte kraftgerechte Gestaltung des Blechwinkels zurückzuführen. Weder Sicken noch Bördel oder zweckmäßige Abkantungen versteifen diesen Blechwinkel in Richtung des bewegten Elements, so dass bereits geringste Reibkräfte das Verkanten bewirken.

Um der Reibungsproblematik besser gerecht zu werden, sei hier formuliert:

Stets auf funktionsbehindernde Reibung achten,
Schubladen- bzw. Schraubzwingeneffekt vermeiden!

Mit Hilfe der folgenden Beispiele und Aufgaben soll diese Regel verdeutlicht werden.

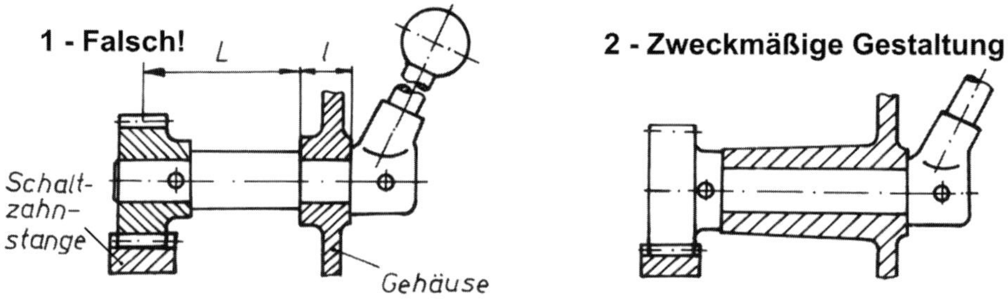

Das Maß l ist bei 1 zu kurz und der große Abstand L bewirkt Wellendurchbiegung und die Kantenpressung in der kurzen Lagerstelle führt zu Schwergängigkeit.

Bild 3.101 Schaltwellenlagerung [73]

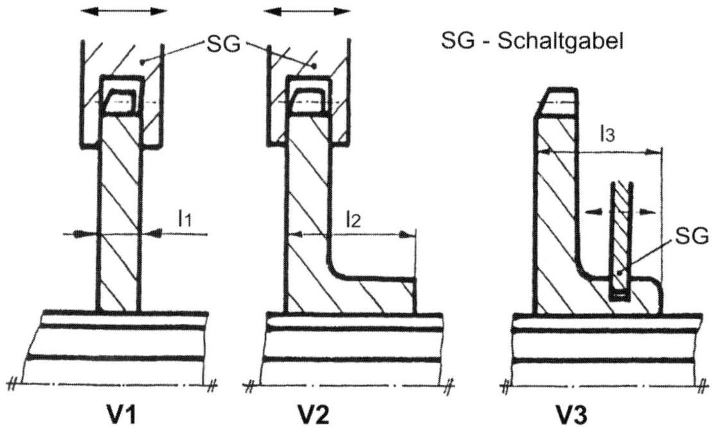

Bild 3.102 Schieberäder auf Profilwelle [73]

Aufgabe 3.4 Treffen Sie Aussagen zur Verschiebbarkeit der drei Varianten!

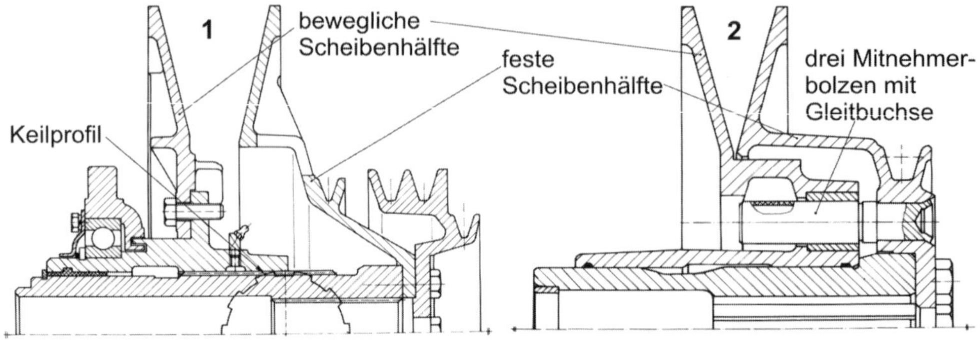

Drehmomentübertragung durch Keilprofil

Drehmomentübertragung durch drei Mitnehmerbolzen mit Gleitbuchse

Jede Riemenscheibe besteht aus einer festen und einer axial beweglichen Scheibenhälfte

Bild 3.103 Riemenscheiben für stufenlose Breitkeilriemengetriebe

Aufgabe 3.5 Einschätzung der axialen Verstellkräfte bei gleichzeitiger Übertragung des Drehmoments.

Große Maschinen mit Aufstellung auf mehr als drei Punkten bedürfen einer anspruchsvollen horizontalen Justierung. Dafür sind Elemente mit Feingewinde (siehe Abschnitt 5.3), aber auch Keile oder Stelleinrichtungen mit Keilflächen in Anwendung. Bild 3.104 stellt eine derartige Einrichtung dar. Der Grundkörper enthält ein nach oben offenes Langloch, so dass die Schraube der aufsteigenden Bewegung des oberen Keils bei Rechtsdrehung der Schraube folgen kann. Tritt diese Bewegung tatsächlich ein?

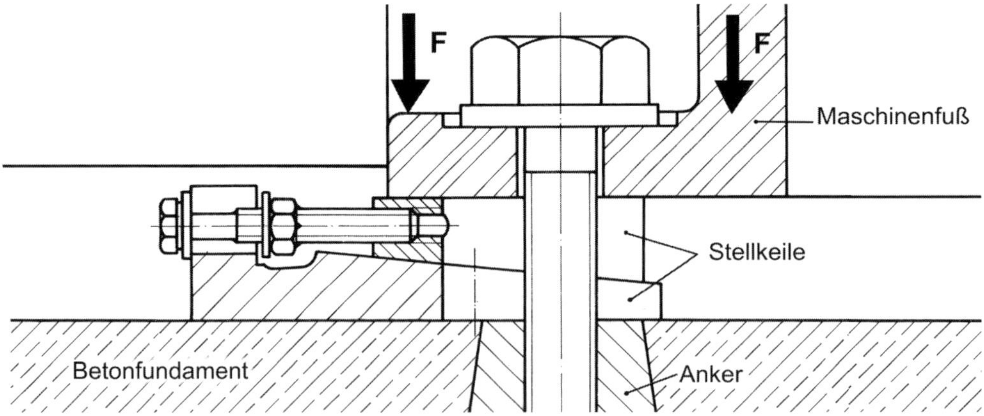

Bild 3.104 Stellkeil für Maschinenjustierung.

Aufgabe 3.6 Die Funktion dieser Justiereinrichtung unter Last ist zu beurteilen.

Mechanisch gestaltete Lamellenkupplungen sind mit Winkelhebeln versehen, um über die axiale Bewegung einer Schaltmuffe die Lamellen zusammenzupressen – siehe dazu Bild 3.42. Für einen ähnlichen Zweck wurde ein Hebel nicht auf einem Drehzapfen gelagert, sondern mit seiner halbkreisförmigen Außenkontur in eine rechtwinklige Ecke gelegt (Bild 3.105). Die Ecke wurde zum einen gebildet durch eine Nut in der Hohlwelle 3 und zum anderen durch den Außendurchmesser der Buchse 4. Diese Einrichtung hat im Leerlauf funktioniert. Wenn aber von Buchse 4 eine größere Gegenkraft B überwunden werden musste – wofür diese Einrichtung vorgesehen war – traten Probleme in der Art auf, dass bei B keine höheren Kräfte erreicht wurden. Dem mit der Aufklärung dieses Sachverhaltes beauftragten Konstrukteur bereitete es nennenswerte Probleme, die Ursachen zu klären. Und welche Ursache kann der Leser erkennen?

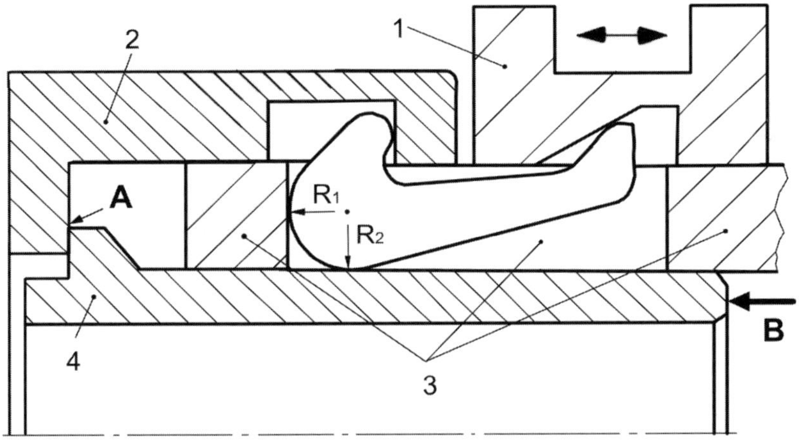

Funktion:
- Schaltmuffe 1 wird nach rechts bewegt
- Winkelhebel wird niedergedrückt und nimmt 2 nach rechts mit
- 2 nimmt über Anlage A Buchse 4 mit nach rechts

Der Winkelhebel liegt in einer Nut der Hohlwelle 3 und stützt sich bei Reibstelle R_2 an der zu bewegenden Buchse 4.

Bild 3.105 Winkelhebel zur Erzeugung einer Axialbewegung von Buchse 4 (vereinfachte Darstellung)

Es entsteht eventuell auch die Frage, warum der Konstrukteur dieser Einrichtung die bewährte Lagerung des Hebels auf einem Zapfen oder Stift aufgegeben hatte. Dabei handelt es sich um den Versuch, die fertigungsungünstige Bohrung für diese Achse (siehe Bild 3.106) zu vermeiden.

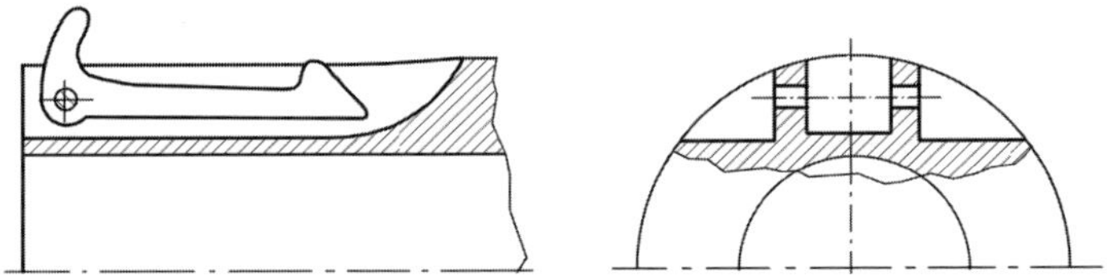

Bild 3.106 Aufwendige Querbohrung

Unbeachtet blieb, dass an Reibstelle R_2 die Hebelbewegung der Bewegung der Buchse entgegenwirkt und gleichzeitig eine hohe Pressung zwischen Hebel und Buchse auftritt. Die Bewegung der Buchse wurde zwar nicht verhindert, aber bei B war nur eine geringe Kraft verfügbar. Jeder Versuch, eine größere Kraft zu erreichen, wurde von der Reibstelle R_2 beeinträchtigt.

Zusammenfassende Hinweise und Fragen zum Thema funktionsbehindernde Reibung:

- Reibstellen ermitteln und Wirkung der Reibkräfte einschätzen, Hintereinanderschaltung von Reibstellen beachten!
- Können Auswirkungen von Maßtoleranzen bisher unbeachtete Reibstellen bzw. Reibkräfte hervorrufen?
- Können Auswirkungen von Form- und Lagetoleranzen Reibkräfte hervorrufen?
- Können Verformungen der Bauteile durch
  - Eigenmasse,
  - Betriebskräfte,
  - Temperatureinfluss,
  - Ansammlung von Abfall- oder Abriebstoffen

  zu Reibkräften führen?
- Veränderung des Reibwertes durch Verschmutzung oder Verschleiß

Brechstangen- und Kniehebeleffekt

Ein Gelenkbolzen kann im gabelförmigen Bauteil mit einer Bohrungslänge von $0{,}5 \cdot d$ auskommen – Bild 3.107-1. Ist der Bolzen einseitig eingepresst, wird er zum Kragträger, und die Kräfteverhältnisse in der Bohrung verändern sich vollständig – Bildteil 2 und 3. Im Allgemeinen wird eine Einpresstiefe von größer $1 \cdot d$ verwendet werden. Wird dieser Empfehlung nicht gefolgt, kommt es zu den in Bildteil 3 dargestellten Beanspruchungen an der Bohrungskante und am inneren Bolzenende.

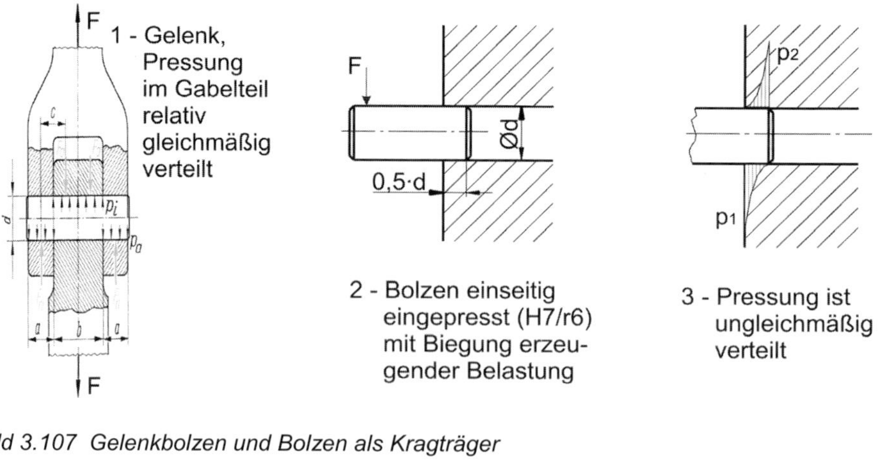

Bild 3.107 Gelenkbolzen und Bolzen als Kragträger

Die ertragbare Spannung des Bohrungswerkstoffes ist schnell überschritten, der Bolzen bricht heraus. Der Effekt dieser hohen Reaktionskräfte, an der Brechstange gewollt und mit dem Hebelgesetz seit Archimedes belegt, kommt hier negativ zur Wirkung. Für die Konstrukteure muss es daher heißen:

Beachte das Auftreten großer Reaktionskräfte – berücksichtige Brechstangen- und Kniehebeleffekt!

Dieser Sachverhalt mag trivial erscheinen, ist aber nicht immer klar erkennbar und nicht in jedem Fall auf einfache Weise zu beseitigen.

An einem Schlitten war ein Anschlag zu befestigen. Dafür stand nur eine 10 mm dicke Platte zur Verfügung. Die gegebene Situation und die konstruktive Erstausführung sind in Bild 3.108 dargestellt. Der Konstrukteur hatte vermeintlich die verfügbare Plattendicke von 10 mm mit den M8-Schrauben maximal ausgenutzt, dabei jedoch den Brechstangeneffekt übersehen. Die Biegebeanspruchung der Schraube führte zu einer plastischen Dehnung (Spalt bei S), die Schraubenvorspannung ging verloren, Anschlag A war nach kurzer Betriebszeit locker. Die verbesserte Ausführung (Bild 3.109) zeigt eindeutige Kraftverhältnisse für die Schrauben und beseitigt den aufgetretenen Mangel. Für Schraube 1 liegt jetzt eine reine Zugbeanspruchung vor!

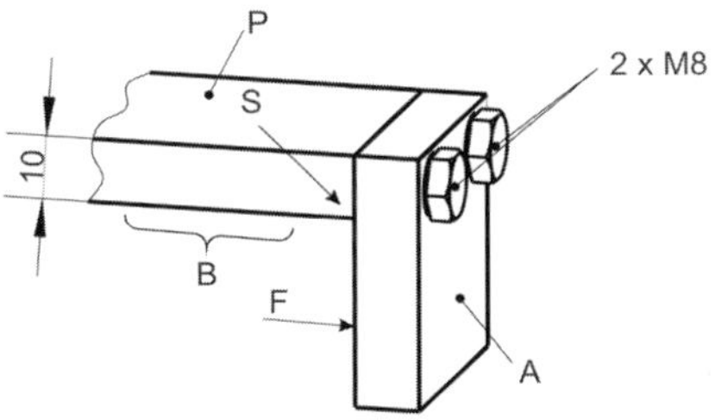

P - Bewegte Platte
F - Anschlagkraft
A - Anschlag mit P verschraubt
S - Anschlagkraft bewirkt Spaltbildung
B - im Bereich B keine Befestigung von A möglich

Bild 3.108 Ungünstige Biegekrafteinleitung

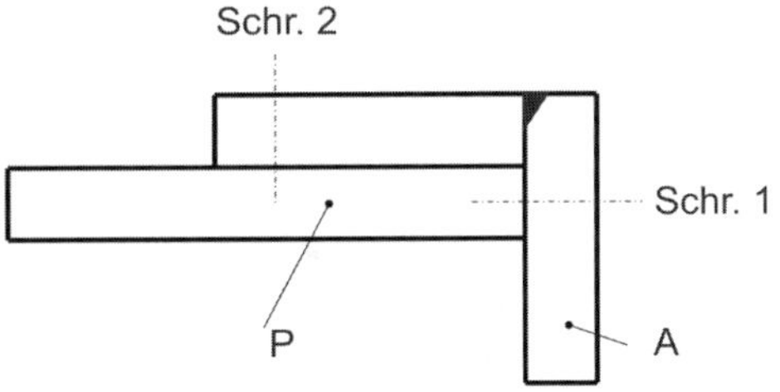

A- Platte A ist hier zum Winkel ausgebildet
Schr.1 - Schraube wirkt nur auf Zug
Schr.2 - Schraube bewirkt Haftreibung zwischen A und P

Bild 3.109 Verbesserte Biegekrafteinleitung

Eine gewisse Ähnlichkeit mit dem Brechstangeneffekt weist die Momentenbelastung eines Wälzlagers auf. Sind z. B. die Lagerungen einer Keilriemenscheibe nach Bild 3.110 zu beurteilen, fällt es nicht schwer, den Mangel der Variante 1 zu erkennen. Für einen derartigen Lastfall ist ein normales Kugellager nicht vorgesehen bzw. keine Lebensdauerberechnung verfügbar. Geeigneter wären doppelreihige Kugellager, Kreuzrollenlager oder kombinierte Lager, deren Berechnung aber mit Hilfe des Wälzlagerherstellers durchgeführt werden sollten.

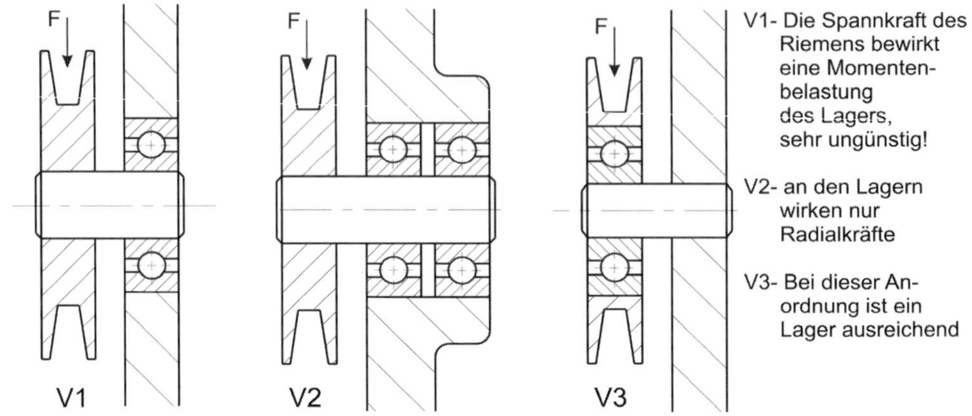

Bild 3.110 Lagerung einer Keilriemenspannscheibe, 3 Varianten (Prinzipdarstellung, Axialsicherungen vernachlässigt)

Dass bei beengtem Bauraum dieser Mangel ebenfalls auftreten kann, zeigt Bild 3.8 (Abschnitt minimaler Bauraum), und im entsprechenden Text wurde bereits darauf verwiesen. Erkennt aber jeder Betrachter dieser Konstruktion die Kippbelastung bzw. Momentenbelastung dieser Lagerung? Laut Tafel 1.1 wird er bereits beim ersten Analysegesichtspunkt dazu aufgefordert. Leider ist diese kritische Betrachtungsweise im Allgemeinen zu wenig ausgeprägt. Die Beurteilung der drei Varianten in Bild 3.110 kann nur ein Einstieg sein, der durch die Analyse vieler Konstruktionszeichnungen wie z. B. Bild 3.111 gefestigt werden sollte.

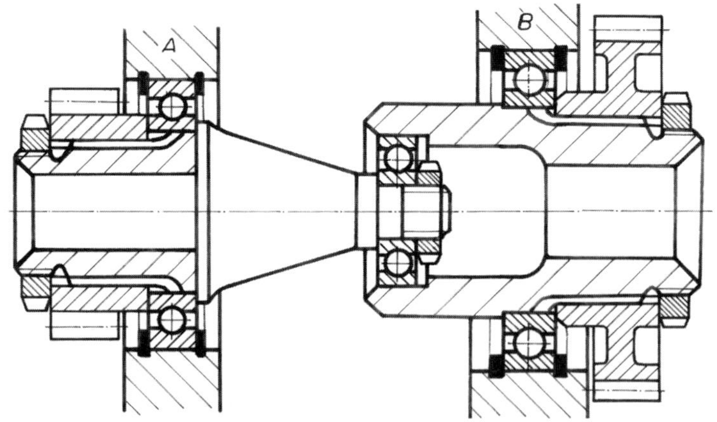

Bild 3.111 Lagerung für zwei wechselbare Zwischenräder [73]

Aufgabe 3.7 Begutachten Sie die Lagerung der zwei gleichachsig, aber unabhängig voneinander gelagerten Zahnräder.

3.11 Lösungen – Spezielle Anforderungen und Gestaltungsmittel

Lösung zu Aufgabe 3.1:

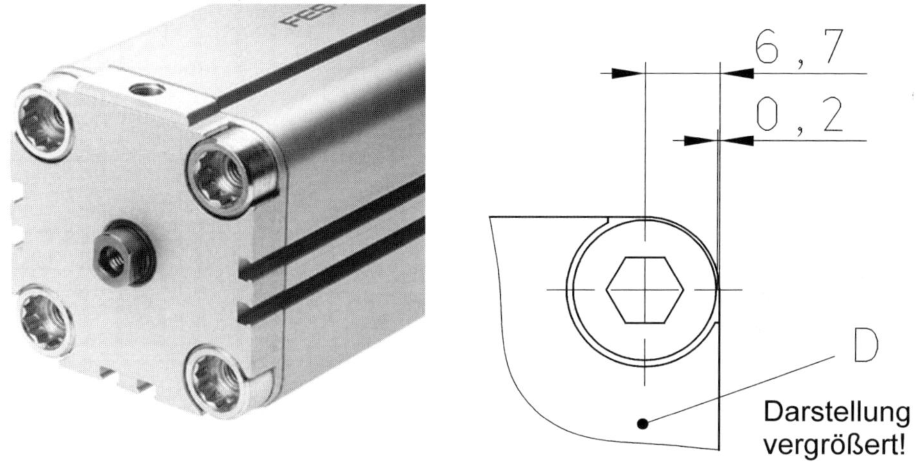

Bild 3.112 Deckelbefestigung mit eingesenkter Zylinderschraube bei minimalem Abstand zur Außenkontur [FESTO] und Lösungsskizze

Hinweis: Im gezeigten Beispiel werden stranggepresste Profile verwendet, die Toleranzen dieser Bauteile sind sehr gering. In jedem Fall darf ein Überstehen des Schraubenkopfes bzw. einer Scheibe nicht auftreten!

Lösung zu Aufgabe 3.3:

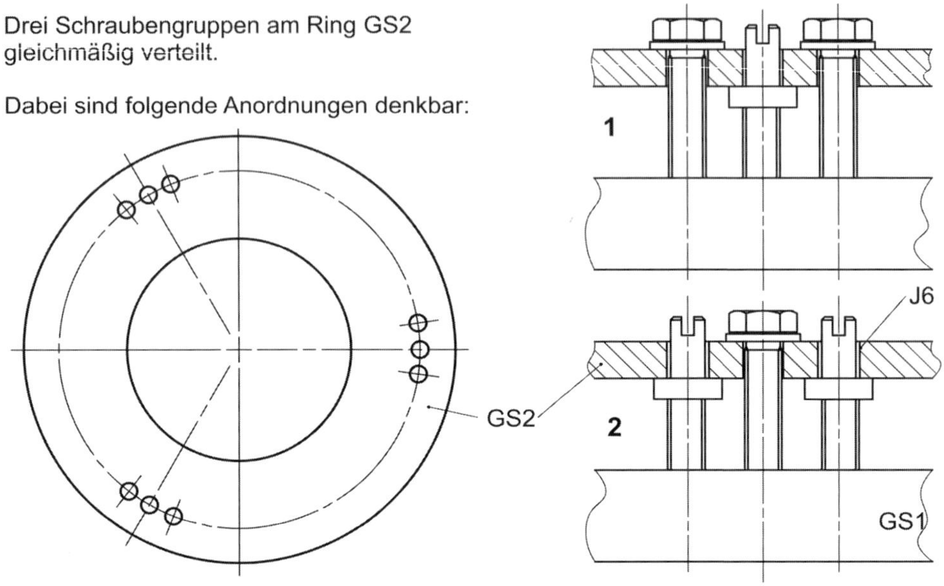

Bild 3.113 Skizze zur Lösung der Justieraufgabe

Bei 1 kann eine Biegung der Gleitscheibe GS2 relativ leicht auftreten, deshalb 2 bevorzugen.

Lösung zu Aufgabe 3.4:

Variante 1: Führungslänge/Nabenlänge des Zahnrades zu kurz, Zahnrad verkantet und lässt sich nicht schieben

Variante 2: Nabe verbreitert, Verschieben ist gewährleistet ab L_2 nach Bild 3.99

Variante 3: Günstigster Kraftangriffspunkt der Schaltgabel

Lösung zu Aufgabe 3.5:

Variante 1: Am relativ kleinen Durchmesser des Keilprofils wirken große Umfangskräfte und damit große bewegungshemmende Reibkräfte – Verstellung arbeitet schwergängig

Variante 2: Mitnehmerbolzen sitzen weiter außen, Umfangs- und Reibkräfte sind dadurch kleiner. Mit Hilfe der Gleitbuchsen wurden vermutlich reibungsärmere Werkstoffpaarungen gewählt. Verstellbarkeit günstiger als bei Variante 1.

Lösung zu Aufgabe 3.6:

Die Schraube ist einem Schlitz des unteren Keiles angeordnet damit sie sich bei Aufsteigen des oberen Keiles im Schlitz nach oben bewegen kann. Da ein hoher Anteil der Eigenmasse der Maschine auf dem Stellkeil ruht, muss durch die Schraube eine hohe Zugkraft aufgebracht werden, d. h. unter dem Schraubenkopf entsteht eine Reibkraft die sich dem Aufsteigen der Schraube entgegenstellt. Dadurch wird ein Verbiegen der Schraube eintreten, die sich bei kleinen Stellbewegungen im elastischen Bereich bewegen wird. Bei größeren Verstellbewegungen unter Last kann auch eine plastische Verformung auftreten.

Zusatzfrage: Wie könnte die Schraubenverformung bekämpft bzw. verhindert werden.

Lösung zu Aufgabe 3.7:

Der Beurteilung muss zugrunde liegen, dass alle Kugellager ein geringes Spiel aufweisen. Die radialen Zahnkräfte bewirken eine Momentenbelastung für alle drei Lager. Das Lagerspiel führt zu einem Verkippen der beiden Wellen. Eine Verbesserung der Situation ist erreichbar, indem die linke Welle verlängert und in der Hohlwelle mit zwei Kugellagern gelagert wird. Der Abstand dieser beiden Lager sollte möglichst groß sein, d. h. auch die Hohlwelle ist nach links zu verlängern.

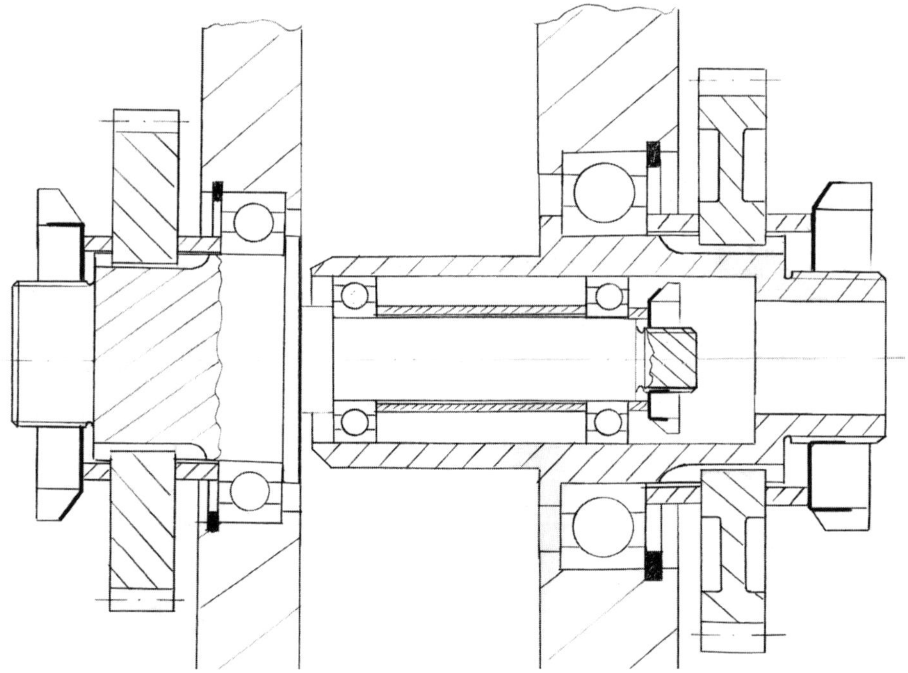

Bild 3.114 Lösungsvorschlag eines Studenten der TU Dresden (Bleistiftskizze)

4 Füge- und montagegerechtes Gestalten

4.1 Zur Auswahl der Fügeverfahren

Einen Einstieg in die Schwierigkeiten bei der Auswahl optimaler Fügeverfahren im Konstruktionsprozess des Maschinenbaus bietet Bild 4.1.

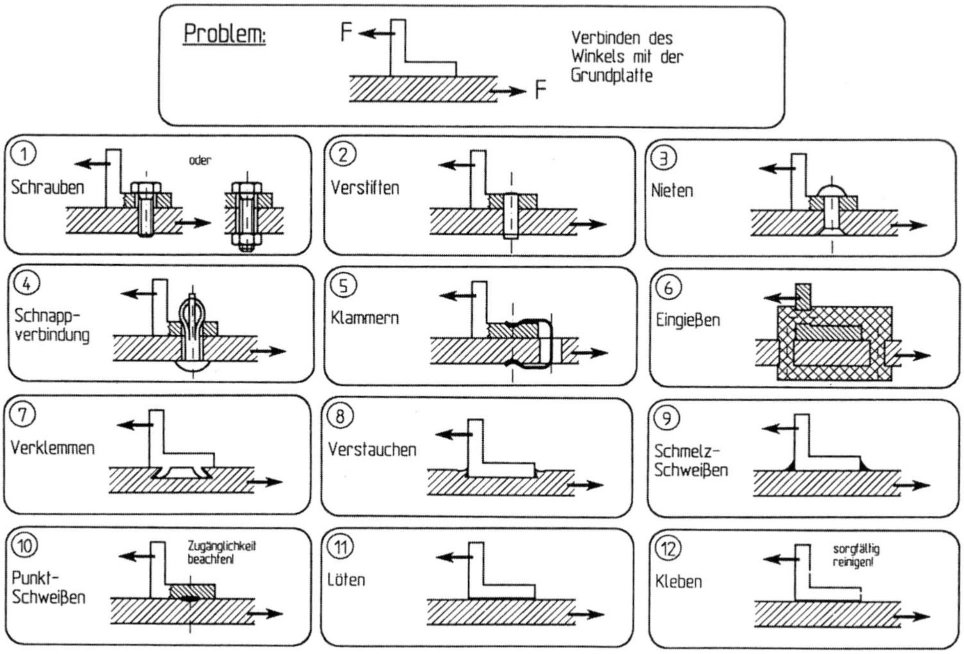

Bild 4.1 Alternativen zur Verbindung eines Winkels mit einer Platte [41]

Es zeigt bereits zwölf Fügevarianten und ist trotzdem sehr unvollständig, wie die folgenden Ausführungen beweisen:

1) An erster Stelle sollte nicht die Suche nach einem Fügeverfahren stehen, sondern Überlegungen zur ***Integralbauweise/Einstückbauweise***.

2) Die Beispiele 1 bis 6 von Bild 4.1 zeigen die Anwendung von ***Verbindungselementen*** wie z. B. Schraube, Niet, Stift usw., obgleich diese Elemente auch ***integraler Bestandteil*** des Winkels oder der Grundplatte sein könnten (Bild 4.2).

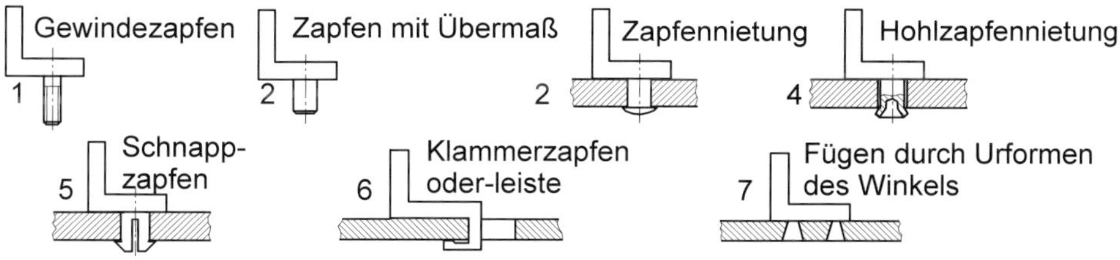

Bild 4.2 Verbindungselement als integraler Bestandteil des zu befestigenden Winkels

3) Einfache oder doppelte Anschlagkanten können die Befestigungswirkung unterstützen bzw. unter Umständen Ausrichten oder Justieren vermeiden.

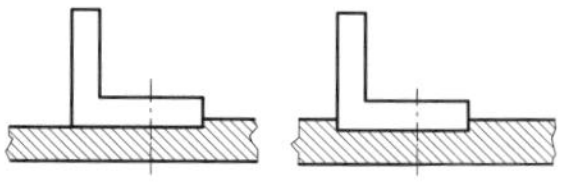

Bild 4.3 Unterstützender Formschluss

4) Eine für einen anderen Zweck benötigte Feder kann gleichzeitig die Winkel fixieren – z. B. eine Rückstellfeder für ein anderes Bauelement.

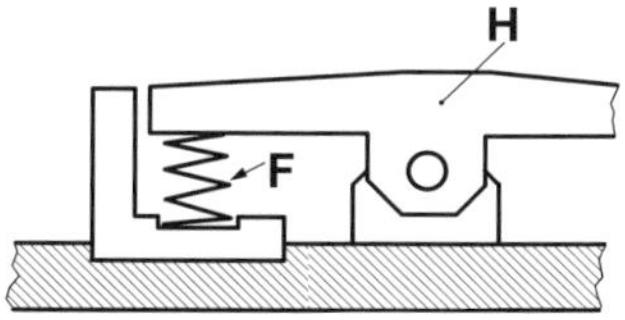

Bild 4.4 Rückstellfeder F für den Hebel H fixiert den Winkel (siehe hierzu auch Bild 2.18)

5) Weiterhin fehlen:

Keilverbindung (Bild 4.5), Renkverbindung (Bild 4.6) und Clinchverbindung (Bild 4.7)

Diese Verbindung ist erheblich montage- und demontagefreundlicher als Schraubenverbindungen

Bild 4.5 Keilverbindung an einem Baugerüst

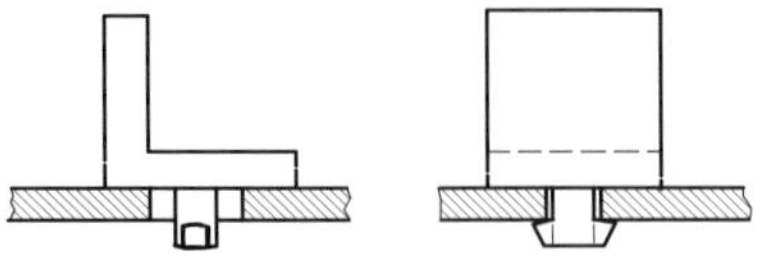

Bild 4.6 Renkverbindung

Damit sind zu den 12 Varianten von Bild 4.1 weitere 13 Varianten benannt, und von der Auswahl der optimalen Lösung hat man sich eher weiter entfernt als sich ihr genähert. Auch in der fertigungstechnischen Literatur sind Auswahlkriterien nicht aufzufinden. Allein Matthes/Riedel [62] benennen in den 8 Gruppen der Fügeverfahren

1) Zusammensetzen, 2) Füllen, 3) An- und Einpressen, Fügen durch 4) Urformen und 5) Umformen, 6) Schweißen, 7) Löten und 8) Kleben

insgesamt 118 Fügeuntergruppen. Auch die Unterteilung in

Formschluss, ***Kraftschluss***, ***Stoffschluss*** oder in ***lösbare*** und ***unlösbare Verbindungen***

helfen bei der Auswahl wenig. Gerade die Definition der unlösbaren Verbindung ist wenig hilfreich und sollte eigentlich eine überholte Aussage sein, denn welche Verbindung ist tatsächlich unlösbar? Eine Schweißverbindung – als unlösbar definiert – ist z. B. mittels Trennschleifer oder Schneidbrenner lösbar und lässt sich danach wieder zusammenschweißen, in der Praxis der Großmaschinenreparatur wird davon durchaus Gebrauch gemacht (z. B. bei der Reparatur von Tagebaugroßgeräten). Die Clinchverbindung wird in [62] ebenfalls als unlösbar definiert, aber einige Seiten später wird im gleichen Buch die Reparaturmöglichkeit beschrieben – siehe Bild 4.7. Weiterhin wird völlig richtig bemerkt, dass fast alle gefügten Bauteile repariert bzw. instandgesetzt werden können. Ein wesentliches Entscheidungskriterium ist das Kosten-Nutzen-Verhältnis der Reparaturlösungen. Zweckmäßig erscheint daher folgende ***Gliederung betreffs der Lösbarkeit:***

- Beschädigungsfrei lösbar und wieder fügbar – z. B. Schraubenverbindung
- Durch Zerstörung lösbar und mit gleicher Qualität wieder fügbar – z. B. Kehlnaht
- Beim Lösen Beschädigung möglich, Ersatzteile erforderlich – z. B. Übermaßverbindung (Presssitz)

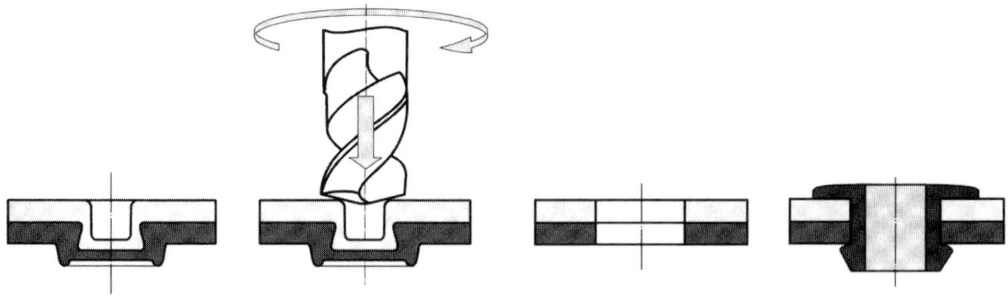

Bild 4.7 Reparaturmöglichkeit für ein geclinchtes Bauteil [62}

Zusammenfassend ist festzustellen, dass ein leicht zu überschauender Weg durch die Vielfalt der Fügeverfahren bisher nicht gebahnt ist und die Kunstfertigkeit des Konstrukteurs gefragt ist. Siehe hierzu auch die Bemerkung zum Konstruieren als Grenzgebiet zwischen Wissen und Kunst im Vorwort dieses Buches. Wer diese Aussage nicht akzeptieren kann, ist im Konstrukteurberuf falsch bzw. sollte sich auf ein überschaubares Teilgebiet spezialisieren.

Die folgenden Kriterien bzw. Anforderungen können dem Konstrukteur helfen, das richtige Fügeverfahren auszuwählen.

Kriterien für die Auswahl von Fügeverfahren (ohne Anspruch auf Vollständigkeit)
• zu übertragende Kräfte (Größe, Richtung, statisch, dynamisch) • thermische Beanspruchung • chemische bzw. korrosive Beanspruchung • voraussichtliche Fertigungsmenge • auszuschließende Fügeverfahren (z. B. Schweißen bei Brandgefahr) • zu bevorzugende Fügeverfahren (wegen vorhandener Einrichtungen) • Lagegenauigkeit bzw. Justierbarkeit der zu fügenden Elemente • Reparierbarkeit • Aussehen der Fügestelle im Umfeld, Maschinendesign

Fügeoperationen bei der Teilefertigung

Diese Zwischenüberschrift endet bewusst weder mit „!“ noch mit „?“, denn es könnte sich sowohl um eine Aufforderung als auch um eine Frage handeln. Aber an wen ist sie zu richten bzw. wer ist prädestiniert, den ersten Schritt zu gehen – Konstrukteur oder Fertigungstechnologe? Dass Möglichkeiten dieser Art bestehen, zeigt Bild 4.8.

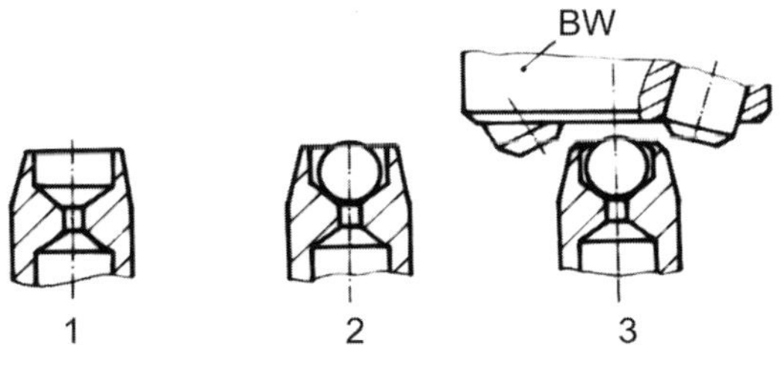

Kugelschreiberspitze: Letzte Operation auf dem Drehautomaten – Fügen der Kugel (BW – Bördelwerkzeug)

Diese Fertigungskombination ist noch selten, sollte der Konstrukteur sie vorausdenken?

Bild 4.8 Fügen bei der Teilefertigung

Weitere Möglichkeiten sind den Verfassern bisher nicht begegnet, aber wohl auf den heutigen automatisch arbeitenden Werkzeugmaschinen denkbar. So müssen z. B. Bohrungen für die Schmierölversorgung komplizierter Gehäuse von außen gebohrt und zum Teil wieder verschlossen werden. Ist für die Ausführung dieses Fügeprozesses auf dem Bohr-/Fräszentrum eine andere konstruktive Auslegung erforderlich als beim nachträglichen Fügen? Einer Rückäußerung der Leser wird mit Interesse entgegen gesehen.

Füge- und kostengerechtes Gestalten

Auf die synonyme Bedeutung der Begriffe fertigungsgerecht und kostengerecht wurde bereits einführend im Abschnitt 2 dieses Buches hingewiesen. Dieser untrennbare Zusammenhang besteht hier ebenfalls, und am Beispiel der Schraubenverbindungen und dem Bild 4.9 soll ein grundsätzlicher Standpunkt fixiert werden. Zunächst enthält dieses Bild die triviale Aussage, dass Verbindungen mit großen Schrauben aufwendiger sind als Verbindungen mit kleinen Schrauben. Bedarf es dazu dieser Relativkostendarstellung? Fast die gesamte Maschinenelementeausbildung ist darauf ausgelegt, die Abmessungen aller Bauteile den auftretenden Beanspruchungen anzupassen und keine unnötigen Sicherheiten einzubauen. Andererseits werden in einem Bohrbild gleich große Schrauben verwendet, auch wenn eventuell unterschiedliche Belastungen auftreten (siehe hierzu z. B. die Begriffe Kraftschraube und Heftschraube in [34]). Der Grund liegt im Aufwand für den Werkzeugwechsel beim Bohren, Senken, Gewinden und für die Schraubwerkzeuge, also auch in der Kostenproblematik. Eine zweite Aussage ist aus dem Kostenanstieg infolge der verschiedenen Bohrarbeiten zu entnehmen. Den geringsten Aufwand bedeutet die durchgesteckte Schraube, da keine Gewindefertigung am Maschinenteil erforderlich ist. Das ist aber nur bei manueller Montage richtig, denn für automatisches bzw. automatisiertes Schrauben sollte die umständliche Halteoperation für die Mutter beseitigt werden, und es sind Verbindungen ohne Mutter zu bevorzugen (2, 5, 6, 7). Andererseits tritt beim beidseitigen Anflächen (Schraube 3) oder Senken (Schraube 8) auch ohne Gewindefertigung ein Kostenanstieg auf.

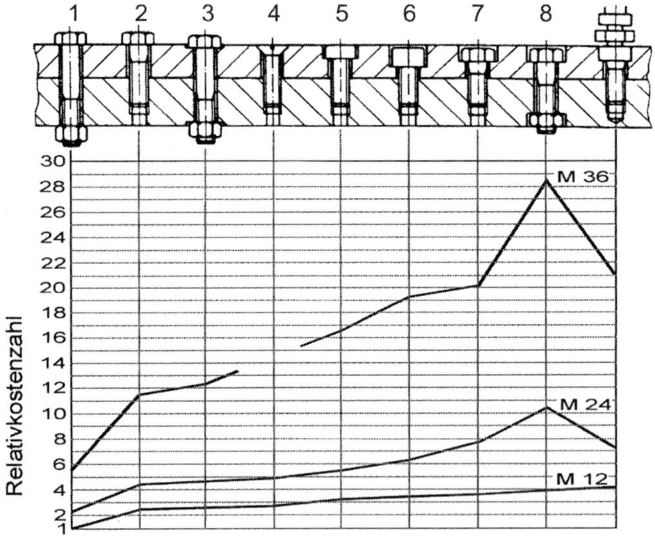

Hinweise: 1. Senkungen bei 7 und 8 haben zu kleine Durchmesser (kein Zugang für Steckschlüssel)
2. Kostensprung bei M36, Schraube 8 unverständlich im Vergleich zu 3

Bild 4.9 Relativkostenzahlen von Schraubenverbindungen für verschiedene Abmessungen [15]

Welche allgemeinen Schlussfolgerungen kann der Konstrukteur aus Bild 4.9 für die Gestaltung von Schraubenverbindungen entnehmen?

- Herstellung einer Durchgangsbohrung – geringster Aufwand (nur ein Werkzeug erforderlich)
- Gewindefertigung (Schraube 2) – erhöhter Aufwand (drei Werkzeuge erforderlich)
- Anflächung für Kopf und Mutter – weiter erhöhter Aufwand
- Senkung anstelle Anflächung – verlängert die Bearbeitungszeit

Schlussfolgerungen für Schraubenverbindungen:

- Manuelle Montage* – Durchsteckschraube bevorzugen
- Automatische Montage* – Gewinde im Gegenstück bevorzugen
- Anflächung nur bei unsauberer Oberfläche (Guss unbearbeitet)
- Senkung nur, wenn für aufgesetzten Kopf kein Bauraum verfügbar ist, Unfallgefahr besteht oder das Maschinendesign versenkten Kopf verlangt.

* (in Bild 4.9 nicht erwährt)

Allgemein kann zusammengefasst werden:

Jedem laut Zeichnung verlangten Arbeitsgang muss ein Zweck zugeordnet sein! Jedes durch einen Arbeitsgang zu erzeugende Gestaltelement ohne Zweckbindung ist wegzulassen!

Dieser Gestaltungsregel sollte in der Konstrukteursausbildung allgemein mehr Aufmerksamkeit geschenkt werden, als es nach Kenntnis der Verfasser derzeit der Fall ist.

Überleitend zum weiteren Inhalt dieses Abschnitts darf darauf hingewiesen werden, dass hier keinesfalls die Absicht besteht, alte mehr oder weniger gut bekannte Fügeverfahren vorzustellen, sondern aufgefundene Lücken zu füllen bzw. bekannte Verfahren unter anderen Gesichtspunkten als bisher üblich zu behandeln.

4.2 Schraubenverbindungen, geschraubte Verbindungen und andere Gewindeanwendungen

Befestigungsschrauben und Bewegungsschrauben erfreuen sich einer umfangreichen Behandlung in der Maschinenelemente-Literatur und den Maschinenelemente-Lehrveranstaltungen. Bereits der Titel enthält den Hinweis, dass neben den Schraubenverbindungen das Gewinde für Befestigungszwecke am Konstruktionsteil dazugehört. Die Fülle des Stoffes über Schrauben und Muttern lässt dieses Gebiet nicht selten unberücksichtigt.

4.2.1 Gewinde am Maschinenteil

Bereits in der Einführung des vorliegenden Abschnittes wurde die Frage nach der Integralbauweise anstelle des Fügens gestellt. In zweckmäßiger Abwandlung wird hier gefragt. ***Muss es Gewinde sein?*** Da der Leser bereits an rhetorische Fragen gewöhnt ist, liegt die Antwort auf der Hand und außerdem im folgenden Bild.

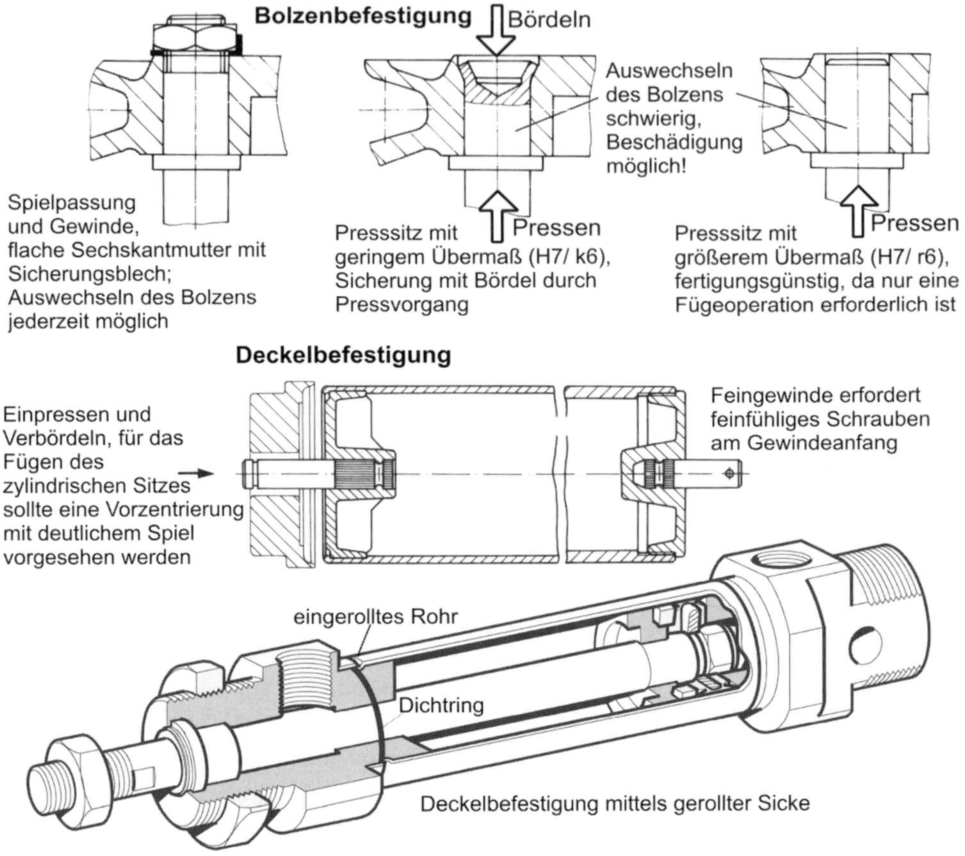

Bild 4.10 Bolzenbefestigung/Deckelbefestigung – Es muss nicht immer Gewinde sein!

Durch das Lichtbogenbolzenschweißen kann bei der Anwendung von Stiftschrauben das Einschraubende entfallen – sofern Schweißbarkeit gewährleistet ist.

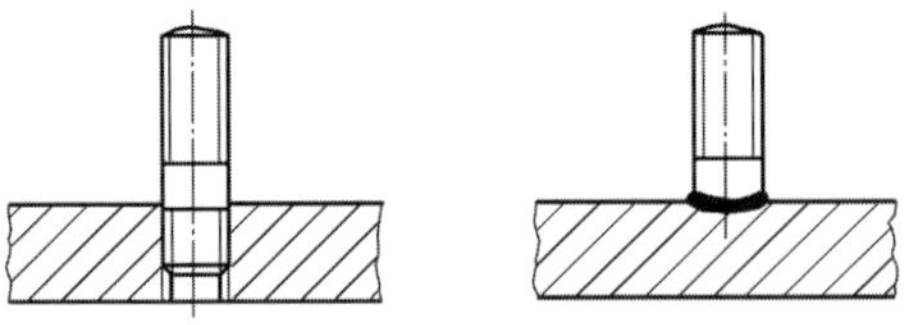

Bohren, Gewinden und Einschrauben der Stiftschrauben kann durch ***einen*** Schweißvorgang ersetzt werden

Bild 4.11 Geschweißte Stiftschrauben bzw. Schweißbolzen bevorzugen!

Dass es nicht immer Schraubenverbindungen sein müssen, zeigt auch das folgende Bild. Anstelle des Verschraubens der plattenartigen Wände einer Pressform wurden Stiftverbindungen gewählt. Da die Stifte auf ihrer gesamten Länge auf Schub beansprucht werden, dürften sie hier recht vorteilhaft eingesetzt sein. Diese Verbindungsart wurde in der Literatur bisher nur einmal aufgefunden [59]. Warum?

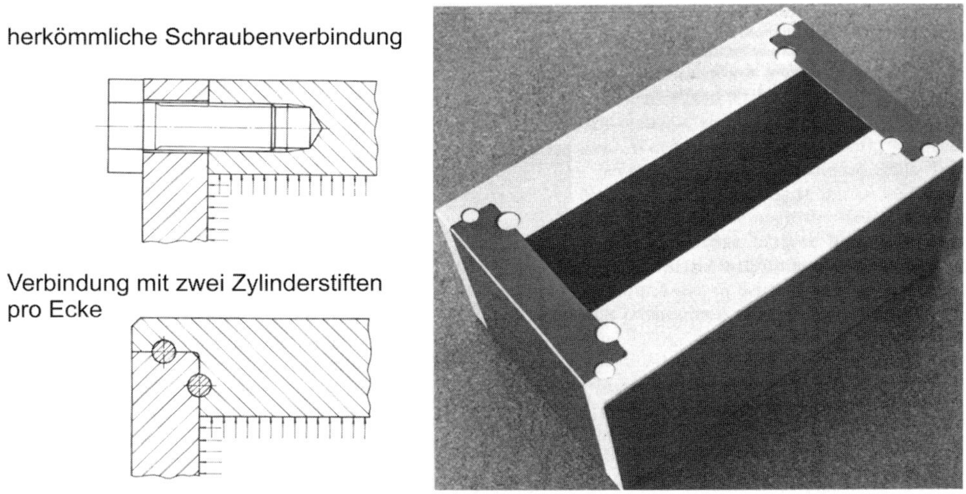

Bild 4.12 Eckverband einer Pressform [59]

Das Prinzip des Kunststoff-Spreizdübels steht auch dem Maschinenbauer zur Verfügung – siehe Bild 4.13. Schraubenverbindungen an Hohlprofilen und anderen rückseitig unzugänglichen Bauelementen sind ohne Gewindefertigung möglich. Es ist lediglich eine Durchgangsbohrung erforderlich, geschraubt wird mit normalen Schraubwerkzeugen.

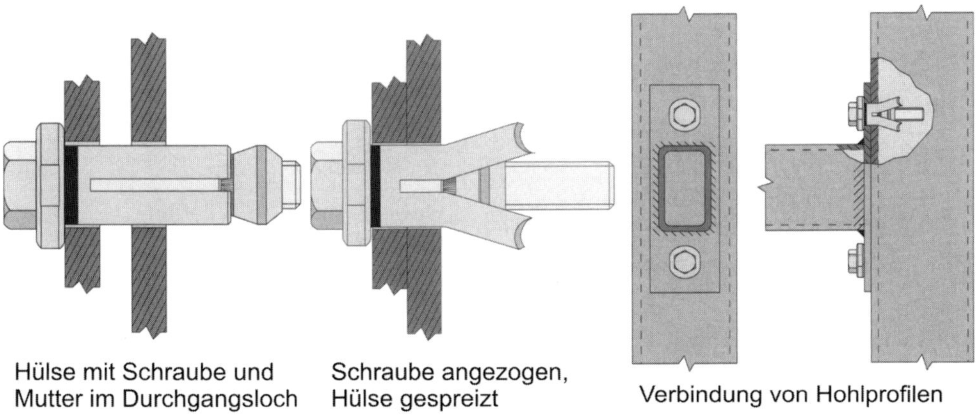

Bild 4.13 Spreizdübel für den Metallbau – M8 bis M20 [Lindapter GmbH]

Eine Abwandlung der Frage „Muss es Gewinde sein?" könnte lauten: ***Muss es ein vollständiges Gewinde sein?*** Es sind Blechmuttern bekannt, die anstelle eines vollständigen Muttergewindes nur zwei Blechlappen besitzen, welche sich in den Gewindegang der Schraube klemmen und gleichzeitig eine Sicherungswirkung ausüben. Auch die Stanzformung nach Bild 3.90 stellt ein unvollständiges Muttergewinde dar.

Bild 4.14 Blechmuttern [11]

Die Schlauchkupplung der Feuerwehren kann als Extremfall unvollständiger Gewinde betrachtet werden. Vom Bolzengewinde sind nur zwei hakenartige Elemente mit nur einer tragenden Flanke vorhanden. Das Muttergewinde ist das Reststück eines zweigängigen Gewindes, ebenfalls mit nur einer tragenden Flanke. Beim Kuppeln wird eine Schraubbewegung von ca. 45° bis 75° ausgeführt. Dieses Verbindungsprinzip, auch als Schnellkupplung bezeichnet, ist durchaus für andere technische Zwecke denkbar. Der Leser ohne Beziehungen zur Feuerwehr, kann diese Art von Schlauchkupplungen auch im Baumarkt betrachten, denn auch für Gartenschläuche werden heute solche Kupplungen genutzt.

Welche Vorteile mit unvollständigen Gewinden weiterhin erreichbar sein können, bleibt wiederum der Intuition des Lesers überlassen.

Gewinde zentriert nicht!

Abbildungen von Gewindeverbindungen in den Tabellenbüchern des Technikers zeigen in der Regel eine spielfreie Darstellung.

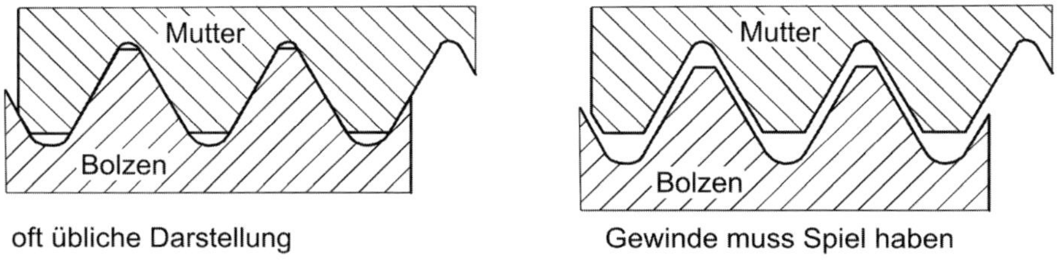

Bild 4.15 Gewindedarstellung

Da die Mutter leicht auf den Gewindebolzen schraubbar sein soll, muss aber zwischen Bolzen und Mutter Spiel vorhanden sein (siehe Toleranzklassen fein, mittel, grob nach DIN 13 oder [11]). Für Präzisionsgewinde kann dieses Spiel sehr klein sein, aber es ist immer vorhanden. Wird eine Gewindemutter festgezogen, legen sich die Gewindeflanken einseitig an. Dabei kann eine exzentrische Lage des Bolzens in der Mutter nie vollständig ausgeschlossen werden. Diese Erscheinung ist für die normale Schraubenverbindung ohne Bedeutung. Wird jedoch für das eingeschraubte Bauteil eine genaue Lage benötigt, ist die zentrierende Wirkung eines Gewindes ungenügend (Positionstoleranz, Koaxialität < 0,02 – siehe Bild 4.16)

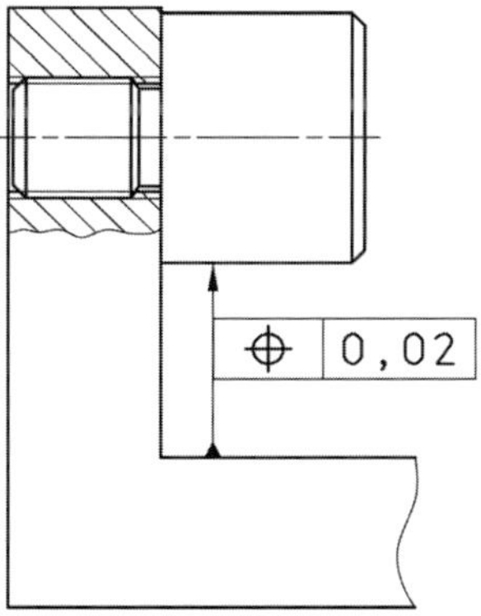

Eingeschraubter Achsbolzen mit hoher Anforderung an die Positionstoleranz

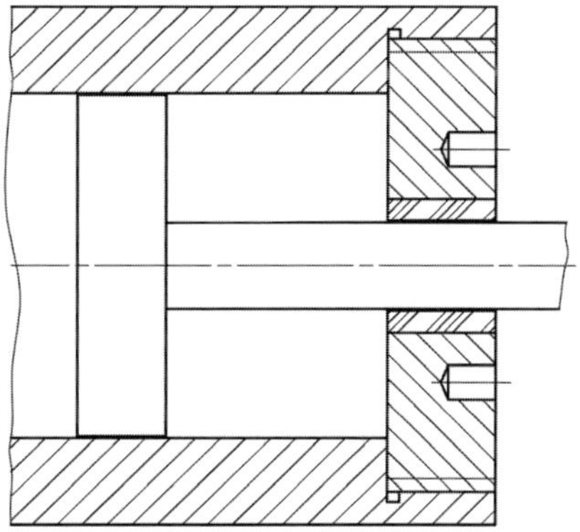

Kolbenbaugruppe, Deckel nur durch Gewinde zentriert

Bild 4.16 Zentrierende Wirkung des Gewindes unzureichend

Bei derartigen Anforderungen sind andere konstruktive Ausführungen zu wählen. Das können zusätzliche Zentrierungen sein. Dazu ist aber große Sorgfalt bei der Fertigung des Gewindes und der Zentrieransätze bzw. Zentrierbohrungen erforderlich, und es sollte mit deutlichem Gewindespiel gearbeitet werden. Am besten wird in diesen Fällen ein zentrisch angeordnetes Gewinde vermieden (Bild 4.17 und Bild 4.18).

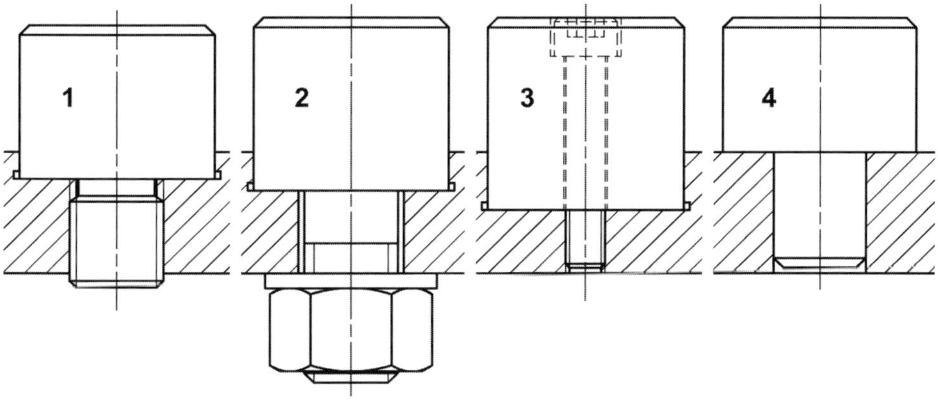

Die Lagegenauigkeit des Bolzens wird durch die Passung Bolzen/Bohrung bestimmt.

1 Ungünstig, sehr gute Koaxialität des Gewindes zum Zentrierdurchmesser an beiden Teilen erforderlich.
2 Nachteil von 1 beseitigt, kurze Dehnlänge bewirkt jedoch schlechte Sicherungswirkung
3 Nachteile von 1 und 2 beseitigt
4 Presssitz erfordert nur einen einzigen Fügevorgang!

Bild 4.17 Achsbolzenbefestigungen

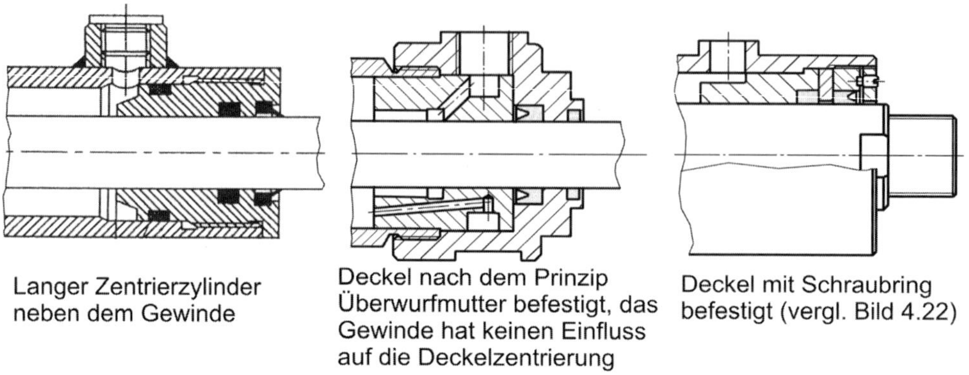

Bild 4.18 Deckelbefestigungen von Kolbenbaugruppen

Für Feineinstellungen werden gern Differenzialgewinde verwendet – Bild 4.19. Da sowohl der Bolzen C in D eng gepasst sein muss, aber auch die Gewinde mit engstem Spiel ausgeführt sein müssen, ist Bolzen C überbestimmt. Das trifft auch für die Feinstellschraube zu.

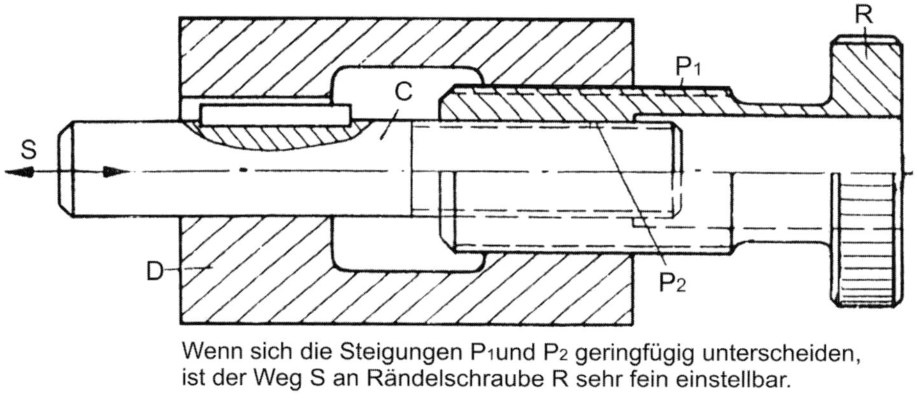

Bild 4.19 Feineinstellung mit Differentialgewinde

An alle Bauteile werden daher hohe Anforderungen an die Form und ganz besonders an die Lagetoleranzen gestellt. Die gut begründete Angabe von Form- und Lagetoleranzen dürfte allerdings problematisch sein. Auch bei sorgfältiger Fertigung führt mitunter nur die Anwendung von Schleifpaste zur Leichtgängigkeit dieser Feinstellschraube.

Treten Lageabweichungen zwischen dem Gewinde und den Zentrierungen auf – z. B. durch Umspannen während der Bearbeitung dieser Elemente – kann die Montage einer derartigen Paarung schwierig sein. Solche Lageabweichungen sind beim Montieren „fühlbar“, indem ca. ½ Umdrehung leichtgängig und die folgende halbe Umdrehung nur schwergängig schraubbar ist.

4.2.2 Zum Sichern von Schrauben und anderen geschraubten Bauelementen

Welche Schraubensicherung bevorzugen?

Die Anzahl der genormten und nicht genormten Schrauben-/Muttersicherungen ist hoch, ihre Sicherungswirkung ist zum Teil umstritten bzw. durchaus nicht immer sicher.

Seitdem die Schrauben ab Festigkeitsklasse 8.8 selbstverständliche Bauelemente sind, kann häufig auf Sicherungselemente verzichtet werden. Die richtig ausgelegte und ordnungsgemäß vorgespannte Verbindung mit geringer Zahl der Trennfugen und geringer Rautiefe der aufeinander gepressten Flächen schränkt das Setzen soweit ein, dass kein Lockern oder Losdrehen zu erwarten ist [11]. Oder als Regel formuliert:

Die schlanke und gedehnte Schraube ist die beste Schraubensicherung (Festigkeitsklasse ≥ 8.8)

Bei den Konstruktionsteilen mit Gewinde in Bild 4.20 blieb diese Regel unbeachtet. Wenn dann noch schlechte Zugänglichkeit für das ordnungsgemäße Anziehen hinzukommt, ist das Lockern „programmiert". Eine Achse mit Zentrieransatz und mit durchgehender Schraube befestigt, kann diesen Mangel beseitigen – analog Bild 4.17, Variante 3. Außerdem wird das Drehteil Achse einfacher, da die Gewindefertigung entfällt. Dieser mit Schrauben der Festigkeitsklasse ≥ 8.8 erreichbare Vorteil ist noch zu wenig Allgemeingut.

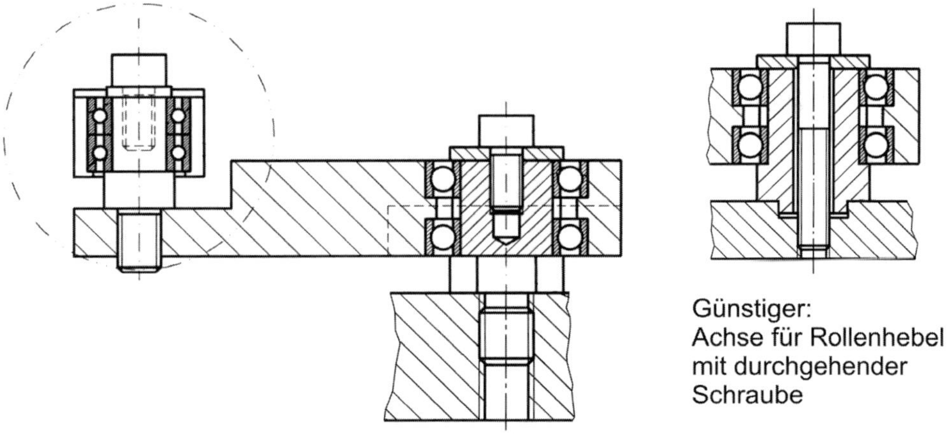

Bild 4.20 Konstruktionsteile mit Befestigungsgewinde für Rollen- und Rollenhebellagerung

Bei Erschütterungen, Schwingungen und Vibrationen, geringen Klemmlängen, setzgefährdeten Elementen/Fugen und Lösemomente erzeugenden Zusatzbelastungen sind aber geeignete Zusatzsicherungen bzw. Maßnahmen angebracht (die hier nicht betrachtet werden).

Zum Sichern von Nutmuttern und Gewinderingen bei hochgenauen Anforderungen

Werden Wälzlagerungen mit hoher Rundlauf- und/oder Stirnlaufgenauigkeit benötigt, ist ein feinfühliges Justieren des Lagerspiels erforderlich. Dafür werden Nutmuttern oder Ringe mit Außengewinde verwendet – siehe Bild 4.21. Nach dem Justiervorgang sind diese Gewindeteile zu sichern. Für die genormten Nutmuttern sind die Sicherungsbleche mit Innennase (DIN 462) seit langem bekannt. Sie erfordern eine Wellennut (Unwucht!) und sind keine Präzisionsbauteile.

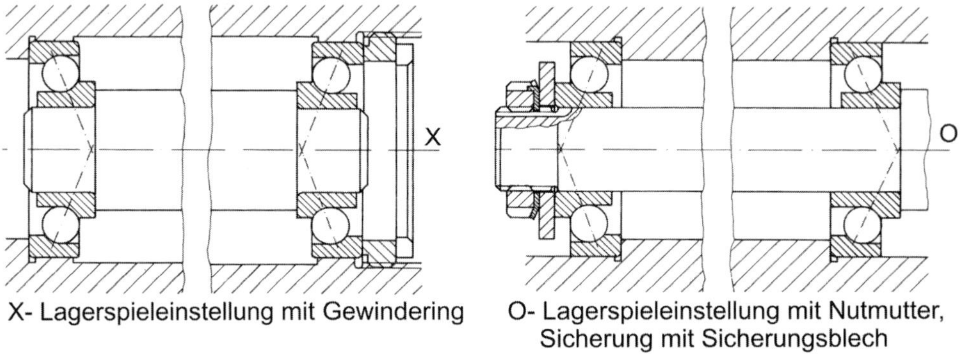

Bild 4.21 Wälzlagerungen mit angestellten Lagern in x- und o-Anordnung [83]

Andere Möglichkeiten stellen längs oder quer geschlitzte Gewinderinge dar, die mittels Schrauben verspannt werden – Bild 4.22 und Bild 4.23. Die sichernde Wirkung dieser Lösungen ist unbestritten, aber auf andere Mängel muss verwiesen werden. So kann beim axialen Verspannen eine Verformung der Stirnfläche nicht vermieden werden, d. h., die Stirnlaufabweichung dieser Gewindeteile wird negativ beeinflusst, und Stirnlauftoleranzen im Bereich von hundertstel mm sind nicht erreichbar.

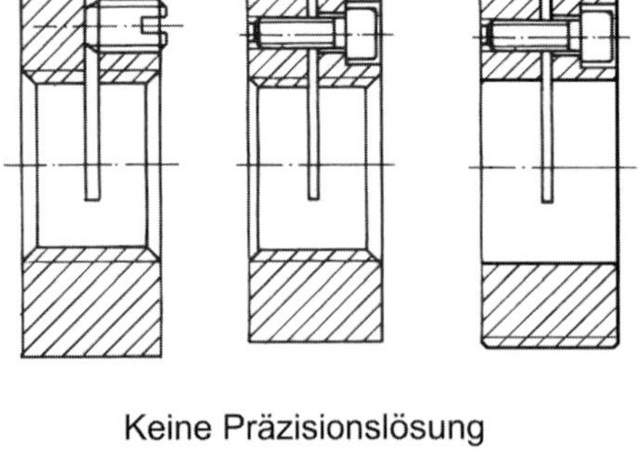

Bild 4.22 Sichern geschlitzter Gewinderinge durch axiales Verspannen

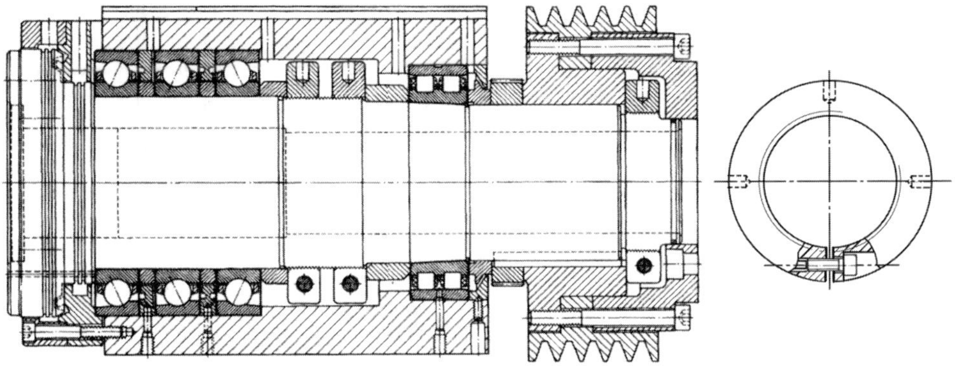

Geschlitzte Lochmuttern werden durch Klemmschrauben radial zusammengezogen, nicht ohne Nachteile - siehe Text.

Bild 4.23 Drehmaschinen-Hauptspindel [89]

Auch dem radialen Verspannen kann nicht vorbehaltlos zugestimmt werden. Nach dem Anziehen der Mutter liegen die Gewindeflanken einseitig an – Bild 4.24. Wird die Mutter jetzt mittels Klemmschraube gesichert, d. h. radial zusammengezogen, muss sich die Lage der Anlagefläche A und damit das Lagerspiel der einzustellenden Wälzlager verändern. Diese negative Erscheinung kann der erfahrene Monteur mit viel „Fingerspitzengefühl" kompensieren. Besser ist eine konstruktive Lösung, die die Lageveränderung verhindert. Dafür geeignet sind SKF-Sicherungsmuttern (KMTA Präzisions-Wellenmuttern) mit drei gleichmäßig am Umfang verteilten und schräg angeordneten Sicherungsstiften. Der Schrägungswinkel entspricht dem Gewinde-Flankenwinkel. Die Endfläche der Sicherungsstifte (Messing) ist mit Gewinde versehen. Gewindestifte bewirken eine Anpressung der Messingstifte, ohne dass die anliegende Gewindeflanke der Sicherungsmutter abgehoben werden kann. Die drei gleichmäßig verteilten Sicherungsstifte lassen beim Sichern ein recht gutes rechtwinkliges Einstellen der Mutter zu – siehe Bild 4.25.

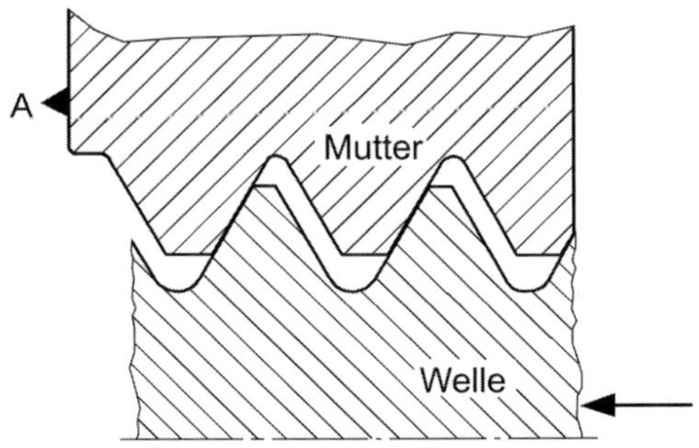

A - Anlagefläche

Bild 4.24 Nutmutter angezogen, Gewindeflanken liegen einseitig an

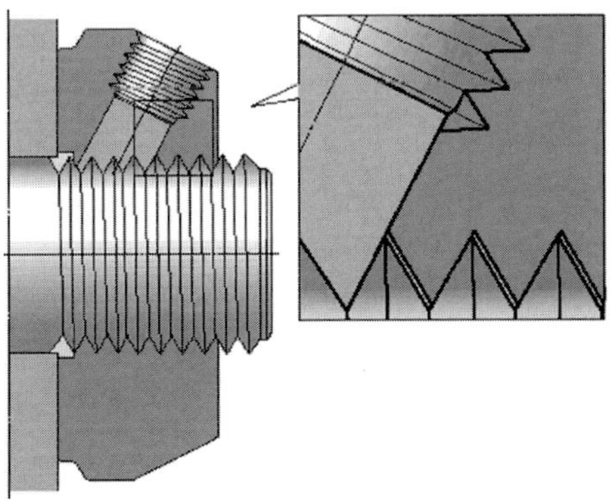

Bild 4.25 Sicherungsmutter mit drei schrägen Sicherungsstiften [SKF]

Für höchste Genauigkeitsansprüche bezüglich Stirnlauf bzw. Rechtwinkligkeit der Mutteranlagefläche auf der Spindel (≤ 0,005 mm) müssen Gewinde überhaupt vermieden werden. In diesen Fällen haben sich aufgeschrumpfte Ringe zur axialen Fixierung bewährt. Sie werden so ausgelegt, dass sie mit Hilfe von Drucköl gelöst werden können – Bild 4.26.

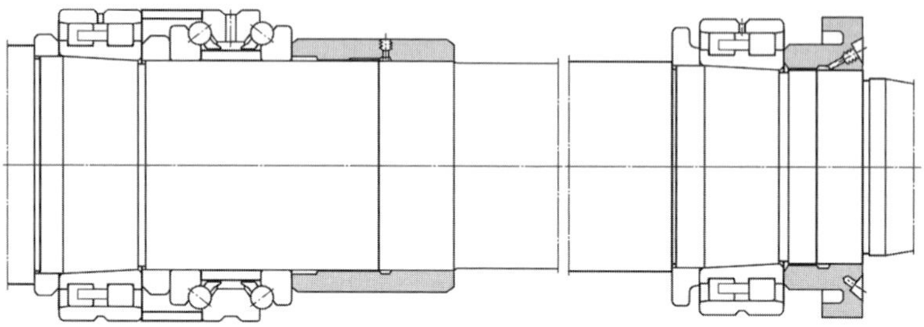

Die Schrumpfelemente eliminieren die Stirnlauftoleranzen von Gewinderingen

Bild 4.26 Werkzeugmaschinenspindel mit Schrumpfhülsen bzw. Schrumpfring zur axialen Fixierung von Hochgenauigkeitslagern [SKF-Stufenverband]

4.2.3 Der Rundstahl-Schraubbügel

Dem Rohrleitungsbauer sind Schraubbügel nach DIN 3570, hergestellt aus Baustahl, sicherlich selbstverständliche Befestigungselemente. Der verwendete Werkstoff und insbesondere die Bauform B lassen erkennen, dass diese Schraubenart nur für geringe Belastungen und keinesfalls für hohe dynamische Beanspruchung geeignet ist.

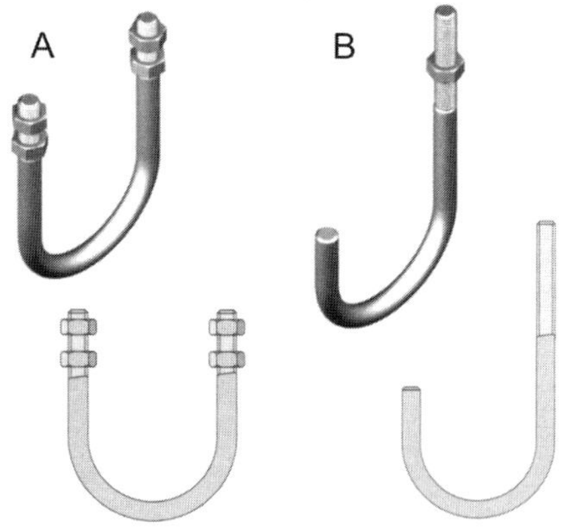

Baugrößen für Rohr der Nennweiten 20 bis 500 mit Gewinde M10 bis M24

Bild 4.27 Rundstahlbügel nach DIN 3570

(beachte auch Bild 3.29)

Bild 4.28 Verschraubung mit Rundstahlbügel

Völlig anders verhält es sich dagegen bei der Befestigung eines kleinen Kranes auf einem Lkw-Fahrgestell nach Bild 4.28. Dieser Lösung begegnet der Konstrukteur bisher nicht im Kapitel Schraubenverbindungen der Maschinenelemente-Literatur, sondern bei einiger Aufmerksamkeit auf der Straße. Welche Eigenschaften können zur Anwendung dieser Verbindung geführt haben?

- Bei der notwendigen Eigenfertigung dieser Schraubenart sind ohne Weiteres Stähle höherer Festigkeit verwendbar und damit höhere Beanspruchungen als bei DIN 3570 ertragbar.
- Die große Dehnlänge ergibt eine gute Sicherungswirkung.
- Am zu befestigenden Kastenprofil werden weder Bohrungen noch geschweißte Befestigungslaschen benötigt.
- In Richtung der Längsachse des Kastenprofils kann an beliebiger Stelle befestigt werden.
- Für die Brücke könnte ein bearbeitungsfreies Tempergussstück Verwendung finden.
- Für das Schweißteil mit Aufnahmerille dürfte sich schweißbarer Temperguss eignen: EN-JM1020.
- Ist die Stabilität des Kastenprofils unzureichend, kann ein eingeschweißtes Schott an der Schraubstelle oder ein abschließender Deckel helfen.

Die halbkreisförmige Biegung des Schraubbügels war aus der Verwendung für Rohrbefestigungen entstanden. Für Befestigungszwecke des Maschinenbaus könnten unter Umständen andere Biegeradien bevorzugt werden, sodass das halbkreisförmige Füllstück nicht benötigt wird und Hohlprofile oder andere Strangprofile direkt verschraubt werden können. Welche Schwächungen des Rundstahls dadurch auftreten, kann Bild 4.29 entnommen werden.

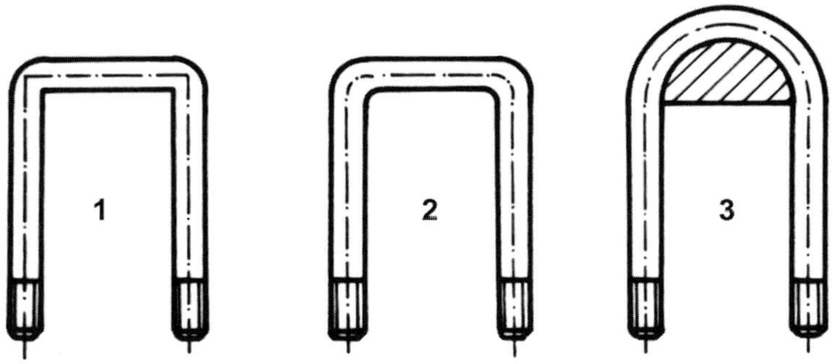

1 Sehr unzweckmäßige Ausführung, gerechnete Belastbarkeit 20 %
2 Bessere Ausführung, gerechnete Belastbarkeit 40%
3 Unbedingt bevorzugen! Gerechnete Belastbarkeit 100%

Bild 4.29 Rundstahlbügelvarianten

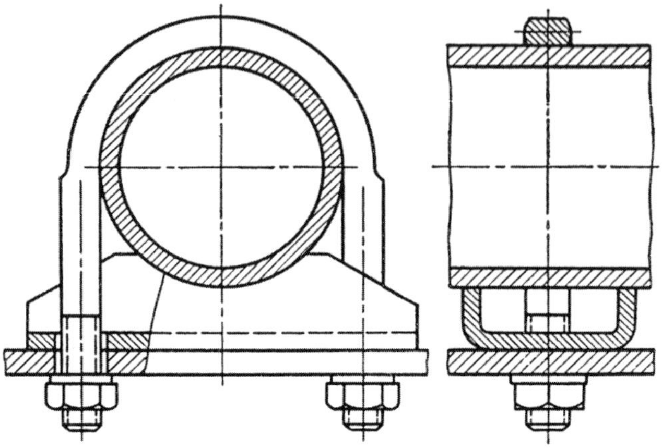

Auf eine Rille im zu befestigenden Bauteil kann verzichtet werden. Die Tragfähigkeit dürfte durch die Kaltverfestigung eher steigen als fallen; der Auslaufradius des flachen Abschnittes sollte aber schlanker ausgeführt werden, als im Bild dargestellt.

Bild 4.30 Rundstahlbügel mit flach geformter Rundung [73]

Kastenprofil ohne Bohrungen –
Justierbewegung in Profilrichtung möglich und hier für einen geraden Lauf des Seiles notwendig

Bild 4.31 Schraubenbügelähnliche Befestigung am Tragwerk für einen Sessellift

4.2.4 Unverlierbare Schrauben für Reparaturen vor Ort

Für Maschinen, die im Reparaturfall oder auch für Wartungsarbeiten am Einsatzort zerlegt bzw. geöffnet werden müssen, sollten die Schrauben und Muttern möglichst unverlierbar sein. Man denke z. B. an Landmaschinen während der Ernteperiode oder an Bergbaumaschinen im Untertageeinsatz. In der Regel müssen diese Arbeiten in stark verschmutzter Umgebung ausgeführt werden, und es besteht die Gefahr, dass eine herabgefallene Schraube schnell unauffindbar „verschwindet“. Ähnliche Bedingungen herrschen beim Arbeiten mit Spannvorrichtungen bei der spanenden Fertigung. Die folgenden Bilder sollen anregen, unverlierbare Schrauben/Muttern in solchen Fällen zu bevorzugen.

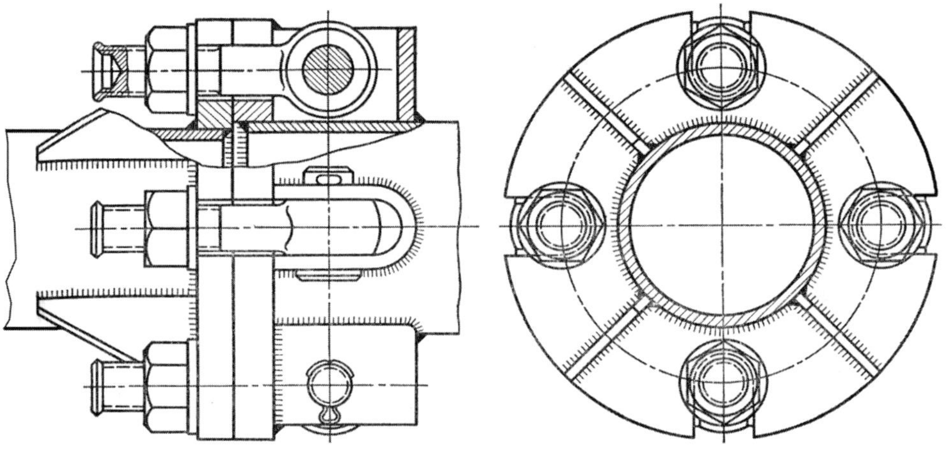

Bild 4.32 Flanschverschraubung mit Augenschrauben und unverlierbaren Muttern [73]

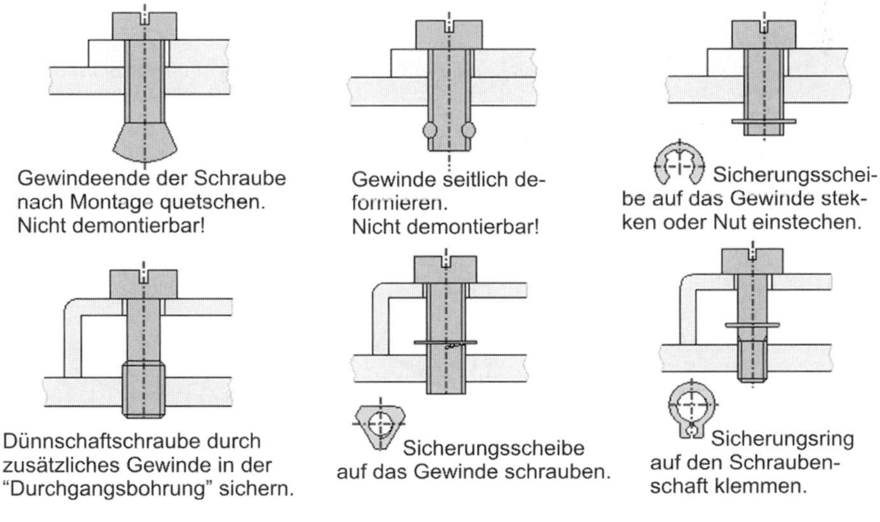

Bild 4.33 Sicherung gegen Verlieren nach dem Lösen [aus Konstruktionsatlas.de]

4.3 Laserschweißverbindungen

Zu den jüngeren Entwicklungen der Schweißtechnik gehören das Elektronenstrahlschweißen und das Laserschweißen. Mit beiden Verfahren ist eine ähnliche Nahtqualität erreichbar. Da beim Elektronenstrahlschweißen eine aufwendige Vakuumkammer erforderlich ist, soll hier lediglich das Laserschweißen näher betrachtet werden.

Die Anwendungsgebiete des Laserschweißens reichen von sehr geringen Blechdicken (wenige hundertstel mm) über den Karosseriebau mit Blechdicken von 0,5 bis ca. 3 mm bis in den Maschinenbaubereich bis 20 mm Dicke und darüber. Aus den Bereichen Feinmechanik, Medizintechnik und Dentaltechnik sind Anwendungsfälle für Glühlampen, Halogenlampen, Gehäuse für Herzschrittmacher und Zahnspangen bekannt. Sie werden hier nicht betrachtet. Große Anwendungsfelder wurden vom Automobilbau erschlossen und sind sowohl bei den Karosserien als auch in Getrieben und an Teilen für Lenkung und Fahrwerk eingeführt. Trotz des großen Einflusses der Karosseriekonstruktion und -fertigung richtet sich der hier folgende Stoff nicht an den Karosseriekonstrukteur, sondern ist als allgemeiner Einstieg zu betrachten.

Der besondere Vorteil des Laserschweißens liegt in der Nutzung des Tiefschweißeffekts. Während beim konventionellen Lichtbogenschweißen infolge der geringen Schmelztiefen Stumpfnähte bei größeren Werkstoffdicken Abschrägungen verlangen (K- oder X-Nähte), kommt der lasergeschweißte Stumpfstoß ohne Nahtvorbereitung und sehr häufig ohne Zusatzwerkstoff aus – siehe Bild 4.34.

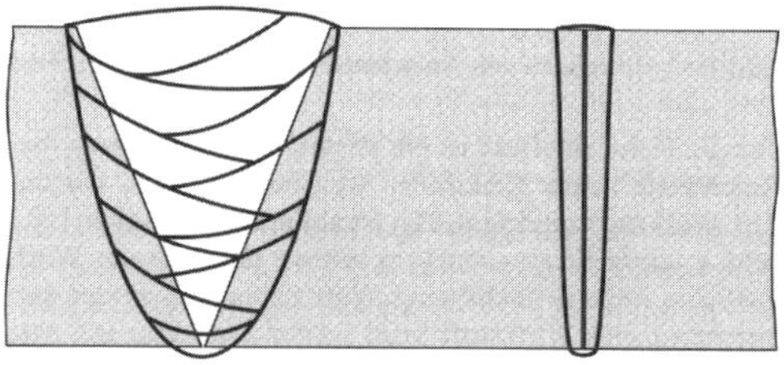

Bild 4.34 Konventionelle Schweißnaht und Lasernaht im Dickblechbereich [61]

Da Lasernähte sehr häufig im Dünnblechbereich Verwendung finden, ist ein Vergleich der Kraftübertragung mit dem Widerstandspunktschweißen (WPS) zweckdienlich:

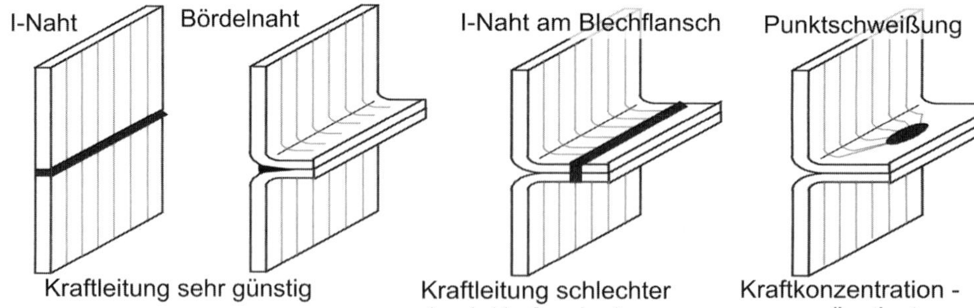

Bild 4.35 Kraftleitung verschiedener Nähte [frei nach 88]

Mögliche Nahtformen sind I-Nähte am Stumpfstoß, am Eckstoß, am T-Stoß am Überlappstoß sowie Kehlnähte – siehe Bild 4.36.

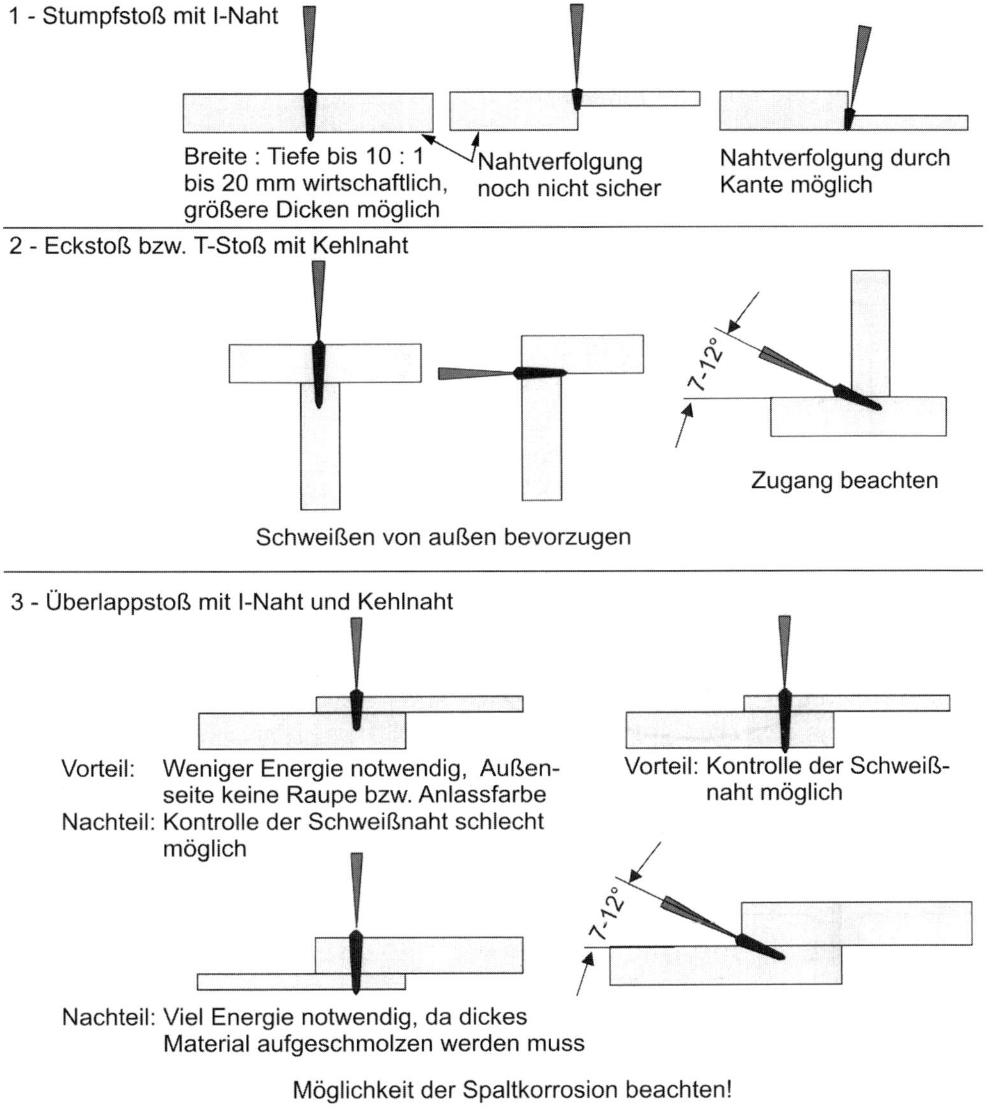

Vorteile Gruppe 1 und 2: gute Kraftleitung
Nachteile Gruppe 1 und 2: Schweißspalt nahe 0 durch Vorrichtungen und geringe Rauhigkeit gewährleisten
Gruppe 3: Kraftleitung schlechter als bei 1 und 2, jedoch besser als beim WPS durch Naht an Stelle von Schweißpunkten (siehe Bild 4.35)

Bild 4.36 Lasernähte 1 – keine Blechverformung in Nahtnähe

Für Eckstöße wird eine Nahtform mit 50 % Überlappung empfohlen [88] – Bild 4.37. Bei Rundnähten wie in Bild 4.38 ist es zweckmäßig, wenn ein deutliches Übermaß die Bauteile gegeneinander fixiert.

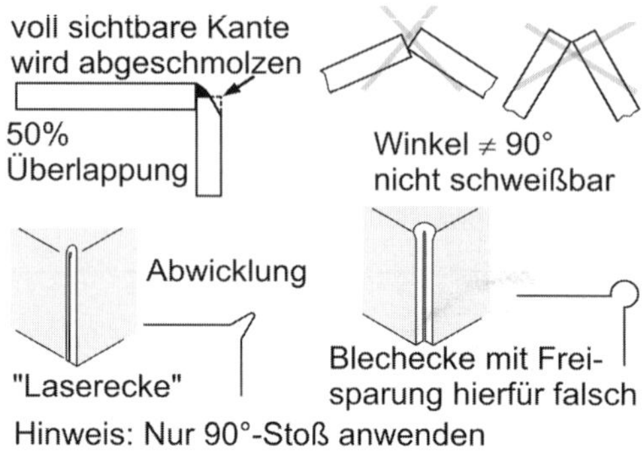

Bild 4.37 Eckstoß mit Ecknaht [88]

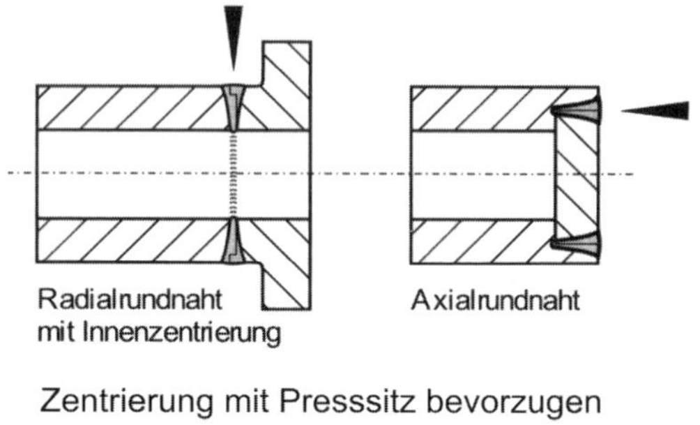

Bild 4.38 Rundnähte [61]

Bekanntlich können beim Lichtbogenschweißen Spaltbreiten bis 2 mm zwischen den zu verschweißenden Teilen ohne Weiteres überschweißt werden. Das ist beim Laserschweißen nicht möglich. Der Laserstrahl hat in der Schmelzzone nur einen Durchmesser von ca. 0,2 bis 0,4 mm, und ***ein Schweißspalt von 0,1 mm kann bereits Schwierigkeiten bereiten***. Handschweißen verbietet sich daher. Am besten ist es, wenn die zu verschweißenden Teile mit Hilfe von Vorrichtungen spaltfrei aneinander gepresst werden, wie die Beispiele in Bild 4.39 zeigen. Da derartige Forderungen von Schweißvorrichtungen für konventionelles Schweißen deutlich abweichen, muss betont werden, dass eine ***neue Generation von Schweißvorrichtungen*** erforderlich ist. Um diese engen Schweißspalte zu sicher zu beherrschen, dürfen am Stoß keine größeren Rautiefen auftreten und genibbelte Kanten verbieten sich daher (das betrifft Nahtgruppen 1 und 2 in Bild 4.36). Für Überlappstöße ist dieser Sachverhalt unbedeutend. Saubere Laserschnitte, Wasserstrahlschnitte sowie spanend gefertigte Schweißkanten sind zulässig.

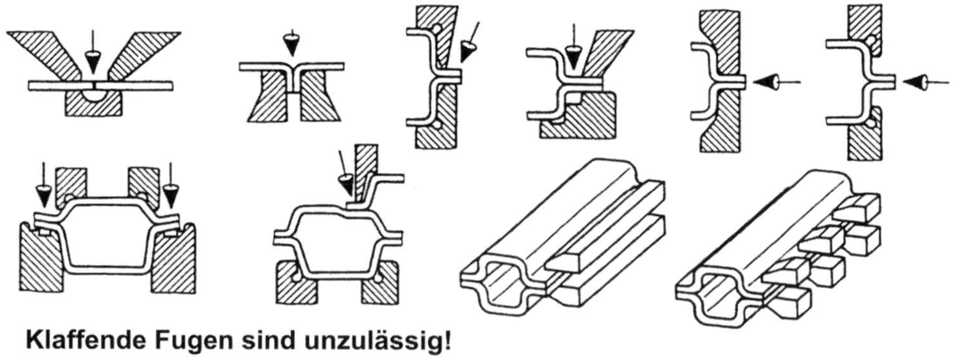

Bild 4.39 Vorschläge zur Spannbackengestaltung [95]

Der Kostenaufwand für die Vorrichtungen verbietet den Einsatz in der reinen Einzelfertigung. Ist die Vorrichtung einmal vorhanden, können auch geringe Fertigungsmengen geschweißt werden. Es sind lediglich die Rüstzeiten für die Vorrichtungen zu berücksichtigen, das Aufrufen des entsprechenden Steuerprogrammes der Führungsmaschine ist bekanntlich einfach zu bewerkstelligen.

Da die Notwendigkeit der Spannvorrichtungen einen beträchtlichen Nachteil des Laserschweißens darstellt, erhebt sich die Frage, welche Vorteile es bietet. Einen kurz gefassten Überblick ermöglicht die folgende Tafel.

1.	Die eng begrenzte Wärmeeinbringung bewirkt: – Sehr geringen Verzug – Richten kann entfallen – Keine Spritzer – Putzen kann entfallen – Oxidfreie Naht bei Schutzgasanwendung – Hohe Nahtqualität – in der Regel besser als bei allen konventionellen Verfahren
2.	Hohe Schweißgeschwindigkeit – sehr kurze Schweißzeiten!
3.	Keine Nahtvorbereitung erforderlich – Laserschweißen kennt keine V- oder X-Naht!
4.	Die Nähte sind begrenzt umformbar, da die kurze Erwärmung die Duktilität erhält. Dadurch sind konfektionierte Platinen (so genannte tailored blanks) möglich:
4.1	Platinen unterschiedlicher Dicken ($t_1 : t_2 \leq 1 : 2$)
4.2	Platinen unterschiedlicher Blechqualität (siehe Bild 4.40) – Nähte nicht in Bereiche hochgradiger Umformung legen! – Gerade Nähte bevorzugen!
Vorteile gegenüber Widerstandspunktschweißen (WPS):	
5.	Bessere Kraftleitung gegenüber WPS möglich (Steifigkeit und Festigkeit höher!)
6.	Nahtzugang von einer Seite ist ausreichend (umgreifende Elektrodenarme des WPS sind nicht notwendig – Bild 4.41)
7.	Für WPS erforderliche Flansche können vollständig (Bild 4.36) oder teilweise entfallen (Bild 4.43)
Schweißbare Werkstoffe:	
8.	Die Schweißbarkeit aller konventionell schweißbaren Werkstoffe ist gewährleistet. Schwer schweißbare Werkstoffe sind z. T. möglich (z. B. Vergütungsstähle, Federstähle, Automatenstähle, Gusseisen) – im Einzelfall zu prüfen!
9.	Verzinkte Bleche sind schweißbar, wenn Entgasen durch geringe Spalte (≈ 0,1 mm) ermöglicht wird.
10.	Hochwertiges Erscheinungsbild für Lackflächen (Pkw-Karosserie) durch einseitige Nähte möglich.

Tafel 4.1 Die wichtigsten Vorteile des Laserschweißens

Ein nennenswertes Anwendungsfeld hat das Laserschweißen im Karosseriebau gefunden. Dabei wurde bisher ausschließlich mit Blechplatinen einheitlicher Dicke gearbeitet. Die Umformbarkeit der Lasernähte gestattet die Verwendung konfektionierter Platinen (4. in Tafel 4.1). Der erhöhte Aufwand für die mehrteilige Platine wird durch geringe Masse, Wegfall der Kleinteile einschließlich der notwendigen Umformwerkzeuge, Vereinfachung der Logistik und Wegfall der Montagekosten mehr als nur kompensiert. Beim Beispiel Innentür – Bild 4.40 – konnten die Herstellkosten um 22 % verringert werden.

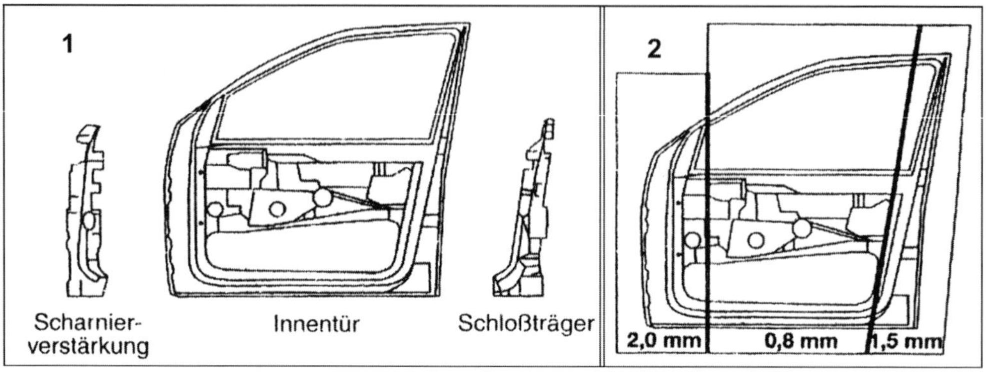

1 Konventionelle Gestaltung, Kraftangriffsstellen mit punktgeschweißten Verstärkungen
2 Konfektionierte Platine mit drei Blechstärken, auf eingeschweißte Verstärkungen wird verzichtet
Hinweis: gerade Nähte bevorzugen!

Bild 4.40 Pkw-Innentür [32]

Das in der Karosseriefertigung ursprünglich fast ausschließlich eingesetzte Schweißverfahren war das Widerstandspunktschweißen (kurz Punktschweißen oder WPS). Dieses Verfahren ist dadurch gekennzeichnet, dass es nur Überlappverbindungen schweißen kann und die Schweißelektroden von beiden Seiten Zugang haben müssen. Je nach Werkstückgestalt sind dafür unter Umständen gebogene oder gekröpfte Elektrodenarme notwendig (Bild 4.41). Beim Laserschweißen genügt es dagegen, den Schweißkopf von einer Seite zuzuführen.

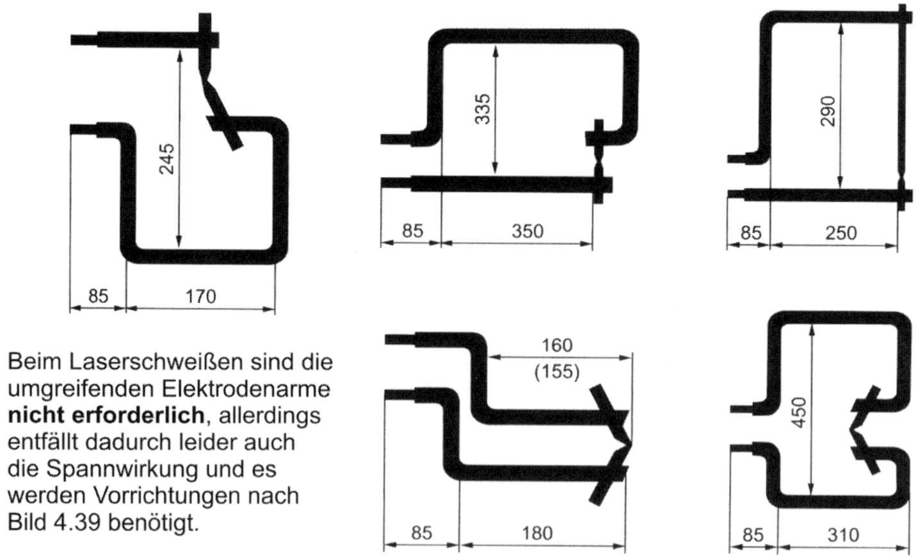

Bild 4.41 Elektrodenarme für Widerstandspunktschweißen (WPS) [61]

Die beim WPS notwendigen Überlappungen sind bei einigen Lasernähten nicht erforderlich (Gruppe 1 und 2 in Bild 4.36). Dieser Vorteil kann wegen der bereits erwähnten Anforderungen an einen Schweißspalt deutlich kleiner 0,1 mm nicht allzu häufig genutzt werden. Da aber an beliebiger Stelle durch die Blechdicke hindurch geschweißt werden kann, müssen sehr häufig zur Beherrschung der Blechtoleranzen WPS-ähnliche Nähte (Überlappnähte) bevorzugt werden – Bild 4.42.

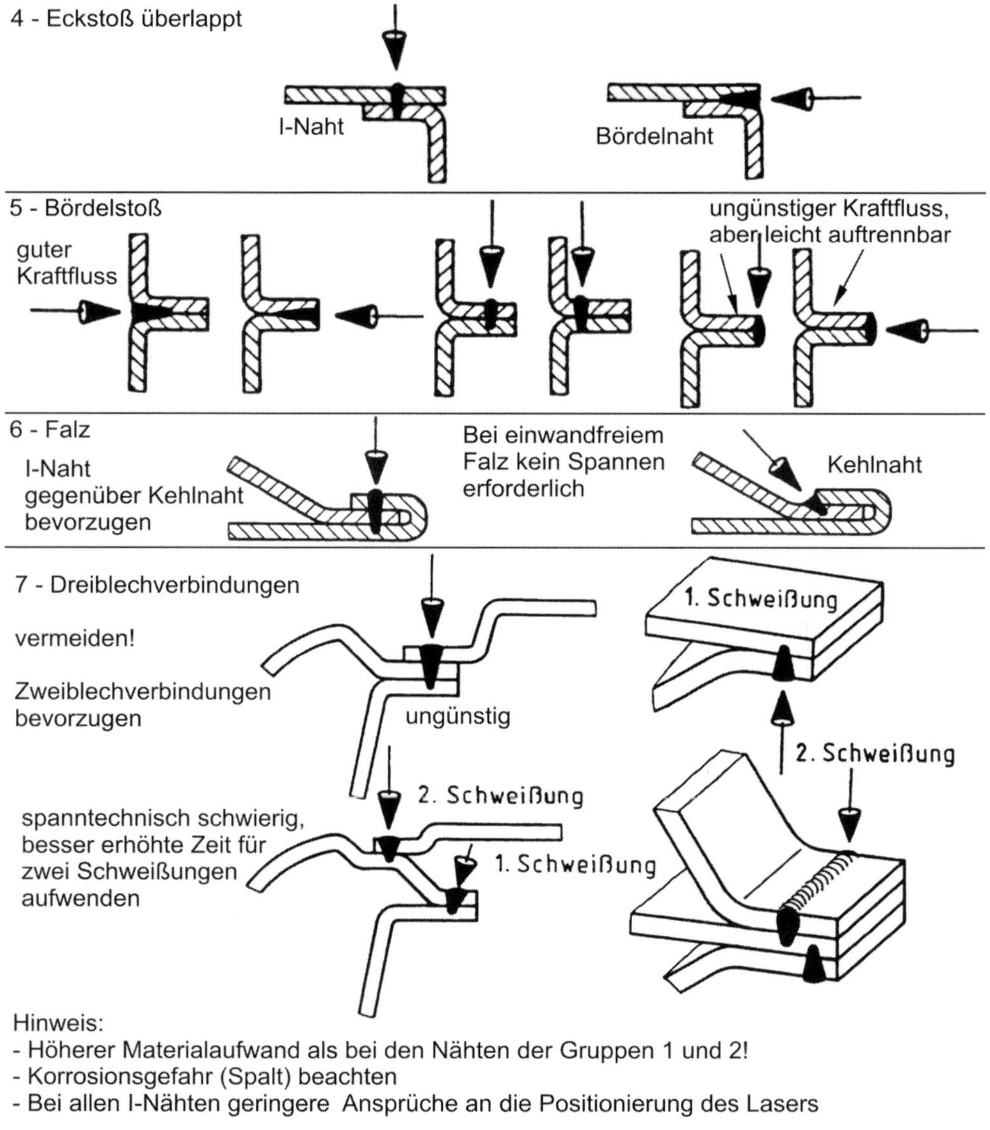

Bild 4.42 Lasernähte 2 – in Nahtnähe gekantet oder anderweitig verformt

Die dafür erforderlichen Blechflansche kommen aber mit kleineren Abmessungen als beim WPS aus bzw. lassen sich eventuell nach dem Schweißen kürzen (Bild 4.43). Nähte, die in den Blechspalt hineingelegt werden (z. B. Nähte 4.2, 5.1, 5.2, 6.2), werden durch Sensoren für die Kantenverfolgung beherrscht. Bei Naht 5.1 tritt die fokussierende Wirkung der Biegeradien positiv in Erscheinung. Die Nähte 5.5 und 5.6 sind bezüglich der Kraftleitung sehr ungünstig, lassen sich aber im Reparaturfall leicht auftrennen.

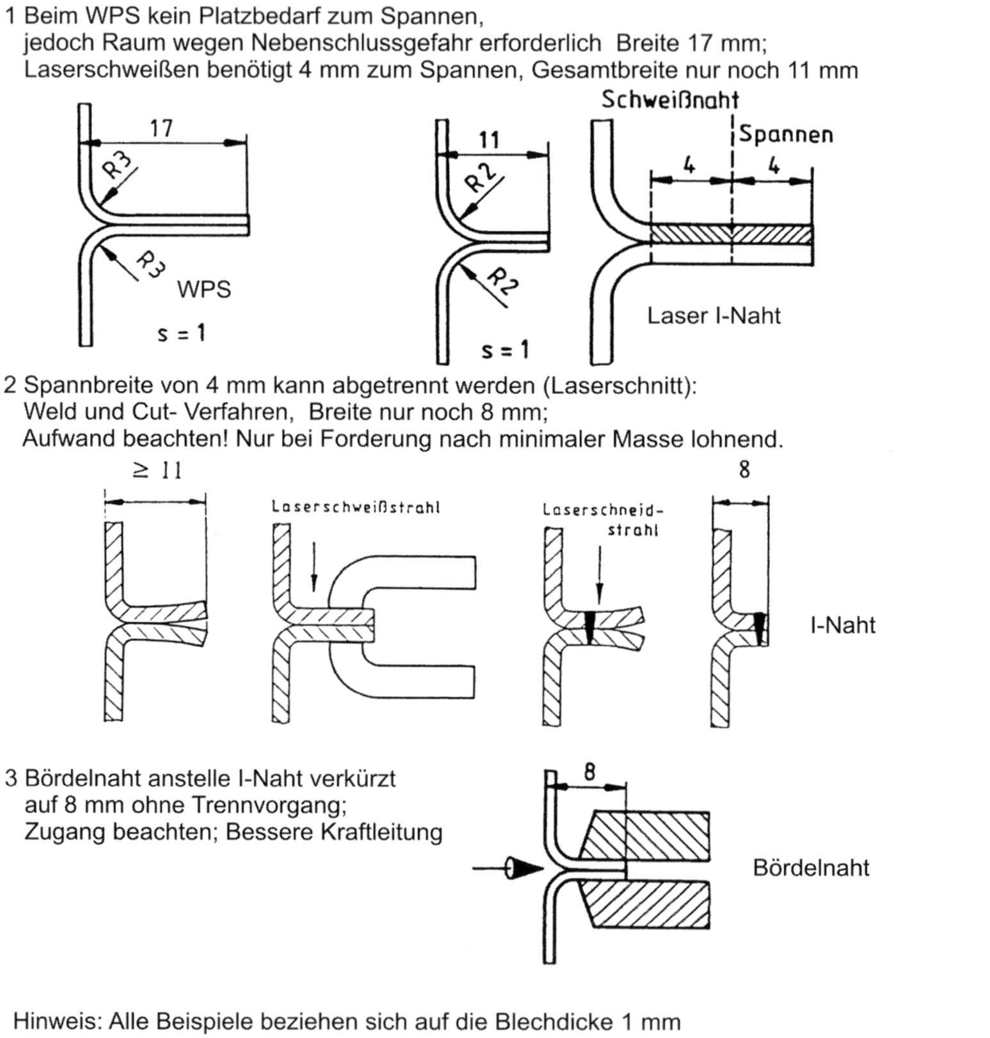

Bild 4.43 Lasernaht verringert Masse gegenüber WPS [95]

Neben dem bereits beschriebenen Nachteil der aufwendigen Schweißvorrichtung ist auch der Aufwand für eine saubere und beschichtungsfreie Schweißstelle zu beachten.

Anforderungen an die Schweißteile	**Maßnahmen**
Öl-, fett- und schmutzfrei	Ultraschallreinigen oder Waschen
Keine Beschichtung (Zunder Rost, Lack, Eloxal, Chromat- und Phosphatbeschichtung)	Schichten mechanisch oder chemisch entfernen
Oberfläche matt, nicht reflektierend	Aufrauen, chemisches Beizen
Einsatzschichten für Einsatzhärten entfernen	Mechanisches Abtragen
Keine Sandstrahlflächen und Schleifrückstände	Sandkörner oder dgl. behindern den Schweißvorgang

Tafel 4.2 Anforderungen an die Laser-Schweißstelle

Der folgende Vergleich der Fertigungszeiten eines Gehäuses, hergestellt durch MIG- und Laserschweißen, macht deutlich, dass der reine Schweißvorgang bereits beachtenswerten Zeitgewinn bringt, die Haupteinsparung jedoch durch Wegfall des Verschleifens und Putzens entsteht:

	Zeit / in min	
Vorgang	MIG	Laser
Ausschneiden der Platine	2	3
Abkanten	3	3
Schweißen	10	4
Verschleifen und Putzen	**24**	**0**
Einsparung	30	

Tafel 4.3 Vergleich von Fertigungszeiten für MIG- und Laser-Schweißen

4.4 Montagegerechtes Gestalten

4.4.1 Wenige Bauelemente – die entscheidende Größe

Montageaufwand und Montagekosten werden grundlegend durch die Anzahl der zu montierenden Bauelemente bestimmt. Das betrifft sowohl die manuelle Montage als auch mit besonderer Schärfe die automatische Montage. Daher muss im Mittelpunkt aller Bemühungen zur Montagegerechtheit immer die Minimierung der Bauelemente stehen:

Wenige Bauelemente anstreben! [34]

Jedes vom Konstrukteur vermiedene Bauteil muss weder in die Montageabteilung transportiert noch montiert werden. Im Fall der automatischen Montage wird der Aufwand für das Speichern, Vereinzeln, Handhaben und lagerichtiges Fügen verringert, und die Einsparungen gegenüber Erzeugnissen mit höherem Bauelementeumfang werden hier besonders deutlich. Die Anwendung der im Abschnitt 2.3 dargelegten Funktionsintegration und Integralbauweise kann helfen, die oben genannte Regel zu erfüllen. Es sind Erzeugnisse bekannt, deren Bauelementeanzahl bei einer konstruktiven Überarbeitung (siehe hierzu Abschnitt 5.1) um mehr als 50 % verringert wurde, ohne den Kompliziertheitsgrad der Einzelteile bedeutend zu erhöhen. So konnte bei der Überarbeitung einer Lagerbaugruppe die Anzahl der Einzelteile von 20 auf 8 herabgesetzt werden und bei einem Schaltklinkenfreilauf von 17 auf 7 [34]. Diesen beiden Beispielen lag die Zielstellung der automatischen Montage zugrunde. Selbst wenn dieses Ziel nicht umgesetzt wird, stellt sich ein beachtenswerter Rationalisierungseffekt ein. Die erreichten Bauteilreduzierungen können beträchtliche Kostensenkungen bewirken.

Beim Beispiel *Strömungskupplung* (Bild 4.44 und Bild 4.45) lag infolge der Baugröße und der geringen Fertigungsmenge eine Montageautomatisierung außerhalb der Betrachtungen.

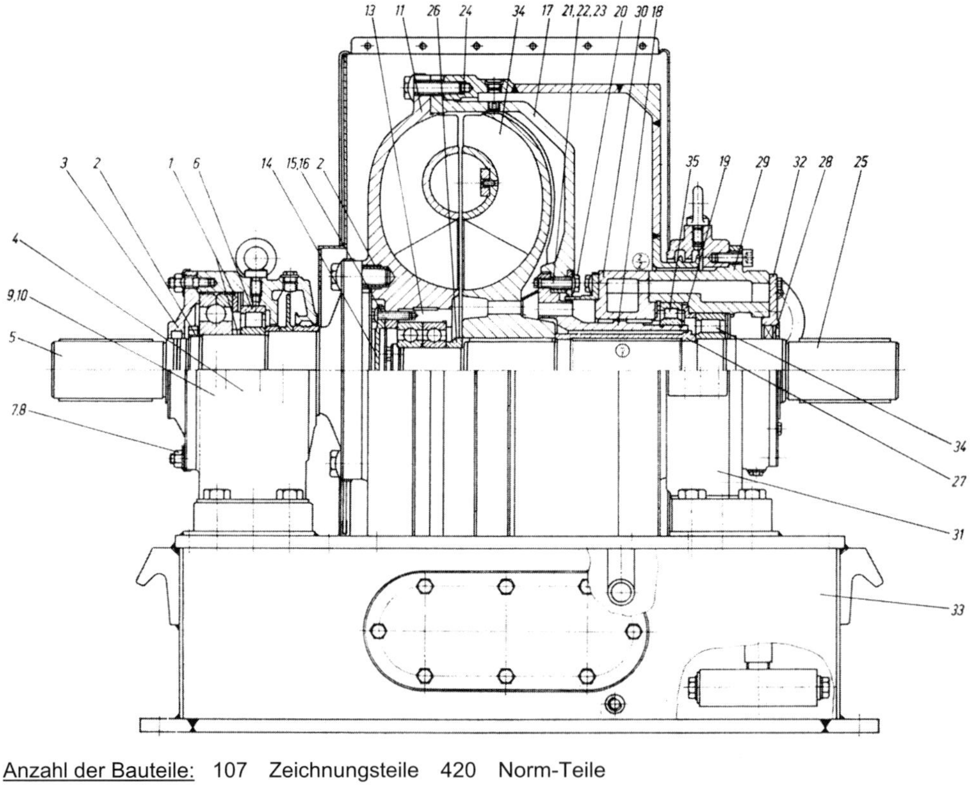

Anzahl der Bauteile: 107 Zeichnungsteile 420 Norm-Teile

Bild 4.44 Strömungskupplung, ältere Bauart

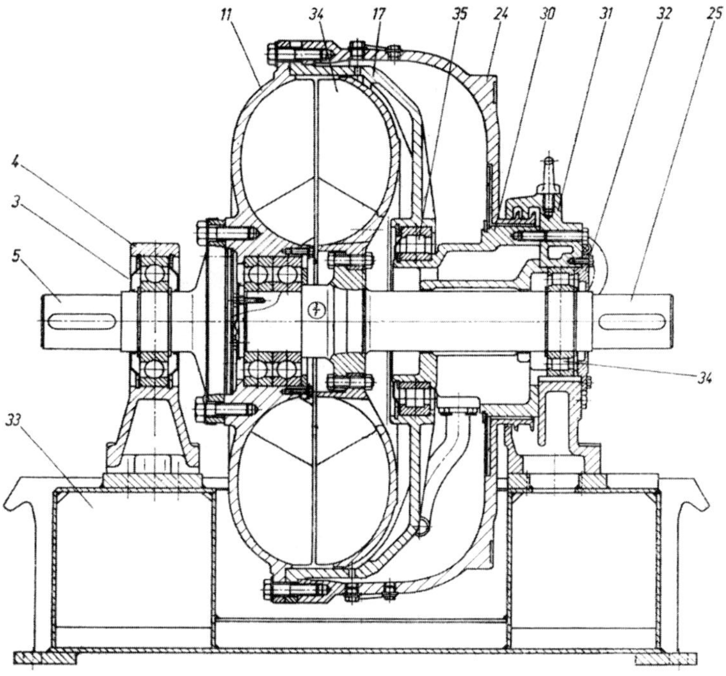

Neue Bauart:

69 Zeichnungsteile

340 Norm-Teile

als Ergebnis einer Analyse **aller Einzelteile** mit folgenden Fragen:

1. Welche Funktion/Aufgabe erfüllt das Bauteil?
2. Wie kann diese Funktion auf einfachere Art erfüllt werden?

Durch konsequente Anwendung der Gestaltungsregel „Wenige Bauelemente anstreben“ wurde die Anzahl der Bauelemente um etwa 30 % reduziert.

Bild 4.45 Strömungskupplung, neuere Bauart

Einige Lösungsansätze zur Umsetzung der o. g. Regel werden im folgenden Abschnitt dargestellt. Es bleibt jedoch dem Konstrukteur überlassen, sie umzusetzen. ***Kein mathematisch fundierter Ansatz belegt die minimale oder optimale Anzahl der Bauteile für eine Maschine oder Maschinenbaugruppe!*** Der der Technischen Mechanik zugeneigte Konstrukteur wird das bedauern. Wer sich dagegen stärker zur „Konstruktionskunst“ hingezogen fühlt, wird entsprechende Lösungsansätze umzusetzen wissen.

Außerdem spielt die Gliederung der zu konstruierenden Maschine in gut montierbare und prüfbare Baugruppen eine wichtige Rolle. Näheres dazu ist im Abschnitt 5.3 dargestellt.

4.4.2 Fügen beim Urformen

Fügen beim Urformen ist in einigen Bereichen zur Selbstverständlichkeit geworden. In der Kunststofftechnik sind Einlegeteile (***Inserts***) seit langem üblich, und später ist die Outserttechnik hinzugekommen – siehe z. B. Bild 2.75. Auch Armierungen von Al-Gussstücken sind bekannt. Ein ähnlicher Weg wurde mit der Al-Kettenradnabe (Bild 4.46) gewählt. Unabhängig davon, ob das Herstellverfahren unter dem Begriff Armierungsbauweise oder besser Fügen beim Urformen zu bezeichnen ist, handelt es sich dabei um eine kostengünstige Lösung, da die Bearbeitung des Zentrierdurchmessers an der Nabe, die Herstellung von sechs Gewindebohrungen und die Montage des Kettenrades einschließlich der sechs Schraubvorgänge entfallen. Negativ beeinflusst wird der Wechsel des Verschleißteiles Kettenrad. Dem Anwender werden höhere Kosten zugemutet. Eine solche Lösung muss unter Beachtung der Regellebensdauer gründlich durchdacht sein. Der Konstrukteur sollte dabei keinesfalls allein entscheiden.

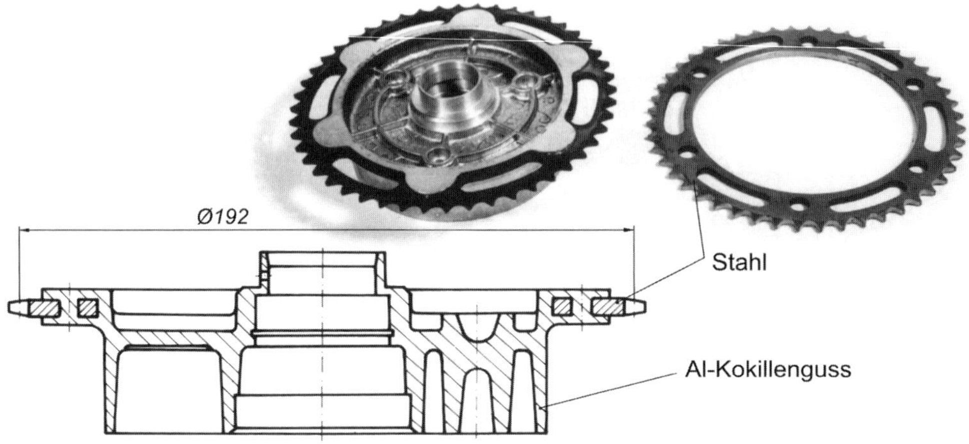

Bild 4.46 Al-Gussnabe mit St-Kettenkranz beim Gießen in Kokille gefügt

Eine sehr ungewöhnliche Lösung ist das Kreuzgelenk nach Bild 4.47. Es ist zu vermuten, dass die Beweglichkeit durch Auftragen einer Graphitlösung auf die Zapfen erreicht wurde. Aufgefunden wurde diese Lösung an einer älteren Landmaschine (Saisonbetrieb, geringe Drehzahlen). Welche Anwendungsmöglichkeiten sich im heutigen Maschinenbau anbieten, muss hierbei ebenfalls wieder der Intuition des Lesers überlassen werden.

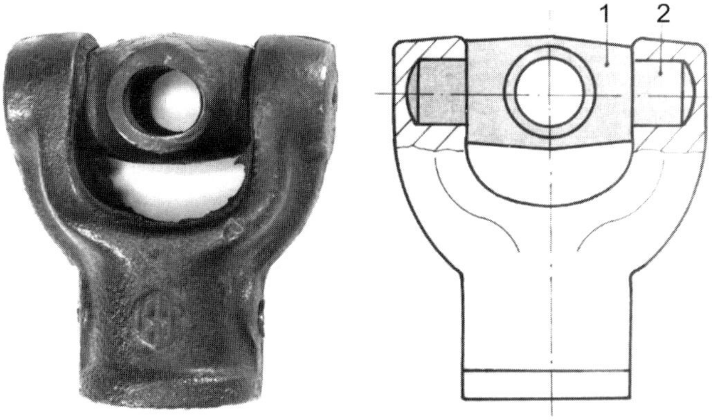

Ungewöhnliches Gussstück: Das Gelenkstück 1 mit dem festen Zapfen 2 ist in das Gabelstück beweglich eingegossen. Der Grat im Innern der Gabel deutet auf diese seltene technische Variante hin, denn beim nachträglichen Fügen wäre dieser Grat sicherlich entfernt worden (Hersteller unbekannt).

Bild 4.47 Gelenkstück für ein Kreuzgelenk (Originalgröße ca. 65 mm)

Neben diesem seltenen Anwendungsfall im klassischen Maschinenbau sind drehbewegliche Funktionsteile auch in der bereits erwähnten Outserttechnik (Blech mit gespritzten Kunststoffteilen – siehe Bild 2.77) und Kunststoffgelenke mit unterschiedlichen Kunststoffen als Mehrkomponenten-Spritzguss möglich. Besonders bemerkenswert ist ein Luftausströmer für eine Fahrzeugbelüftung (VW Wolfsburg). Dafür werden fünf Lamellen in einem Drei-Stationen-Werkzeug mit dem Gehäuse umspritzt. Dabei finden Werkstoffe mit unterschiedlichen Schmelzpunkten Verwendung (Gehäuse aus PP-Schmelztemperatur 160 °C, Lamellen aus PBT-GF – Schmelztemperatur ca. 220 °C), sodass die Lamellen im Gehäuse beweglich sind. Näher Interessierten wird Spezialliteratur empfohlen, wie z. B. [13].

Wesentlich umfangreichere Möglichkeiten bietet das ***Eingießen verschiedenster Bauteile in Mineralguss*** – siehe Eingießteile im Abschnitt 5.4.7. Der große Vorteil gegenüber den klassischen Gusswerkstoffen ist die geringe Temperatur beim Herstellen der Mineralgussteile (≤ 50 °C), so dass auch Kabel und Kunststoffschläuche u. a. Kunststoffteile eingegossen werden können. ***Derartige Vorteile bietet bisher kein anderer Maschinenbauwerkstoff.***

4.4.3 Integrierte Verbindungselemente

Auf die Anwendung integrierter Verbindungselemente wurde bereits mit Bild 4.1 und Bild 4.2 verwiesen. Die folgende Tafel 4.4 soll helfen, einen Überblick über diese Art der Verbindungselemente zu erlangen.

Bezeichnung	Anwendungsgebiete	Hinweise
1 Schnappverbindung in • lösbarer und • unlösbarer Gestaltung	• Kunststoffspritzteile • Dünnblechteile mit stanzgeformten Schnappern • Einspreizen massiver Teile • Blechteile mit Blechmutterlochung (Spreizmutterlochung)	Schnapphaken Ringschnapper Kugelschnapper Schnappgelenke Buckelschnapper
2 Nietverbindung mit • Vollzapfen • Hohlzapfen • teilweiser Verformung (punkt-/ linienförmig) • Blechzapfen (Blechlappen)	• Zapfen am Drehteil • Zapfen am Druckgussteil (Al- Guss) • Zapfen am Kunststoffspritzteil • Zapfenloses Nieten durch Verformen an Kanten und Absätzen (Quetschnieten) • Nietzapfen an Blechteilen – fließgepresst – durchgesetzt – als Stanzlasche • Nietzapfen als Blechlappen am Blechteil ausgeschnitten	Art der Verformung: – Nietkopf pressen – Taumelnieten – Kerben – Körnen – Quetschen – Ultraschallnieten (Kunststoff)
3 Blechlappenverbindung	• Einhaken • Umformen, – Umbiegen, – Verdrehen • Verbindungszapfen als Blechlappen am Blechteilrand ausgeschnitten	
4 Blechverbindung	• Clinchen • Sicken • Bördeln • Falzen	
5 Pressverbindung	• Zylinderpressverbindung • Kegelpressverbindung	
6 Renkverbindung	Spannlager DIN 626	
7 Gewindeverbindung	Bei Bauteilfertigung geformte vollständige oder unvollständige Gewinde	

Tafel 4.4 Integrierte Verbindungselemente, Übersicht (ohne Anspruch auf Vollständigkeit)

Dieser Überblick wird jedoch nur „lebendig“, wenn der Leser sich hinter den aufgeführten Begriffen konkrete Gestaltelemente vorstellt. Die Schnappverbindungen haben mit der

Entwicklung der Kunststoffbauteile einen Anwendungssprung vollzogen, obgleich diese Verbindungsart nicht nur bei Kunststoffen möglich ist, wie den folgenden Bildern entnommen werden kann. In der Mehrzahl sind Schnapphaken in Anwendung. Je nach Ausbildung der Winkel am Schnappelement ist das Fügen und Lösen einfach, schwergängig oder nur durch Zerstörung möglich. Auch schnappähnliche Verbindungen sind mit dargestellt und werden zur zweckmäßigen Anwendung empfohlen.

Eine besonders gut fügbare Schnappverbindung kann man an Glasbehältern mit Kunststoffdeckeln für Kaffeepulver und eventuell auch ähnlichen Erzeugnissen finden – siehe Bild 2.65. Zum Lösen wird der Deckel um ca. 25° gedreht und schnappt aus. Die unrunde Deckelform signalisiert sehr gut die richtige Fügeposition zum gleichfalls unrunden Behälterglas. Es handelt sich hierbei um eine konstruktive Lösung, die auch eine hohe ergonomische Qualität aufweist.

Die Bilder aller weiteren integrierten Verbindungselemente sind ausreichend erläutert.

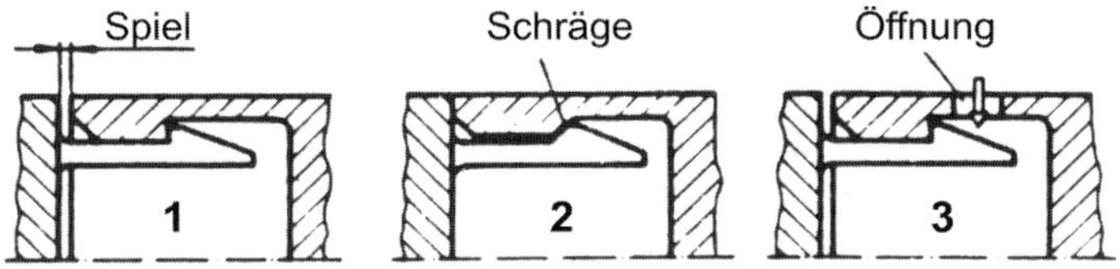

1 – unlösbarer Haken, 2 – Schräge ermöglicht Demontage und beseitigt Spiel,
3 – wie 1 mit Öffnung zum Lösen

Bild 4.48 Hakenschnappverbindungen [8]

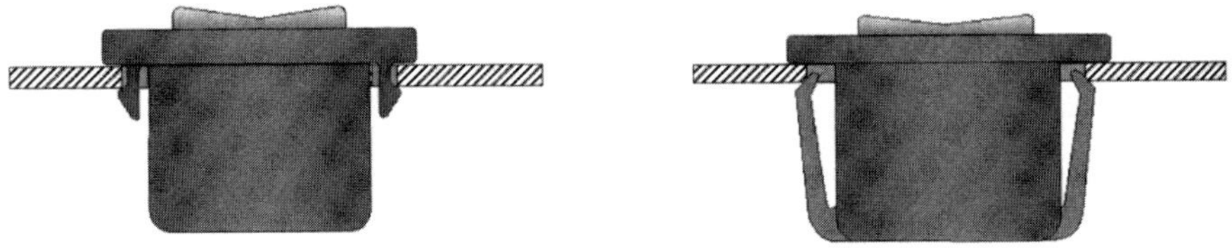

Biegelänge sehr kurz, Bruchgefahr!

Gute Gestaltung, Vorspannung vermeidet „Klappern“, jedoch erhöhter Werkzeugaufwand

Bild 4.49 Kippschalter mit Schnapphaken, falsch und richtig [51]

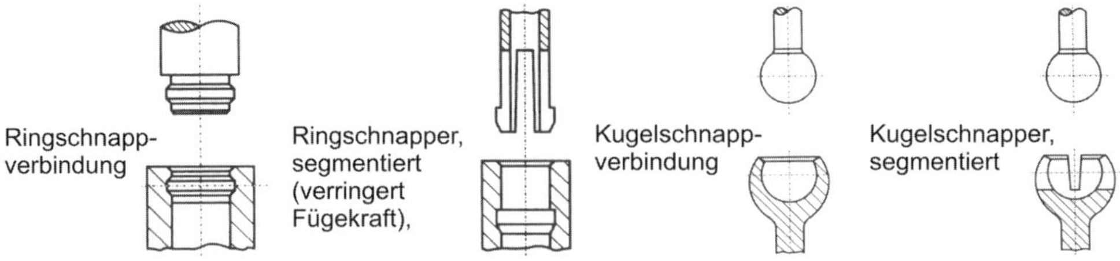

Bild 4.50 Schnappverbindungen (schematische Beispiele)

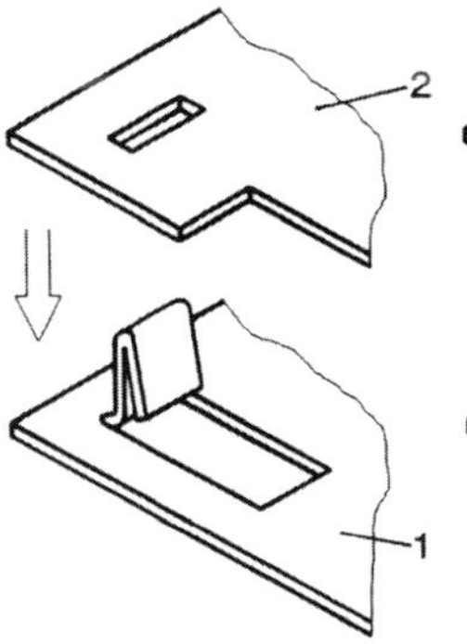

Bild 4.51 Blechschnapper – 2 Varianten [53]

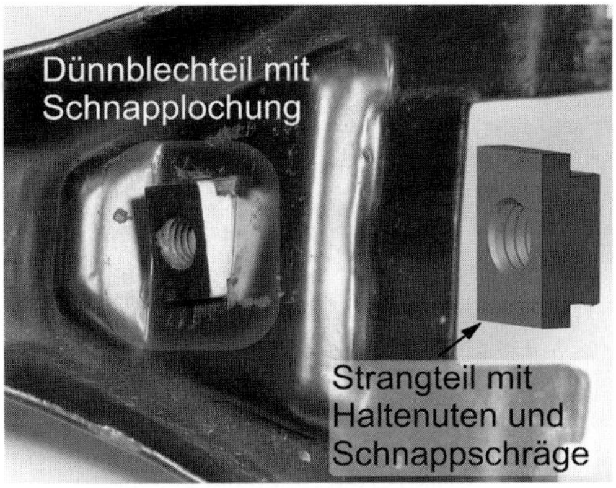

Bild 4.52 Massivschnapper [FIAT]

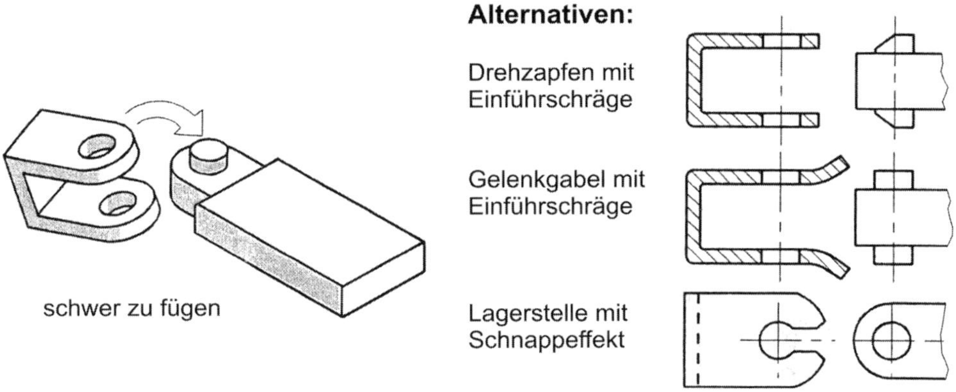

Bild 4.53 Gelenkige Verbindung, durch Schnappen gefügt

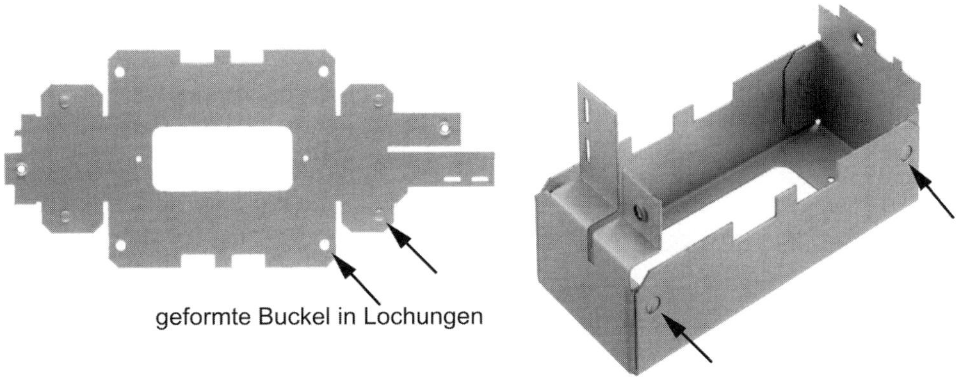

Bild 4.54 Schnappartige Verbindung eines Blechkastens [88]

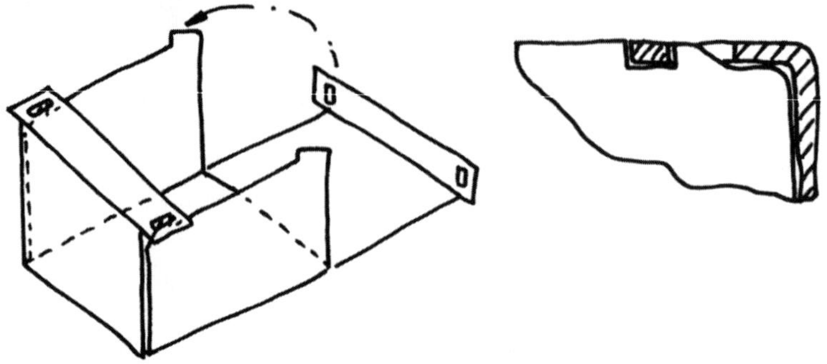

Die Federn rasten in die Nuten der Lasche ein.

Bild 4.55 Schnappähnliche Verbindung an einem Blechkasten [88]

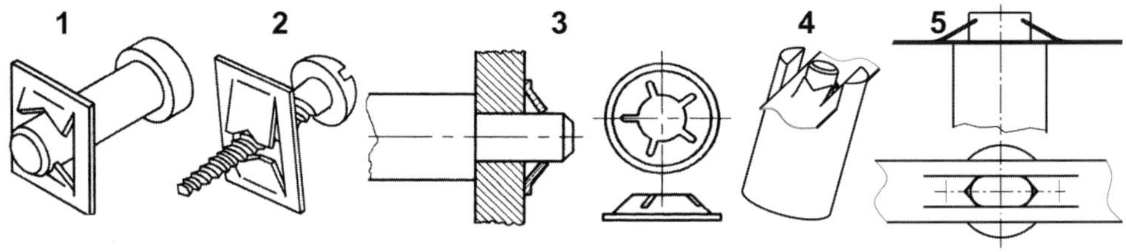

1 Spreizmutter [53]
2 Spreizmutter für Steckmontage einer Schraube [53]
3 Spreizmutter mit fünf Klemmlappen [53]; hier als Axialsicherung
4 Bauelement mit Spreizmutterlochung, Verdrehsicherung durch äußerer Führung
5 Wie 4, Verdrehsicherung durch Zapfengestalt
Hinweis: siehe auch Bild 2.21

Bild 4.56 Spreizmutter und Bauelemente mit Spreizmutterlochung

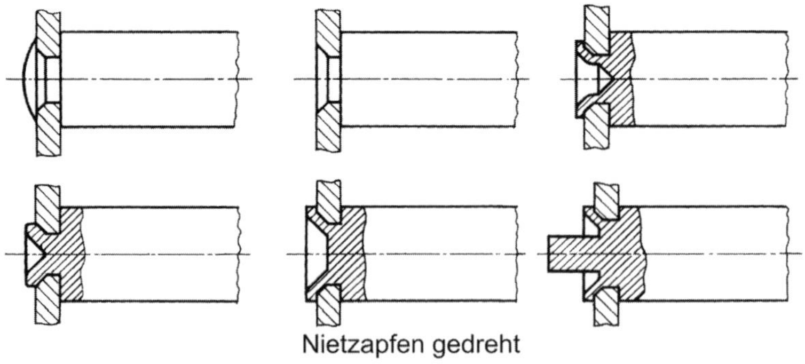

Bild 4.57 Stirnnietungen an Rundstäben [11]

Nocken mit Kerbnietung – Nockengestalt bildet gute Verdrehsicherung (Zwischenzapfennietung)

Bild 4.58 Bremshebel

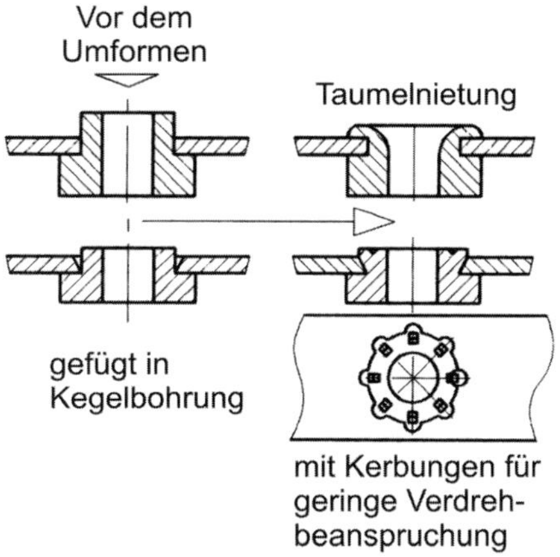

Bild 4.59 Hohlzapfennietungen [53]

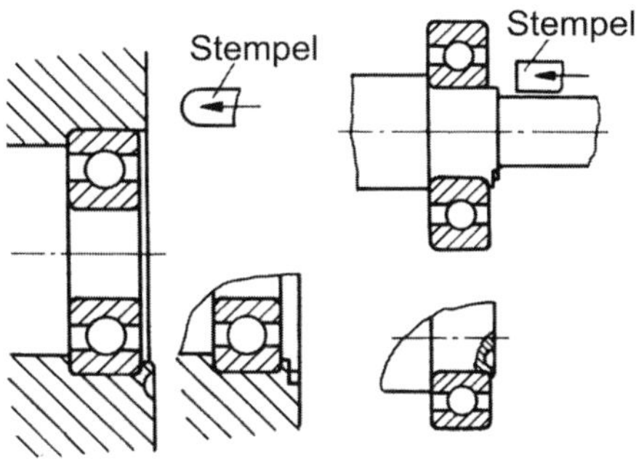

Bild 4.60 Punkt- und linienförmiges Nieten (Quetschnietung) als Axialsicherung für Wälzlager

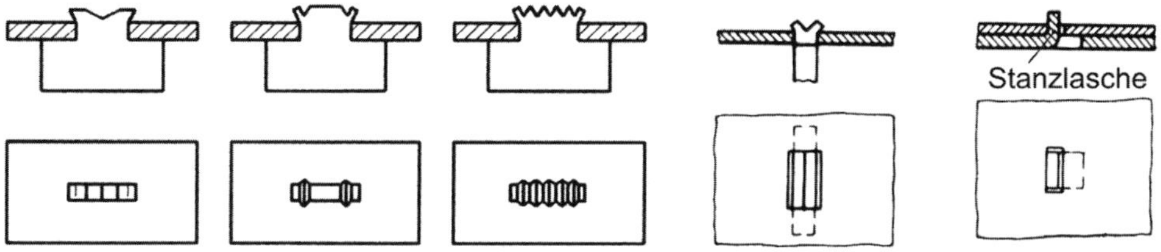

Bild 4.61 Nietungen an Blechzapfen mit Quer- und Längskerben

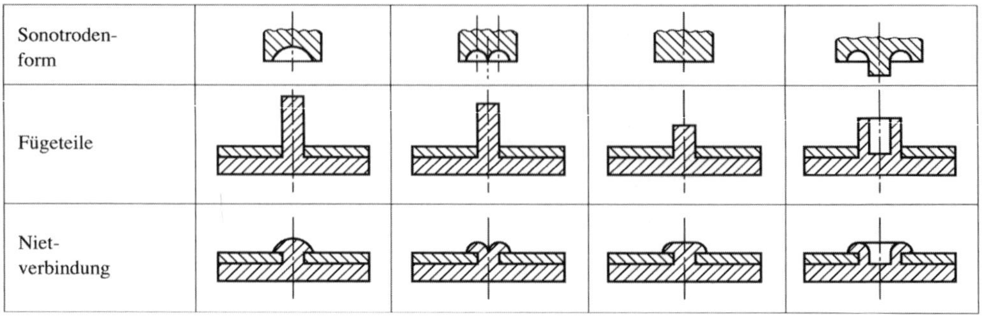

Verschiedene Nietkopfformen für Ultraschallfügen, Hohlzapfnietung ist für höhere Festigkeiten bei dünnwandigen Bauteilen geeignet

Bild 4.62 Nietungen an Kunststoffteilen [32]

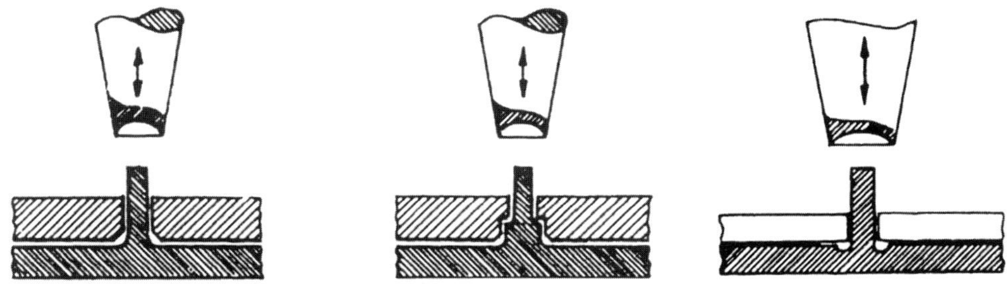

Scharfkantige Übergänge vermeiden!

Bild 4.63 Fußgestaltung der Kunststoff-Nietzapfen [72]

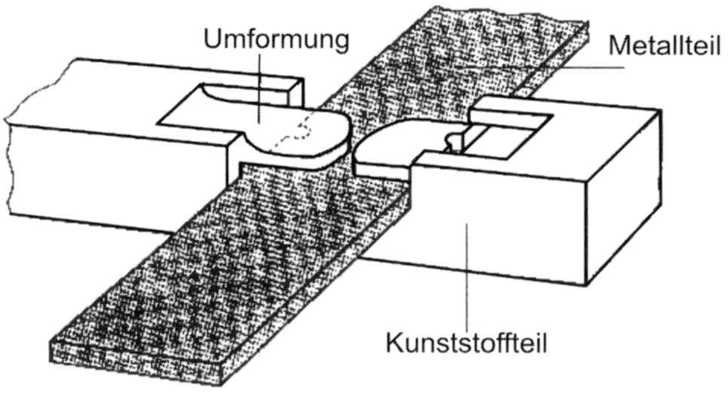

Bild 4.64 Quetschnietung Kunststoff – Metall [51]

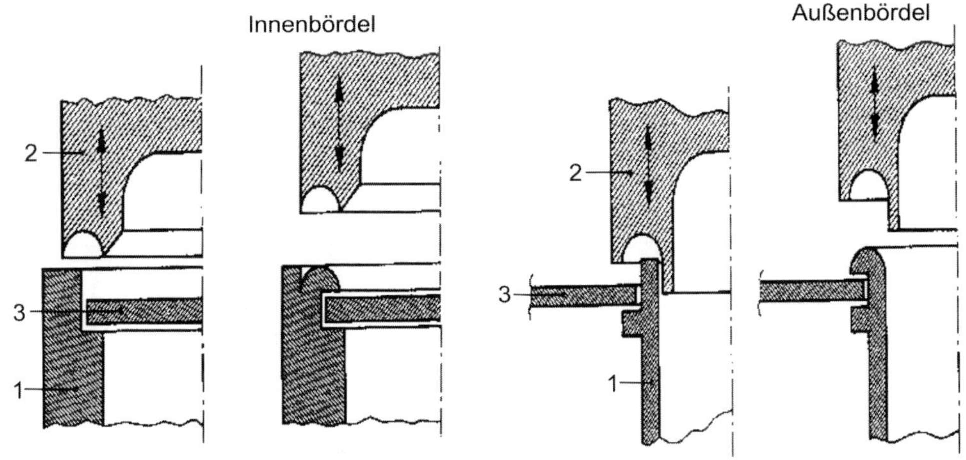

1 - Kunststoffgehäuse, 2 - Sonotrode, 3 - Metall- / Glasscheibe

Bild 4.65 Kunststoff – Metall – Glas als Innen- bzw. Außenbördel ausgeführt [51]

Durch Laserschneiden können sehr maßgenaue Konturen berührungslos und kräftefrei gefertigt werden (kein Verzug bei dünnwandigen Rohren und Profilen!)

Bild 4.66 Blechverbindung durch Einhaken [88]

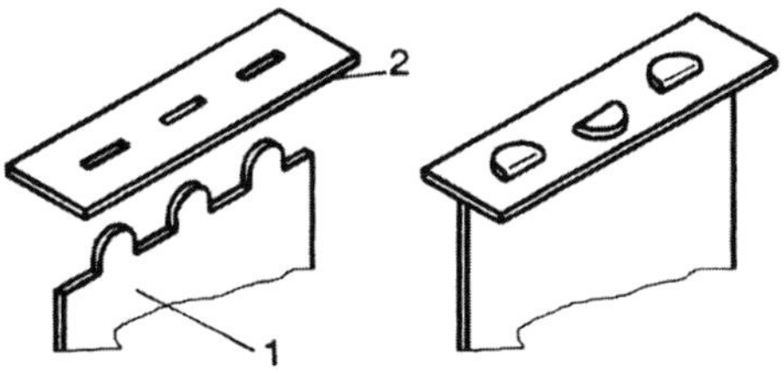

Lappenrundung erleichtert den Fügevorgang

Bild 4.67 Blechverbindung mit Biegelappen [53]

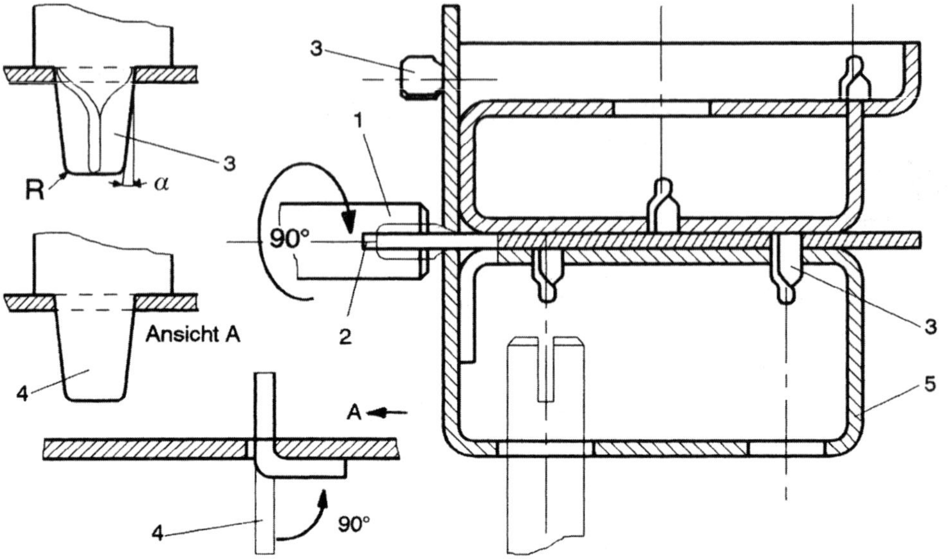

1 Verdrehwerkzeug (maschinell oder manuell betätigt)
R und α erleichtern den Fügevorgang

Bild 4.68 Blechverbindung mit Verdrehlappen [53]

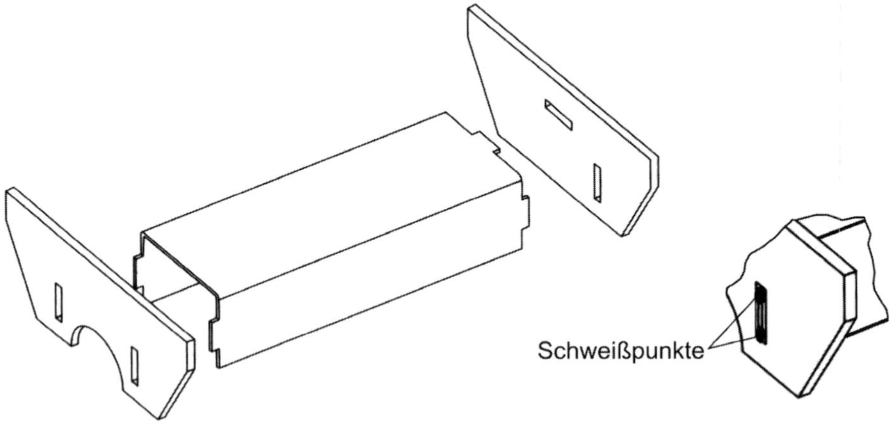

Blechlappen sorgen für richtigen Zusammenbau, und Schweißpunkte sichern Zusammenhalt

Bild 4.69 Zweckmäßig angeordnete Blechlappen [88]

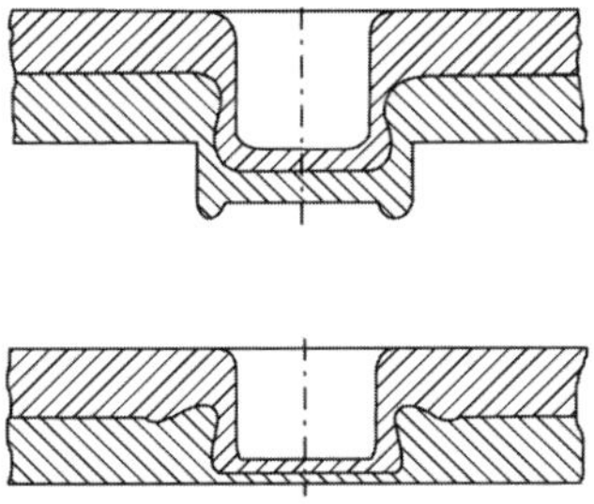

Bild 4.70 Clinchen (Durchsetzfügen) [62]

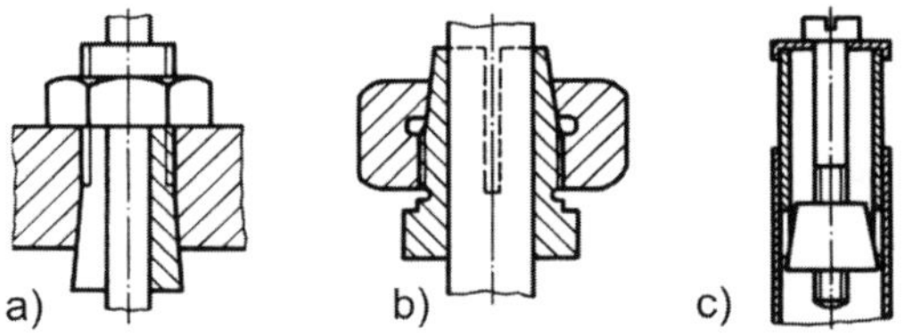

a) Geschlitzte Kegelhülse
b) Überwurfmutter mit Innenkegel
c) Kegelige Mutter erzeugt Klemmkräfte

Bild 4.71 Klemmverbindung durch kegelige Elemente [56]

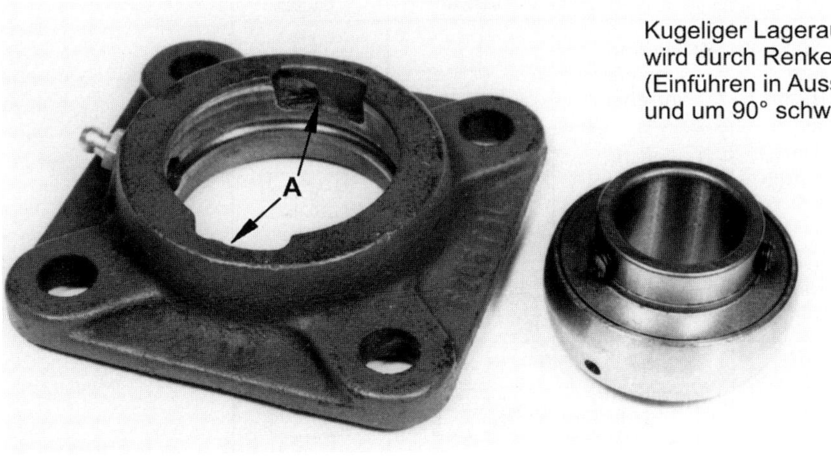

Bild 4.72 Flanschlager [DIN 626]

4.5 Zur Gestaltung der zu montierenden Bauelemente

Auf die außerordentlich hohe Bedeutung einer minimalen Anzahl der zu montierenden Elemente wurde vorangehend verwiesen. Im Weiteren ist dic Gestalt der verbliebenen Bauelemente mehreren Anforderungen anzupassen. Diese Anforderungen stehen bei einer automatischen bzw. automatisierten Montage mit besonderer Schärfe, wogegen bei manueller Montage eine größere Gestaltungsfreiheit besteht. Der Konstrukteur ist jedoch gut beraten, wenn er sich den Anforderungen der automatischen Montage unterwirft. Um den Umfang des vorliegenden Buches zu begrenzen, werden hier lediglich einige Grundforderungen im Bild 4.73 dargestellt. Es wird auf weitere Quellen verwiesen [30], [34] und [93].

Gestaltungsziel	Gestaltungsmittel	Beispiel ungünstig	Beispiel günstig
einfache Zuführbarkeit der Einzelteile	symmetrische Bauteile wählen	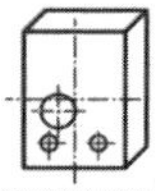	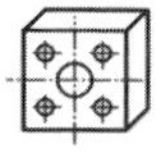
	biegeschlaffe Teile vermeiden		
	außenliegende Formelemente bevorzugen	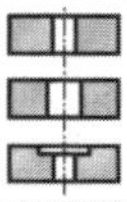	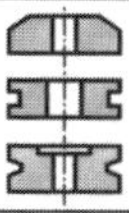
Verwendung von Funktionselementen zur Selbstzentrierung	Einführschrägen vorsehen	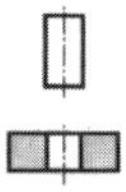	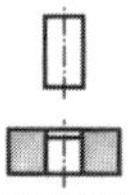
einfache Zugänglichkeit für Füge- und Kontrollwerkzeuge	lineare Bewegung ermöglichen	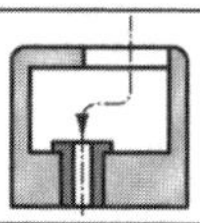	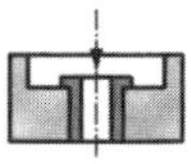
Verwendung einheitlicher und leicht automatisierbarer Fügeverfahren	Fügehilfsteile vermeiden	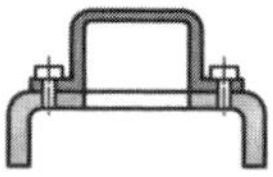	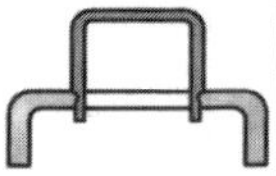
Vereinheitlichung und Minimierung der Anzahl unterschiedlicher Fügerichtungen	Fügerichtungen vereinheitlichen	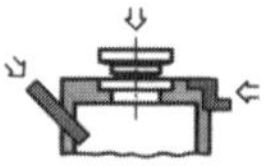	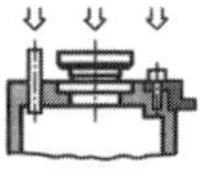

Bild 4.73 Ziele und Maßnahmen zur montagegerechten Produktgestaltung [104]

5 Zum Gestalten von Maschinen

5.1 Anlässe für neue Maschinenkonstruktionen

Das Konstruieren einer neuen Maschine bzw. die gründliche Überarbeitung einer bestehenden Maschine kann sehr verschiedene Ursachen haben. Die Tafel 5.1 und die folgenden vier Beispiele nennen dafür Gründe, ohne einen Anspruch auf Vollständigkeit zu erheben.

1	**Neukonstruktionen**
1.1	Sondermaschinen für spezielle Aufgabenstellung eines konkreten Bedarfsträgers (in der Regel Einzelstück ohne Designer-Mitarbeit)
1.2	Ein neues Maschinenkonzept/eine neue Idee für eine Maschine wird mit dem Ziel einer Serienproduktion konstruktiv umgesetzt (Beispiele Bild 5.1 bis Bild 5.4)
2	Überarbeitung bestehender Serienerzeugnisse wegen:
2.1	**Gebrauchswerterhöhung** durch – höhere Produktivität – höhere Stabilität des ablaufenden Prozesses/geringere Fehlerquote – Automatisierung/Teilautomatisierung – Erhöhung der Lebensdauer/Verbesserung der Wartung bzw. Instandhaltung – bessere Bedienbarkeit/Ergonomie
2.2	**Senkung der Herstellkosten** (Teilefertigung und Montage) durch – weniger Bauteile (siehe Beispiel Abschnitt 4.4.1) – bessere Maschinengliederung für einen günstigeren Fertigungsablauf – Anwendung neuer Werkstoffe für Großteile (Beispiele im Abschnitt 5.4)
2.3	**Verbesserung des Maschinendesigns** (in der Regel mit 2.1 und/oder 2.2 verknüpft)
3	**Ergänzung bestehender Serienerzeugnisse durch andere Baugrößen** (in der Regel verbunden mit der Beseitigung erkannter Mängel)

Tafel 5.1 Gründe für die Neukonstruktion / tiefgreifende Überarbeitung einer Maschine

Mit der Entwicklung der Hartmetalle wurden die Spanmengen beim Drehen so groß, dass die Beseitigung der Späne während des Drehprozesses immer schwieriger wurde. Dadurch entstand bereits um 1928 das völlig richtige Konzept einer Schrägbettmaschine.

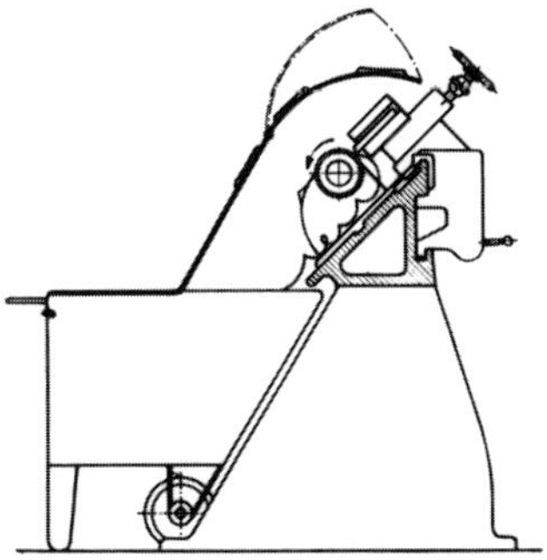

Die Späne fließen in den beigestellten Sammelbehälter (gleichzeitig Transportwagen), das Bett ist als torsionssteifer Hohlkörper gestaltet.

Bild 5.1 Magdeburger Fließspandrehbank (ca. 1928)

Dieser Maschine war kein Verkaufserfolg beschieden. Zu dieser Zeit war der Begriff Dreh***maschine*** noch völlig unüblich. Offensichtlich waren die Betriebsingenieure dem Konzept „Drehbank“ – abgeleitet von dem Begriff Drechselbank – noch sehr stark verhaftet. Hinzu kam die im Sinne eines günstigen Spanflusses zum Sammelbehälter geänderte Drehrichtung der Arbeitsspindel. Dadurch war das Anschneiden der Drehmeißel schwer beobachtbar (Bedienmangel!). Erst etwa 25 Jahre später konnten sich die Schrägbettmaschinen durchsetzen.

In ähnlicher Weise wurde in den 1990er Jahren das Drehmaschinenkonzept im wahrsten Sinne „auf den Kopf gestellt". Bild 5.2 zeigt die Vorteile dieses damals neuartigen Maschinenkonzeptes.

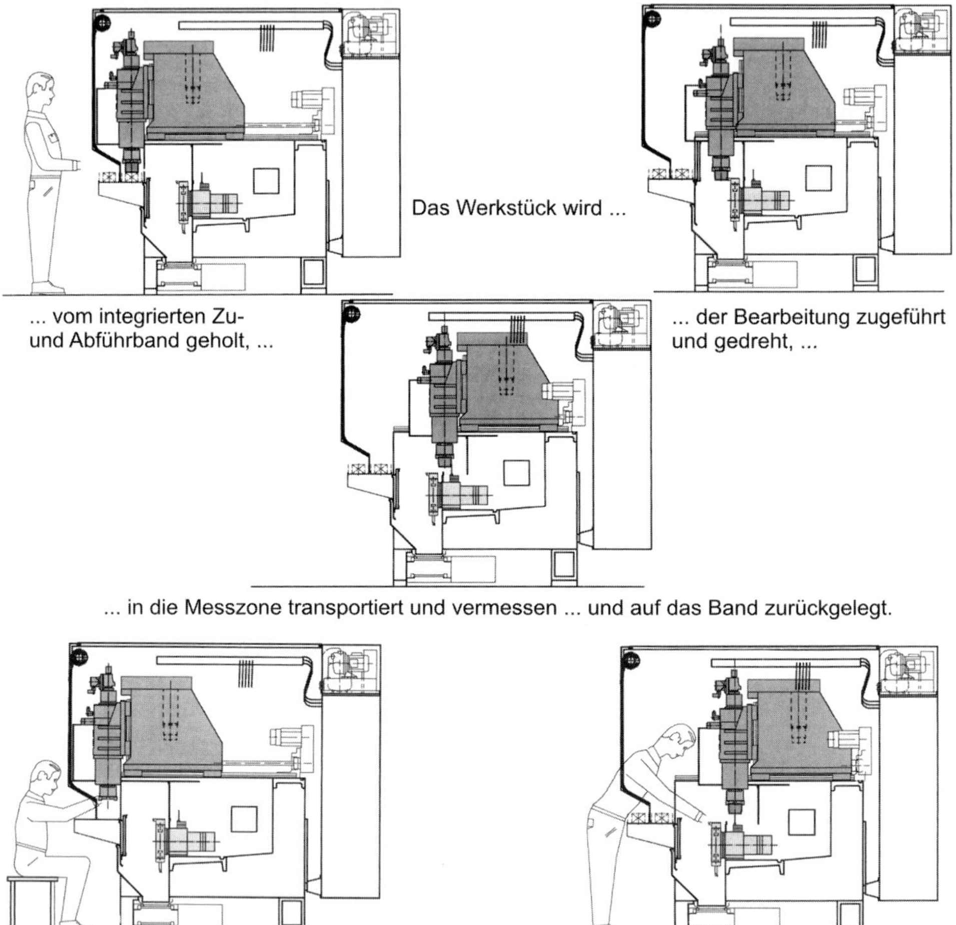

Bild 5.2 Auszug aus dem Werbematerial für eine neu gestaltete Drehmaschine (EMAG-Maschinenfabrik Salach, etwa 1992)

In der Gießereiindustrie war beim Sandgussverfahren eine horizontale Formteilung selbstverständlich. Sie wurde auch beibehalten, als mit mechanischen Mitteln zum Verdichten des Formsandes übergegangen wurde. Durch die Firma Disamatik wurde eine senkrechte Formteilung eingeführt, und der gesamte Form-, Gieß- und Entformprozess konnte hochproduktiv gestaltet werden (Bild 5.3). Die horizontal arbeitende Hochdruckpresse stößt schrittweise Formstoffpresslinge aus, die sich gegenseitig stützen. Im weiterrückenden Strang wird abgegossen, die Gussstücke erstarren, und die Formblöcke werden am Strangende zerrüttelt – das Gussstück kann entnommen werden. Die erste Maschine dieser Art war eine Neukonstruktion ohne Vorbild.

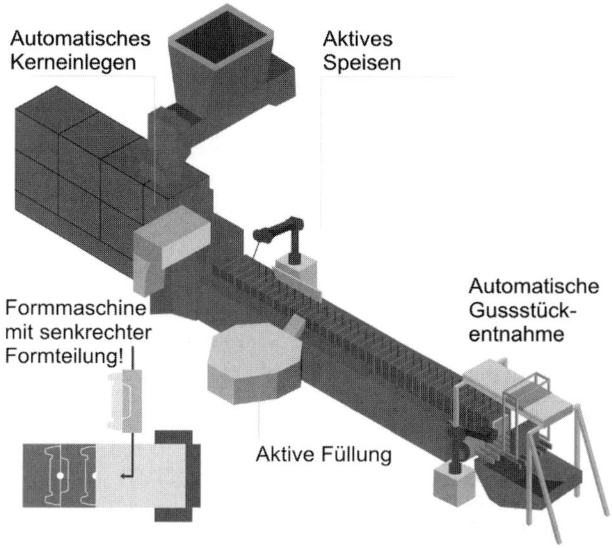

Bild 5.3 *DISAMATIC ALUMINIUM-Gießautomat für kastenloses Formen und Gießen (Al-Sandguss) in der Gießereiindustrie [DISA Industries A/S]*

Das klassische Konzept kleiner Flachschleifmaschinen – Bild 5.4, links – ist über viele Jahre unverändert verwendet worden, und fast jeder im Bereich Werkzeugmaschinenbau, Werkzeugbau und dergl. Tätige kennt diesen Maschinentyp. In den 1980er Jahren wurde eine neue Bauweise bekannt – Bild 5.4, rechts (Göckel Präzisions-Schleifmaschinen) – und dieses damals neuartige Maschinenkonzept diente in den Lehrveranstaltungen der Verfasser zur Schulung der Urteilsfähigkeit über einen zweckmäßigen Maschinenaufbau. Es dürfte sich auch heute noch lohnen, wenn der Leser die Vor- und Nachteile der beiden Varianten selbst zusammenträgt, ehe er die Lösung zur Kenntnis nimmt.

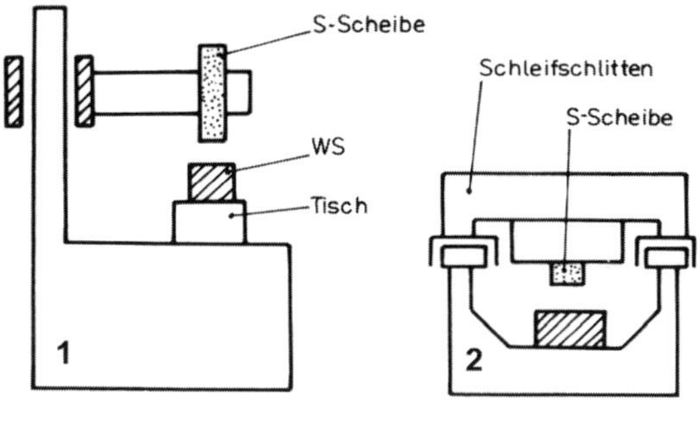

1 Klassische Bauweise
2 Bauweise der Fa. Göckel Darmstadt (Konzept um 1983)

Bild 5.4 *Flachschleifmaschinen (schematisch)*

Aufgabe 5.1 Ermitteln Sie die Vor- und Nachteile des klassischen und des neuen Maschinenaufbaus der Flachschleifmaschinen nach Bild 5.4.

An dieser Stelle soll auf einen Mangel in der Ausbildung der allgemeinen Maschinenkonstrukteure hingewiesen werden: Während die Maschinenelementeausbildung – soweit aus der Literatur erkennbar – recht umfangreich und z. T. sehr tiefgehend betrieben wird, steht die Gesamtmaschine kaum im Blickfeld einer kritisch-analytischen Betrachtung. Darunter soll z. B. verstanden werden:

- Ermitteln der Vor- und Nachteile unterschiedlicher Maschinenkonzepte
- Gesichtspunkte für eine zweckmäßige Gliederung in Baugruppen unter Beachtung unterschiedlicher Montagearten (siehe Abschnitt 5.3)
- Fertigungsgerechte Gestaltung und Gliederung der Großteile (siehe Abschnitt 5.4)
- Gliederung in Grundmaschine und anwendungsbedingtes Zubehör
- Gesichtspunkte für Zwillings- oder Drillingsmaschinen (zweifache/dreifache Arbeitselemente bei gemeinsamer Steuerung, gemeinsamen Gestell und gemeinsamen Hilfsaggregaten)

Auch im vorliegenden Buch gelingt es noch nicht, diese Mängel gründlich zu beseitigen. Dazu ist die in der Fachliteratur auffindbare Vorarbeit unzureichend, und die Maschinenbauzweige und Maschinenbauarten sind zu vielfältig. In den Abschnitten 5.3 und 5.4 wird diese Thematik daher nur angerissen und darf nachfolgenden Autoren als Anregung für weiterführende Untersuchungen dienen.

5.2 Konstrukteuraufgaben und Designeraufgaben

Bei Neukonstruktionen und tief greifenden konstruktiven Bearbeitungen – wie im vorangegangenen Abschnitt beschrieben – sollte neben der Funktionserfüllung, die stets im Vordergrund steht, auch immer ein gutes ***Erscheinungsbild*** angestrebt werden, denn es kann von nennenswerter Bedeutung für den Verkaufserfolg sein. In diesem Zusammenhang wird heute mit den Begriffen ***Technisches Design*** oder ***Maschinendesign*** gearbeitet. Bisher wurde mehrfach auf derartige Fragen kurz hingewiesen, hier soll nunmehr gründlicher darauf eingegangen werden. Als abstrakte Form der Beschreibung einer Maschine bzw. eines technischen Systems findet die Blackbox mit Angabe der Ein- und Ausgänge Verwendung – Bild 5.5.

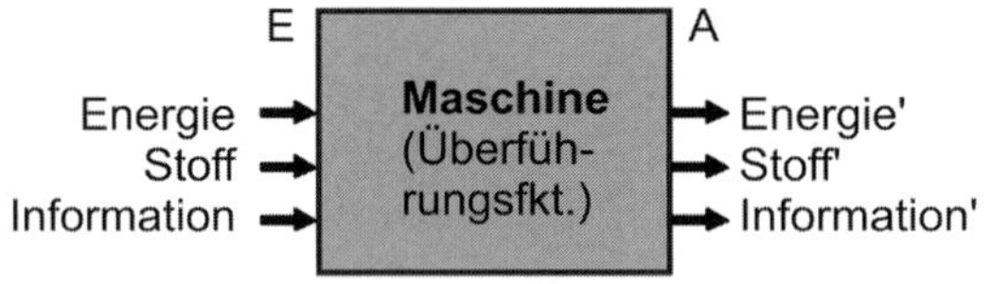

Bild 5.5 *Umsatz von Energie, Stoff und Information, Lösung noch unbekannt. Aufgabe bzw. Funktion aufgrund der Ein- und Ausgänge beschreibbar [70]*

Mit dieser Darstellung ist auch die Arbeit des Konstrukteurs umrissen: Er muss Einrichtungen schaffen, die die verfügbaren Eingangsgrößen in die gewünschten Ausgangsgrößen verwandeln. Es hat sich dafür bewährt, die Gesamtaufgabe in Teilaufgaben (oft entsprechend der Teilfunktionen) zu zerlegen und deren Lösungsmöglichkeiten in einem morphologischen Kasten einzutragen. Der Weg zur Gesamtlösung wird über zweckmäßige Kombination der Teillösungen in Varianten beschritten. Diese Arbeitsschritte werden in mehreren Quellen (z. B. [8], [10], [70]) ausführlich beschrieben und werden hier lediglich mit Hilfe von Bild 5.6 illustriert.

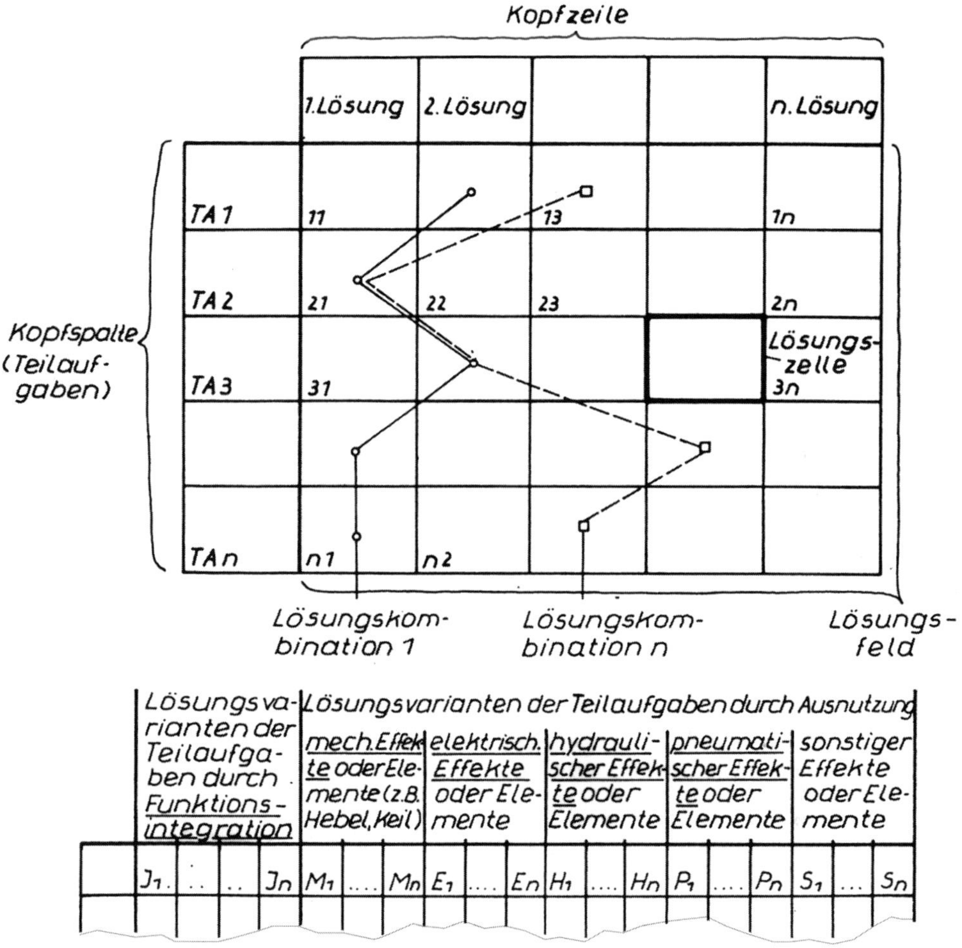

a) Benennungen am morphologischen Kasten

b) Hinweise zur systematischen Lösungssuche für die Teilaufgaben

Bild 5.6 Morphologischer Kasten

In Bild 5.5 bleibt der Mensch formal unberücksichtigt, gleichgültig ob er nun als Bediener, als Überwacher oder als Entscheidungsträger für die Beschaffung wirkt. ***Aber gerade die Einbindung des Menschen in das technische System ist das Aufgabenfeld des Designers***, wie den folgenden Aussagen zu entnehmen ist:

Klöcker [96]: „Industriedesign hat die Aufgabe, alle auf den Menschen bezogenen Funktionen und Informationen zu seinen Benutzern optimal zu gestalten."

Habermann [25]: „Industriedesign ist ausgerichtet auf die Bedürfnisse und Erwartungen der Menschen, für die man Produkte plant bzw. entwickelt."

Uhlmann [90]: „Ziel des Technischen Designs: Positives Erleben von Gebrauchswerten beim Gebrauch von Maschinen/Geräten und bei der Kontaktaufnahme mit dem Produkt (Kaufentscheidung).“

In einigen Industriezweigen ist die Mitwirkung von Designern weitgehend eingeführt und selbstverständlich. Dazu gehören der Automobilbau und die Hersteller des rollenden Materials für Personen befördernde Bahnen. In der Haushaltgeräteindustrie ist die Designermitarbeit ebenfalls weit verbreitet. Im Maschinenbau ist das Einbeziehen von Designern dagegen weniger selbstverständlich. Die Gründe sind vielfältig, sie können u. a. darin gesehen werden, dass in der Konstrukteurausbildung selten bzw. nicht ausreichend über Designaufgaben, -ziele und -wirkungen informiert wird. Dieser Zustand ist unbefriedigend, und es ist nicht selten, dass das „Verhüllen von Unordnung“ (denke an Verkleidungen unterschiedlichster Art) als einziger Weg gesehen wird, einer Maschine ein ansehnliches Erscheinungsbild zu geben. Welche Wege zweckmäßigerweise zu beschreiten sind und welche Ergebnisse durch die Zusammenarbeit mit Designern erreichbar sind, wird im Abschnitt 5.5 dargestellt. Es wäre zu wünschen, dass an den Technischen Hochschulen und ähnlichen Ausbildungsstätten wenigstens ein ***Kontaktwissen zu Begriff und Inhalt des Maschinendesigns*** vermittelt wird. Bisher haben sich jedoch technische Fachkräfte diesem Gebiet selten so weit genähert, dass Lehrveranstaltungen daraus entstanden wären. Andererseits bleibt der Designer häufig seiner Fachsprache sehr verhaftet und findet dadurch nur unzureichendes Verständnis bei den Technikern. Hier wird versucht, diesem Mangel abzuhelfen und der Sprache des Technikers verbunden zu bleiben. Zum Einstieg sei ein Vergleich mit dem Bauwesen vorgestellt: Der Beruf des Architekten, der als Designer des Bauingenieurs betrachtet werden darf, ist bereits im Altertum nachgewiesen. Erste Mitwirkungen von Designern sind im Fahrzeugbau aber erst in den 20er Jahren des vergangenen Fahrhunderts zu verzeichnen (sie sind aus der Bauhaus-Bewegung hervorgegangen), im Maschinenbau jedoch erst Ausgang der 50er Jahre. Die Tafel 5.2 verdeutlicht den Einflussbereich der Architekten auf dem Menschen im Vergleich zum Maschinendesign.

Architektur und Bauwesen	Maschinenbau
Ein Bauwerk ist langlebig (100 Jahre und mehr)	Eine Maschine ist kurzlebig ($\leq$ 10 Jahre, selten $\leq$ 20 Jahre)
Bauwerke stehen in der Öffentlichkeit	Maschinen stehen meist in einer Werkhalle (Ausnahmen z. B. Bau- und Landmaschinen), und der Kreis der Betrachter ist klein
Die visuell ästhetische Qualität des Bauwerks wirkt – auf einen großen Personenkreis und – über mehrere Generationen	Bedeutende Abschnitte des Berufslebens weniger Maschinenbediener sind mit der Maschine ***intensiv*** verknüpft. Die ergonomische Qualität der Maschine hat für diese eine wesentliche Bedeutung.

Tafel 5.2 Vergleichender Überblick des Einflusses von Architektur und Maschinenbau auf den Menschen

Um den Sachverhalt

- ergonomische Qualität einer Maschine bzw.
- positives Erleben von Gebrauchswerten [90]

zu verdeutlichen, sei auf Bild 5.7 bis Bild 5.9 verwiesen (Bilder um 1980).

Bild 5.7 *Pflanzmaschine für die Forstwirtschaft – das Beschicken des Pflanzrades verlangt eine ungünstige, vorgeneigte Sitzposition.*

Bild 5.8 *Montageplatz einer Montagelinie für hydraulische Wagenheber – die oberen Lagerbehälter liegen in einem ergonomisch sehr ungünstigen Bereich.*

Bild 5.9 *Die gekreuzte Haltung der Arme weist auf einen ergonomisch schlecht gestalteten Arbeitsplatz hin.*

Bezüglich des anzustrebenden Erscheinungsbildes eines maschinenbaulichen Objekts arbeitet Tjalve [87] mit den Begriffen Einheit und Ordnung:

Einheit: Ein Produkt soll als eine geschlossene Einheit erscheinen, in der die einzelnen Elemente logisch und harmonisch zusammen gefügt sind. Elemente, die den Gesamteindruck beinträchtigen, schaden dem Aussehen.

Ordnung: Besonders gut gestaltete Produkte fallen durch einen hohen Grad an Ordnung als Erfüllung eines ästhetischen Verlangens auf. Der höchste Grad an Ordnung kann aber zu Monotonie führen.

Der Designer Jürgen R. Schmid (Design Tech) formuliert, dass erfolgreiches Design beim Nutzer einen ***Wow-Effekt*** auslösen sollte. Ältere Quellen (z. B. [25], [36], [46]) nutzen Begriffe wie z. B.

überzeugend, bestechend, klar

für ein gutes ***Erscheinungsbild einer Maschine*** und meinen damit nichts anderes.

Derartige Eigenschaften können der selbstfahrenden Maschine im Bild 5.10 links kaum nachgesagt werden, hierfür dürfte wohl eher zerklüftet, verwirrend und unübersichtlich zutreffen. Wird die Entscheidung für die Beschaffung einer dieser beiden Maschinen allein vom optischen Eindruck geleitet, dürfte die linke Maschine chancenlos sein.

Der optische Eindruck signalisiert:

- Unübersichtlichkeit
- schwierige Reinigung

- Klarheit
- Ordnung ausstrahlend

selbstfahrendes Hilfsaggregat für Straßen- und Wegebau

Gehweg-Kehrmaschine, Teilansicht

Bild 5.10 Formkonglomerat kontra Ordnung

Ein Hersteller für Fahrzeugelektrik hat über viele Jahre eine Steckverbindung für Pkw-Anhänger produziert, deren einwandfreie Funktion kein Anlass zur Überarbeitung war. Da das Erscheinungsbild nicht mehr zeitgemäß erschien und die Ergebnisse des Industrie-Designs sich durchzusetzen begannen, wurde dieses Erzeugnis gestalterisch überarbeitet – Bild 5.11. Die klare Gestaltung des designten Erzeugnisses dürfte auch ohne weitere Erläuterungen für jedermann ***überzeugend*** für sich sprechen. Neben der rein optischen Erscheinung sollte das einfache Reinigen (keine Schmutzecken) berücksichtigt werden. Da das Montieren der elektrischen Leiter im Inneren des Al-Gehäuses wegen ungünstiger Zugänglichkeit schwierig war, hat die Designerlösung einen einfach montierbaren Kontakteinsatz erhalten.

1 Konstrukteurversion (Al-Guss, Blechformteil),
2 Kontakteinsatz für 3 mit Schnappverbindung,
3 Designtes Erzeugnis (Design J. Uhlmann)

Bild 5.11 Steckdose für Pkw-Anhänger

Derartig ***überzeugende*** Erscheinungsbilder erfordern aber durchaus nicht in jedem Fall die Mitwirkung von Designern. Das sollen folgende Bilder belegen:

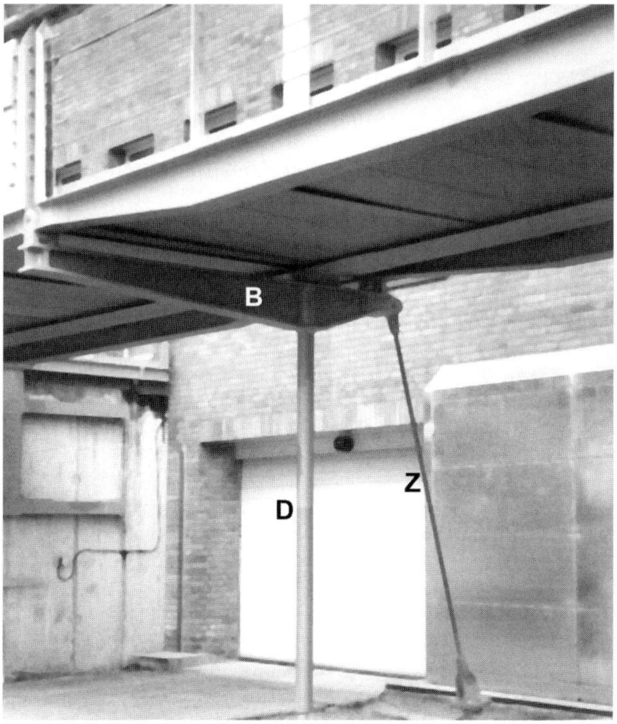

Zweckmäßige und formschöne Stütze für einen Laufsteg

D – Druckbeanspruchter Stab (Rohr)

Z – Zugstab

B – Biegeträger, dem Biegemomentenverlauf angepasst

Bild 5.12 Gestaltungsvariante für Träger

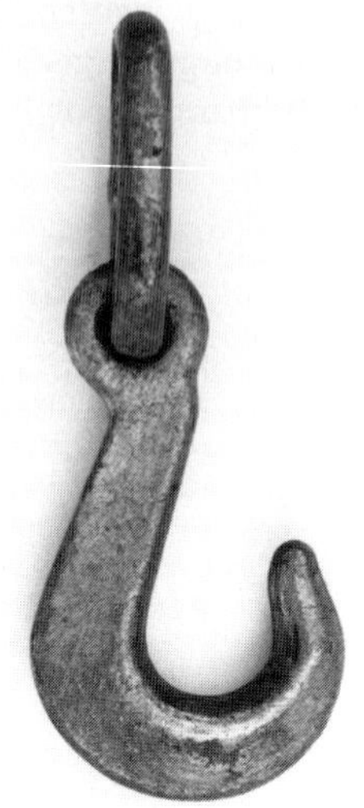

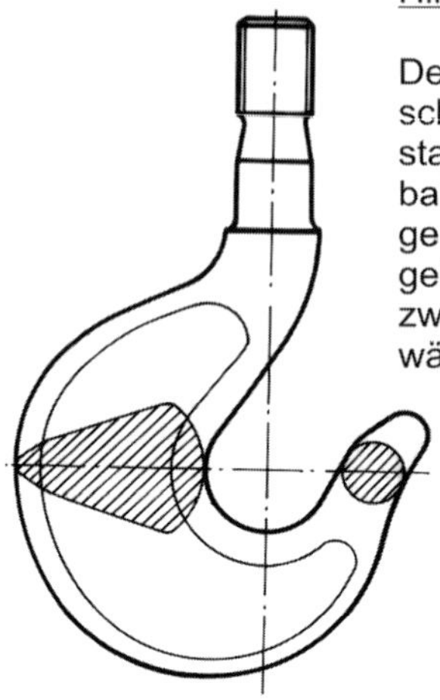

Hinweis:

Der birnenförmige Querschnitt ist für diesen stark gekrümmten Biegebalken richtig - das bei geraden oder gering gekrümmten Balken zweckmäßige „Doppel-T-Pofil" wäre hier falsch!

Bild 5.13 Lasthaken – an diesem technisch optimierten Erscheinungsbild ist gestalterisch nichts zu verbessern.

Gleichartig einzustufen sind beispielsweise folgende Maschinenobjekte:

Kugellager, Messschieber, Drehmaschinen-Dreibackenfutter (hier ohne Abbildung).

Neben diesen einfachen Objekten wirkt aber auch der allein von Konstrukteuren geschaffene Baggerausleger ***klar und ausgewogen*** (Bild 5.14).

Bild 5.14 Der kraft- und fertigungsgerecht gestaltete Ausleger ist eine Konstrukteurlösung. Die wesentliche Designleistung dieses Objektes stellt die Fahrerkabine dar.

Für die Objekte in Bild 5.12 bis Bild 5.14 dürfte die Aussage von Leyer [59] zutreffen:

Gutes Aussehen eines technischen Erzeugnisses entsteht aus der Zweckbestimmung, setzt aber technische Bildung voraus.

Der Einstieg in die Fragen eines guten Designs könnte für den Konstrukteur darin bestehen, sich stets zu bemühen,

- **das Vernünftige**
- **das zweckmäßig die Funktion erfüllende**
- **das gut Herstellbare (also Fertigungsgerechte) und**
- **das Pflegeleichte**

anzustreben. Dazu sollten Studierende im Konstrukteursfach von Beginn ihrer Ausbildung an erzogen werden. Diese Seite wird in den Konstruktions- und Belegaufgaben jedoch häufig zu wenig berücksichtigt.

Wie in der Konstruktionspraxis die Mitarbeit von Designern die Konstruktionsarbeit unterstützen kann, soll am Beispiel der Entwicklung einer Rundtaktmaschine (Bild 5.15) belegt werden. Hierbei wurden Designerskizzen über Varianten des Maschinenaufbaus als Diskussionsgrundlage für die Entscheidungsfindung der Geschäfts- und Entwicklungsleitung herangezogen. Es ist jedoch zu berücksichtigen, dass der zweckmäßige Umfang der Designermitwirkung je nach Erzeugnis sehr unterschiedlich sein kann – siehe hierzu Bild 5.16.

Diese Designerskizzen wurden in einer frühen Entwicklungsphase der Maschine zur Entscheidung über die schräge, senkrechte oder horizontale Anordnung des Maschinentisches herangezogen.

Bild 5.15 Rundtaktmaschine, 3 Varianten

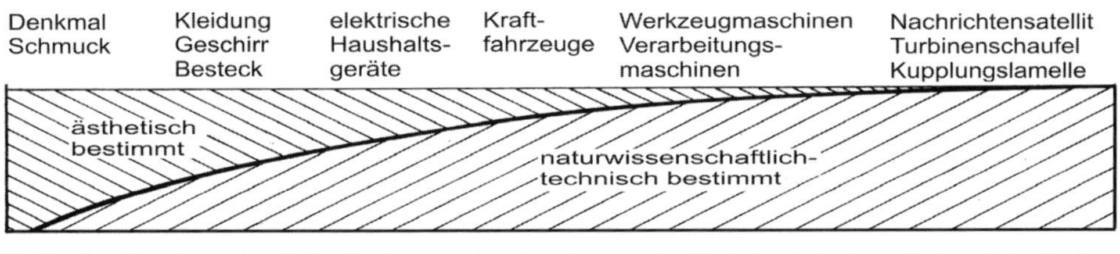

Bild 5.16 Tendenz der ästhetischen und naturwissenschaftlich-technischen Determiniertheit einiger ausgewählter Erzeugnisse [91]

5.3 Zur Gliederung einer Maschine in Baugruppen

Lediglich bei Kleinmaschinen und in Ausnahmefällen kann es sinnvoll sein, eine Maschine nicht in getrennt montierbare Baugruppen zu unterteilen. Die klassische Haushaltnähmaschine aus der Frühzeit des Nähmaschinenbaus war ein derartiges Beispiel. In einem Einstück-Gussgehäuse wurden nacheinander alle Einzelteile eingesetzt bzw. angebaut, bis die vollständige Maschine komplettiert war. Die Haspelmaschine (Bild 5.17a) ist z. T. ein derartiges Objekt. Die Anpassung an verschiedene Arbeitsaufgaben nach Kundenwunsch machte die Trennung der Haspelwelle in die zwei Baugruppen Haspelkopf und Antriebswelle erforderlich – Bild 5.17b.

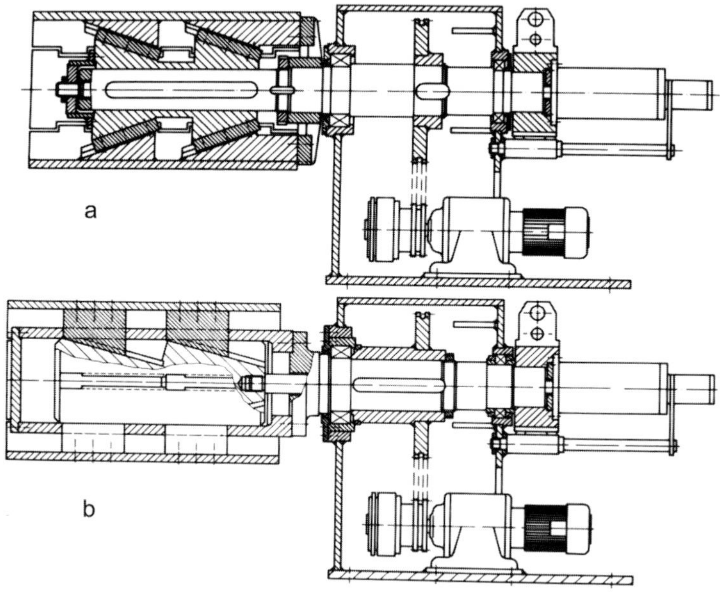

a

Haspelkopf und Haspelwelle nicht in Baugruppen gegliedert, typische Ausführung für Einzelfertigung; Antriebseinheit ist Zukaufgruppe

b

Haspelkopf von Haspelwelle getrennt, damit wird Anpassung an verschiedene Kundenwünsche einfacher

Bild 5.17 Haspelmaschine

Gliedern in Baugruppen

Eine moderne Serienfertigung geht im Allgemeinen so vor sich, dass in verschiedenen Montageabteilungen gleichzeitig Baugruppen möglichst vollständig montiert und geprüft werden, die dann in der Endmontageabteilung zum fertigen Produkt zusammengefügt werden – siehe dazu Bild 5.18. Wird dagegen eine wesentliche Baugruppe in das Maschinengestell integriert, verlängert sie die Montagezeit – siehe Bild 5.19. Bei diesem Beispiel kommt hinzu, dass die Lage der Hauptspindel zu den Führungsbahnen im Fall a nicht justierbar ist.

Bei der Gliederung in Baugruppen ist darauf zu achten, dass eine ***vollständige*** Funktionsgruppe eine Einheit bildet. Bild 5.20 zeigt, dass dafür u. U. ein höherer Aufwand für die

Gestaltung und Fertigung der Teile erforderlich ist. Die linke Ausführung verzichtet auf den Montageflansch 4, kann aber erst in der Endmontage mit der Druckrohrleitung verbunden werden – bei Einzelfertigung ist das zu akzeptieren. Der Aufwand für Flansch 4 wird bei Serienfertigung in Kauf genommen.

- Die Baugruppen sollten Funktionsgruppen sein.
- Die Untergliederung sollte vollständig sein (einschließlich Elektrik/Elektronik, Hydraulik, Pneumatik usw.).
- Die Baugruppen sollten separat prüfbar sein.
- Das Montieren der Baugruppen sollte keine Demontagevorgänge verlangen.
- Die Baugruppengestaltung sollte auf die Organisationsform der Montageabteilung abgestimmt sein.

Tafel 5.3 Zur Gliederung in Baugruppen/Montageeinheiten

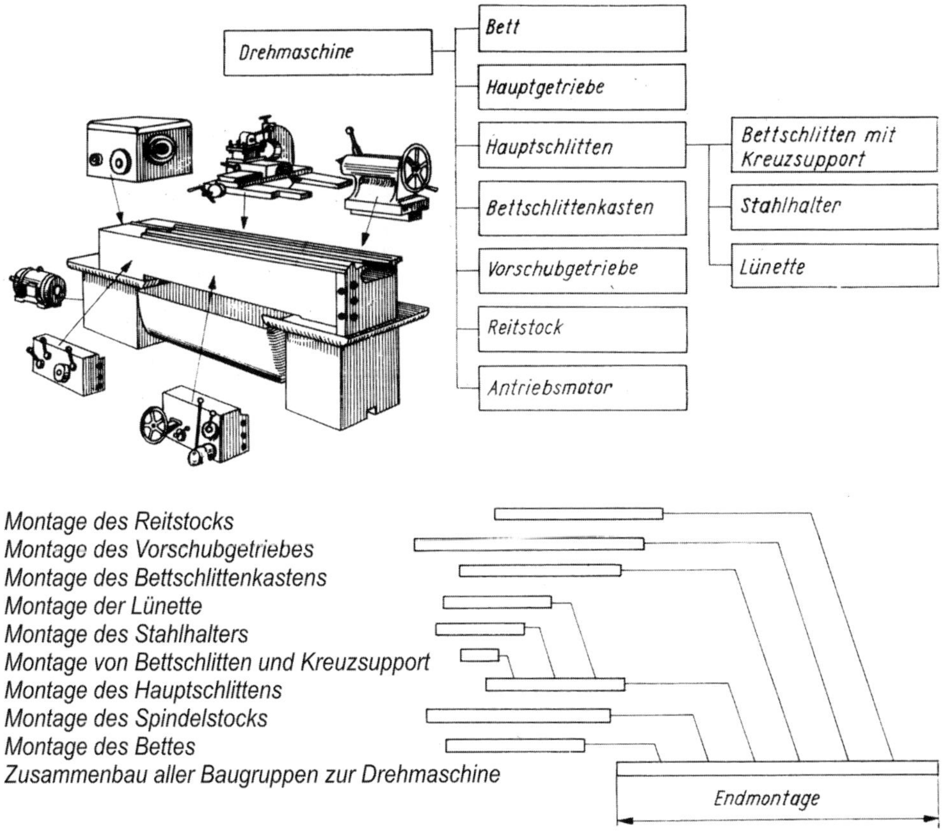

Bild 5.18 Erzeugnisgliederung und Gliederung des Montageprozesses [75]

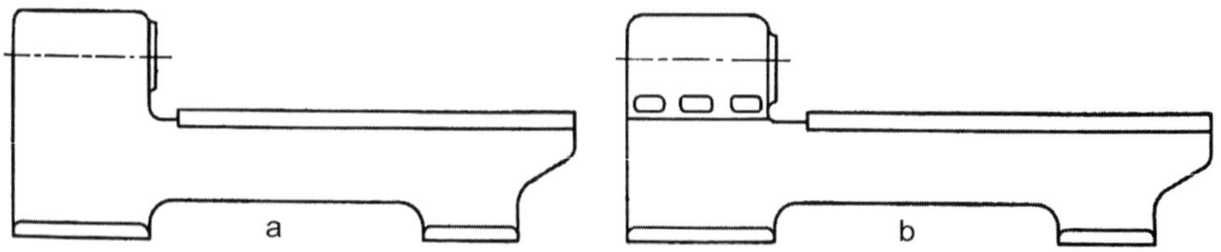

a) Die Montage des Spindelkastens ist nur an der Gesamtmaschine möglich, Justieren der Lage des Spindelkastens ist nicht möglich.

b) Der Spindelkasten kann wie die anderen Maschinenbaugruppen (Bettschlitten, Reitstock usw.) getrennt montiert werden, Justieren der Lage des Spindelkastens ist möglich.

Bild 5.19 Gestellkonzepte für Drehmaschine

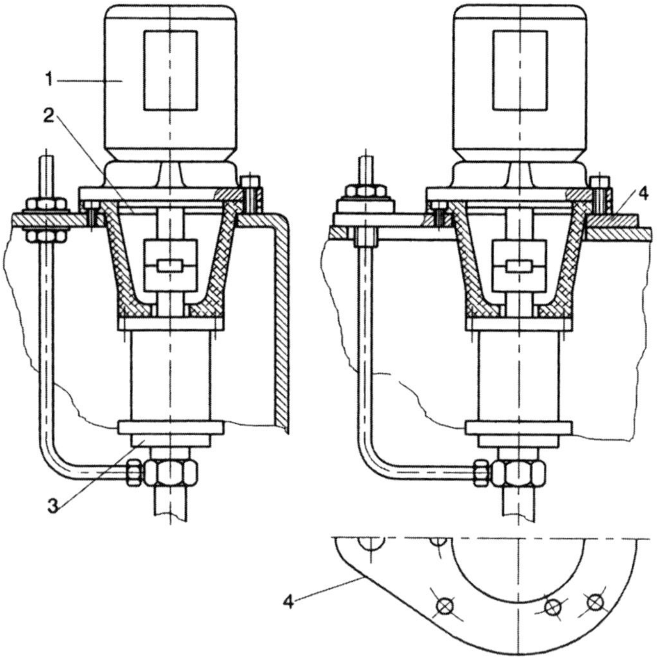

1 - Elektromotor
2 - Pumpenträger
3 - Hydraulikpumpe
4 - Motorflansch

Die rechte Ausführung ist vollständig vormontierbar (siehe Text).

Bild 5.20 Hydraulikpumpe mit Antrieb, 2 Varianten [30]

Im Bild 5.21 ist das Auslegerhubgetriebe einer Radialbohrmaschine dargestellt. Auch dieses Getriebe diente in der Konstrukteurausbildung der Verfasser – wie bereits beschrieben – als Analyseaufgabe. Dazu wurde gezielt auf die Montageschwierigkeiten verwiesen und nach einer montagegerechten Konstruktion gefragt.

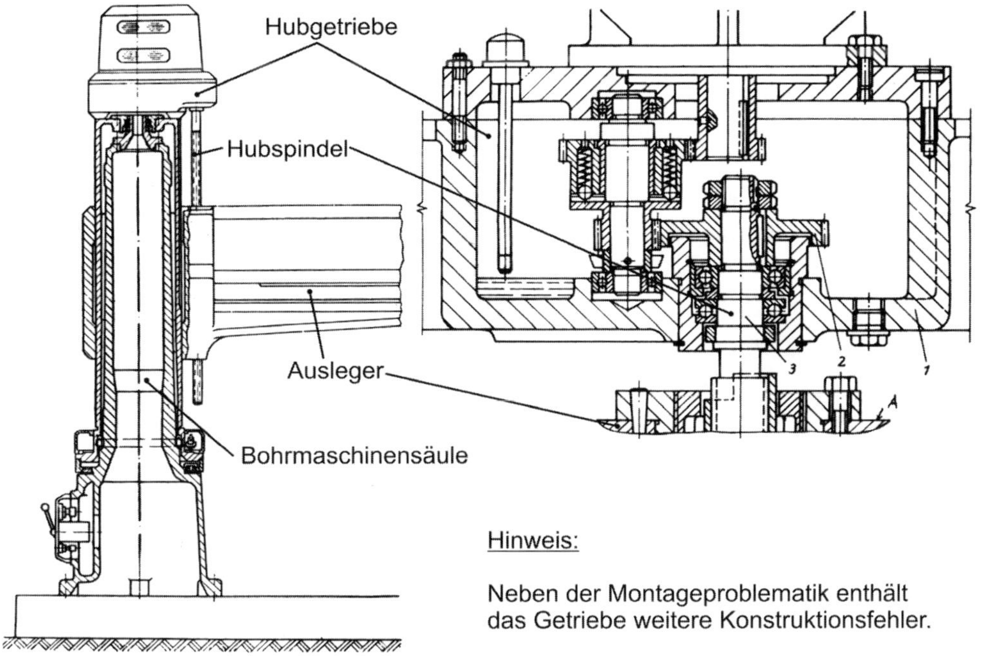

Bild 5.21 Auslegergetriebe einer Radialbohrmaschine

Die Hauptmängel des Hubgetriebes bestehen darin, dass die lange und damit transportempfindliche Gewindespindel zusammen mit dem fertig montierten Getriebe durch Kranmontage an der Radialbohrmaschine montiert werden muss. Das Einführen der Spindel in den Bohrmaschinenausleger von oben erfordert ein sehr umsichtiges Arbeiten beim Anheben der Baugruppe mit dem Hallenkran und dem Hantieren in großer Höhe. Eine leicht montierbare Kupplung zwischen Spindel und Getriebe hätte die Montagearbeiten erheblich vereinfachen können.

Die transportgerechte Maschine

Größere maschinenbauliche Anlagen wurden in der Vergangenheit sehr häufig am Aufstell- und Betriebsort aus kleineren und kleinsten Bestandteilen aufgebaut. Im Großschiffbau war dafür nach dem Stapellauf des Schiffkörpers eine lange Zeit am Ausrüstungskai notwendig. Diese Zeit wird heute verkürzt, indem sich eine Bauweise durchgesetzt hat, bei der Baugruppen in zweckmäßigen Gestellen vormontiert angeliefert werden – Bild 5.22. Diese Gestelle müssen so beschaffen sein, dass sie vollständig montiert mit einem Krans bzw. einem Gabelstapler bewegt werden können. Bezüglich geschlossen montierbarer Einheiten wird mit dem Begriff ***Hakenmaschine*** gearbeitet. Darunter soll eine am Kranhaken transportierbare vollständige Maschine verstanden werden. Dabei sollte angestrebt werden, dass auch möglichst alle Nebenaggregate mit erfasst werden. Für die vollständige Hakenmaschine, wie sie auch für Großteile bzw. Aggregate von Anlagen benutzt wird, hat der Konstrukteur Anschlagpunkte für ein sicheres Anheben und Bewegen mittels Krans vorzusehen. Für diesen

Zweck sind seit langem Ringschrauben und Ringmuttern bekannt. Ihre Belastbarkeit (senkrecht) reicht von 1,4 kN (M8) bis 70 kN (M42). Der Nachteil dieser DIN-Bauelemente ist, dass sie fest angezogen sein müssen. In diesem Zustand nimmt der Ring eine unbestimmte Winkellage ein, wodurch bei Schrägzug ein Lösemoment entstehen kann. Günstiger sind dreh- bzw. schwenkbare Anschlagelemente, die in verschiedenen Ausführungen zum Schrauben und Anschweißen verfügbar sind

Da sich inzwischen im innerbetrieblichen Transport Gabelstapler weitgehend durchgesetzt haben, dürfte auch der Begriff ***Staplermaschine*** zweckdienlich sein – [38] (siehe hierzu auch Bild 5.49).

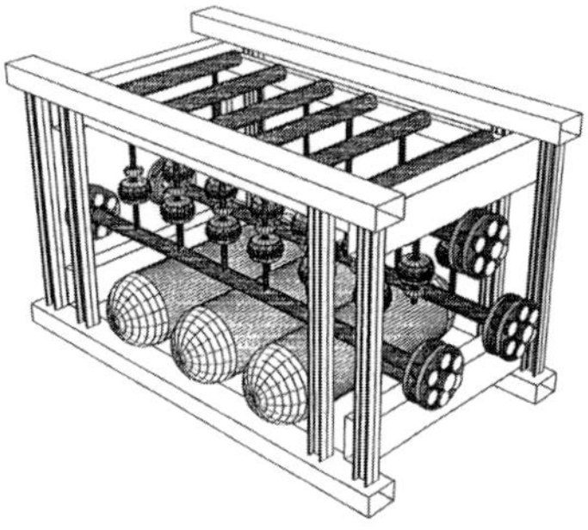

Bild 5.22 Anlagenbaugruppe, schematisch

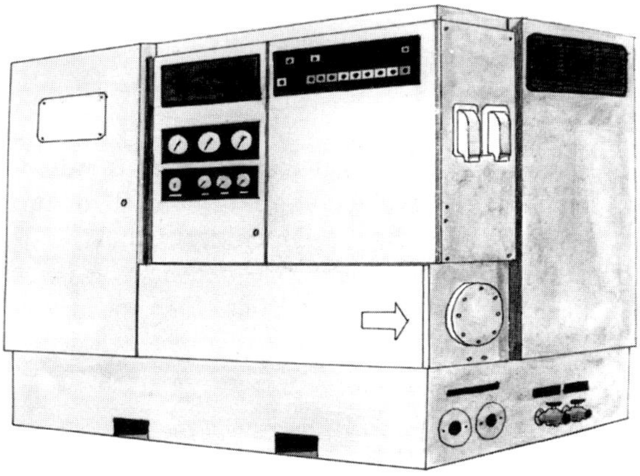

Die Maschine ist mit Gabelstapler transportierbar. Nach dem Absetzen ist lediglich der E-Anschluss herzustellen.

Bild 5.23 Maschine in Kompaktbauweise, als Staplermaschine ausgeführt

Zur Montage der Baugruppen am bzw. im Maschinengestell

Es ist immer wieder zu beobachten, dass die Montage von Baugruppen im Inneren von Maschinengestellen recht umständlich vor sich geht. Bild 5.24 zeigt ein derartiges Beispiel. Die Baugruppen müssen aus vielen Richtungen eingebracht werden. Das Maschinengestell in Gussbauweise muss dafür mehrfach gedreht bzw. gewendet werden. Wird dabei die zu handhabende Masse von 20 kg bei Einpersonenmontage bzw. 50 kg bei Zweipersonenmontage überschritten, werden Anschlagpunkt oder Wendeeinrichtungen notwendig. Beim Antrieb einer Feinstdrehmaschine (siehe hierzu Bild 3.36) wurde ein anderer Weg beschritten – Bild 5.25 und Bild 5.26. Der Deckel des Maschinengestells ist demontierbar, und damit können alle Baugruppen (Motoren und Getriebe) mittels Krans montiert werden. Besteht diese Möglichkeit nicht, können Maßnahmen nach Bild 5.27 angewendet werden.

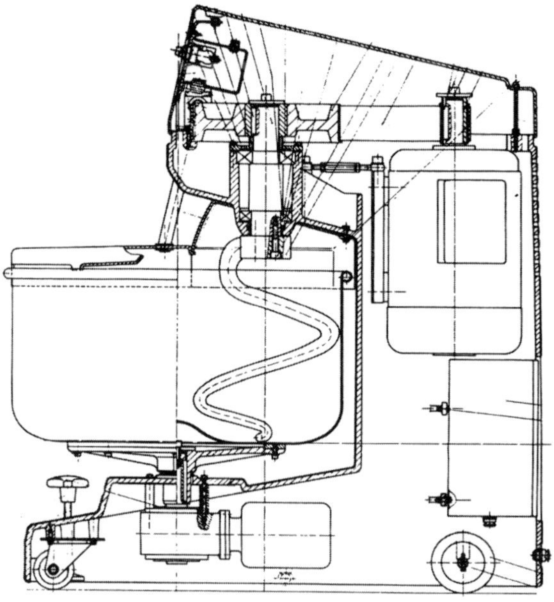

Die Baugruppen müssen von unten, von oben und von der Seite montiert werden.

Bild 5.24 Knetmaschine [82]

Bild 5.25 Antriebsaggregat für Feinstdrehmaschine, Abdeckungen entfernt

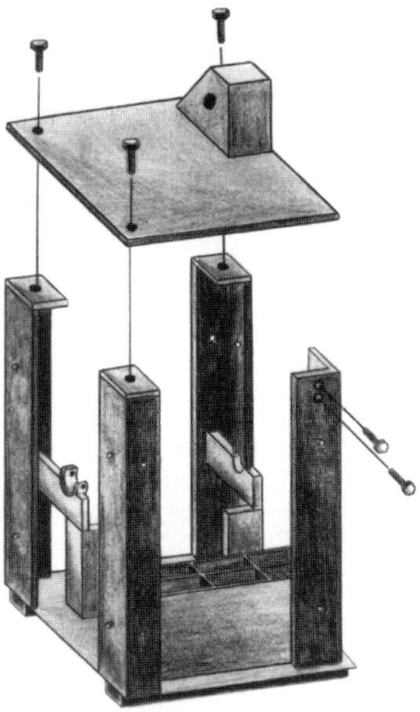

Bild 5.26 Gestell für Antriebsaggregat, Deckel einfach demontierbar

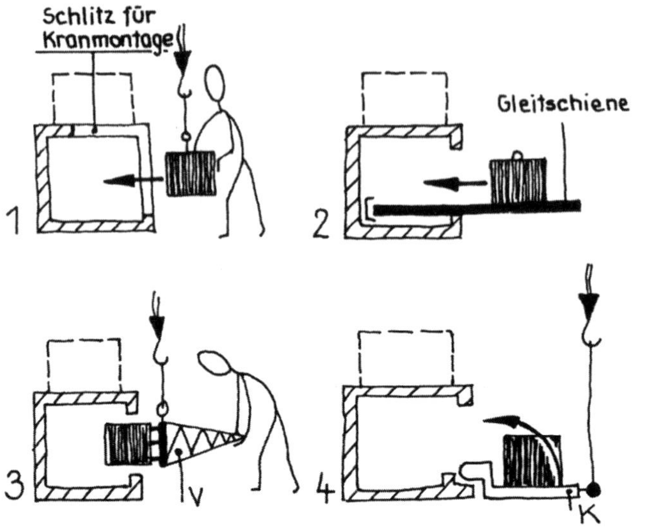

Bild 5.27 Montieren schwerer Baugruppen im Maschinengestell

Justieren der Maschinenbaugruppen

Eine Einführung in das Justieren wurde von den Verfassern bereits in [34] vorgenommen. Dabei wurden Justierarbeiten innerhalb von Baugruppen behandelt. Hier folgen Beispiele für das Montieren einer Maschine aus fertig montierten und geprüften Baugruppen, wobei das ***Justieren durch Einstellen*** bevorzugt wird. Das geschweißte Gestell nach Bild 5.26 wurde so ausgelegt, dass keine mechanische Bearbeitung außer Fertigen von Gewindebohrungen erforderlich ist. Um die räumliche Lage der Getriebe in diesem Gestell zu justieren – z. B. zur Gewährleistung eines exakten Riemenlaufs zwischen Motor- und Riemenscheibe – wurde das Einstellen mittels Gewindes gewählt – Bild 5.28.

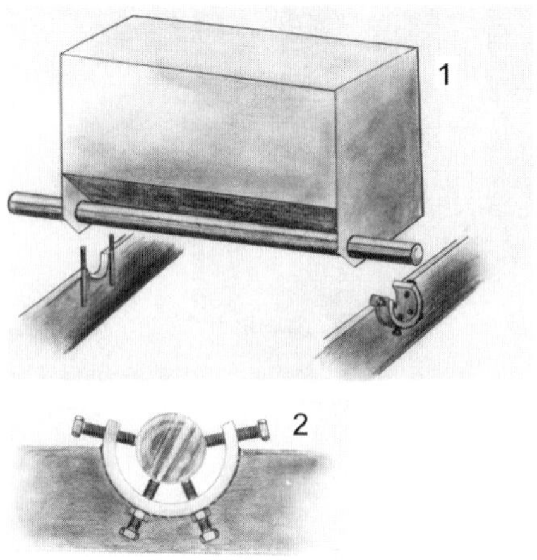

Die Lage des Getriebes 1 soll im geschweißten Gestell räumlich justierbar sein. 2 zeigt die Justiereinrichtung. (2 Justierschrauben, 2 Halteschrauben auf Druck wirkend). Die recht schwache Halterung des Getriebes gegen Herausheben war in der praktischen Anwendung ausreichend, da die Getriebemasse durch Riemenzug nach unten (nicht dargestellt) unterstützt wurde.

Bild 5.28 Justiereinrichtung für ein Getriebe

Weitere Justiereinrichtungen zeigen die Bilder 5.29 bis 5.33. In der Regel werden an den Justierschrauben Feingewinde bevorzugt.

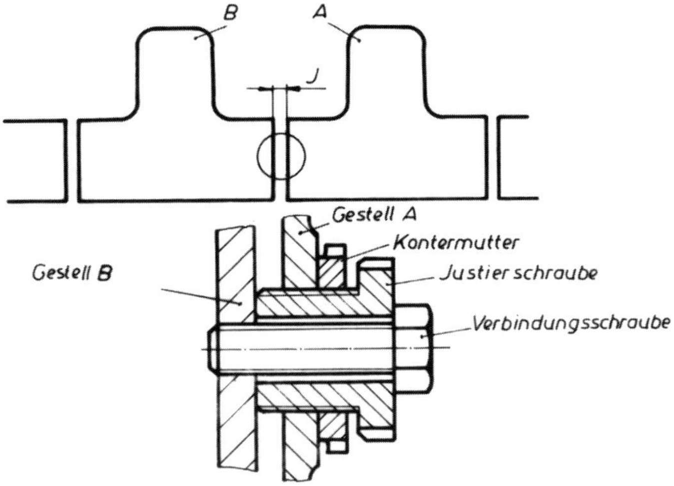

Bild 5.29 Justieren des Abstands J der Maschinenbaugruppen A und B

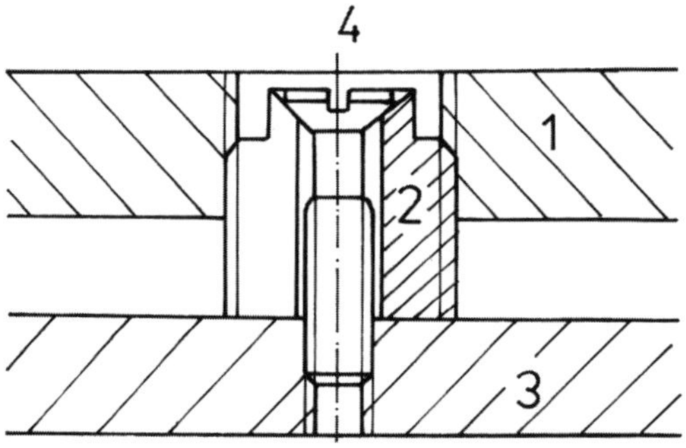

Justiert wird der Abstand zwischen 1 und 3 durch Drehen von 2 (an 2 befindet sich oben ein Sechskant). Zum Spreizen von 2 durch 4 wird eine Sonderschraube benötigt.

Bild 5.30 Justiereinrichtung (Entwurf)

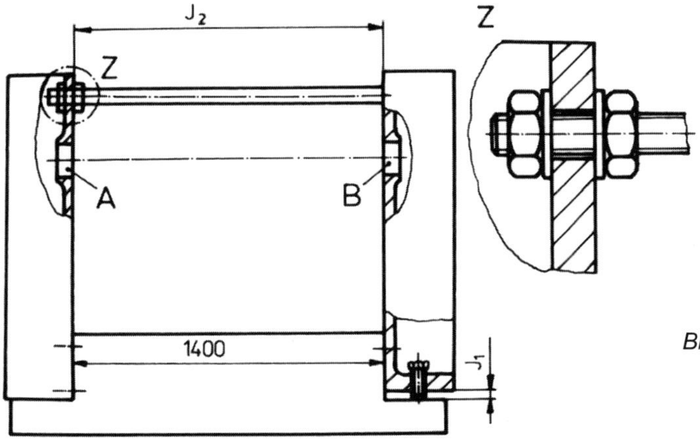

Für die Bohrungen A und B wird eine sehr gute Koaxialität gefordert.

Bild 5.31 Justieren eines dreiteiligen Maschinengestells

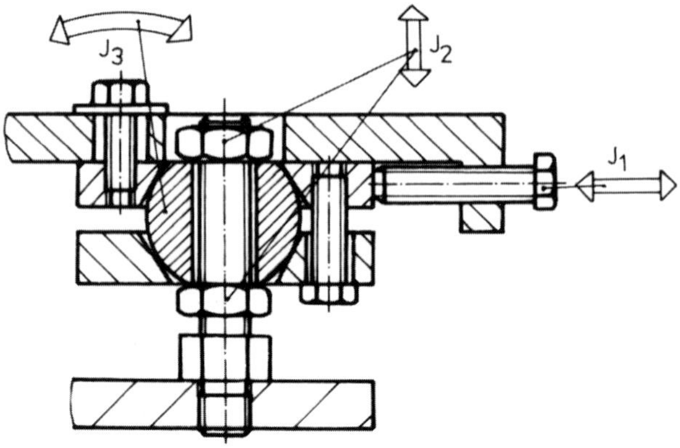

Bild 5.32 *Die Einrichtung ermöglicht drei Justierbewegungen*

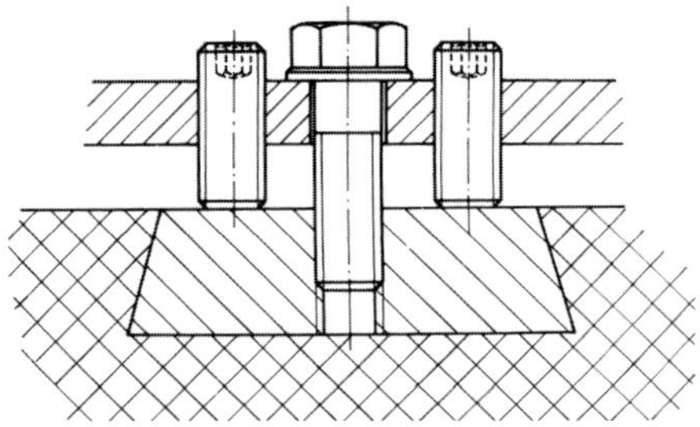

Bild 5.33 *Schraubenanordnung für Höhenjustierung und Befestigung einer Maschine/ Maschinengruppe*

5.4 Großteilgestaltung – die Gestaltung von Tragwerken

5.4.1 Einleitende Bemerkungen

Das Erscheinungsbild einer Maschine kann von seinen tragenden Großteilen stark geprägt sein. Sie werden zum Teil als Maschinengestell, zum Teil als Gehäuse (z. B. Getriebebau) oder auch anders bezeichnet. Hier wird mit dem Begriff ***„Tragwerk"*** gearbeitet. Dass Tragwerke für den gleichen Zweck sehr unterschiedlich gestaltet sein können, zeigen u. a. Bild 5.34 und Bild 5.35.

Bild 5.34 *Tragwerke für den gleichen Zweck können sehr unterschiedlich gestaltet sein [82]*

Wenn Seeger [82] feststellt, dass in der Maschineningenieurausbildung der Tragwerksgestaltung wenig Aufmerksamkeit geschenkt wird, bestätigt ein Blick in die entsprechende Literatur diese Feststellung. Nicht einmal für die in der Konstruktionslehre verbreitete Standardaufgabe „Konstruktion eines Zahnradgetriebes“ werden die Gehäuse etwas ausführlicher behandelt. So werden von Decker [11] nur folgende Aussagen getroffen:

- „Maßgebend ist die Formsteifigkeit des Getriebegehäuses, nicht die Festigkeit.“
- „Das Versteifen der Gehäuse ist durch Stege und Rippen zu erreichen“.

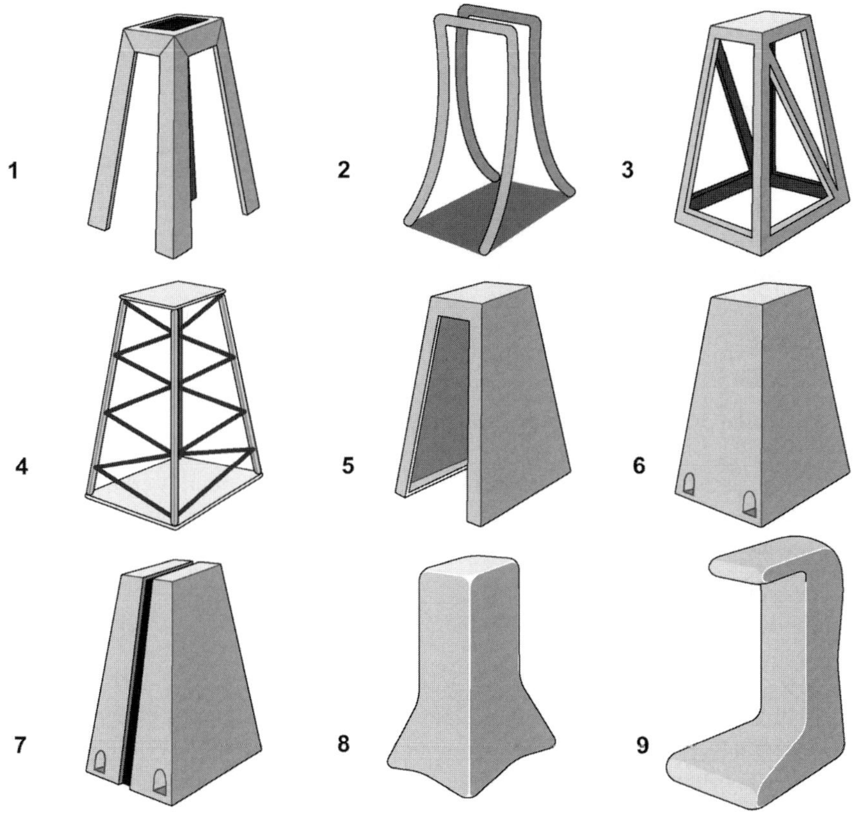

1 Winkelprofile geschweißt, 2 Rohr gebogen, 3 wie 1 aber Diagonalsteifen und Fußrahmen, 4 Raumfachwerk, 5, 6 Blechvarianten, 7 Blech zweiteilig, 8,9 Gussvarianten

Bild 5.35 Beispiele für Tragwerke einer Kleinmaschine

Vor der eigentlichen Tragwerksgestaltung sollte geklärt sein, wie und wo aufgestellt werden soll. Aufstellarten sind: punktförmig; linienförmig; flächig (Bild 5.36).

An der Abbildung von Seeger [82] ist zu bemängeln, dass die Dreipunktaufstellung unerwähnt bleibt. Bei Maschinen für höchste Präzisionsfertigung wird diese Aufstellung zumindest bei kompakter Bauart wegen der statischen Bestimmtheit und damit dem weitgehenden Vermeiden einer Verformung des Tragwerkes bevorzugt, obwohl die Kippsicherheit verringert wird. Außerdem ist darauf hinzuweisen, dass echte linienförmige bzw. flächige Aufstellungen nur durch Untergießen erreichbar sein dürften.

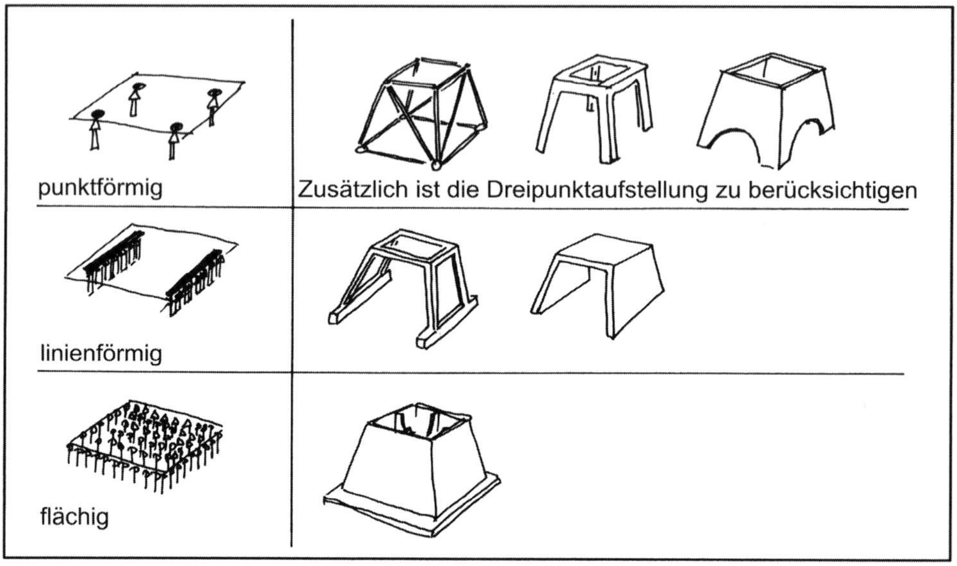

Bild 5.36 Tragwerke und ihre Aufstellung [nach 82]

Neben dem häufigsten Aufstellort auf dem Boden der Werkstatt oder Werkhalle sollten bei einer grundsätzlichen Betrachtung auch die Wandbefestigung und die hängende Anordnung Berücksichtigung finden, und es kann demnach von den Varianten

- Bodentragwerk
- Wandtragwerk (Kragwerk)
- Hängetragwerk

gesprochen werden.

Bezüglich der Beherrschung der Kraftwirkungen (Gewichts-, Betriebs-, Betätigungskräfte) von außen oder innerhalb der Maschine steht vor den Überlegungen zur fertigungsgerechten Tragwerkgestalt immer das kraftgerechte Gestalten (siehe Abschnitt 3.10). Vorausgesetzt wird, dass die entsprechenden Gestaltungsregeln nicht nur gelesen wurden, sondern verinnerlicht sind.

Die mögliche Vielfalt der Tragwerke ist recht groß. Allein bei den geschweißten Tragwerken können ohne Mischvarianten bereits ca. zehn Bauweisen benannt werden. Der folgend niedergelegte Versuch einer Gliederung der Tragwerke soll beim Entwerfen als Unterstützung dienen. Keineswegs geht es darum, ***Vorzugsvarianten*** zu benennen. Das ist ***nur im Zusammenhang mit einer konkreten Aufgabenstellung möglich*** und setzt Kenntnisse über die verfügbaren Fertigungsmöglichkeiten und die Berücksichtigung geforderter Termine voraus – so kann z. B. ein Eilauftrag ein geschweißtes Tragwerk erfordern, wofür bei Serienfertigung eine Gusslösung zweckmäßiger sein könnte.

Bei der Vorstellung der fertigungstechnischen Grundrichtungen wurde u. a. die Funktionsintegration erwähnt (siehe Abschnitt 2.3). Diese Möglichkeit besteht auch für Tragwerke und kann als *selbsttragende Bauweise* bezeichnet werden. Dabei wird ein funktionsbedingtes Großteil zusätzlich mit der Tragwerksfunktion belegt.

5.4.2 Tragwerke in Gussbauweise

Das gegossene Maschinengestell aus Fe-Gusswerkstoffen war im klassischen Maschinenbau vorherrschend. Bezüglich der fertigungsgerechten Gussstückgestaltung kann ebenfalls auf [34] verwiesen werden. Da ein Maschinengestell kaum als Einstückbauteil zur Anwendung kommt, sind mehrere miteinander verschraubte Gussstücke als Normalfall zu betrachten – siehe Bild 5.37. Der gusstechnisch bedingte Nachteil der Kernöffnungen kommt in diesem Bild deutlich zum Ausdruck, an der fertigen Maschine sind diese Öffnungen in der Regel verdeckt. Der Verminderung der Steifigkeit infolge dieser Öffnungen ist ggf. zu beachten. Bei geschweißten Tragwerken besteht dieser Nachteil nicht.

Bild 5.37 Maschinengestell einer Präzisionswerkzeugmaschine im Rohaufbau

Auf die im Abschnitt 3.2, Bild 3.20 vorgestellte Skelettbauweise sei hier nochmals hingewiesen, obwohl eine Anwendung wegen der geringen Steifigkeit nur selten zweckdienlich sein wird.

Wird eine geringe Masse gefordert, das kann bei bewegten Maschinen der Fall sein, können Tragwerke in Gussausführung natürlich auch in Leichtbauweise realisiert werden. Hier stehen hochfeste und leichte Gusswerkstoffe – je nach Anforderung – zur Verfügung. Die Palette reicht von kleinen Gehäusen bis zu großen Tragwerksteilen, die meist in Mischbauweisen verwendet werden.

Bild 5.38 Aluminium-Feinguss: Gehäuse für ein Pkw-Automatikgetriebe, Abmessungen 480 mm x 360 mm x 400 mm [konstruieren+giessen 2/2002]

5.4.3 Geschweißte Tragwerke

Die ***Vorteile*** geschweißter Maschinengestelle und anderer Großteile gegenüber der Gussbauweise lauten kurz zusammengefasst:

- Es ist kein Modell erforderlich, d. h. meist kurze Fertigungszeit bis zum Rohteil
- Keine Lunker oder Gasblasen, keine Entformschrägen, keine Kernöffnungen, keine Rücksichtnahme auf Hinterschnitt, dafür aber auf Zugänglichkeit der Schweißnaht achten
- Keine Größenbegrenzung
- Die Wanddicke ist keine Funktion der Baugröße, d. h., Leichtbaukonstruktionen sollten Verpflichtung sein
- Konstruktionsfehler lassen sich mit dem Schweißbrenner entfernen und durch fehlerfreie Details ersetzen (niemand kann Konstruktionsfehler absolut ausschließen!)
- Gestaltanpassung auf Kundenwunsch ist kein Problem

Die ***Nachteile*** sind:

- Schweißverzug kann auftreten, ist aber unter Umständen durch Richtarbeiten kompensierbar
- Durch mehrere Rohteile sind Summentoleranzen und Nacharbeiten ggf. nicht vermeidbar
- Mehrere Arbeitsgänge erforderlich
- Kerbwirkung an Kehlnähten durch den nicht verschweißten Bereich am Stumpfstoß und im Wurzelbereich von Stumpfnähten

Arbeitsgrundsatz:

Die ***Zusammenarbeit mit dem Schweißfachmann*** betreffs Schweißfolge, Minimierung der Nahtdicken usw. sollte selbstverständlich sein und wird Schweißverzug und andere Nachteile minimieren.

Mit der folgenden Gliederung der geschweißten Tragwerke wird versucht, eine ordnende Übersicht über die praktisch zu beobachtende „bunte" Vielfalt zu erlangen.

Da der tragende Schweißkörper aus

- stabartigen Halbzeugen (Walzstahl, Rohr, anderes Strangmaterial) oder aus
- Blech (von Dünnblech bis Dickblech)

aufgebaut werden kann, werden zwei grundsätzliche Bauweisen unterschieden. Diese sollen als ***Profilbauweise*** und ***Wandbauweise*** bezeichnet werden.

Die Profilbauweise

In Profilbauweise können flächige, linienförmige, räumliche und kombinierte Schweißkörper erzeugt werden, wie aus den beigefügten Bildern zu entnehmen ist.

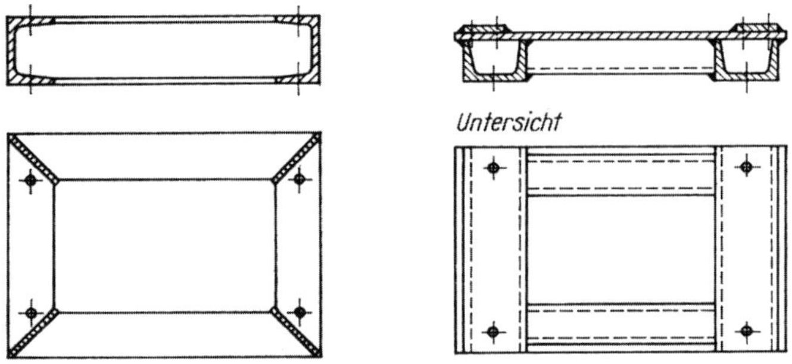

Flächige Baukörper aus U-Profil bzw. U- und Flachprofil

Bild 5.39 Zwei Grundrahmen in Profilbauweise

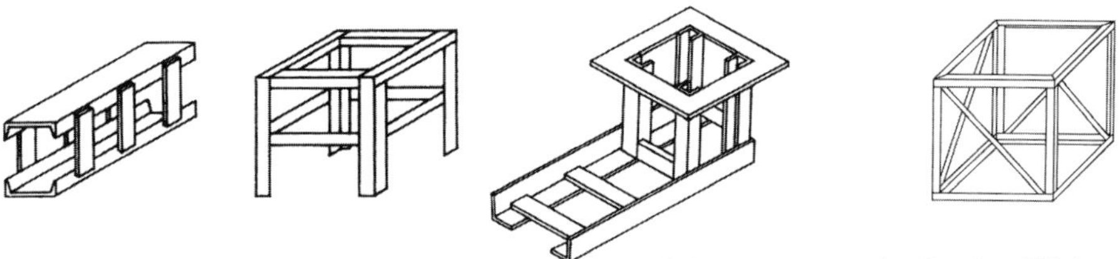

linienförmig räumlich kombiniert und günstige Wirkung von Diagonalstreben

Bild 5.40 Beispiele für Profilbauweise

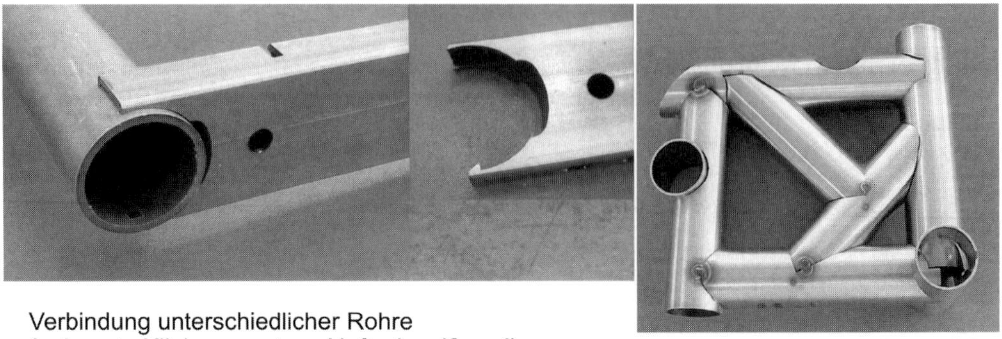

Verbindung unterschiedlicher Rohre
(gelaserte Klinken ersetzen Heftschweißung!)

Arbeitsbeispiele gelaserter Rohrstöße

Bild 5.41 Profilbauweise als Rohrkonstruktion [Fa. Trumpf]

Die Wandbauweise

Der Ursprung der Wandbauweise kann in der relativ dickwandigen ***Vollwandbauweise*** gesehen werden, die mitunter auch als Plattenbauweise bezeichnet wurde.

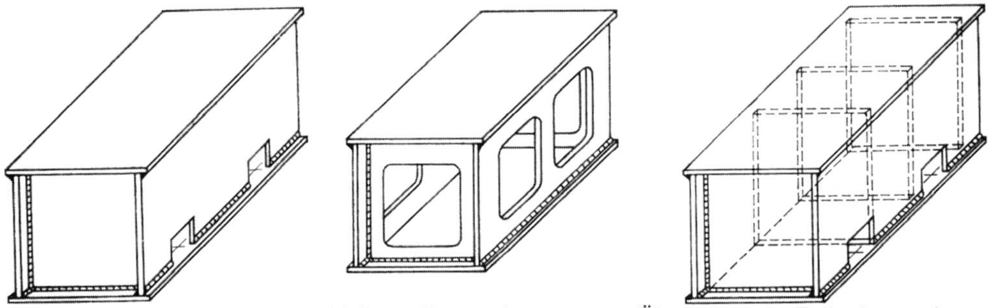

Vollwandbauweise

Vollwandbauweise
mit Aussparungen

Übergang zur Zellenbauweise,
die Zellwände sollen das Beulen
der Außenwände verhindern

Bild 5.42 Wandbauweisen [67]

Da allgemein immer leichtere Konstruktionen angestrebt werden, werden die unversteiften Dickblechvarianten kaum noch ausgeführt und geringere Wandstärken bevorzugt. Dadurch können zwei Erscheinungen auftreten. Das ist erstens das Beulen großflächiger Wände, welches durch die Zellenbauweise bekämpft werden kann. Beim Auftreten von Torsionsbeanspruchungen sind dreieckförmige Zellen zu bevorzugen. Als zweite Erscheinung tritt eine beträchtliche Verringerung der Maschinenmasse auf, so dass die Standfestigkeit der Maschinen mitunter nur durch Füllen mit Sand oder Magerbeton gewährleistet werden kann.

Eine Alternative wurde aus der weiter hinten beschriebenen Mineralgusstechnologie abgeleitet. Das ***Füllen dünnwandiger Stahlgestelle mit Mineralguss*** führt zu folgenden Vorteilen:

- Gute Schwingungsdämpfung und Lärmreduzierung
- Die gute statische Steife des Mineralgusses wirkt sich auf das gesamte Blechgestell aus, die Wanddicke kann sehr gering sein, Verrippungen können entfallen, die Zellenbauweise ist nicht erforderlich
- Der Mineralguss haftet sehr gut an Stahlflächen
- Der thermische Ausdehnungskoeffizient kann dem Stahl angepasst sein
- Eine Schrumpfung des Mineralgusses beim Abbinden tritt nicht auf (siehe auch Abschnitt 5.4.7)

Werden die für die Maschinenfertigung weniger üblichen Varianten mit Sand, Magerbeton oder Mineralguss abgelehnt, stehen die herkömmlichen Versteifungsformen – Bild 5.43 – zur Verfügung.

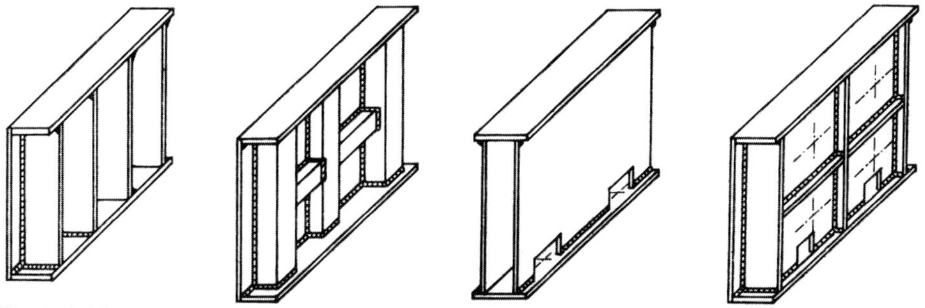

Bild 5.43 Wandbauweisen mit Aussteifungen [67]

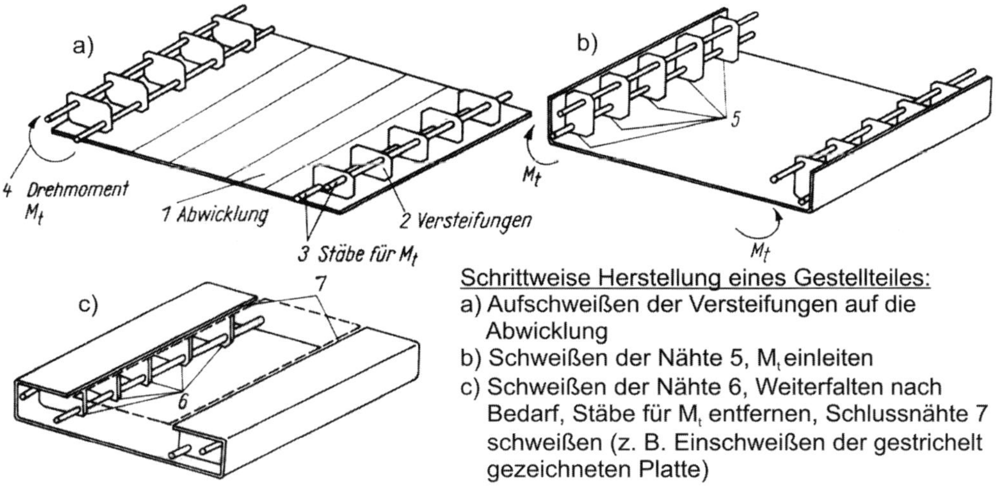

Bild 5.44 Faltkonstruktion [67]

Eine recht selten angewendete Bauweise dürfte die Faltbauweise sein – Bild 5.44. Dabei handelt es sich um eine besondere Form der Zellenbauweise, die der anzustrebenden Reduzierung der Anzahl der Schweißnähte entgegenkommt. Das abgewickelte Blech ist durch mechanische Spannmittel zu befestigen, das Biegen kann über die eingesteckten Stäbe mit Hydraulikzylinder oder Zugwinde erfolgen.

Die Anwendung mehrerer Wände anstelle einer Dickblechwand ist nicht auf Doppelwände beschränkt. Es sind Mehrwandbauweisen bekannt, die zur Herabsetzung der Schweißnahtdicken ausgeführt wurden. Inwieweit die mehrfachen Wände besser durch Zuganker zu ersetzen sind – siehe Abschnitt 5.4.5 – ist im Bedarfsfall zu klären.

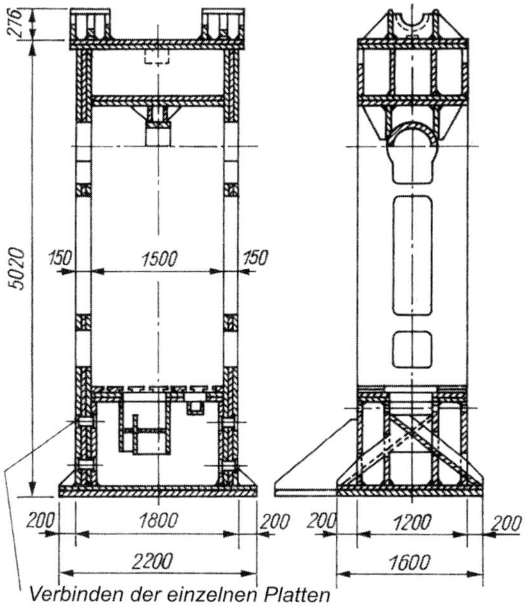

Tisch und Querhaupt einer 8000-kN-Exzenterpresse als fertigungsgünstigere Variante einer eventuell gleichen Konstruktion mit vollen Wänden

Bild 5.45 Mehrwandbauweise für Seitenwände [67]

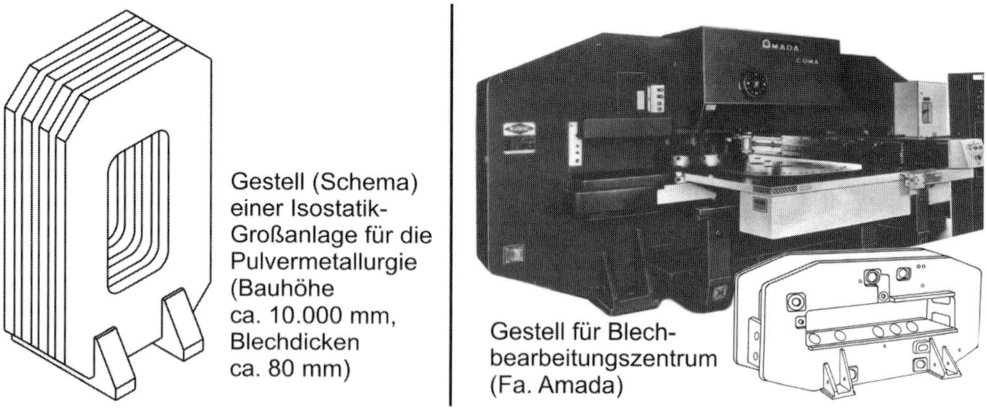

Bild 5.46 Maschinengestelle in Lamellenbauweise

Eine andere Form der Mehrwandbauweise geht ebenfalls auf den Pressenbau zurück und wurde u. a. für eine Isostatik-Großanlage gebaut. Das Pressengestell ist lamellenartig aufgebaut (Bild 5.46). In gleicher Bauart, aber mit nur zwei Lamellen, wurde das Tragwerk für ein Blechbearbeitungszentrum gefertigt. Ob die Bezeichnung Lamellenbauweise hierfür zutrifft, mag der Leser für sich entscheiden.

Die Mischbauweise

In der Maschinenbaupraxis sind neben den reinen Profil- und Wandbauweisen vielfältige Mischvarianten anzutreffen. Dahinter steht immer die Suche nach der optimalen Lösung.

- Mischbauweise 1: Profil + Wand (Bild 5.47)
- Mischbauweise 2: Guss-Schweiß-Verbund (Bild 5.48)
- Mischbauweise 3: Verbund mit neuen Formteilen (IHU-Teile, 3D-Laserteile u. ä.)

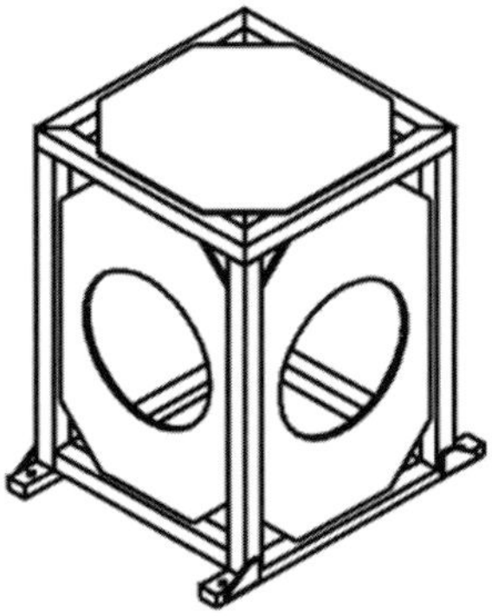

Gestell in Profilbauweise (Hohlprofile) mit Wänden mit und ohne Öffnung [88]

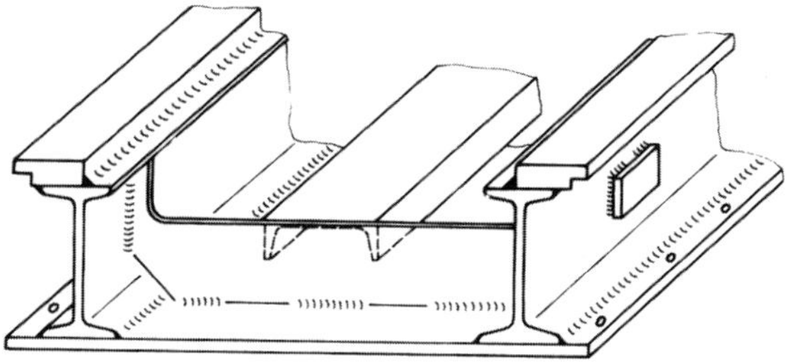

Maschinengrundrahmen [67]

Bild 5.47 Beispiele für Mischbauweise 1

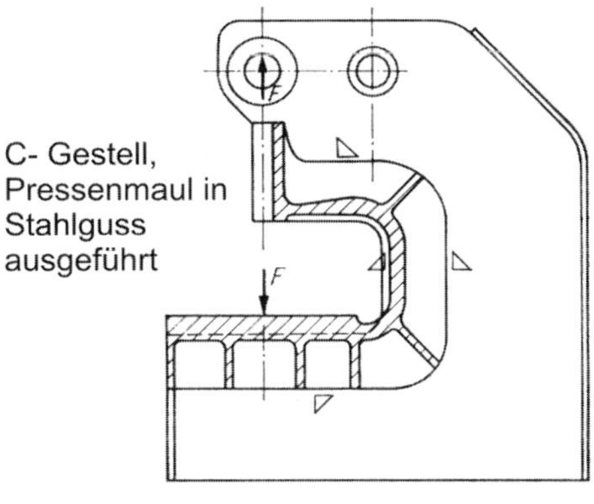

Bild 5.48 Beispiele für Mischbauweise 2

Geometrisch komplizierte Bauteilzonen lassen sich bei Serienfertigung durch das Einschweißen von Stahlguss- bzw. Tempergussstücken fertigungstechnisch besser beherrschen, wie am gegabelten Baggerausleger und am Pressengestell im Bild 5.48 zu sehen ist.

Das Maschinengestell der Rundtaktmaschine nach Bild 5.49 stellt ebenfalls eine Mischbauweise dar:

- Das relativ einfach gestaltete Untergestell ist eine Schweißkonstruktion in Profilbauweise
- Der geometrisch komplizierte Rundtisch ist als Gussstück ausgeführt

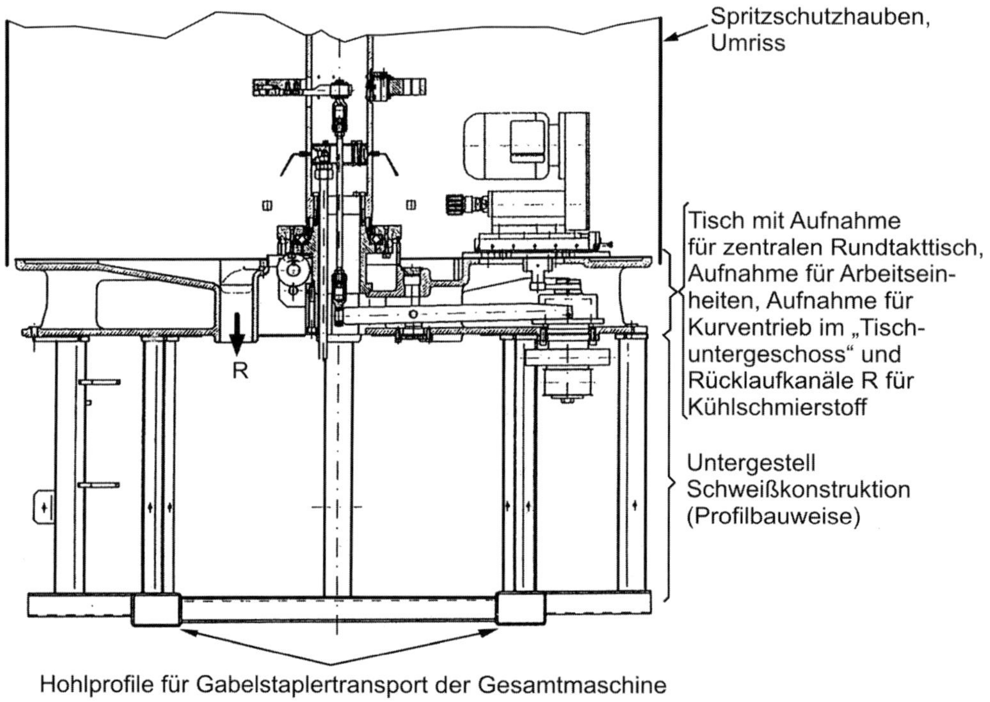

Bild 5.49 Rundtaktmaschine, Zentralschnitt (Entwurfszeichnung unvollständig)

5.4.4 Die Schraubbauweise

Die zwei Grundvarianten geschraubter Tragwerke sind

- Baukästen auf der Grundlage eines umfangreichen Sortiments an Al-Strangprofilen
- Mit Gussstücken verschraubte Walzprofile oder dergleichen.

Die erstgenannten Baukastenvarianten sind für Sondermaschinen und -geräte unterschiedlichster Art sehr verbreitet. Beispiele dafür sind:

- Handarbeitsplätze
- Gestelle für Informationsbereitstellung
- Beistellwagen
- Montageplätze und Montagebänder
- Packtische, Auslagetische, Prüfplätze
- Maschinengestelle (Bild 5.50)
- Schutzhauben und andere Schutzeinrichtungen u. v. a. m.

Grundelement dafür ist ein Sortiment von Al-Strangprofilen, das ergänzt wird durch:

- Verbindungselemente (Nutensteine, Schrauben, Verbindungswinkel, Knotenelemente, T-Verbinder usw.)
- Gelenke Lager, Scharniere
- Türelemente
- Füße, Räder, Lenkrollen
- Luftführungen
- Linearführungen u. v. a. m.

Vorteile derartiger Baukastensysteme sind:

- Keine Großteilbearbeitung
- Änderungen, Ergänzungen, Nachrüstungen sind unkompliziert möglich
- Farbgebung/Oberflächenbehandlung sind im Normalfall nicht erforderlich
- Die Hohlräume der Al-Profile eignen sich sehr gut zur geschützten Unterbringung von Kabeln, Schläuchen und anderen Elementen. Für die direkte Nutzung der Hohlräume enthalten die Baukästen auch Anschluss- und Verschlusselemente (siehe Abschnitt 5.5.3)

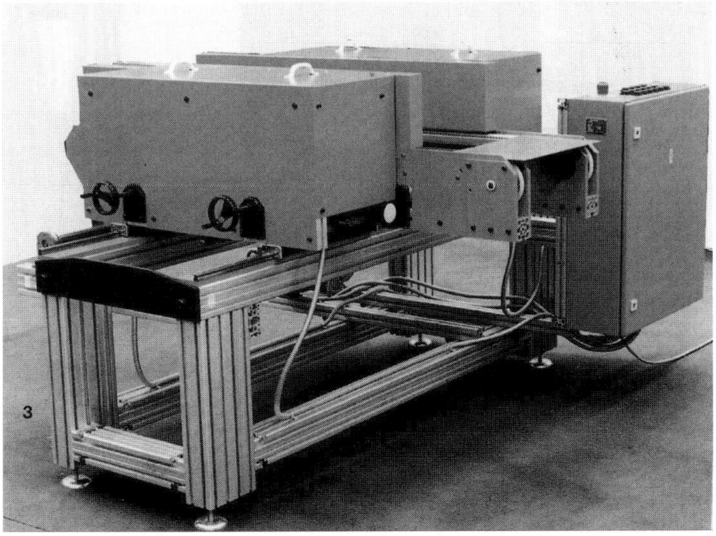

Bild 5.50 Maschinengestell, aus Al-Strangprofilen gefertigt (Bosch, Rexroth)

Ein Beispiel für die zweitgenannte Schraubbauweise enthält das folgende Bild.

Rad einer Schachtförderanlage

Bild 5.51 *Großrad in geschraubter Mischbauweise (Teilansicht)*

Bauelemente geometrisch komplizierter Gestalt werden als Gussstück ausgeführt. Große Abmessungen werden durch Verwendung von Walzprofilen oder anderen Strangmaterialien beherrscht. Da im Gegensatz zu Guss-Schweiß-Verbunden auf schweißbare Gusswerkstoffe verzichtet werden kann, ist es möglich, die im Vergleich zu Stahlguss günstigeren gießtechnischen Eigenschaften von Gusseisen mit Lamellen- bzw. Kugelgraphit zu nutzen.

5.4.5 Die Zugankerbauweise

Die Verwendung von Zugankern kommt aus dem Pressenbau und war zunächst bei Pressen in Portalbauart, aber auch bei C-Gestellen in Anwendung – siehe Abbildungen.

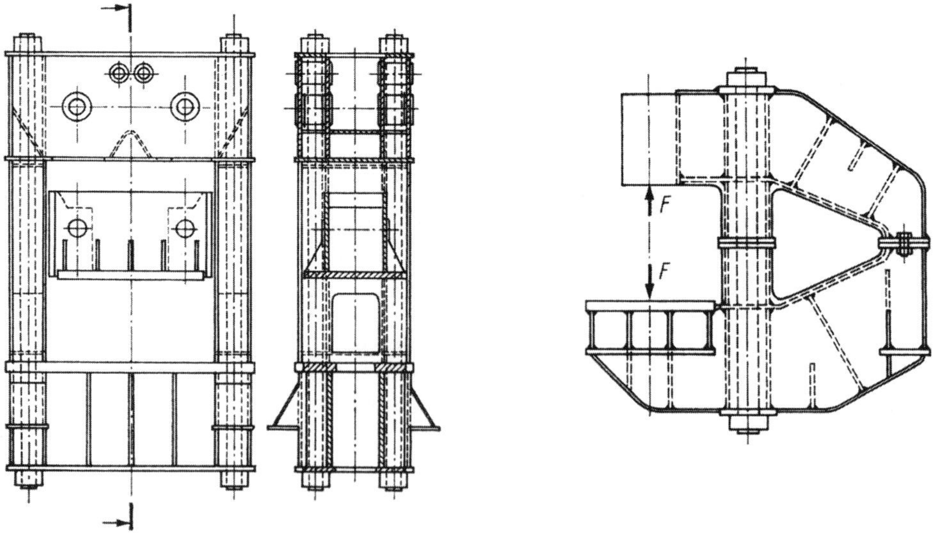

Bild 5.52 *Pressengestelle mit Zugankern [67]*

Die gute Aufnahme bzw. Leitung der Presskräfte durch die Zuganker ermöglicht Leichtbauversionen der übrigen Gestellteile. Das Pressengestell in Schweißkonstruktion mit Zugankern und Druckstäben nach Bild 1.22 sollte in diesem Zusammenhang ebenfalls die Beachtung des Lesers finden. Zuganker sind aber keinesfalls auf Schweißkonstruktionen beschränkt, sie sind überall anwendbar, wenn damit wesentliche Kräfte gut geleitet werden können. Anwendungsfälle mit räumlich angeordneten Zugankern – Bild 5.53 sind äußerst selten. Es bleibt dem Leser vorbehalten, über derartige Einsatzmöglichkeiten zu entscheiden.

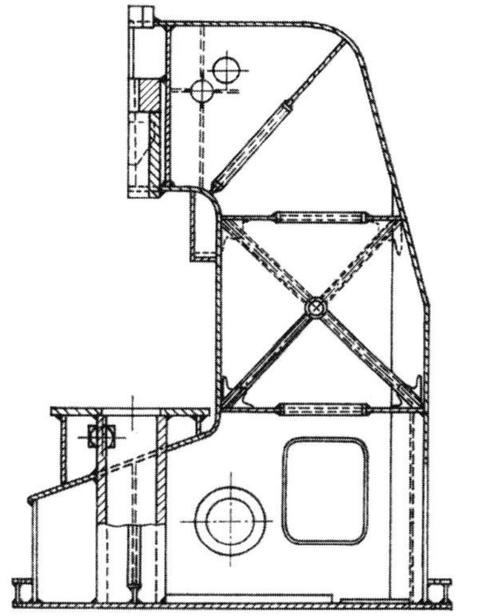

Bild 5.53 C-Gestell mit räumlich angeordneten Zugankern wegen Torsionsbelastung [67]

5.4.6 Granit – natürliches Gestein als Basismaterial für Präzisionsmaschinen

Grundkörper, Betten, Ständer, Tische von Werkzeug- und Messmaschinen waren ursprünglich ausschließlich Gussstücke, die durch natürliche Alterung auf dem Gusslagerplatz der Werkzeugmaschinenbetriebe gealtert wurden. Später wurden in Glühöfen die Alterungsprozesse beschleunigt (künstliches Altern). Damit war auch der Weg frei für geschweißte Maschinengestelle in diesem Bereich des Maschinenbaus. Der über Millionen Jahre gealterte Granit blieb unbeachtet, obgleich er für große Anreißplatten bereits in den 30er Jahren des vergangenen Jahrhunderts Anwendung fand. Diamantwerkzeuge haben seit einigen Jahren den Weg für Maschinengestelle aus Granit bereitet und damit den Maschinenbauer von der Sorge um die Deformation fertig bearbeiteter Gestellteile durch Freisetzen von Eigenspannungen befreit.

Die wichtigen Eigenschaften des Granits für den Präzisionsmaschinenbau lauten kurz zusammengefasst:

- Frei von inneren Spannungen, damit sind dauerhafte präzise Maschinengestelle möglich, es treten keine Deformationen durch allmähliches Freisetzen von Eigenspannungen auf
- Geringe Verformung bei thermischer Belastung bzw. träge Reaktionen bei Raumtemperaturschwankungen
- Sehr gute Schwingungsdämpfung
- Nichtrostend und antimagnetisch, d. h. sehr beständig gegen aggressive Medien, keine Korrosionsschutzmaßnahmen erforderlich
- Hohe Verschleißfestigkeit bei abrasiver Beanspruchung
- Geringes spezifisches Gewicht (ähnlich Al)
- Diamantwerkzeuge gewährleisten eine gute Bearbeitbarkeit, im Vergleich mit Fe-Guss und Mineralguss treten keine Form- bzw. Modellkosten auf
- Präzisionsflächen direkt für aerostatische bzw. hydrostatische Lager verwendbar
- Gewindeeinsätze sorgen für sicheren Halt auch bei dynamischen Kräften
- Umweltfreundlichkeit, keine Entsorgungsprobleme

Alle vorstehend genannten Eigenschaften nach Fa. Johann Fischer, Aschaffenburg, Präzisionswerk

U-förmiger Maschinenkörper aus drei Granitblöcken gefertigt: Grundplatte G, Ständer S1 und Ständer S2 (durch Faltrollo verdeckt), rahmenartiges Werkstück W, B: siehe Bild 5.56

Hauptabmessungen : Grundplatte ca. 6000 mm x 3000 mm, Ständerhöhe ca. 3000 mm
Erzeugnis der Firma Dr. Mader Maschinenbau, Coswig

Bild 5.54 Maschine für Großteilbearbeitung

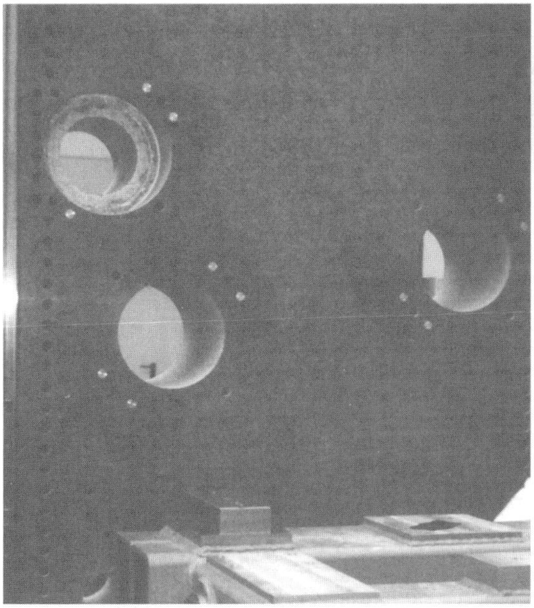

Zur Aufnahme der Arbeitsspindeln vorbereitet

Arbeitsspindeln eingebaut

Bild 5.55 Granitständer S2

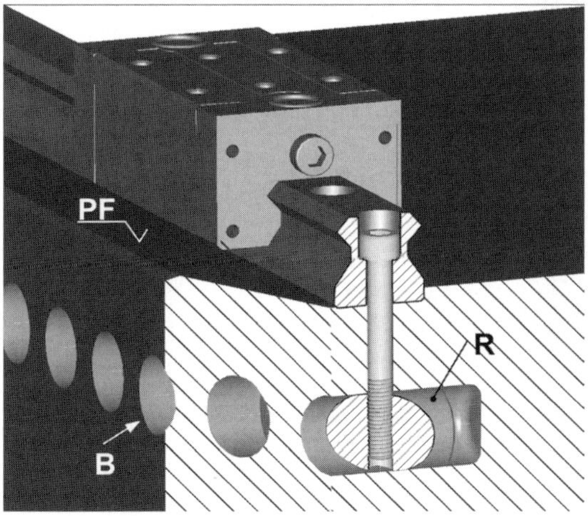

B Bohrungen – siehe Bild 5.54

R: Rundmaterial (St) mit Gewinde in Querbohrung (schräg geschnitten)

PF: Präzisionsfläche

Bild 5.56 Befestigung von Linearführungen an einer Granitplatte

Dass Granitbauelemente nicht nur für unbewegte Maschinenteile (platten- und quaderförmige Grundkörper, Ständer, Ausleger) sondern auch für bewegte Teile (z. B. luftgelagerte Tische) verwendbar sind zeigen die folgenden Bilder.

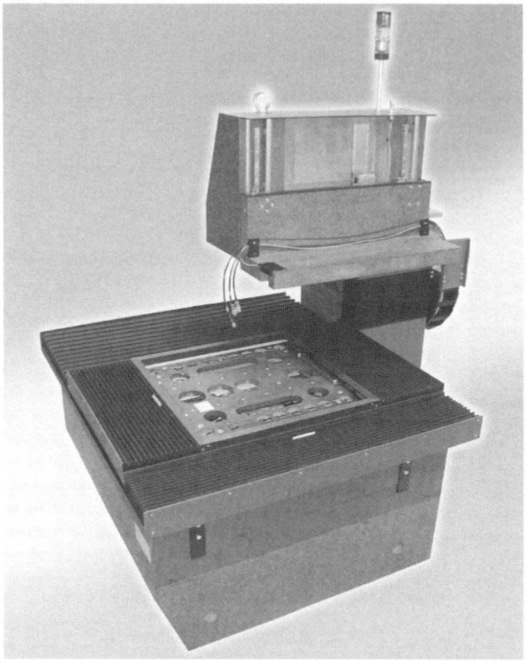

Gestell und bewegter Tisch in Granit ausgeführt, Erzeugnis der Fa. IDAM, Suhl

Bild 5.57 Zwei-Achsen-Präzisionskreuztisch-Maschine (Bearbeitungseinheiten nicht montiert)

Zweck: Laser-Feinstbearbeitung
Antrieb: Linearmotoren
Führung: Aerostatisch

Bild 5.58 Kreuztisch der Maschine nach Bild 5.57 (Faltenbalgabdeckungen nicht montiert)

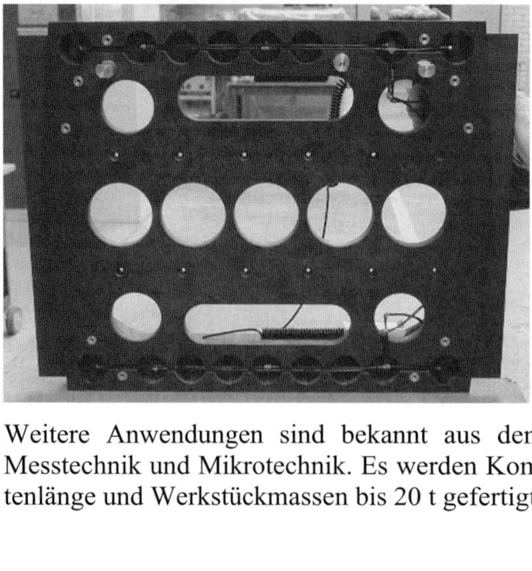

Die großen Öffnungen dienen der Masseverringerung. In den kleinen Öffnungen sind die Luftzuführungen für die aerostatische Lagerung zu erkennen.

Bild 5.59 Tischplatte zum Kreuztisch

Weitere Anwendungen sind bekannt aus den Bereichen Ultrapräzisionsmaschinenbau, Messtechnik und Mikrotechnik. Es werden Komponenten von 50 mm bis 10 000 mm Kantenlänge und Werkstückmassen bis 20 t gefertigt.

5.4.7 Mineralguss – nicht nur ein neuer Werkstoff!

Warum wird nach Guss, nach Stahlschweißkonstruktionen, nach geschraubten Al-Gestellen und dem verzugsfreien Granit noch ein weiterer Werkstoff für Tragwerke bzw. Maschinengestelle benötigt? Weil nach zögerlichen Anfängen ein Werkstoff und eine Verarbeitungstechnologie entwickelt wurden, die zu einer Summe von Eigenschaften geführt hat, die mit keinem anderen Werkstoff bisher erreicht wurden. Wer sich eine umfassende Übersicht über Eigenschaften und Möglichkeiten des Mineralgusses verschafft hat, wird einen grundlegenden Wandel in der Großteilfertigung erkennen und geneigt sein, von einem neuen Zeitalter für diesen Bereich des Maschinenbaus zu sprechen. Nach dieser etwas schwärmerischen Einleitung zu den Tatsachen.

Ausgewählte Mineralien werden mit einem Bindemittel auf der Basis von Epoxidharzen in kastenartigen Gießformen zu Gestellkomponenten vergossen. Während an der Außenkontur derartiger Gestellteile kaum erkennbar ist, ob es sich um ein Graugussgestell oder Mineralguss handelt, werden die Wanddicken sehr viel kräftiger ausgeführt – Bild 5.61.

Bild 5.60 Bruchfläche eines Mineralguss-Probekörpers [98]

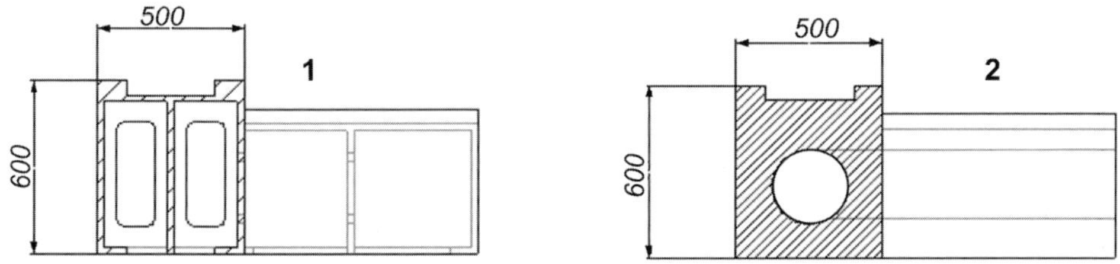

Bild 5.61 Querschnitt durch ein Graugussgestell (1) und ein Mineralgussgestell (2) [38]

Da die Dichte ungefähr nur ein Drittel des Graugusses beträgt, ergeben sich trotzdem etwa gleichschwere Gestellteile mit vergleichbarer Steifigkeit.

Worin liegen die besonderen ***Eigenschaften für den Maschinenbau***?

- Dynamisches Verhalten: Schnelles Abklingen von Schwingungen – Bild 5.62
- Lärmreduzierung: Körperschallanalysen zeigten Reduzierungen des Schalldruckpegels um 20 %
- Thermisches Verhalten: Träges Verhalten gegenüber kurzzeitigen Temperatureinflüssen. Langandauernder Temperatureinfluss kann z. B. durch Eingießen von Temperierkreisläufen eingeschränkt werden (beachte dazu das Gebiet Eingießteile).
- Medienbeständigkeit: Mineralguss rostet nicht und besitzt eine hohe Beständigkeit gegenüber Kühl-, Schmier- und Reinigungsmitteln, Hydraulikölen und Dielektrika.
- Elektrische Leitfähigkeit: Mineralguss ist ein elektrischer Isolator. Für die Erdung können Massebänder oder -drähte eingegossen werden, die Gewindeanker und Fußplatten u. a. verbinden.
- Eigenspannungen: Die Volumenabnahme beim Erstarren ist äußerst gering, Schwindmaße müssen nicht berücksichtigt werden, und Eigenspannungen erreichen nur ein sehr geringes Niveau. Da eine mechanische Bearbeitung meist nicht erforderlich ist, treten Verformungen infolge freiwerdender Spannungen praktisch nicht auf.
- Steifigkeit: Die Verformung vergleichbarer Bauteile aus Mineralguss ist trotz kleineren E-Moduls infolge der größeren Materialquerschnitte in der Regel geringer.
- Masse und max. Baugröße: Bisherige Anwendungen reichen von 50 kg bis 18 t. Bettlängen bis 7000 mm wurden ausgeführt.
- Und zuletzt ist darauf zu verweisen, dass nach Ablauf der Nutzungsdauer das Mineralgussgestell zerkleinert und von metallischen Einbauteilen getrennt zu Edelsplit für Bauwesen, Straßenbau und dgl. verarbeitet werden kann

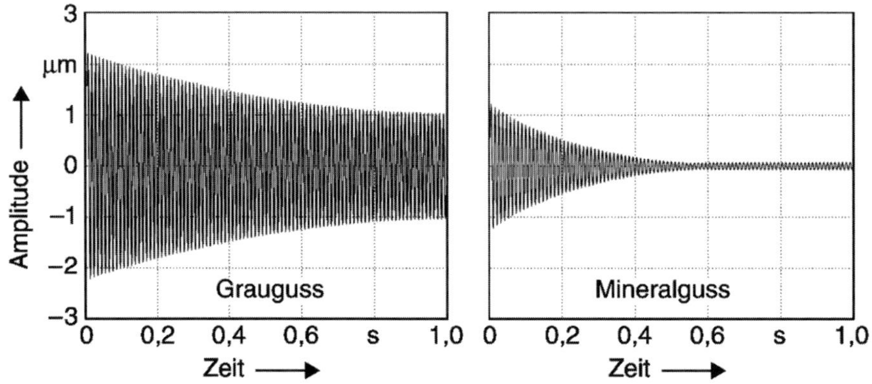

Bild 5.62 Ausschwingkurven von Grauguss und Mineralguss im Vergleich [38]

Wanddicken:

Während der Gussstückkonstrukteur sich immer um möglichst gleichmäßige Wanddicken zu bemühen hatte, verträgt Mineralguss **große Wanddickenunterschiede und sprunghafte Materialanhäufungen problemlos.**

Mindestwanddicken werden in fünf- bis achtfacher Größe der maximalen Korndurchmesser ausgeführt.

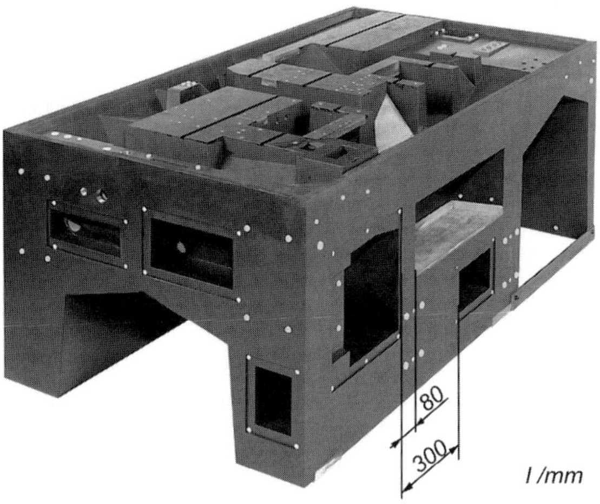

Bild 5.63 Wandstärkeunterschiede in einem Maschinengestell [38]

Übliche Korngrößen:
Ø 16 Mindestwanddicke 80 ... 130 mm
Ø 8 Mindestwanddicke 40 ... 65 mm
Ø 5 Mindestwanddicke 25 ... 40 mm

Große Korngrößen sind zu bevorzugen, Gestelle im Massebereich > 1 t werden zu 90 % mit Korngröße 16 ausgeführt. Für dünne Wände in Teilbereichen des Maschinengestells können Mineralgussrezepturen mit unterschiedlichen Korndurchmessern nacheinander in die Form eingefüllt werden (z. B. dünnwandige Konturen für Kühlmittelabläufe).

Auf diese Art und Weise lassen sich z. B. die Kanten von Kühlwasserrinnen anstelle geklebter oder geschraubter Leisten – Bild 5.64 – gießen.

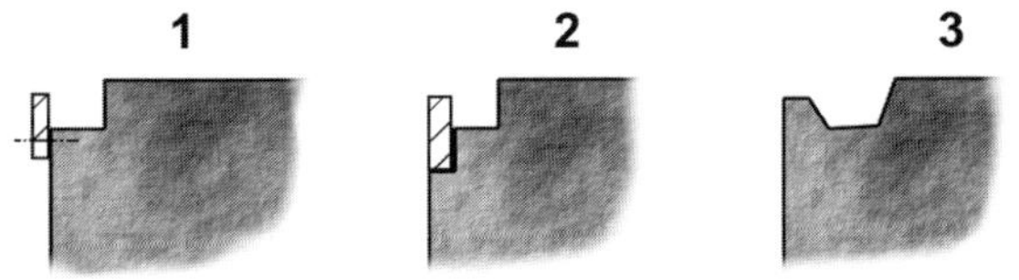

1 Rinne mit Dübel geschraubt
2 Rinne geklebt
3 Rinne mitgegossen (bevorzugen!)

Bild 5.64 Kühlwasserrinnen, drei Varianten

Eingießteile:

Einen nennenswerten Unterschied zu konventionellen Gussstücken stellen Eingießteile verschiedenster Art dar, die z. B. die nachträgliche Bearbeitung von Befestigungsgewinde ersparen können. Hinzu kommt, dass die Temperaturen beim Gießen und Abbinden 45 bis 50 °C nicht überschreiten. Dadurch lassen sich Kunststoffteile u. a. empfindliche Gegenstände ebenfalls eingießen.

Eingegossen werden:

- Gewindeanker (Bild 5.65)
- Lastanker zum Heben und Bewegen der Gussstücke (Bild 5.65)

- Platten mit Passbohrungen und -nuten
- Fußplatten (z. B. für Keilschuhe u. a. Nivellierelemente)
- Massebänder zum Erden
- Rohrleitungen aller Art für die Medienversorgung (Bild 5.66) (Hydraulik, Druckluft, Kühlmittel, Schmiermittel usw.)
- Elektroleitungen
- Behälter u. a. Blechelemente (z. B. Gleitflächen bei ständigem Spänefluss oder Kanäle für Gabelstaplertransport)
- Sensoren zur Zustanderfassung (z. B. Temperatursensoren)
- Aktoren (z. B. für thermische Stabilisierung)

Oft lassen sich die eingegossenen Leitungen bis zur Wirkstelle führen, und das arbeitsaufwendige Verlegen und Festlegen im Maschineninnern (um Rippen und Versteifungen herum) ist erheblich vereinfacht. Diesen Vorteilen steht allerdings der Nachteil gegenüber, dass eine „vergessene" Leitung nur unter Schwierigkeiten nachzurüsten ist – siehe dazu Bemerkungen zur Nutzung der Prototypenphase.

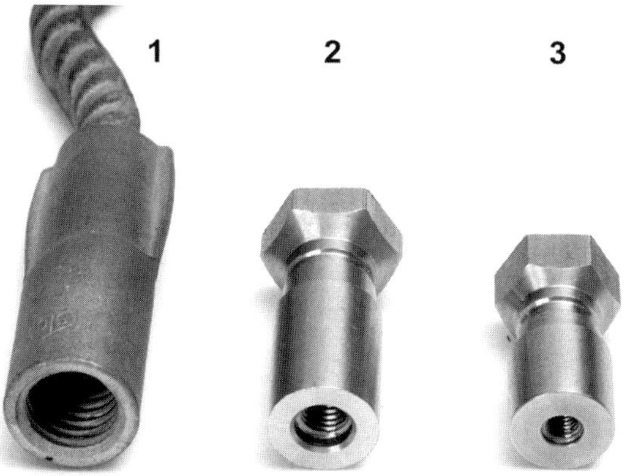

1 Lastanker für Anhängepunkte
2 und 3 Standardgewindeanker, Formschluss gegen Verdrehen und Herzausziehen

Bild 5.65 Eingießteile [98]

– Gewindeanker
– Kunststoffrohre mit Ms-Verschraubungen
– Verlorener Kern (großes Rohr)

Bild 5.66 Eingießteile in einer geöffneten Stahlform [EPUCRET]

Das Eingießen metallischer Arbeitsflächen für die spanende Bearbeitung (Fräsen, Schleifen) war in der Anfangsphase üblich, kann aber heute durch die direkte Bearbeitung des Mineralgusses bzw. noch besser durch Abformen ersetzt werden.

Genauigkeitsflächen

Drei Möglichkeiten der Fertigung von Genauigkeitsflächen werden angewendet:

1. Stahl-/Gussleisten eingießen und bearbeiten (Fräsen, Schleifen). Anwendung nur noch bei geringen Stückzahlen und Verwendung von Holzformen (geringere Genauigkeit!) sowie bei sehr komplexen Bearbeitungsgeometrien. Die Kosten für die Metallleisten sowie die Bearbeitung sind zu berücksichtigen.

2. Mechanische Bearbeitung des Mineralgusses durch spezielle Schleifscheiben. Gewindeeinsätze können mitgeschliffen werden. Bei Verwendung spezieller Belagsysteme eignen sich die geschliffenen Flächen z. B. auch direkt für hydrostatische Führungen.

Bild 5.67 Hochgenau geschliffene Montageflächen auf einem Mineralgussgestell [38]

3. Abformen präziser Flächen ohne spanende Bearbeitung. Dabei wird die Genauigkeit hochpräziser Abformlehren auf spezielle Abformmassen (Spezialharze mit feinen Füllstoffen) auf den Mineralgussrohling übertragen. Es sind zwei Anwendungsarten üblich:

- statische Anwendungen (Auflage- und Anschraubflächen aller Art, z. B. für Profilschienenführungen)
- tribologische Anwendungen (Gleitflächen mit abgeformten Schmiertaschen und -nuten, auch für hydrostatische Führungen)

Das Abformen in temperierten Hallen, abgekoppelt von anderen Produktionsprozessen, gewährleistet Genauigkeiten im Bereich von tausendstel Millimetern und kann im Maschinenbaubetrieb die Großteilbearbeitung überflüssig machen. Zu beachten sind die Kosten für die hochpräzisen und stabilen Abformlehren, eine jährliche Fertigungsmenge von 25 Mineralgussgestellen sollte daher nicht unterschritten werden. Diese dritte Herstellungsart von Genauigkeitsflächen in Verbindung mit dem nachfolgend beschriebenen Verkleben der Großteile berechtigt dazu, von Gussteilen neuer Generation zu sprechen.

Eingießen, Untergießen und Kleben

Mit speziellen Vergussmassen können verschiedenste Komponenten am Mineralgussgestell maßgenau fixiert werden, z. B. Eingießen von Lagerböcken, Flanschlager und Lagerbuchsen. Dadurch werden Justiervorgänge beherrschbar, die sonst Passarbeiten oder Einstellvorgänge mittels Feingewinde erfordern. Wegen der flächenhaften Verbindung ist eine hohe Belastbarkeit gewährleistet. Das Gleiche trifft für hochpräzis verklebte Gestellteile zu (Bild 5.68).

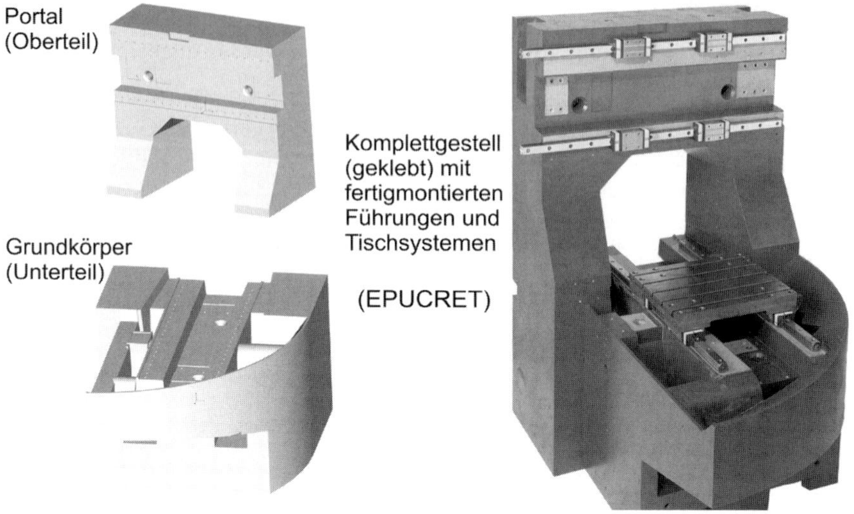

Bild 5.68 Fräsmaschinengestell, zweiteilig gefertigt und verklebt [38]

Verlorene Kerne

Die Masse der Gussteile kann durch verlorene Kerne reduziert werden. Geeignet sind:

- Schaumstoffkörper
- Holzquader
- Kunststoffrohre (Bild 5.69)

Durch runde oder schräge Kernkonturen sind Luftblasen an der Kernunterseite zu verhindern – siehe auch Tafel 5.4.

Bild 5.69 Mineralgussgestell einer Drehmaschine mit drei Kunststoffrohren als verlorene Kerne [38]

Gießformen und ihr Gestalteinfluss

Mineralgussteile werden in Formen gegossen, die am zweckmäßigsten aus Plattenware (Holz oder Metall) hergestellt werden. Quaderförmige, ebenflächige Grundstrukturen der Tragwerke sind daher zu bevorzugen. Für das Entformen des fertigen Gussstückes sind Entformschrägen von 5° ± 2° erforderlich. Dabei ist die Anzahl der möglichen Entformungsrichtungen im Unterschied zum Sandformguss zu beachten – siehe Bild 5.70. Die Mineralgussform kann wie der Kernkasten bei Sandguss zerlegt werden und ermöglicht damit fünf Entformrichtungen.

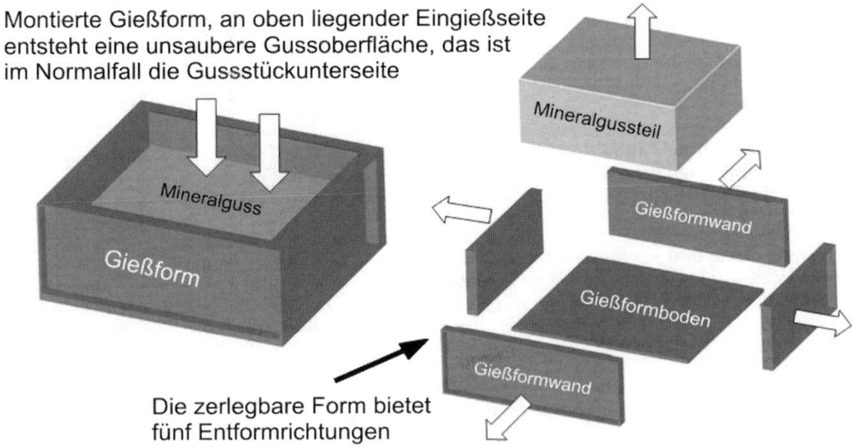

Bild 5.70 Prinzipieller Aufbau einer Gießform für Mineralgusskomponenten [39]

Auch Hinterschnitt kann in ähnlicher Weise wie mit Ansteckteilen im Holzmodellbau beherrscht werden, indem Formpartien mit den Formseitenwänden nur während des Gießens verschraubt sind und sich getrennt von den Seitenwänden entformen lassen.

Ein recht ansprechendes Beispiel ebenflächiger Gestellstrukturen zeigt das Koordinatenmessgerät nach Bild 5.71.

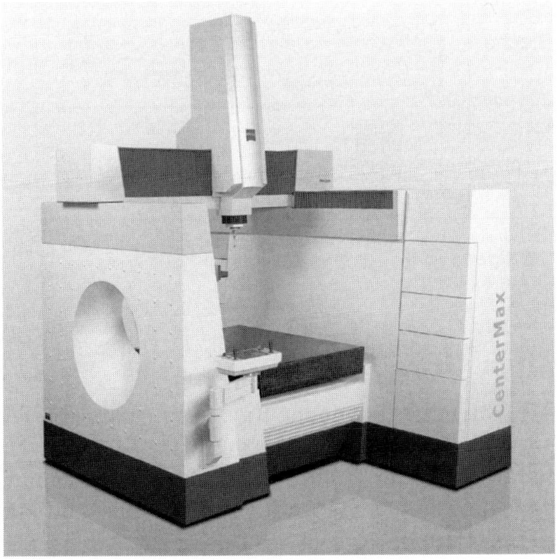

Bild 5.71 Koordinatenmessgerät mit Mineralgussgestell (Carl Zeiss, Oberkochen, Gestaltung Designbüro Henssler und Schultheiss)

Konstruktionsregel		schlecht	gut
1	Problemloses Entformen des Gussteils durch Ausformschrägen (5° ± 2°)	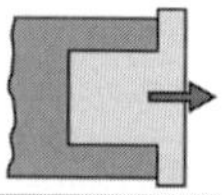	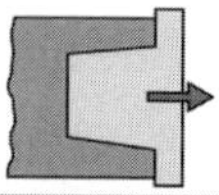
2	Verbesserung von Oberflächen und Verhinderung der Bildung von Luftblasen durch ungehinderte Belüftung	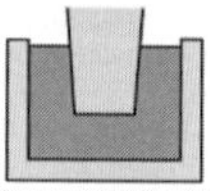	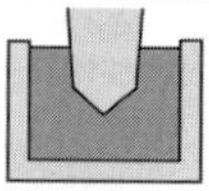
3	Keine Luftblasen an der Unterseite von Kernen durch Entlüftungsschrägen (30° bis 40°)		
4	Optimale Optik und Vermeidung von Beschädigungen durch Anfasen von Rohrausgängen	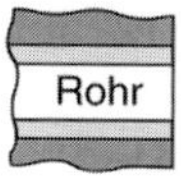	
5	Optimale Verankerung von Eingießteilen durch ausreichende Umhüllung	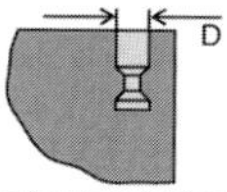	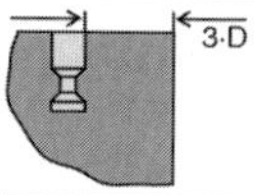
6	Vermeidung von unzulässiger Belastung bei Verschraubung direkt auf den Mineralguss durch Metallbuchsen	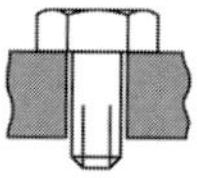	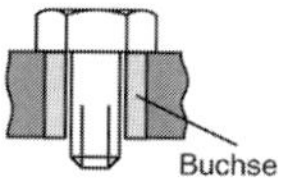
7	Sicheres Be- und Entladen durch Verwendung zugelassener Lastelemente	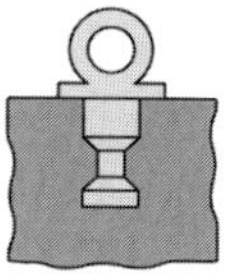	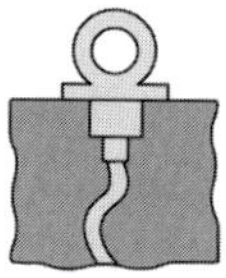
8	Vermeidung von Beschädigungen bei Gabelstaplertransport durch einfache U-Bleche	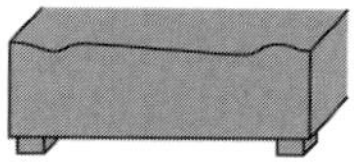	
9	Kerbwirkung mindern durch Fasen oder Rundungen (5 bis 10 mm)		

Tafel 5.4 Gestaltungshinweise für Mineralguss [38]

Formentypen und ihre Eigenschaften

Für Prototypenguss werden in der Regel **Holzformen** verwendet. Sie sind für 5 bis 10 Abgüsse geeignet. Positioniergenauigkeiten z. B. von Einlegeteilen liegen bei ± 0,3 mm. Die Prototypphase unter Anwendung von Holzformen sollte gründlich genutzt und keinesfalls übersprungen werden. Bei jeder Mustererprobung treten Mängel in Erscheinung, die konstruktive Änderungen am Maschinengestell erfordern können. Während am Gussgestell

z. B. eine Gewindebohrung unproblematisch versetzt werden kann, ist hier ein Eingießteil in der Form zu versetzen.

Metallformen für die Fertigung hoher Stückzahlen erlauben mehrere hundert Abgüsse bei 4- bis 5-fachen Kosten und Positioniergenauigkeiten von ± 0,2 (0,1) mm.

Daneben sind **Kombiformen** (Holz-Metall-Kombinationen) in Anwendung wenn bei Prototypen teilweise höhere Genauigkeiten erforderlich sind. Die Metallteile können später in Vollmetallformen übernommen werden.

Einhausung und Oberflächen

Welcher Zusammenhang besteht zwischen den heute vielfach üblichen großformatigen Blechverkleidungen und einem Mineralgussgestell? Beide sind maßgebend für das eigentliche Erscheinungsbild der Maschine und sie bilden wesentliche Schnittstellen miteinander:

- Anbindungspunkte (z. B. Gewindeanker für Blechteilbefestigung direkt oder mit Scharnier)
- Dichtkanten, Kühlwasserrinnen u. dergl.
- Führungen und Anschlagkanten für Türen und Klappen

Hierbei kommen die Vorteile des Mineralgusses ohne Gussrundung, Gussschrägen und Schweißnähte zur Wirkung. Bearbeitete Kanten und Konturen sind nicht erforderlich.

Die Oberfläche des Mineralgusses kann optisch anspruchsvoll und so sauber hergestellt werden, dass sie als Designelement genutzt werden kann. Auch Gelcoat-Oberflächen aus der Kunststofflaminiertechnik und lackierte Flächen sind möglich und gehören zum Lieferumfang der führenden Mineralgusshersteller. Oberflächenbehandlungen wie z. B. Spachteln, Schleifen und Lackieren, verbunden mit Reinigungsarbeiten sowie Spritzkabinen mit Absaugung (bei Graugussgestellen unvermeidbar), sind nicht mehr erforderlich bzw. stark reduziert.

Systemlösung/Rumpfmaschine

Bisher hat der Maschinenhersteller in der Regel rohe Gussstücke für seine Maschinengestelle in einer Gießerei bestellt, selbst bearbeitet, farbgebend behandelt und montiert. Jetzt ist es möglich, Systemlösungen/Rumpfmaschinen zu beziehen. In diesem Fall umfasst der Lieferumfang:

- Mineralgussgestell mit Aufstellelementen einschließlich Farbgebung
- montierte Führungen und Antriebe
- montierte Schlitten und Tische
- Verkleidungsteile

Anwendungsbereiche und zusammenfassendes Urteil

Die Anwendungen von Mineralguss sind bereits jetzt äußerst vielfältig:

- Vorrichtungsbau
- Koordinatenmessgeräte (Bild 5.71)
- Werkzeugmaschinen
- Holzbearbeitungsmaschinen
- Maschinen der Elektronikfertigung
- technischer Apparatebau (Bild 5.72)

Damit sind noch nicht alle Anwendungen erfasst, und es dürfte sich das Anwendungsfeld ständig erweitern.

Wie bei fast allen Neuerungen war auch bei Mineralguss eine recht lange Anlaufphase zu verzeichnen (siehe Beispiel Schrägbettmaschine, Abschnitt 5.1). Beim Gussverbraucher war unzureichendes Wissen über diesen neuen Werkstoff vorhanden, und anstelle einer Ganzheitsbetrachtung wurde der Kilopreis Grauguss mit dem Kilopreis Mineralguss verglichen. Aber auch der Mineralgusserzeuger musste sich erst an zweckmäßige Anwendungen und neue Technologien herantasten. Heute darf konstatiert werden:

Maschinengestelle in Mineralguss stellen eine neue Generation von Maschinentragwerken dar.

Diese neue Generation ist im Wesentlichen gekennzeichnet durch:

Vielfalt der Eingießteile (Gewindeanker, Rohrleitungen, Kabel usw.)

Abformen der Genauigkeitsflächen (Großteilbearbeitung kann entfallen)

Verkleben mehrerer Großteile (Flansche oder Schraubentaschen sowie Bohren, Senken, Gewinden, Schrauben kann entfallen)

Aufgrund der vielen mineralgusstypischen Eigenschaften und Möglichkeiten sollte Klarheit darüber herrschen, dass eine einfache Umstellung eines gegossenen oder geschweißten Maschinengestells auf Mineralguss kaum möglich und keinesfalls zweckmäßig ist. Erst der konstruktive Neuansatz kann die Möglichkeiten sinnvoll nutzen.

Bild 5.72 Rheometer zur Untersuchung von Flüssigkeiten im Mineralgussstativ

Der verantwortungsbewusste Konstrukteur war es gewohnt, Kontakt mit der „Hausgießerei“ zu pflegen, um die Gießerei einerseits nicht zu überfordern, andererseits ihr Know-how auszunutzen. Beim Umstieg auf Granit oder Mineralguss sollte ebenfalls ein intensiver Kontakt mit dem jeweiligen Spezialbetrieb aufgenommen werden.

5.4.8 Tragwerke aus Kunststoffen mit und ohne Faserverstärkung

Im Spritzverfahren hergestellte Thermoplastgehäuse – siehe Abschnitte 2.4.2 und 2.4.3 – sind in der Regel auf kleinere Geräte und Maschinen beschränkt. Werden einzelne Bereiche derartiger Tragwerke höher beansprucht, sind Kombinationen der Kunststoffgehäuse mit Leichtmetall-Druckgussteilen üblich (z. B. elektrische Kleinmaschinen für Handwerker).

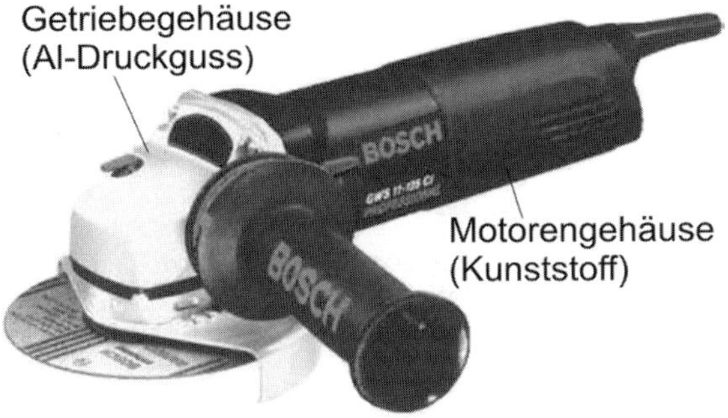

Bild 5.73 Winkelschleifer

Eine andere Gruppe stellen Kunststoff-Metall-Verbunde dar. Dazu gehören Tragwerke in Outserttechnik (siehe Bild 2.75 bis Bild 2.77). In beiden Anwendungsbereichen betragen die maximalen Abmessungen selten mehr als 1000 mm. Diese Größenordnung kann von faserverstärkten Polymerwerkstoffen mit Glas- bzw. Kohlefaserverstärkung beträchtlich überschritten werden (Abschnitt 2.4.4); Anwendungen für Tragwerke des Maschinenbaus sind bisher jedoch selten. Im Wesentlichen dürften zwei Gründe dafür verantwortlich sein. Erstens sind die faserverstärkten Werkstoffe eigentlich ausgeprägte Leichtbau- bzw. Ultraleichtbauwerkstoffe, während bei den unbeweglichen Maschinentragwerken / Maschinengestellen Leichtbauforderungen seltener auftreten, und sehr leicht geratene Dünnblechgestelle bereits mit Betonfüllungen beschwert werden mussten. (Völlig anders ist die Situation bei schnell bewegten bzw. stark beschleunigten Schlitten und anderen Bauelementen wie Roboterarme und Bauteile von Beschickungsmechanismen.) Zweitens dürften die wenigen Anwendungen auch darauf beruhen, dass in der Maschinenbauausbildung aller Stufen die Werkstoffgruppe der faserverstärkten Kunststoffe gegenüber den Eisenwerkstoffen immer noch eine Nebenrolle spielt. Der Leser sollte sich aufgrund der hier und in Abschnitt 2.4.4 dargestellten Beispiele ein Bild über Anwendungsmöglichkeiten in seinem Arbeitsbereich machen. Auf die Freizügigkeit der Formgebung und die fertige Oberfläche wurde bereits hingewiesen.

Tragwerke in FKV-Bauweise

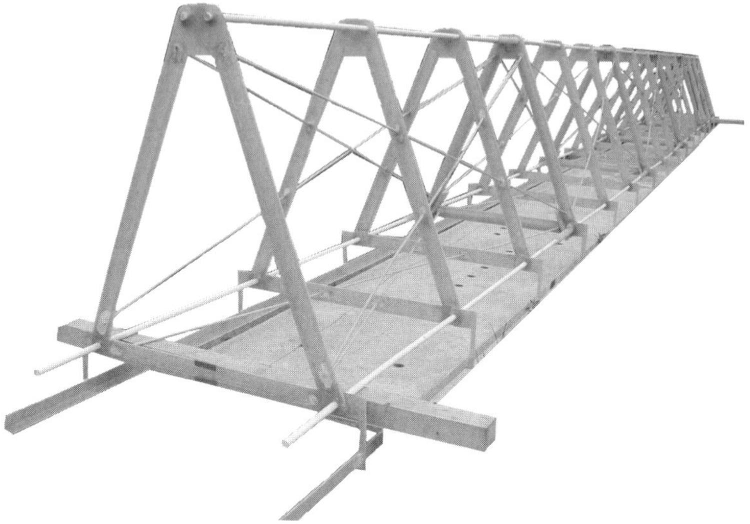

Bild 5.74 Leichtbaubrücke, Spannweite 16 m, zulässige Durchbiegung 10 mm, Zweck: Für Vermessungsarbeiten an Autobahnfahrbahnen [Korropol]

Die recht montageaufwendige Brücke rechtfertigt sich aufgrund der Forderung einer metallfreien Konstruktion für elektromagnetische Messverfahren. Hinzu kommt die Allwetterbeständigkeit (Verwendung UV-stabiler Harze), die für ein derartiges Bauteil sehr bedeutsam sein kann.

Bild 5.75 Bauteile für Chemieanlagen mit Tragwerkcharakter – Unterteil einer Absorptions-Doppelkolonne mit hohen Betriebstemperaturen [Korropol]

Für derartige Anlagen ist in erster Linie die hohe Chemikalienbeständigkeit ausschlaggebend. Bei der Anlage in Bild 5.75 kommt die hohe Temperaturbeständigkeit von bis zu 150 °C hinzu, die mit einem speziellen Vinylester-Urethan-Harz erreicht wird.

5.4.9 Zur Auswahl einer zweckmäßigen Tragwerksbauweise

In der Regel haben sich in den Maschinenbaubetrieben Tragwerksbauweisen durchgesetzt, die über einen längeren Zeitraum beibehalten werden. Bei jeder größeren konstruktiven Überarbeitung einer Maschine und erst recht bei einer Neukonstruktion (siehe Abschnitt 5.1), sollte überprüft werden, ob diese Bauweise beibehalten wird oder zu einer anderen Bauweise übergegangen werden sollte. Da die Tragwerke zu den kostenintensiven Bestandteilen gehören, werden in der Regel Angebote zweckentsprechender Zulieferer eingeholt und geprüft. Im vorliegenden Lehrbuch Empfehlungen für konkrete Anwendungsfälle zu bekommen, kann der Leser keinesfalls erwarten. Dem häufig üblichen Beibehalten der bisherigen Bauweise muss aber deutlich widersprochen werden. Die Auswahl einer zweckmäßigen, besser der optimalen Variante setzt Übersicht über ***alle*** Möglichkeiten voraus. Die folgenden Tafeln sollen in Ergänzung zu den vorangegangenen Aussagen des Abschnitts 5.4 eine Übersicht gewähren.

Bauweise	**Erläuterungen**
Selbsttragende Bauweise	Das Großteil einer Funktionsbaugruppe wird zusätzlich zum Tragwerk ausgebildet
Gussbauweise	Alle Genauigkeitsflächen durch Fräsen und/oder Schleifen bearbeitet
Schweißbauweise als	Genauigkeitsflächen bearbeitet wie bei Guss
• Profilbauweise	Walzprofile aller Art. Rohr, Rechteckrohr usw.
• Wandbauweise – In Dickblech und – in Dünnblech	– mit Vollwänden – mit ausgesparten Wänden – mit ausgesteiften Zellen – mit ausgesteiften Wänden – mit Doppelwänden – mit Mehrfachwänden – mit lamellenartig angeordneten Wänden
• Mischbauweise	– Profil + Wand – im Verbund mit Guss für geometrisch komplizierte Bereiche – im Verbund mit neuartigen Formteilen (z.B. IHU-Teile)
Schraubbauweise	– Baukästen auf der Grundlage von Al- Strangprofilen — Keine Großteilbearbeitung keine Farbgebung – Gussstücke und Walzprofile sowie andere Strangmaterialien — Keine Guss- bzw. Schweiß-eigenspannungen
Zugankerbauweise	Zur guten Kraftleitung der Hauptkräfte vorrangig bei Pressen, weitere Anwendungen sind denkbar

Tafel 5.5 Tragwerksbauweise für den Maschinenbau auf der Basis metallischer Werkstoffe (Fe-Guss, Leichtmetallguss, Walzstahl u. a. Strangmaterialien)

Granit	Massive Granitkörper für Grundplatten und Ständer; auch bewegte luftgelagerte Tische
Mineralguss in klassischer Anwendung	Genauigkeitsflächen bearbeitet, Eingießteile (Rohre, Kabel, Gewindebuchsen u. v. a.)
Mineralguss neuer Generation	Genauigkeitsflächen abgeformt (keine Großteilbearbeitung), Hersteller liefert montagefertige Systemlösung mit Messprotokoll

Tafel 5.6 Tragwerksbauweisen für den Maschinenbau auf der Basis mineralischer Werkstoffe

Thermoplastgehäuse in Spritzguss	Vorrangig für Kleinmaschinen (z. B. Küchenmaschinen)
Kunststoff-Metall-Verbunde	Blechtragwerke mit Kunststoff-Outserts Blechteile mit Kunststoffversteifungen
Faserverstärkte Kunststoffe	Polymerwerkstoffe mit Glasfaser- oder Kohlefaserverstärkungen (letztere nur für extremen Leichtbau)

Tafel 5.7 Tragwerksbauweisen für den Maschinenbau auf der Basis unverstärkter und faserverstärkter Kunststoffe

5.5 Das Maschinendesign und seine Teilaufgaben

5.5.1 Die Herangehensweise – wer macht den ersten Schritt?

Bei Maschinenentwicklungen ist es üblich, die Gesamtaufgabe in Teilaufgaben zu zerlegen. Für Design im Maschinenbau sind ebenfalls Teilaufgaben formulierbar (Tafel 5.8). Unter diesen Teilaufgaben ist die Aufgabe 2 – Baukörpergestaltung – die Kernaufgabe. Die Arbeit daran geht in iterativer Weise voran, denn die Lösungen aller Teilaufgaben beeinflussen einander. Teillösungen der Feingestaltung, der Kontaktzone Mensch – Maschine usw. müssen mindestens „angedacht" sein, um den Baukörper schrittweise auszubilden. Je nach Objekt und Aufgabenart (Neuentwicklung, Weiterentwicklung) muss der Konstrukteur oder kann der Designer (z. B. bei Weiterentwicklungen) die ersten Entwicklungsschritte gehen.

In jedem Fall ist eine ***Vorgehensweise falsch, die den Designer erst nach Abschluss der wesentlichen Konstruktionsarbeiten in die Maschinenentwicklung einbezieht***, denn dann bliebe die Designerarbeit auf oberflächliche Korrekturen beschränkt. Der Designer würde auf das Herausarbeiten der Gestalt des Maschinenkörpers keinen nennenswerten Einfluss nehmen können, und seine Arbeit wäre auf „Hüllenmacherei" eingeengt. Über eine derartige unzureichende Arbeitszuweisung an den Designer herrscht jedoch durchaus nicht überall Klarheit.

Im Folgenden wird versucht, zu diesen Teilaufgaben Ziele und Richtungen in Gestalt von Regeln zu formulieren. Diese Regeln sind dazu bestimmt, ***Kontaktwissen zum Design im Maschinenbau*** zu vermitteln, um eine möglichst effektive Zusammenarbeit bei der Mitwirkung von Designern zu ermöglichen, denn je besser der Konstrukteur über die Ziele der Designerarbeit informiert ist, desto besser wird man sich gemeinsam arrangieren können und sich gegenseitig akzeptieren. Es geht keinesfalls darum, die eigentliche Designerausbildung zu ersetzen, zumal sich keine Regeln aufstellen lassen, die ein gut aussehendes Produkt garantieren. Man kann jedoch Regeln, Richtlinien und Zielstellungen formulieren, die mit großer Wahrscheinlichkeit zu einem vernünftigen Resultat verhelfen können (siehe auch Abschnitt 6).

Selbstverständlich können die Regeln auch den Konstrukteur unterstützen, wenn er auf sich allein gestellt eine Maschinenentwicklung zu verantworten hat, wie es bei Einzelfertigung und Kleinserien im Maschinenbau fast durchgängig der Fall ist.

1	Systemgestaltung, Corporate Design	– Schaffung eines einheitlichen Formcharakters der Bestandteile von Maschinensystemen und maschinentechnischen Anlagen – Schaffung eines einheitlichen Erscheinungsbildes des Erzeugnisprogramms eines Unternehmens bzw. einer Unternehmensgruppe
2	Baukörpergestaltung	Räumliche Formierung und Proportionierung der Funktionsgruppen einer Maschine, Herausarbeiten des Gesamtbildes einer Maschine. Je nach Maschinenart und Entwicklungsforderungen lassen sich drei Aufgabenarten unterscheiden: 1. Baugruppenanordnung nicht bestimmt; der Designer hat größte Gestaltungsfreiheit, 2. Baugruppenanordnung ist verfahrenstechnisch festgelegt, 3. Schadstoffentwicklung, Staubentwicklung oder dergl. verlangt eine umfassende Verkleidung/Einhausung; die Designerarbeit bleibt im Wesentlichen auf die Schaffung einer „Hülle" beschränkt.
3	Rohrleitungen, Schläuche, Kabel	Formierungen der Energie-, Signal- und Medienversorgung sofern am Baukörper designrelevant in Erscheinung tretend
4	Feingestaltung	Gestaltung der designrelevanten Makro- und Mikroelemente am Maschinenkörper
5	Gestaltung der Kontaktzonen Mensch – Maschine (Arbeitsgestaltung)	– Ergonomische Gestaltung der Bedienelemente und der Bedienzone und Gestaltung der visuellen Kontaktzone (siehe auch 6.) – Bei komplexen Aufgabenstellungen ist außer dem Designer der ***Arbeitsgestalter*** als Spezialist dieses Fachgebietes zur Bearbeitung heranzuziehen.
6	Grafische Gestaltung	Gestaltung der Herstellerkennzeichnung, der Bedientafeln (Schriftgestaltung und textlose Bedienhinweise) und weiterer Elemente der Produktgrafik
7	Farb- und Oberflächengestaltung	Farbe und Oberfläche (Oberflächenstruktur) werden im Verein mit Form- und Strukturwirkungen des Erzeugnisses im Sinne einer Geschlossenheit des Gesamteindrucks gestaltet. Farbe kann zur Steigerung, Milderung oder Aufhebung von Formgegebenheiten, zur farblichen Trennung verschiedener Baugruppen gleicher Funktion o. ä. herangezogen werden.
8	Gestaltung von Werbematerial und Verpackungen	Entwurf von Werbematerial für Industriemessen und internationalen Markt. Für Handwerkzeuge, Geräte und Kleinmaschinen werden werbewirksame Verpackungen gestaltet.

Tafel 5.8 Teilaufgaben des Maschinendesigns

Die in Tafel 5.8 an erster Stelle stehende Teilaufgabe wird hier nicht mit Regeln untersetzt. Sie sollte immer nur von professionellen Designern bzw. Designbüros bearbeitet werden, denn die Gestaltung von Maschinensystemen bzw. Anlagen oder von Erzeugnissortimenten gehört zu den kompliziertesten Aufgaben des Maschinendesigns. Die Schwierigkeit liegt dabei weniger auf der gestalterischen als vielmehr auf der organisatorischen Seite. Ziel der Systemgestaltung ist, einen einheitlichen Formcharakter aller Bestandteile des Systems/Ensembles durchzusetzen. Sie entspringen in der Regel jedoch nicht einem einzelnen Unternehmen, sondern auch mehreren Tochtergesellschaften. Daher gilt es, die Entwicklungsabteilungen dieser Unternehmen von einem Designbüro aus zu beeinflussen. Das setzt ein gut entwickeltes Durchsetzungsvermögen der verantwortlichen Designer voraus und wird trotzdem nur dann zu guten Systemlösungen führen, wenn die administrativen Grenzen für das gesamte Entwicklungsteam in allen beteiligten Unternehmen keine nennenswerten Hürden darstellen. Da Maschinensysteme noch weniger als Maschinen auf Zulieferungen verzichten können, müssen in der Regel auch Zulieferer außerhalb des jeweiligen Unternehmens in die Gestaltungsarbeit einbezogen werden. Das stellt einen weiteren erschwerenden Faktor dar.

5.5.2 Baukörpergestaltung – die Kernaufgabe des Maschinendesigns

Die Ziele und Richtungen der Baukörpergestaltung werden mit den folgenden neun Grundregeln und zweckentsprechenden Ergänzungen dargestellt und durch Abbildungen erläutert. Die erste Regel lautet (MD = Maschinendesign):

MD1	**Der Baukörper ist aus den funktionellen Anforderungen zu entwickeln!**

Dazu lassen sich folgende Ergänzungen formulieren:

MD1.1	**Der Baukörper hat optimale Bedingungen beim Einrichten, Bedienen und Warten zu gewährleisten!** (siehe hierzu Bild 5.2 und Bild 5.15, sowie Abschnitt 5.5.5)
MD1.2	**Die Maschinengestalt ist nicht an Moden, Stilen oder Kunstrichtungen anzulehnen bzw. davon abzuleiten!**
MD1.3	**Bekannte Maschinengestaltungen sind zu beachten, jedoch nicht zum Leitbild zu erheben.**
MD1.4	**Prozessbedingte Schadstoff-, Staub-, Ölnebelentwicklung oder dergl. kann die vollständige Einhausung verlangen, so dass die Teilaufgabe „Gestaltung des Baukörpers“ auf die Gestaltung der Hüllelemente eingeschränkt sein kann.**

Die Entwicklung des Baukörpers setzt quantitative Strukturen der Maschine voraus, so hat Tjalve [87] für eine Etikettiermaschine vier existierende Maschinen untersucht, daraus die prinzipielle Struktur abgeleitet und sieben weitere Strukturvarianten entwickelt – siehe Bild 5.76. Diese Strukturen werden einer aufgabenabhängigen Bewertung unterzogen und mit der optimalen Variante wird, ergänzt durch eine Tragwerksstruktur, der Maschinenbaukörper entworfen.

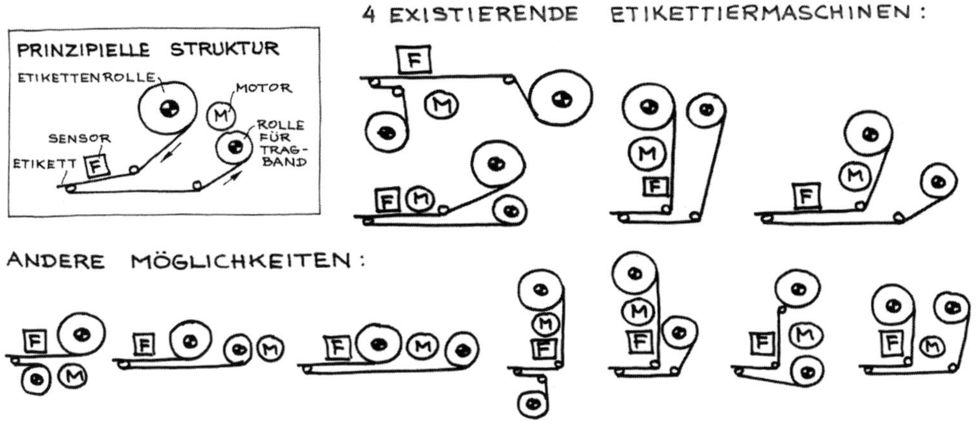

Die Strukturen müssen durch erste Entwürfe zum Tragwerk ergänzt werden, um den Baukörper zu entwickeln – Regel MD1.

Bild 5.76 Quantitative Strukturen einer Etikettiermaschine [87]

Eine negative Erscheinung von Designarbeiten in der Vergangenheit war zum Teil das formale Anwenden von äußerlichen Gestaltungsgesichtspunkten, d. h. ein Verstoß gegen Regel MD1.2. So wurde vor ca. 100 Jahren versucht, im Rahmen der Jugendstilbewegung florale Formen in den Stahlbau hineinzutragen. Es handelt sich um die Zeit, in der in den Städten die großen Bahnhofshallen gebaut wurden. Die Vertreter des Jugendstils entwarfen z. B. jugendstilgemäße Stahlstützen – Bild 5.77. Sie wurden vom Stahlbau nicht angenommen; ihre Herstellung hätte zu einem beträchtlichen Kostenanstieg geführt.

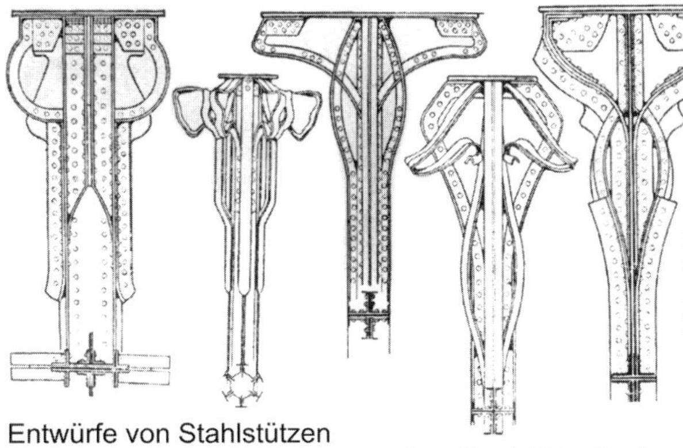

Lampensäule in einer Markthalle ▶

Entwürfe von Stahlstützen (um 1900), sie wurden beim Bau von Bahnhofshallen ***nicht*** umgesetzt.

Der überhöhte Fertigungsaufwand infolge der floralen Formen ist hier deutlich erkennbar.

Bild 5.77 Jugendstil in Stahl

Eine andere Erscheinung geht auf die Bauhausbewegung zurück – sie bevorzugte klare geometrische Strukturen, insbesondere kubische Formen – siehe Bild 5.78.

Bild 5.78 Bauhausgebäude, Dessau 1926

Diese Formgebung wurde in der Architektur bereits in den 20er Jahren des vergangenen Jahrhunderts kultiviert und hat sich, von Weimar (1919 bis 1925) und Dessau (1924 bis 1932) ausgehend, weltweit verbreitet. Im Maschinenbau konnte diese Gestaltungsweise nach dem II. Weltkrieg beobachtet werden, angeregt durch die „Ulmer Schule" sowie durch Formgestaltungsschulen in der DDR. Einige Beispiele dieser formalen kubischen Gestaltungsweise sollen auf damit verknüpfte Probleme verweisen. Bei Blechkonstruktionen führte diese Gestaltungsweise zu fertigungstechnischen Vorteilen, da kostenaufwendige Umformwerkzeuge zur Herstellung doppelt gekrümmter Flächen nicht notwendig waren (siehe Bild 5.79). Diese Gestaltungsweise führte jedoch auch zu Nachteilen, z. B. zu einer größeren Schallabstrahlung infolge von Membranschwingungen der großen ebenen Flächen. Schwingungsdämpfende bzw. schalldämpfende Maßnahmen wurden notwendig (z. B. Aussteifung mit aufgeschweißten Diagonalrippen, Aufbringen von Dämmstoffen), und die fertigungstechnischen Vorteile gingen verloren.

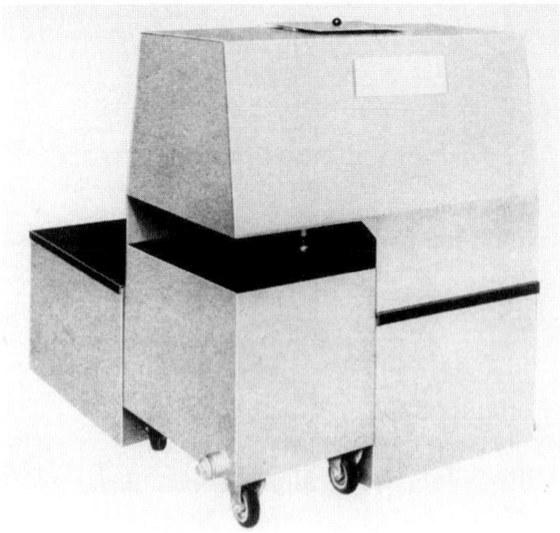

Diese Form ist für die Einzel- und Kleinserienfertigung in Blech sehr gut geeignet, Nachteil: Membranschwingungen

Bild 5.79 Gerät zur Schmierölreinigung

Die kubischen Formen wurden ebenfalls in den Maschinenbau hineingetragen, der Gusskonstruktionen bevorzugt. Auch hier mussten zum Teil Aussteifungen durch Rippen (Bild

5.80) angewendet werden, um auf Gusstücke mit gewölbten Flächen verzichten zu können. Noch fragwürdiger wird es, wenn zusätzlicher Werkstoff aufgewendet wird, um gegenüber vorher verwendeten runden Formen zu kantigen Formen zu kommen (Bild 5.81).

Ungünstige Konstruktionen durch zu formale Übernahme kantiger Konturen:

Die zu Membranschwingungen neigenden ebenen Seitenwände wurden zur Schwingungsabwehr innen verrippt (R).

Bild 5.80 Spindelkasten einer Feindrehmaschine, Gusskonstruktion

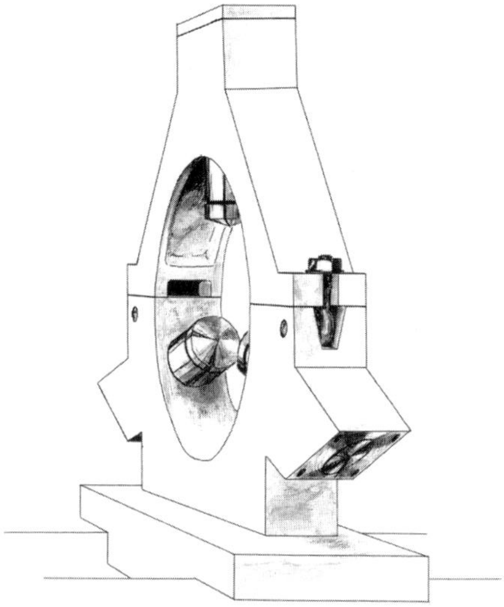

Die seit jeher verwendeten runden Pinolen sind in materialaufwendigen rechteckigen Führungen angebracht.

Bild 5.81 Lünette einer Großdrehmaschine

Das eigentliche Gestaltungsziel des Designers sind unverwechselbare/originäre Formen:

MD2 Originäre Baukörper anstreben und sinnwidrige Assoziationen vermeiden!

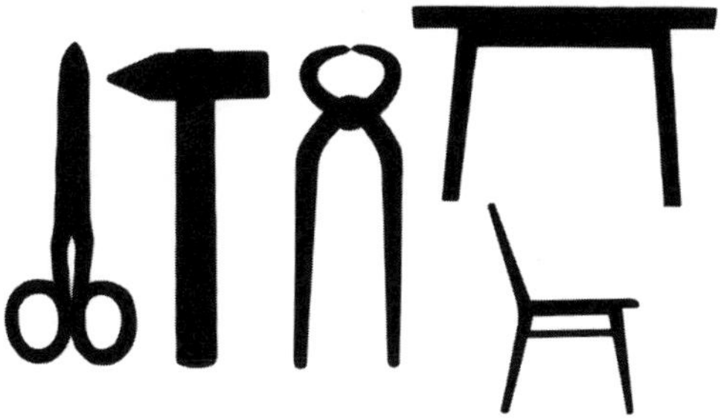

Bild 5.82 Originäre Baukörper

Derartige Baukörper sind jedermann bekannt. Bei modernen Entwicklungen gehen sie jedoch immer mehr verloren, wie Bild 5.83 zeigt. Eine ähnliche Entwicklung ist im Werkzeugmaschinenbau zu verzeichnen. Während z. B. die Drehbank und die ursprüngliche

Horizontalfräsmaschine originäre Formen darstellten, ist der voll verkleideten Werkzeugmaschine von heute nicht mehr anzusehen, ob hinter der Spritzschutztür gedreht, gebohrt oder gefräst wird.

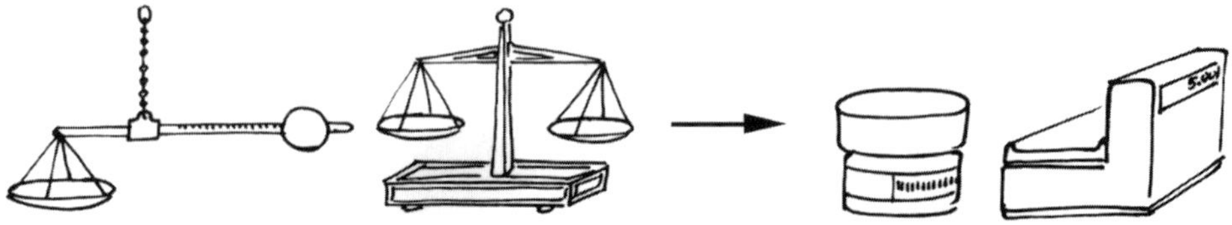

Bild 5.83 Die originären Urformen der Waagen gehen bei modernen Entwicklungen verloren

Andererseits ist eine Gestalt zu vermeiden, die beim Betrachter völlig falsche Eindrücke bewirkt. Die bewusst überzogene Darstellung eines Getriebegehäuses – Bild 5.84 – soll diesen Sachverhalt illustrieren. Bild 5.85 zeigt eine solche Fehlleistung praktisch ausgeführt. In der Bildunterschrift wird die Wirkung der Farbgebung erwähnt, die den Fehleindruck vermeiden kann. Gestalterische Mängel mit Hilfe von Farbe zu mildern, ist durchaus ein legitimes Mittel und Abschnitt 5.5.6 enthält dazu weitere Aussagen. Der bessere Weg ist aber immer die überzeugende Gestalt.

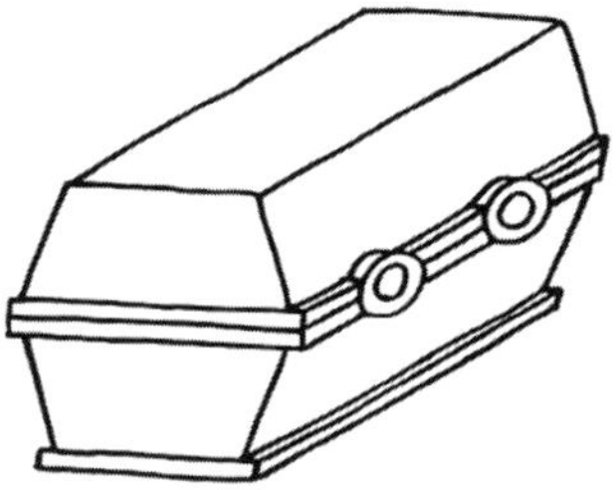

Die gestalterische Fehlleistung ist deutlich erkennbar.

Bild 5.84 Getriebegehäuse

Die oben liegenden Verkleidungen könnten leicht die Assoziation „Sargdeckel“ hervorrufen. Dieser sinnwidrige Eindruck wird lediglich durch die nichtschwarze Farbgebung vermieden.

Bild 5.85 Traktorgezogene Landmaschine

Die Verteilung der Teilkörper einer Maschine sollte folgender Regel folgen:

MD3 Vermeide wuchtige, kopflastige, erdrückende und zerklüftete Baukörper!

Ein recht extremes Beispiel eines zerklüftet wirkenden Baukörpers wurde bereits im Bild 5.10 vorgestellt, aber auch für die alte Ausführung der Steckdose in Bild 5.11 – obgleich recht klein – dürfte der Begriff zerklüftet zutreffen. Ein typisches Beispiel für Kopflastigkeit zeigt die Bohrmaschine in Bild 5.86.

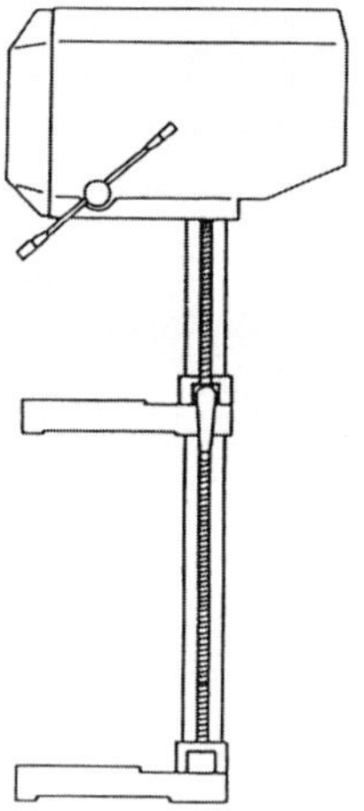

Maschinengestalt wirkt kopflastig und damit optisch instabil

Bild 5.86 Ständerbohrmaschine

Moderne Maschinen bestehen neben dem eigentlichen Maschinenteil mit den kennzeichnenden Arbeitselementen aus weiteren Teilkörpern, z. B. Elektroschränken, Hydraulikaggregaten und dergleichen. Für das Design heißt das:

MD4 Alle Teilkörper in die Gestaltung einbeziehen und beigestellte Geräte möglichst vermeiden.

Hierzu gehören z. B.
– Schutzhauben – Bedienpulte – Steuerschränke – alle designrelevanten Zukäufe
aber auch
– Rohrleitungen – Schläuche – Kabel sofern sie nicht einzeln, sondern im Bündel auftreten
– siehe Abschnitt 5.5.3

Folgende Ergänzungen sind zu formulieren:

MD4.1 Gestalterische Unordnung (Formkonglomerate) sollte nicht verkleidet oder verhüllt, sondern durch Ordnung ersetzt werden – Verkleidungen aus rein optischen Gründen (optische Hüllen) sind abzulehnen!

MD4.2 Formverwandtschaft ist zu bevorzugen, aber nicht zu erzwingen!

MD4.3 Der Baukörper / Teilbaukörper kann lamellenartig bzw. als Rohrbündel aufgebaut sein und trotzdem körperhaft wirken (Bild 5.94).

MD4.4 Lose Bestandteile vermeiden bzw. einschließlich des notwendigen Zubehörs geordnet unterbringen!

Auch die Regel MD4 mit ihren Ergänzungen soll durch bildhafte Darstellungen möglichst umfassend erläutert werden – siehe folgende Bilder.

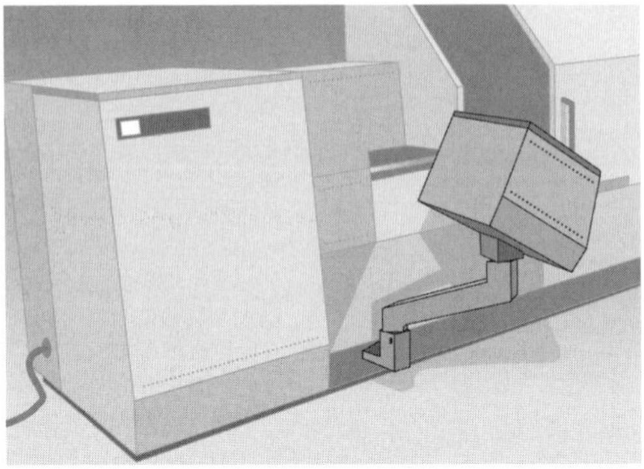

Bild 5.87 *Die Bedienpultkonturen zeigen keine Harmonie mit den Horizontalen und Vertikalen des Maschinenkörpers*

Bild 5.88 *Das Bedienpult dieser NC-Revolverdrehmaschine ist gut in das Maschinenbild einbezogen*

Rechte Bildhälfte: Ordnung zufrieden stellend

Linke Bildhälfte: Ordnung verbesserungswürdig

Bild 5.89 *Rohrleitungen mit gestaltbestimmendem Charakter*

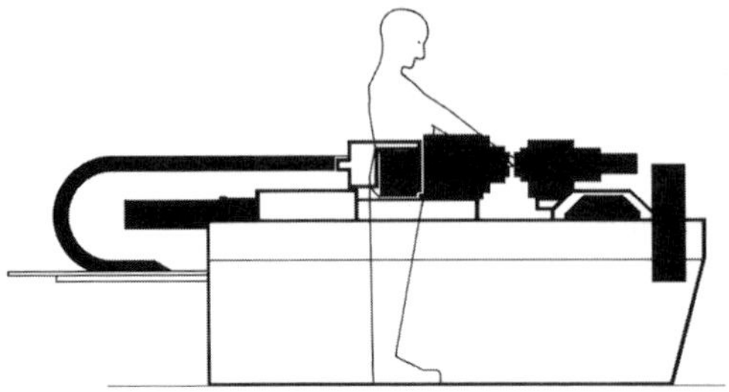

Bild 5.90 *Energieführungskette mit beträchtlichem Einfluss auf das Erscheinungsbild der Maschine [82]*

Bild 5.91 Radialbohrmaschine mit verhüllten Motoren im Sinne einer positiven Beeinflussung des Erscheinungsbildes, Verstoß gegen Regel MD4.1

Die Fremdform der E-Motoren wird durch Farbgebung unterdrückt.

Bild 5.92 Verarbeitungsmaschine

1 Verwandtschaft zum Anhängerkasten

2 Verwandtschaft zum Rad

Bild 5.93 Formverwandtschaft eines Anhängerkotflügels – das Bevorzugen von 1 oder 2 sollte stets unter Beachtung der Gesamterscheinung erfolgen

ursprüngliche Gestalt

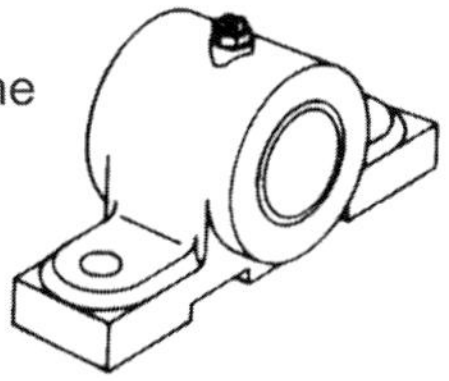

Rippen zur Verbesserung der Kühlwirkung - mit der Rippengestaltung wurde Formverwandtschaft zu kantigen Konturen hergestellt

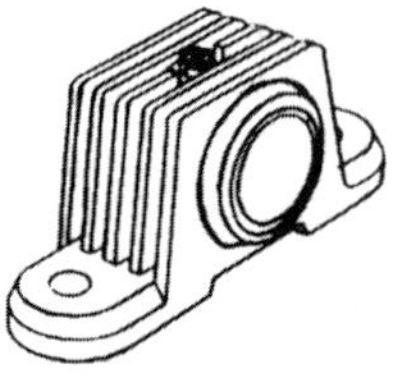

Bild 5.94 Stehlager [70]

Alle ***Zukäufe*** bzw. ***Zulieferungen***, die designrelevant sind, also am Maschinenäußeren in Erscheinung treten, sollten möglichst mit dem Maschinendesign harmonieren. Das bedeutet jedoch, unterschiedliche Gestalt- und Farbauffassungen am Finalerzeugnis zu kombinieren. Nicht selten wird das Erscheinungsbild derartiger Maschinen belastet. Auf Teilgebieten ist das Angebot der Zulieferer sehr umfangreich und lassen sich recht gut passende Zulieferungen auswählen, z. B. bei Handrädern und ähnlichen Bedienelementen. Vollständig abgestimmte Zulieferungen werden sich aber nur bei Erzeugnissen der Großserienfertigung durchsetzen lassen. Bei kleinen Fertigungsmengen muss darauf geachtet werden, dass die gewollte bzw. eigene Gestaltdominanz erhalten bleibt und die Zulieferung das Bild nicht zerstört. Etwas fragwürdig wirkt z. B. der Sechskantfuß des Bedienpultes im Bild 5.115.

Bei vielen Werkzeugmaschinen (Drehmaschinen, Drehautomaten, Rundschleifmaschinen usw.) gehören heute Schutzhauben zur Normalausrüstung, deren Funktion darin besteht, die Ausbreitung von Spänen und Kühlmitteln bzw. Kühlmitteldämpfen zu verhindern. Bei der konstruktiven Entwicklung solcher Maschinen ist von vornherein die Schutzhaube mit einzubeziehen, sonst ist selten ein gutes Ergebnis zu erreichen. Wenn heute der Designer von Anfang an in eine Maschinenentwicklung eingebunden wird, kann mit dem Designmodell ein Vorlauf erreicht werden, der eine geschlossene Lösung garantiert. Die Schutzhaube der Schleifmaschine in Bild 5.104 ist dafür ein positives Beispiel; sie bietet im geschlossenen Zustand einen guten Schutz mit ausgezeichneter Dichtwirkung und behindert im offenen Zustand das Einrichten nicht.

Es bietet sich an, hier auf den Abschnitt 2.4.4 zu verweisen. In der Regel sind die Verkleidungen von Werkzeugmaschinen Blechkonstruktionen, die wesentlich freiere Formenwahl bei Faser-Kunststoff-Verbunden wird kaum genutzt. Vielleicht gelingt es künftig, von dieser Werkstoffgruppe bei Maschinenverkleidungen häufiger Gebrauch zu machen.

Eine immer wieder anzutreffende Erscheinung sind Verkleidungen, die gestalterische Unordnung „verstecken" oder Formverwandtschaft erzwingen sollen – optische Hüllen. Diese optischen Hüllen sind abzulehnen (1 und 2 in Bild 5.91). Die ringförmige Verkleidung 3 der Säulenklemmung fällt selbstverständlich nicht unter diese Kategorie, sondern hat eine funktionssichernde Aufgabe. An dieser Stelle bietet sich mit dem Bild 5.92 ein Vorgriff auf die Farbgestaltung an. Bezüglich der Regel MD4.3 darf auf die zweckmäßige Unterbringung von Formbacken für eine Wickelmaschine im Bild 5.164 verwiesen werden.

Durch funktions- und fertigungsbedingte Trennungen des Maschinenkörpers entstehen Fugen. Neben einfach herstellbaren Fugenformen (z. B. aufgesetzte Türen, Deckel, Klappen – siehe 1 in Bild 5.95) wurden häufig Fugen verwendet, die eine beträchtlichen Herstellaufwand erfordern können (siehe 2 in Bild 5.95) An derartig „versteckten" Fugen müssen die montierten Teile (Gehäuseteile, Gestellteile) durch mechanische Bearbeitung (meist mit handgeführten Werkzeugen, z. B. Handschleifmaschinen) angeglichen werden, da nur so eine gute Übereinstimmung am Stoß zweier Gussstücke erreichbar ist. Die verfahrensbedingten Rohgusstoleranzen lassen auch bei modernen Gießverfahren selten eine ausreichende bearbeitungsfreie Übereinstimmung zu. Der Einfluss der Designer war maßgebend für die Einführung sichtbarer Fugen (Bild 5.96). Dennoch ist aus der Maschinenbaupraxis die arbeitsaufwendige versteckte Fuge immer noch nicht völlig verschwunden, obwohl es keinen überzeugenden Grund gibt, sie weiterhin beizubehalten. Die sichtbare Fuge sollte grundsätzlich bevorzugt werden und kann zur Gliederung des Baukörpers dienen. Bezüglich der fertigungsgerechten Ausführung ist die breite Fuge zu bevorzugen (Bild 5.97, Bild 5.98).

1 - sichtbare Fuge, Deckel/ Tür aufgesetzt

2 - „versteckte Fuge", diese Fugengestalt sollte endgültig der Vergangenheit angehören, die Übereinstimmung der Gussstücke wurde nur durch aufwändiges Verputzen (Handarbeit) erreicht.

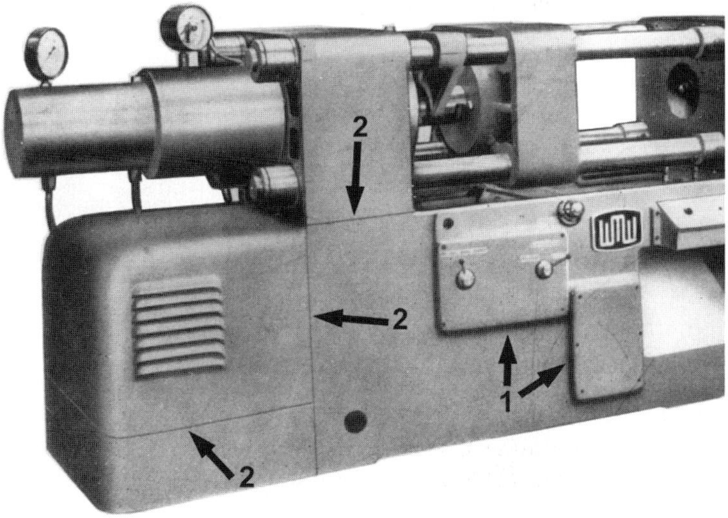

Bild 5.95 Fugengestaltungen 1

Auf eine Übereinstimmung der Gussstücke wurde bewusst verzichtet.

Bild 5.96 Fugengestaltung 2

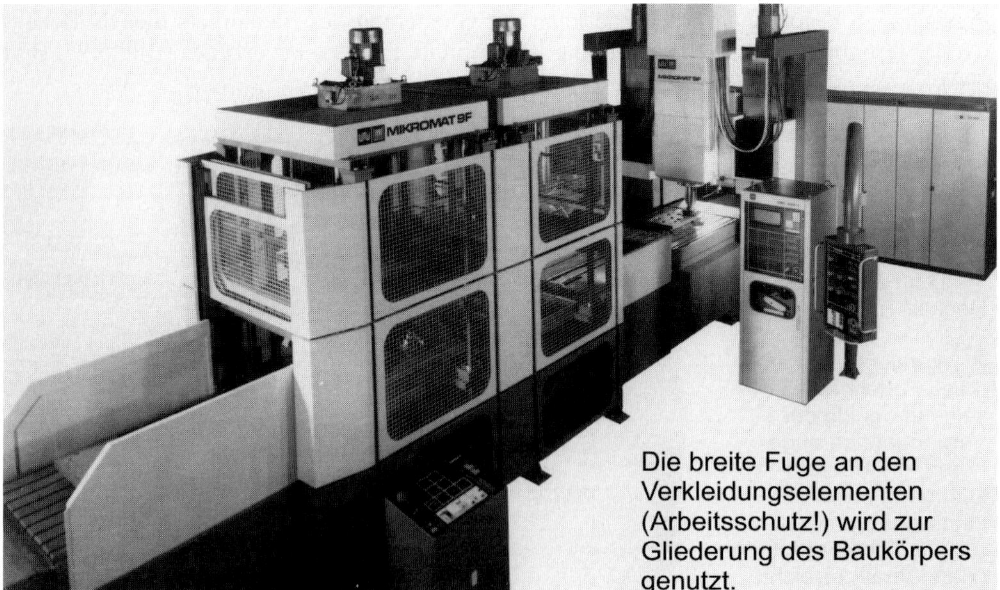

Bild 5.97 Fugengestaltung 3

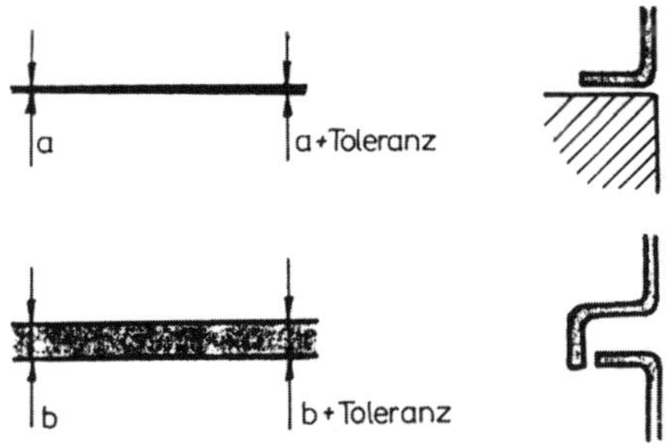

Die breite Fuge b „verschluckt" die Toleranz [nach 46]

Bild 5.98 Fugengestaltung 4

Liegen unterschiedliche Fugenbreiten in einem Blickfeld (Bild 5.99), erzeugen sie negative Eindrücke.

Die ungleichen Fugen wirken störend.

Bild 5.99 Fugen an einem Kommunalfahrzeug

Eng verbunden mit der Fugengestaltung ist die Flanschgestaltung. Der Flansch wird oft für die immer wiederkehrenden Konstruktionsaufgaben „lösbare Verbindung von Gehäuse mit Gestell und von Gehäuseteilen miteinander" genutzt. Flansche werden in der Regel zu häufig angewendet, d. h. auch für die Fälle, für die gestalterisch günstigere Lösungen möglich wären. Da die visuelle Qualität flanschloser Ausführungen mehr anspricht (vgl. die Ausführungen von Bild 5.100 und Bild 5.101) und der Flansch bei abhebender Beanspruchung immer eine Kraftumlenkung mit ungünstiger Biegebeanspruchung darstellt (Bild 5.102), sollte flanschlosen Ausführungen der Vorzug gegeben werden (Bild 5.103).

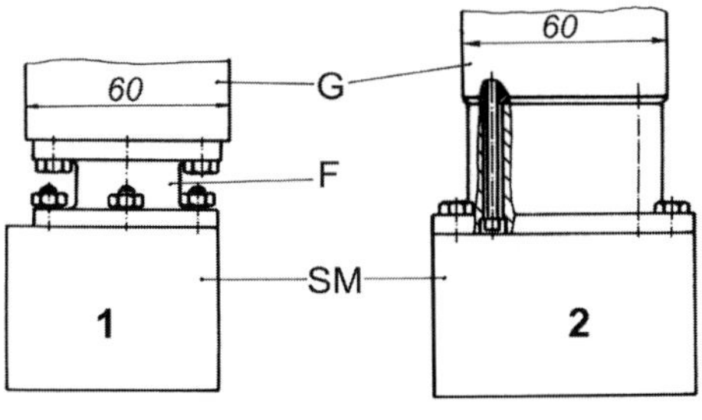

1 Verbindung eines Schrittmotors SM mit einem Getriebe G mittels Doppelflansch F, zerklüftete Erscheinung, Schmutzecken, Schrauben schlecht zugänglich

2 verbesserte Variante

Bild 5.100 Verbindungsflansch

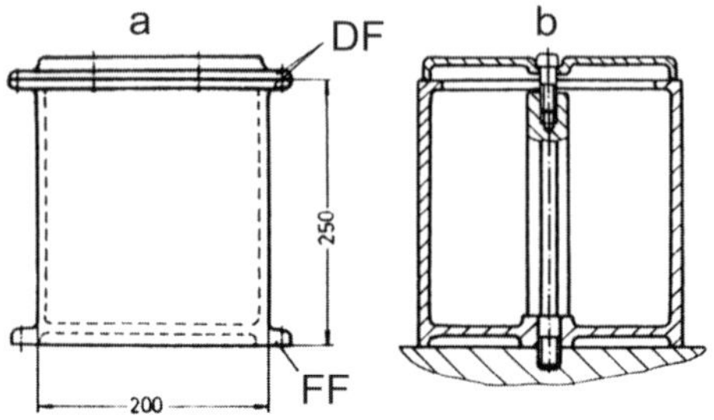

a erster Entwurf mit Fußflansch FF und Deckelflansch DF

b verbesserte flanschlose Variante

Bild 5.101 Ölbehälter

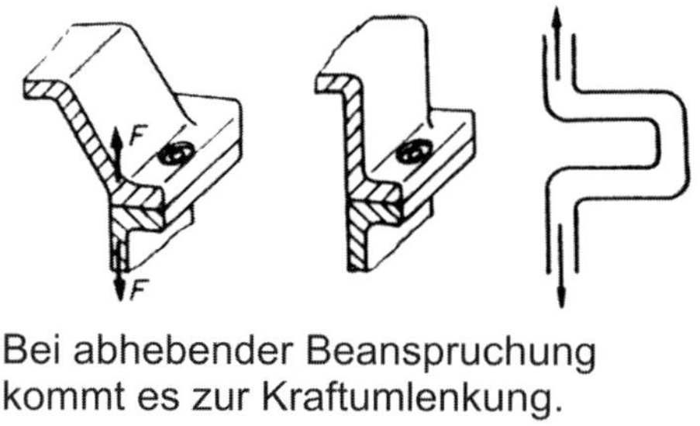

Bild 5.102 Ältere Gehäuseverschraubungen (Schrauben nicht dargestellt)

Bild 5.103 Flanschlose Gehäuseverschraubungen

Die Aussagen zu Fugen und Flanschverbindungen zusammengefasst lauten:

MD5	**Teilfugen nicht verstecken, sondern zur Gliederung des Baukörpers nutzen!** **Flansche beeinflussen das Maschinenbild häufig negativ und stellen Kraftumlenkungen dar – sie sollten vermieden werden!**

Bei stationären Maschinen kann zur maximalen Ausnutzung der Werkstattfläche eine lückenlose Aneinanderreihung wünschenswert sein. Bei Maschinen, die darauf nicht vorbereitet sind, bereitet das mitunter Schwierigkeiten. Entweder entstehen durch hervorstehende Baugruppen schwer zugängliche Bereiche, die sich einer Säuberung entziehen, oder Türen und Klappen für Wartungsarbeiten geraten in unzugängliche Bereiche. Daher gilt für stationäre Maschinen, die für Mehrfachaufstellung in Frage kommen:

MD6	**Gegebenenfalls die Aneinanderreihung mehrerer Maschinen ohne Zwischenräume (Schmutzecken) und ohne Behinderung von Einrichtungs- und Wartungsarbeiten ermöglichen!**

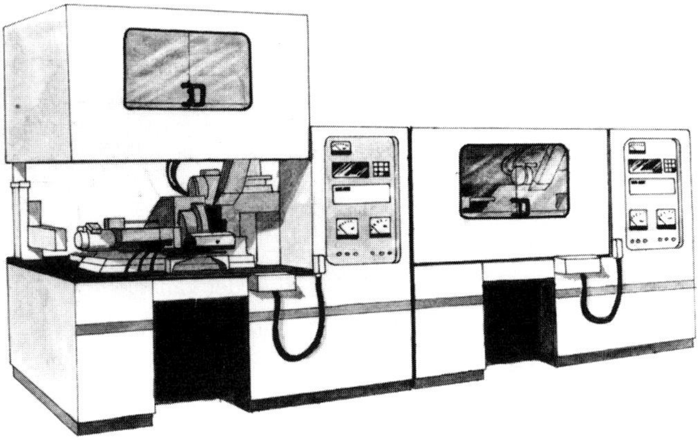

Die Schutzhauben verhindern die Ausbreitung der durch den Schleifprozess vernebelten Kühlflüssigkeit, eine Hubeinrichtung sorgt für gute Zugänglichkeit beim Einrichten, die rundum aufliegende Schutzhaube dichtet den Arbeitsraum gut ab. Mehrere Maschinen können abstandslos aneinander gereiht werden, es entstehen keine schwer zu reinigenden Zwischenräume.

Bild 5.104 Aneinanderreihbare Maschinen – zwei Rundschleifmaschinen mit Spritzschutzhauben

Welche Gestaltungsaufgaben sind aus dem Reinigungsprozess einer Maschine abzuleiten? Sind es Aufgaben der Baukörpergestaltung oder der Feingestaltung? Dass ein zerklüfteter Baukörper – wie in Bild 5.10 vorgestellt – wenig reinigungsfreundlich ist, muss nicht besonders betont werden, und eine großflächige Gestaltung, ob mit ebenen oder gewölbten Flächen ausgeführt, ist zu bevorzugen. Ungünstig ist die scharfkantige Innenkontur, wie durch Bild 5.105 deutlich wird. Ebenso sind stützende Rippen, ob in Guss oder als Schweißkonstruktion ausgeführt, abzulehnen – siehe hierzu Aussagen im Abschnitt Feingestaltung.

MD7	**Reinigen beachten, winklige Innenecken und alle anderen schwer zugänglichen Stellen sind Schmutzsammler und möglichst zu vermeiden!**

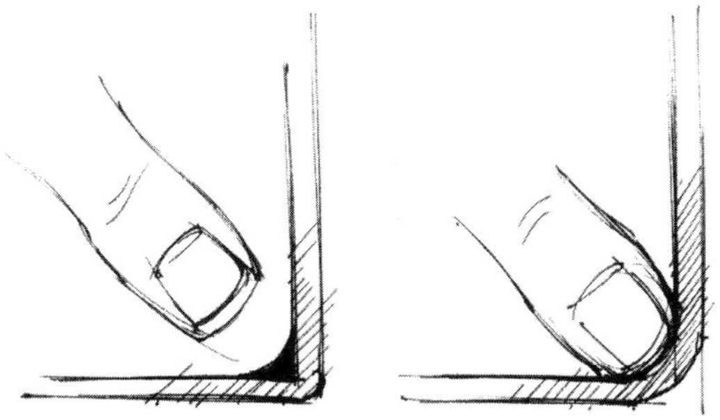

Bild 5.105 Gerundete Ecken sind leichter zu säubern [25]

MD8	**Transport berücksichtigen!**
MD8.1	**Anschlussfertige Kompaktlösungen für Stapler- oder Krantransport bevorzugen!**
MD8.2	**Großmaschinen in gut transportierbare, montierbare und justierbare Einheiten gliedern!**

Die folgenden zwei Bilder sollen Regel MD8 illustrieren. Außerdem sollten Bild 5.23 und Bild 5.28 bis Bild 5.33 beachtet werden.

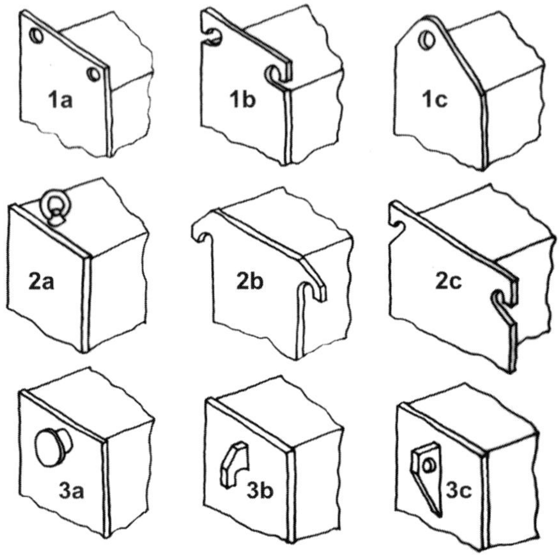

Vor- und Nachteile der Varianten:

1a,b,c und 2b,c: integrierte Lösungen verlangen keinen zusätzlichen Schweißaufwand

2b,c: Werkstoffverbrauch groß

2a: Demontierbare Öse hat die negative Eigenschaft, zum Gebrauchszeitpunkt nicht auffindbar zu sein

3a,b,c: zusätzlicher Schweißaufwand! Die Blechteile dürften aus Blechresten „anfallen".

Bild 5.106 Varianten für Transportösen an einem kleinen Maschinenkörper

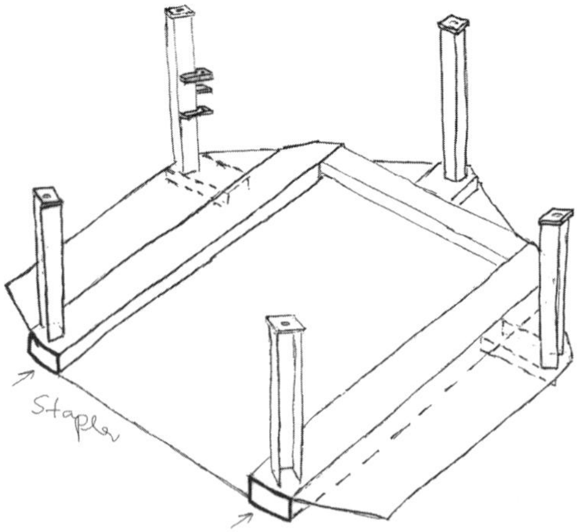

Bereits beim Fixieren der Rahmen-Grundidee in Gestalt einer Handskizze wurde der Transport mit Gabelstapler berücksichtigt (siehe hierzu auch Bild 5.23)

Bild 5.107 Grundrahmen einer Rundtaktmaschine

Die Arbeit des Designers wird nur dann Anerkennung finden, wenn die Bereitschaft besteht, sich den ökonomischen Forderungen der industriellen Fertigung in vollem Maße zu stellen, d. h., ausgehend von einer Zweck bestimmenden und ästhetisch idealen Gestalt des Baukörpers geht es darum, ökonomisch produzierbare Lösungen zu entwerfen. Der Designer hat dem Konstrukteur ein Partner im Streben nach Materialökonomie und fertigungsgerechter Gestaltung zu sein. Um diese Forderung zu erfüllen, müssen dem Designer die technologischen Möglichkeiten des jeweiligen Unternehmens einschließlich seiner ständigen Kooperationspartner und Zulieferer bekannt sein. Nur wer die fertigungstechnischen

Grenzen kennt, wird zu „bezahlbaren“ Designlösungen vorstoßen. Dass heißt nicht, dass diese Grenzen nicht überschritten werden dürfen, denn das wäre eine Absage an ein innovatives Design. Das Überschreiten technologisch üblicher Bereiche muss aber sehr sorgfältig abgewogen werden.

MD9	**Die „designte“ Maschine muss den Anforderungen der Fertigungsgerechtheit entsprechen!**

So wurde ursprünglich das Fahrerschutzdach eines Gabelstaplers (Bild 5.108) aus Strangmaterial hergestellt. Die Fertigungsgerechtheit war gewährleistet. Bei einer gestalterischen Überarbeitung wurde eine neue, recht ansprechende Gestalt gewählt. Die notwendigen Blechteile benötigen jedoch aufwendige Werkzeuge. Nur bei großen Fertigungsmengen ergeben sich hierbei keine Kostenprobleme.

Kantige Konturen des Fahrerschutzdaches und seiner Halterung in fertigungsgerechter Gestalt

Ansprechendere Gestaltung des Schutzdaches und seiner Träger. Das gebogene Rechteckrohr RR ist fertigungstechnisch gut beherrschbar, für den abgewinkelten Blechhohlkörper B sind aufwändige Umformwerkzeuge erforderlich.

Ist die zu erwartende Fertigungsmenge auf diese Kostenposition abgestimmt?

Bild 5.108 Gabelstapler in zwei Versionen

5.5.3 Rohrleitungen, Schläuche, Kabel (RSK) – das vergessene Kapitel

Eine moderne Maschine kommt neben den elektrischen Anschlüssen meist nicht ohne Rohrleitungen für Hydraulik, Pneumatik und andere Medien aus. Weiterhin ist der Anteil der elektrischen Steuer- und Sensorleitungen einschließlich notwendiger Steckverbindungen und dergleichen beträchtlich gewachsen, und ein Wachstumsende ist nicht abzusehen. Alle diese RSK benötigen immer mehr Bauraum, und eine geordnete Unterbringung sollte selbstverständlich sein. Erscheinungen wie in Bild 5.109 sind nicht zu akzeptieren. Sie treten dann auf, wenn weder Konstrukteur noch Designer rechtzeitig eine geordnete Verlegung anstreben.

Bis zur horizontalen Traverse herrscht Ordnung, bei den Schläuchen gab es keine ordnende Hand.

Bild 5.109 Hydraulik-Wirrwarr

Dieses Thema bleibt jedoch in der Konstrukteurausbildung praktisch unerwähnt. Das ist bedauernswert und sollte abgestellt werden. Aber was ist neben der trivialen Aussage „Rohrleitungen, Schläuche, Kabel und Zubehör nehmen immer mehr Bauraum in Anspruch“ sinnvoll machbar? Ein wissenschaftlich fundierter Lösungsansatz wird nicht angeboten und ist wohl auch nicht zu erwarten. Daher wird hier eine Ergänzung der Regeln MD1 bis 9 formuliert:

MD10 Rohrleitungen, Schläuche, Kabel und Zubehör (Rohrverschraubungen, Steckverbindungen usw.) in die Gestaltung einbeziehen und geschützten Verlauf gewährleisten! (Kabelkanäle eingießen/einschweißen, die Kammern von Strangprofilen nutzen)

MD10.1 Insbesondere die Versorgung bewegter Baugruppen beachten!

MD10.2 An mobilen Geräten geordnetes Aufwickeln ermöglichen!

MD10.3 Für alle Kabelführungen reichlich Reservevolumen vorsehen!

Mit Bild 5.89 wurde bereits auf geordnete Rohrleitungen, Kabel und Schläuche hingewiesen – bei Serienfertigung wird es sich nicht vermeiden lassen, den RSK-Verlauf zeichnerisch festzulegen. Bei Tragwerken aus Al-Strangprofilen werden von den Herstellern dieser Baukastensysteme Anschluss- und Verschlusselemente für die Nutzung der Stranghohlräume zur Versorgung mit Medien angeboten – Bild 5.110.

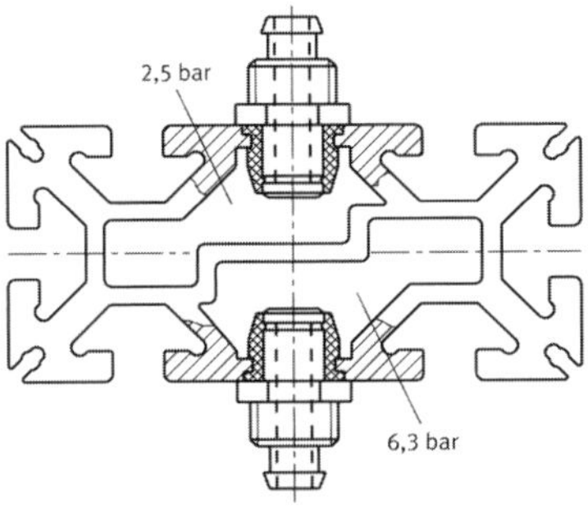

Bild 5.110 Schlauchanschluss über Stecknippel an einem Mehrkammerprofilrohr für Druckluft [29]

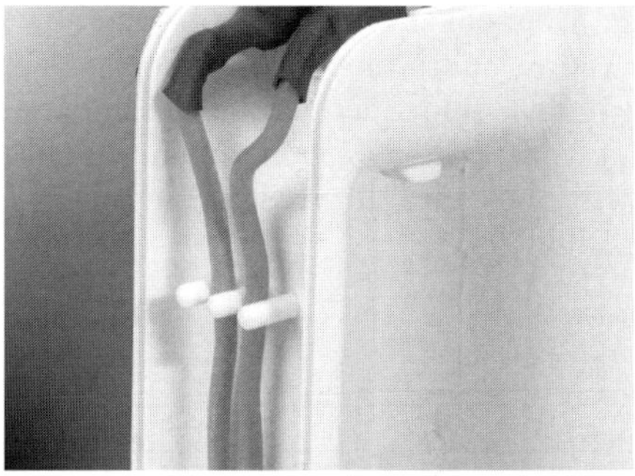

Bild 5.111 Hilfszapfen an einem Thermoplastspritzteil zur geordneten Unterbringung von E-Leitungen [98]

Im Abschnitt Integralbauweise wurde mit Bild 2.19 gezeigt, dass nicht in jedem Fall eine Ölleitung verlegt werden muss. Mit modernen Tieflochbohrern werden inzwischen Bohrtiefen erreicht, die mit Wendelbohrern mehrfaches zeitaufwendiges Ausspanen erforderten. Einen anderen Weg zeigt Bild 5.112. Die Ölversorgung mit eigener Leitung ist auf einige Lagerstellen beschränkt, alle übrigen Schmierstellen liegen im bewusst herbeigeführten „Schmierölregen“.

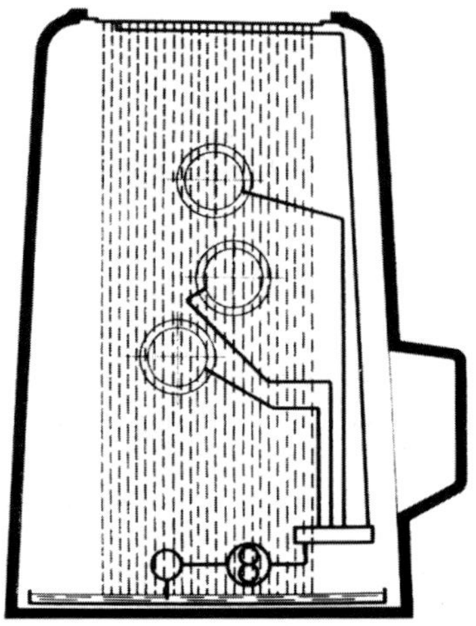

Bild 5.112 „Schmierölregen“ im Antrieb einer Druckmaschine

Dass bei der Verwendung von Mineralguss die gesamte Medienversorgung eingegossen werden kann, wurde bereits mit Bild 5.66 vorgestellt.

Versorgung bewegter Baugruppen

Einige Möglichkeiten der Versorgung bewegter Baugruppen sind in Bild 5.113 dargestellt. Während Kabeltrommeln und Kabelschleppeinrichtungen bei größeren Objekten Verwendung finden, sind Energieführungsketten auch bei mittleren und kleineren Maschinen üblich geworden. Die Kettengrößen sollten unter Beachtung reichlichen Reservevolumens frühzeitig ausgewählt werden, um sie in das Maschinenbild gut einordnen zu können – siehe Bild 5.90.

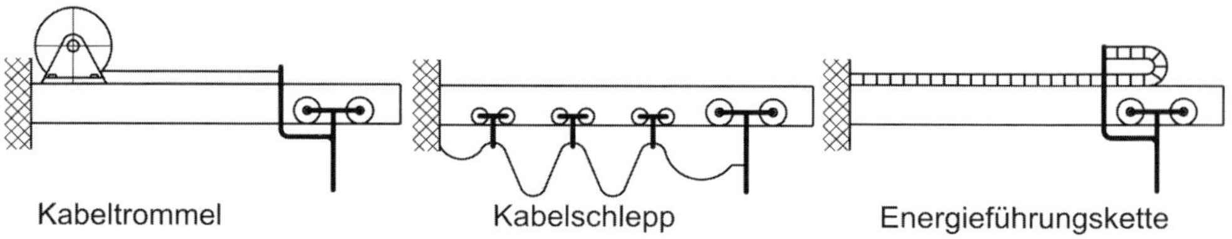

Bild 5.113 Versorgung verfahrbarer Einheiten [29]

Werden mehrere Schichten RSK in einer Energieführungskette untergebracht, sind Kabelbrüche durch Dehnen und Stauchen außerhalb der neutralen Faser vorprogrammiert (Bild 5.114). Sofern die Wege der zu versorgenden Baugruppen relativ klein sind, kann an eine Versorgung mit hängenden Kabeln/Schläuchen wie in Bild 5.115 gedacht werden.

Schlauch- und Kabelbündel in einer Energieführungskette, ***unzweckmäßige*** Ausführung! Scheuerstellen infolge Dehnung und Stauchung außerhalb der neutralen Faser sind vorprogrammiert

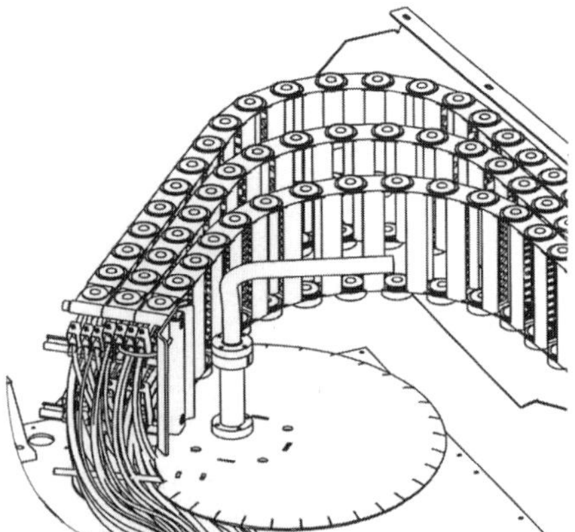

Anstelle des dicken Bündels liegen hier die RSK in jeder Kette nur in einer Ebene, d. h. jeweils in der neutralen Faser; Dehnung und Stauchung entfallen

Bild 5.114 Unterbringung mehrerer Kabelschichten

Bild 5.115 Hängende Kabel und Schläuche zwischen Ständer und senkrecht bewegtem Bohrschlitten

Die in Bild 5.116 dargestellte Versorgung mit stehenden Hydraulikschläuchen ist als gestalterischer Missgriff zu betrachten, da bei jeder Schlittenbewegung das Schlauchbündel hin und her schwankt. Diese unbefriedigende Lösung war dadurch entstanden, dass Hydraulikbaugruppen wegen eines funktionellen Mangels nachgerüstet werden mussten, für eine hängende Unterbringung der Schläuche aber kein Bauraum zur Verfügung stand. Eine horizontale Lage der Schläuche wäre möglich gewesen, verbot sich aber wegen der dabei auftretenden Biegung der Schläuche, was nach relativ kurzer Betriebszeit zum Bruch in der Höhe der Schlauchverschraubung führen würde – beachte Bild 5.123.

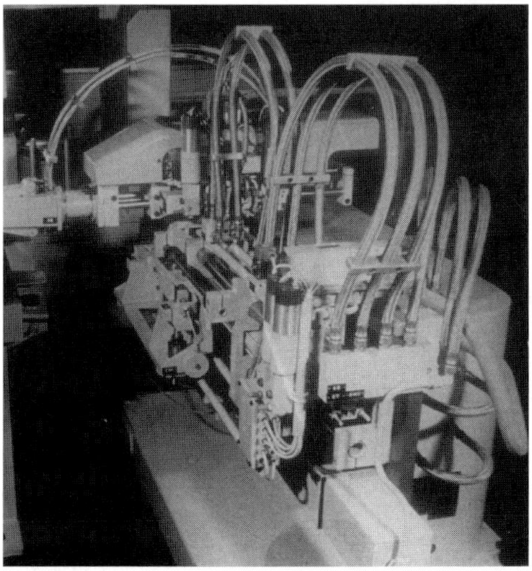

Bild 5.116 Versorgung einer horizontal bewegten Baugruppe mit stehenden Schläuchen, gestalterischer Missgriff (siehe Text)!

Mit Bild 5.117 soll auf verschiedene Schlauchausführungen verwiesen werden. Bild 5.118 zeigt neben dem relativ bekannten Teleskoprohr eine Schiebemuffe, die ebenfalls zur Medienversorgung bewegter Baugruppen anwendbar ist.

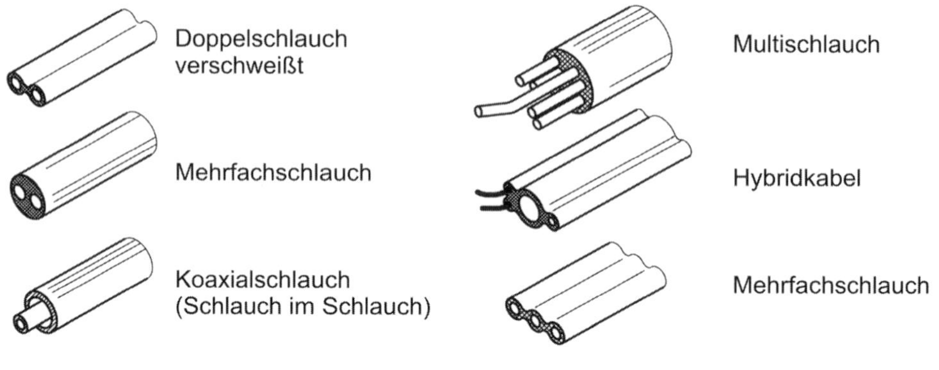

Bild 5.117 Schlauchausführungen [29]

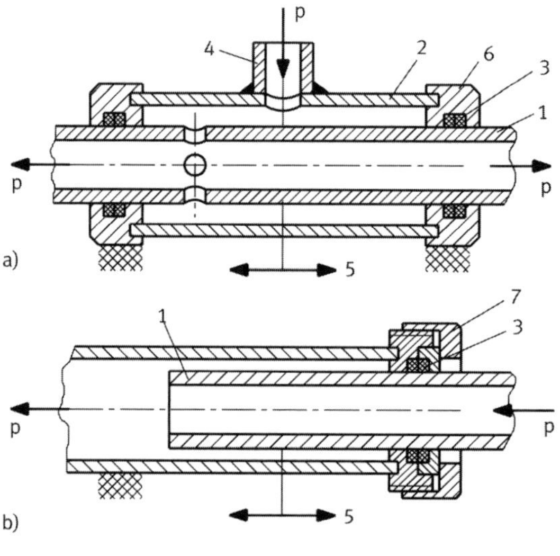

1 Schieberohr
2 Zuleitungsrohr
3 Dichtungspackung
4 Anschlussstutzen
5 Bewegung einer Maschinenkomponente
6 Flansch
7 Überwurfmutter
p Druckluft
a) Schieberohr
b) Teleskoprohr

Bild 5.118 Druckluftübertragung mit beweglichen Rohren [29]

Schläuche und Kabel an mobilen Geräten

Die Ergänzung der Regel MD10 durch die Forderung „an mobilen Geräten geordnetes Aufwickeln ermöglichen“ wird vielfach verletzt. Jedermann kennt diese Erscheinung von der Handbohrmaschine, der Handlampe und dergleichen. Jahrzehntelang wurde daraus keine Gestaltungsaufgabe abgeleitet. Erst in jüngster Zeit findet man gute Lösungen wie bei dem modernen Bügeleisen und den Wasserkocher im Bild 5.119. Eine Halterung für den Stecker fehlt jedoch häufig. An dem mobilen Hydraulikaggregat nach Bild 5.120 ist wenigstens eine sehr einfache Aufwickelmöglichkeit vorgesehen, wünschenswert wäre bei größeren Kabel- bzw. Schlauchlängen jedoch eine Wickeltrommel, wie sie für Verlängerungskabel im Sortiment aller Baumärkte heute selbstverständlich ist.

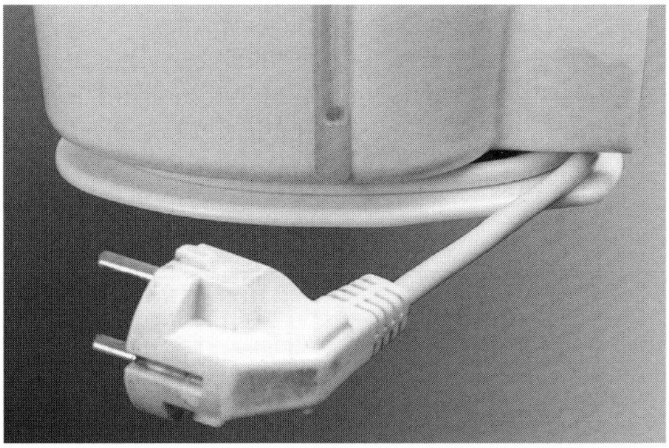

Bild 5.119 Wasserkocher mit Kabelrille [98]

Bild 5.120 Mobiles Hydraulikaggregat

Geschützten Verlauf der RSK gewährleisten

Bild 5.121 Hydraulikleitungen an einer Straßenwalze in gut geschützter Anordnung

Bild 5.122 Fahrwerk eines Großgerätes für den Braunkohleabbau

Der mit der Regel MD10 geforderte geschützte Verlauf ist insbesondere dann zu berücksichtigen, wenn mit rauen Umgebungsbedingungen am Einsatzort der Maschine zu rechnen ist. Das gilt z. B. für Maschinen im Bauwesen und Bergbau. Bild 5.121 zeigt eine Straßenbaumaschine. Im extrem gefährdeten Bereich sind die Hydraulikschläuche sicher untergebracht. Auch die frei liegenden Bereiche dürften durch ihre Lage in der Ecke ausreichend geschützt sein. Wesentlich unbefriedigender ist die exponierte Lage der Schmierölleitungen eines Fahrwerkes für ein Tagebaugroßgerät – Bild 5.122.

Neben den mechanischen Beschädigungen durch unsachgemäßen Umgang ist auch eine sachgemäße Verlegung der Schlauchleitungen zu berücksichtigen. Schläuche sind insbesondere dann gefährdet, wenn Biegung am Übergangsbereich Schlauch – Verschraubung auftritt – siehe hierzu folgendes Bild.

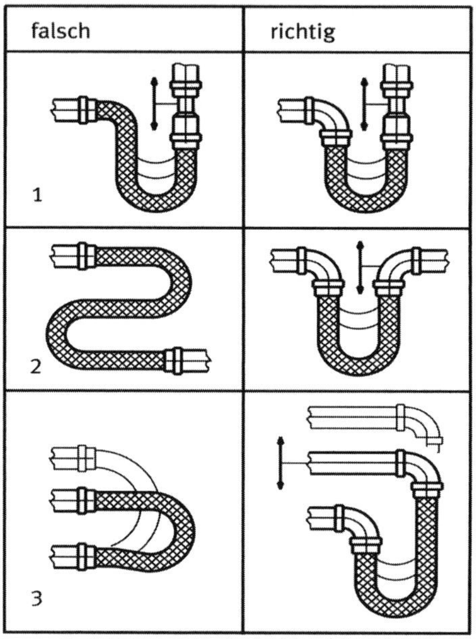

Angaben der Schlauchhersteller beachten!

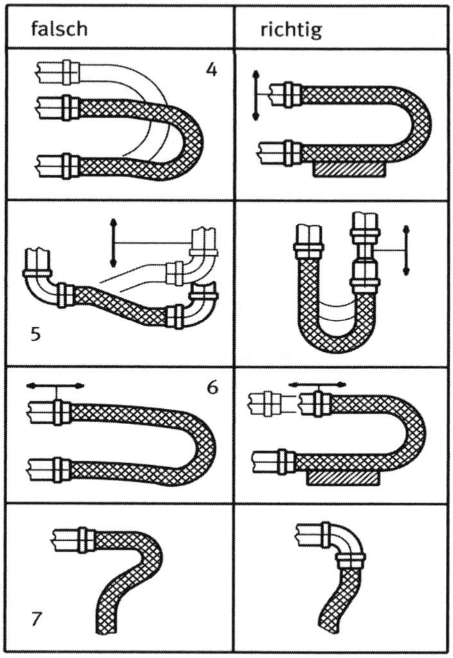

Bild 5.123 Falscher und richtiger Anschluss von Schläuchen [29]

5.5.4 Feingestaltung

Zur Feingestaltung im Maschinendesign gehören die Makro- und Mikroelemente am Maschinenkörper, z. B. die sichtbaren Schraubenköpfe, Rippen, Sicken, aber auch unbearbeitete Laser- oder Brennschnitte. Zwischen der Baukörpergestaltung und der Feingestaltung ist keine scharfe Grenze zu ziehen. So könnte z. B. an einer sehr großen Maschine das Element Flansch auch der Feingestaltung zugeordnet werden. Entscheidend ist, dass Baukörper- und Feingestaltung zu einer harmonischen Gesamtlösung führen. In diesem Sinne kann bei der Feingestaltung eine Rückwirkung auf den Baukörper auftreten, die eine Veränderung des Baukörpers wünschenswert erscheinen lassen könnte. Der Feingestaltung darf keineswegs eine untergeordnete Rolle zugeschrieben werden, da auf dem Markt Detail und Finish eine eminente Bedeutung haben. So spielt nicht selten die gute Durchbildung aller Feinheiten bei Vertragsabschluss bzw. Kauf eine ausschlaggebende Rolle. Dessen muss sich der Produzent während der gesamten Produktionszeit seines Erzeugnisses bewusst sein, d. h., er muss dafür sorgen, dass die einmal erreichte Qualität des Details und im Finish erhalten bleibt. Während der Baukörper einer Maschine innerhalb des Produktionszeitraumes seltener verändert wird, sind viele Details ständigen „Angriffen“ ausgesetzt. Gemeint sind die in der guten Absicht der Produktionsrationalisierung kontinuierlich anfallenden Verbesserungsvorschläge. Designrelevante Veränderungen sollten niemals ohne Zustimmung des für das Erzeugnis verantwortlichen Designers vorgenommen werden. Die eingesparten Fertigungskosten dürfen keinesfalls alleiniger Maßstab sein. Verlorene Marktanteile bringen meist größere Verluste als bei der Fertigung erreichte Einsparungen. Die besondere Gefahr der Detailveränderung liegt darin, dass die erste und zweite Veränderung noch nicht wahrgenommen werden, aber nach mehrfachen Änderungen ein plötzlicher Qualitätsverlust bemerkbar wird, der selten ohne Probleme reparabel ist.

		Erläuterungen und Hinweise
1	Schnittflächen	Brennschnitt- und Laserschnittflächen sollten – sofern sie keine Funktionsflächen sind – unbearbeitet ins Maschinenbild eingeordnet werden.
2	Schweißnähte Schweißpunkte	Schweißraupen werden nur bearbeitet, wenn es die Kerbwirkung bei Dauerbeanspruchung erfordert. Punktschweißverbindungen unsichtbar anordnen- die gezielte Verwendung als grafisch wirksames Element ist denkbar aber schwierig
3	Schraubenverbindungen	Gestaltungselemente sind: – Art der Schraubenköpfe – Anzahl der Schrauben – Schraubenanordnung
4	Rippen	Neben der optischen Wirkung immer die Wirkung als Schmutzsammler beachten, Innenrippen bevorzugen!
5	Sicken und Lüftungsschlitze	Sicken und Sickenbilder sorgfältig ins Maschinenbild einordnen.
6	Sensoren, Endschalter u. ä.	Einzelne Schaltelemente im Sichtbereich wirken in der Regel störend.
7	Rohrleitungen, Schläuche, Kabel und Zubehör	Sind einzeln auftretende Elemente der Feingestaltung, sonst siehe Abschnitt 5.5.2
8	Gebrauchsspuren	Funktionsbedingte Gebrauchsspuren sind durch zweckmäßig ausgewählte Oberflächen ästhetisch zu verkraften.
9	und alle weiteren Kleinelemente im sichtbaren Bereich der Maschine.	

Tafel 5.9 Elemente der Feingestaltung

Die Elemente der Feingestaltung sind sehr vielfältig (siehe Tafel 5.9), und es ist hier nicht möglich, alle Elemente zu behandeln. Die allgegenwärtigen Schraubenverbindungen sowie einige weitere Elemente der Feingestaltung sollen näher vorgestellt werden.

Schraubenverbindungen mit sichtbaren Schraubenköpfen, an vielen Maschinen in unterschiedlichsten Abmessungen und in großer Anzahl vorhanden, sind an Erzeugnissen des täglichen Gebrauchs (z. B. Haushalts- und Küchengeräten, Pkw-Außenhaut und Pkw-Armaturenbrett) fast völlig verschwunden. Teilweise wurden sie durch neue Lösungen ersetzt, z. B. Schnappverbindungen, Klebverbindungen. Teilweise wurden sie auch durch gestalterische Möglichkeiten den Blicken des Nutzers entzogen. Zweifellos ist die unsichtbare Verbindung die elegantere Lösung, die die Reinigungsarbeiten kaum behindert. Daher sind Designzielstellungen, die sichtbare Schraubenköpfe ablehnen, für Maschinen mit hygienischen Anforderungen (Medizintechnik, Lebensmittel- und Genussmittelindustrie) richtig und vom Konstrukteur durchzusetzen. Mitunter werden derartige Forderungen vom Designer aber auch für Maschinen ohne besondere Anforderungen an Hygiene bzw. Sauberkeit erhoben. Inwieweit darf der Konstrukteur diesen Forderungen folgen? Man sollte sichtbare Schraubenverbindungen einschränken, sie für den Maschinenbau aber völlig abzulehnen, darf nicht zur Maxime erhoben werden. Die Lösung nach Bild 5.124 ist keinesfalls zu befürworten. Das gleichmäßige Bohrbild wird zwar dem Begriff Ordnung gerecht, aber allein der Zeitaufwand zum Lösen der Verbindung im Reparaturfall spricht dagegen. Die Verwendung eines ebenen Deckels ist für die gewünschte Dichtwirkung unzweckmäßig, und Designer bzw. Konstrukteur sollten eine günstigere Lösung anstreben.

Allein der vorstellbare Zeitaufwand für das Einschrauben von 46 Schrauben sollte davon abhalten, derartige Schraubenverbindungen zu konzipieren.

Bild 5.124 Deckelverschraubung

Die im Gegensatz dazu stehende schraubenlose Oberfläche des Pkw-Armaturenbretts sollte als Leitbild für Bedientafeln und Bedientableaus im Maschinenbau nur eingeschränkt Gültigkeit haben. Im Reparaturfall würde immer das „Gewusst wie“ für das Lösen der Tafel bzw. der Elemente vorausgesetzt, oder es müsste eine Bedienanweisung zur Hand sein. Die sichtbare Schraube, möglichst sparsam verwendet, erübrigt langes Suchen – Bild 5.126.

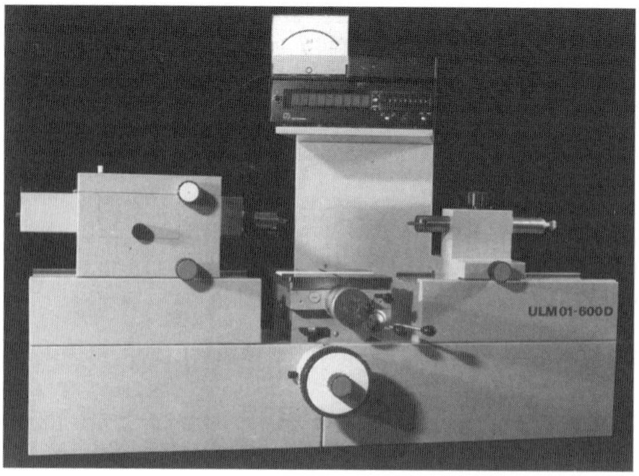

Ist das schraubenlose Erscheinungsbild einer Messmaschine angemessen oder gehört ein derartiges Erscheinungsbild ausschließlich in die Medizintechnik?

Bild 5.125 Messmaschine

Bild 5.126 Die Lösemöglichkeit der Blechverkleidung wird durch die zwei Sichtschrauben eindeutig signalisiert.

Die bei modernen Fenstergriffen übliche Abdeckung der Befestigungsschrauben (Bild 5.127) ist eine elegante und reinigungsgerechte Lösung – die Schraube ist leicht zugänglich und trotzdem den Blicken entzogen. Wer allerdings nicht über den drehbaren Schnappdeckel informiert ist, wird Mühe haben, die Befestigungsart zu erkennen.

Bild 5.127 Verschraubung eines Fenstergriffs: „Unsichtbare“ Schraubenverbindung des Alltags – eine elegante Lösung mit drehbarem Schnappdeckel [98]

Schweißnähte bleiben in der Regel unverputzt und werden im Allgemeinen im Maschinenbild in Kauf genommen. Dass die Naht bei nennenswerten dynamischen Beanspruchungen bearbeitet werden muss, wird hier nicht näher betrachtet. Punktschweißverbindungen an Kfz-Karosserien sind, wie die schon besprochenen Schraubenverbindungen, „unsichtbar“.

Das sollte auch für Verkleidungsteile des Maschinenbaus angestrebt werden. „Verzierungen“ wie in Bild 5.128 sind nicht erstrebenswert.

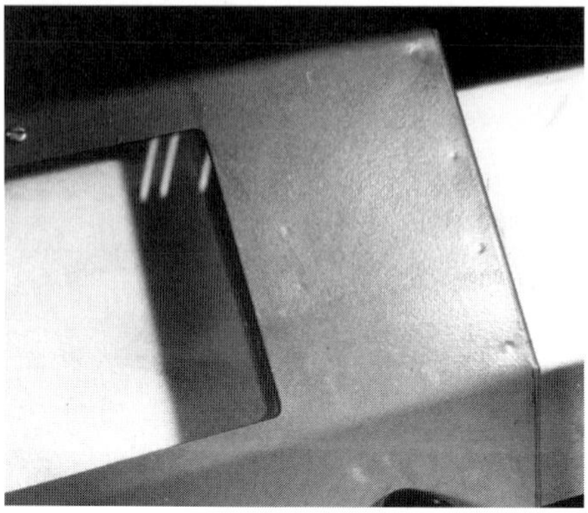

Bild 5.128 Punktschweißung an einer Spritzschutztür: Handwerklich schlecht ausgeführt oder als schmückendes Element gedacht?

Rippen sind allgegenwärtige Elemente an Guss- und Schweißkonstruktionen. Über ihre verformungsbehindernde und spannungserhöhende Wirkung sollte der Konstrukteur unterrichtet sein. Außen liegende Rippen bilden immer Schmutzecken und behindern zusätzlich die Reinigungsarbeiten (Bild 5.129). Da aus Sicht der Festigkeit die Innenrippe in der Regel wirksamer ist, sollte sie der Außenrippe vorgezogen werden.

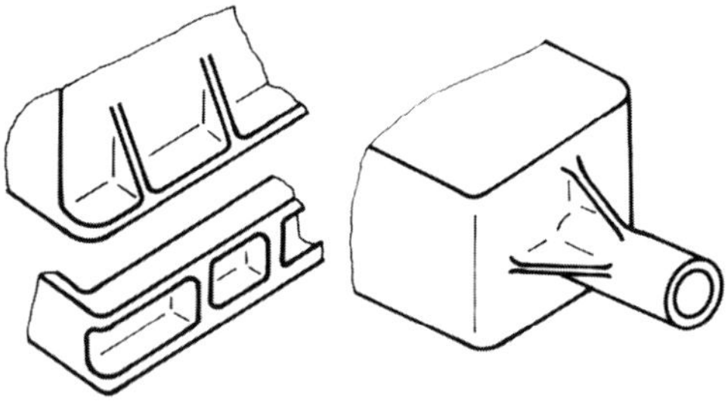

Bild 5.129 Rippen an Gussstücken: Außenrippen sind Schmutzsammler

Sicken wirken optisch als grafische Elemente. Die konstruktive Lösung nach Bild 5.130 wirkt etwas unglücklich, da die recht ansprechende Sickenversteifung des Treibstoffbehälters durch die Spannbänder unschön überdeckt wird. Gegen eine derartige funktionsgerechte Lösung im Inneren einer Maschine gäbe es keinerlei Einwände, am mobilen Pumpenaggregat wird jedoch ein negativer Eindruck erzeugt.

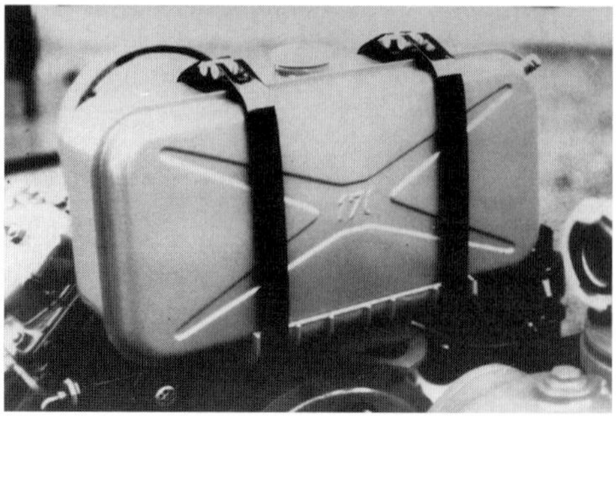

Bild 5.130 Tankbefestigung: Spannbänder sind eine sehr sichere Befestigung. Hier beeinflussen sie das ansehnliche Sickenbild negativ.

An beweglichen Arbeitsraumverkleidungen und ähnlichen Schutzhauben sind Signalgeber heute selbstverständliche Elemente zur Gewährleistung des Arbeitschutzes. Sie sollten aber nicht so angebracht werden wie in Bild 5.131 und Bild 5.132, oder waren sie etwa als Schmuckstücke gedacht? Während ein plastisches Firmensignet schmückend wirken kann, dürfte hier ein derartiger Eindruck ausbleiben.

Bild 5.131 Schaltelement an der Maschinenkontur – das wenig fachmännisch verlegte Kabel verstärkt die Negativaussage.

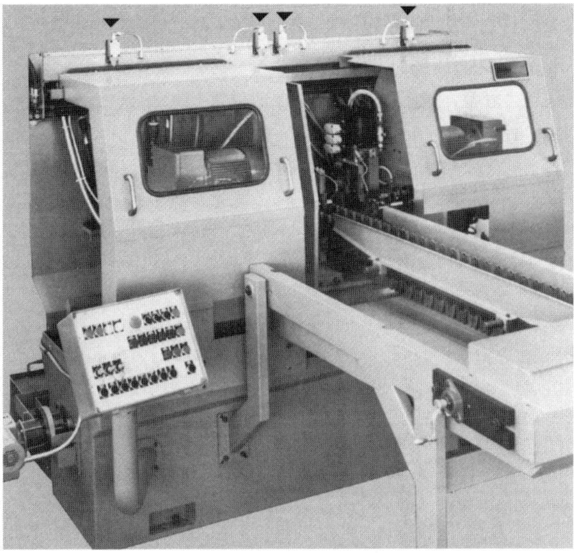

Bild 5.132 Endenbearbeitungsmaschine – Schiebetürsicherung mit „bekrönenden" Schaltern

Die weiteren Bilder zum Thema Feingestaltung sprechen ausreichend für sich und bedürfen keines weiteren Kommentars.

Bild 5.133 Rohrleitung wirkt störend und behindert den Zugang zur mittleren Befestigungsschraube

Die glatte Außenkontur im Rahmenbereich ist den rauen Bergbaubedingungen gut angepasst. Im Widerspruch dazu stehen die Griffe und Riegel an der Motorenverkleidung.

Bild 5.134 Schmalspurlokomotive aus dem Bergbau (Teilansicht)

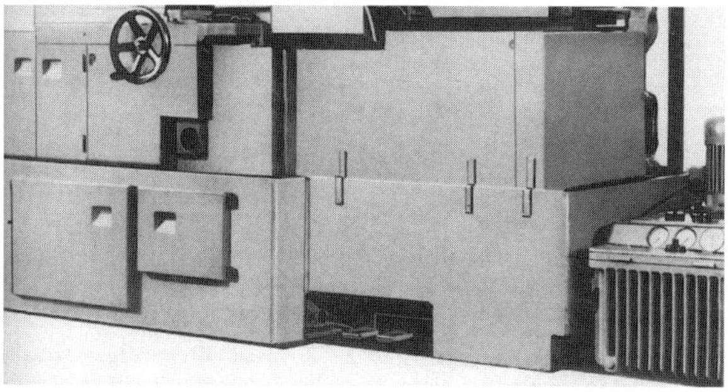

Bild 5.135 Halterung für steckbare Spritzbleche im Bauschlosserdesign: Funktion erfüllt, Aussehen? [33]

Zusammenfassend lässt sich formulieren:

MD11 Alle Makro- und Mikroelemente am Maschinenkörper sollten zu einem geschlossenen Erscheinungsbild beitragen.

5.5.5 Gestaltung der Kontaktzone Mensch – Maschine

Regel MD1.1 fordert, optimale Bedingungen beim Einrichten, Bedienen und Warten zu gewährleisten. Das betrifft die Gesamtheit der psycho-physischen Bedingungen für die ***ständig*** und ***zeitweise*** auszuübenden Tätigkeiten des Menschen an der Maschine. Dazu gehören:

- Aufstellen (siehe Abschnitt 5.3)
- Einrichten/Umrüsten
- Bedienen einschließlich Beschicken und Entnehmen
- Überwachen bei automatischen Maschinen
- Reinigen
- Warten (z. B. Betriebsstoffe ergänzen)
- Instandhalten (Zustand diagnostizieren und Verschleißteile tauschen)
- Konservieren/Entkonservieren wegen zeitweiliger Stillsetzung (z. B. bei Saisonbetrieb)
- Zerlegen für die Verschrottung/Entsorgung

Ein zentrales Anliegen bei allen vorstehend genannten Tätigkeiten ist die Gewährleistung des Arbeitsschutzes. Dabei sollte immer nach dem Grundsatz verfahren werden:

Sicherheit schaffen ist besser als Vorsicht fordern!

Trotz der notwendigerweise zentralen Stellung des ***Arbeitsschutzes*** ist es selten möglich bzw. zweckmäßig, die Entwurfsarbeit mit arbeitsschutztechnischen Überlegungen zu beginnen; ihre ***zentrale Stellung*** sollte dem Entwerfenden jedoch ***ständig gegenwärtig*** sein.

Berücksichtigung zeitweise auszuübender Tätigkeiten

Während dem Gestalten der Bedienzone im Allgemeinen eine angemessene Aufmerksamkeit entgegengebracht wird, ist immer wieder festzustellen, dass die zeitweise auszuübenden Tätigkeiten zum Teil unzureichend beachtet werden. Erkennbar werden derartige Mängel, wenn für Arbeiten außerhalb des ständigen Greif- und Bedienbereiches Podeste, Haltegriffe oder Stufen ergänzt werden müssen. Auch Leitern, Geländer, Hebezeuge sowie Kriechgänge ausreichender Größe gehören dazu. Derartige Hilfsmittel sollten grundsätzlich integraler Bestandteil der Maschine sein – siehe Bild 5.136 und Bild 5.137, denn alle nachträglichen Improvisationen sind in der Regel wenig befriedigend und beeinflussen das Maschinenbild negativ.

Bild 5.136 Stufen mit Rutschsicherung zum Besteigen einer Maschine bei rauen Betriebsbedingungen; Schild „Vorsicht Rutschgefahr" wird nicht benötigt.

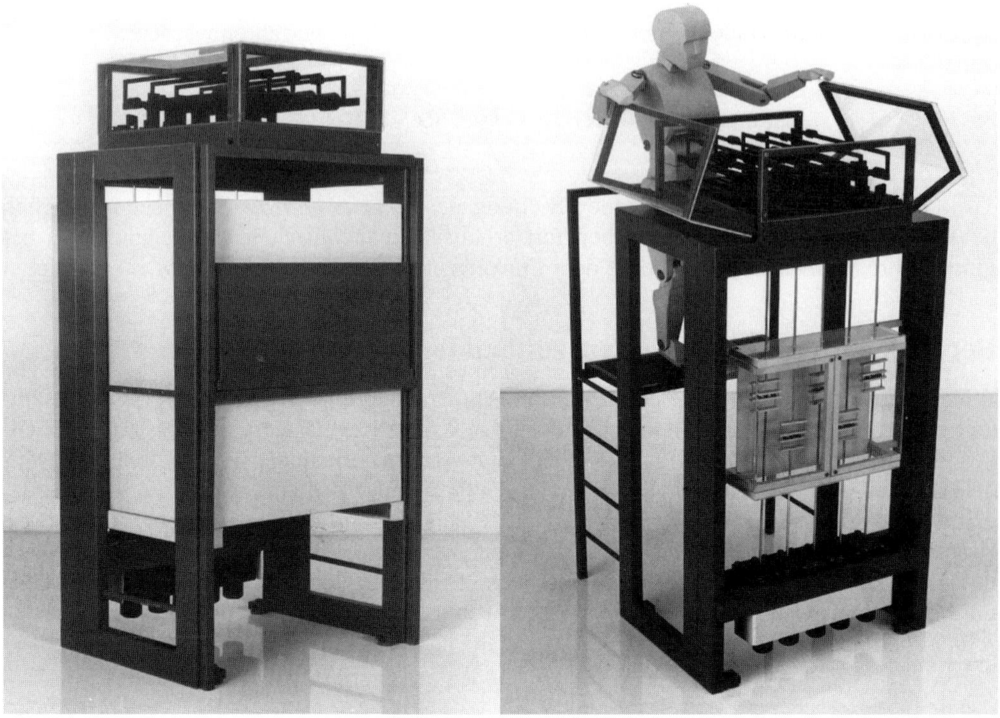

Rückansicht, Arbeitsbühne eingeklappt, Leitern eingeschoben

Vorderansicht, Arbeitsbühne und Leitern in Arbeitsposition

Bild 5.137 Langzeitprüfmaschine (Modellfoto, Design: K.-H. Schaarschmidt)

Wird an größeren Maschinen ein Handlauf benötigt, sollte er keinesfalls wie unter 1 in Bild 5.138 befestigt werden. Wer nur einmal den Handlauf 1 benutzt, spürt „handgreiflich“ die ergonomisch falsche Gestaltung.

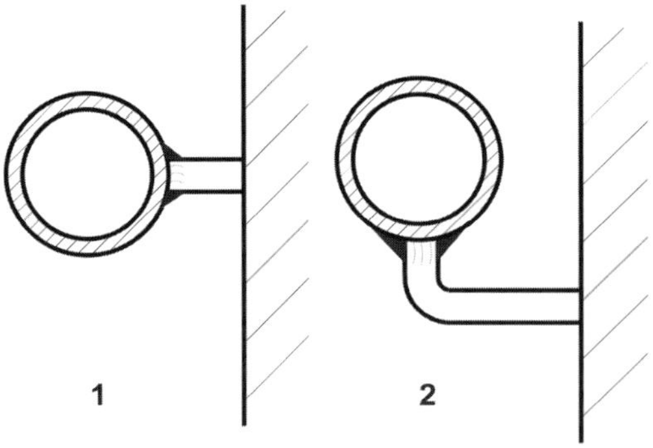

1 Rohrausführung falsch befestigt (an jeder Befestigungsstelle muss die umgreifende Hand gelöst werden)

2 richtig befestigter Rohrhandlauf

Bild 5.138 Handlaufbefestigung

Für Instandsetzungsarbeiten an schwer zugänglichen Bereichen sollten Mindestgrößen für Kriechgänge eingehalten werden – Bild 5.139.

Bezeichnung	minimal zulässig in mm	optimal in mm	Abbildung
Arbeiten in einem Raum; hockend			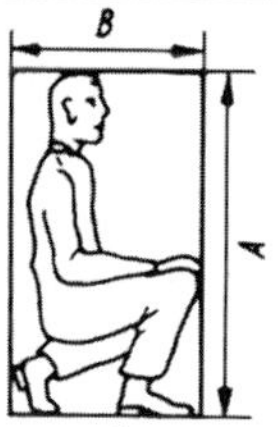
A Höhe	1220		
B Breite	685	915	
Arbeiten in einem Raum; gebeugt			
C Breite	915	1020	
Arbeiten in einem Raum; kniend			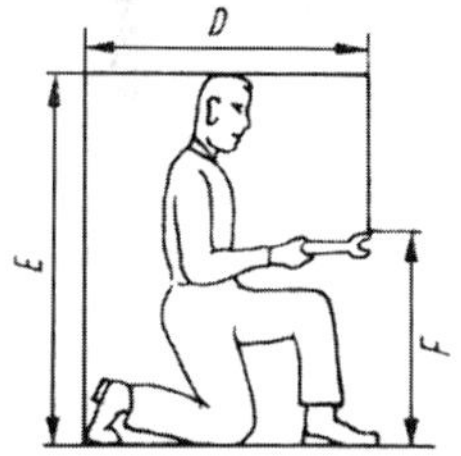
D Breite	1070	1220	
E Höhe	1420		
F Höhe des Arbeitspunktes		585	

Bild 5.139 Mindestgrößen für Kriechgänge [73]

Kühlmittelbehälter einschließlich Pumpe bedürfen zeitweise einer Wartung und sollten daher gut zugänglich sein. An vielen Maschinen sind diese Aggregate beigestellt und widersprechen damit der Regel MD5. Der Konstrukteur einer Messerschleifmaschine wollte eine geschlossene transportierbare Einheit und entwarf zunächst die Variante 1 in Bild 5.140. Da der Unterbau dieser Maschine ungenutzt war, wurde Variante 2 entwickelt. Die Zugänglichkeit ist noch ausreichend und andererseits ist die Stolpergefahr durch das auskragende Aggregat beseitigt.

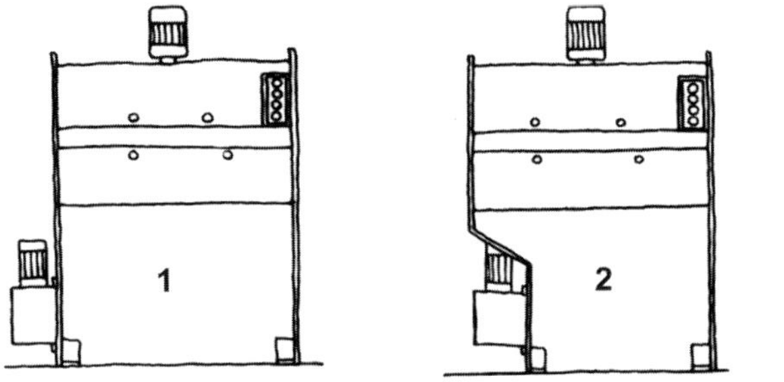

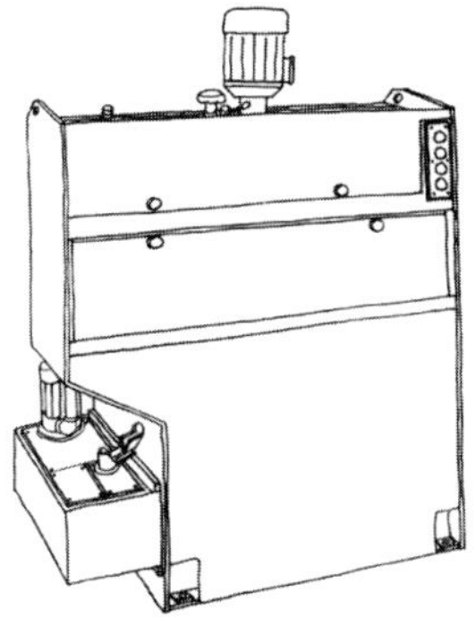

Der Behälter für Kühlflüssigkeit muss zur Wartung gut zugänglich sein; Variante 2 wurde bevorzugt.

Bild 5.140 Messerschleifmaschine, zwei Varianten (Gestaltung: R. Peschel)

Müssen verschraubte Deckel oder Klappen häufiger geöffnet werden, könnte eine Betätigung ohne Schraubenschlüssel erwogen werden. Die Verwendung klappbarer Augenschrauben ist in solchen Fällen sehr vorteilhaft, da keine losen Teile „verschwinden" können. In der Literatur werden für derartige Fälle immer noch Flügelmuttern nach DIN 315 erwähnt, allerdings ohne den Hinweis, dass es sich um sehr ungeeignete Gebilde handelt, die nur für sehr geringe Anziehmomente geeignet sind. Wer Flügelmuttern mit der Hand ***kräftig*** anziehen will, wird Schmerz verspüren, wird eine Zange benutzt, ist das Abbrechen der Flügel vorprogrammiert. Der Kegelgriff DIN99 ist deshalb unbedingt zu bevorzugen – Bild 5.141.

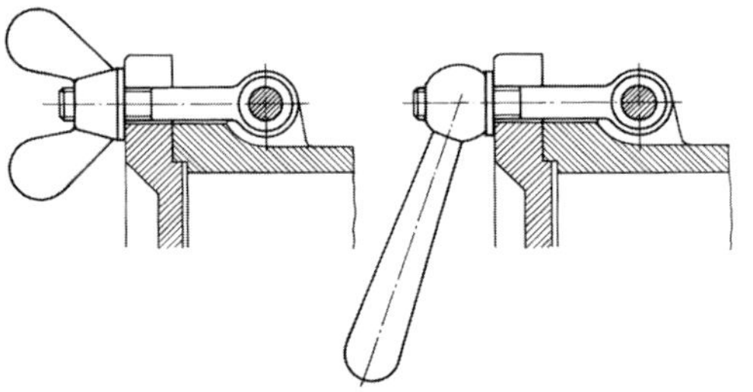

Die Flügelmutter DIN 315 ist nur für **sehr** geringe Anziehmomente geeignet, ergonomisch ist sie ein Missgebilde! Kegelgriffe DIN 99 sind zu bevorzugen!

Bild 5.141 Deckelbefestigung mit unverlierbarer Schraube [11]

Die bisherigen Ausführungen zur Gestaltung der Kontaktzone Mensch – Maschine lassen sich folgendermaßen zusammenfassen:

MD12 Stets alle Bedienaufgaben beachten! (vom Aufstellen bis zum Verschrotten)

MD12.1 Zugänglichkeit für alle Bedienaufgaben – insbesondere die zeitweisen – durch Podeste, Steighilfen, Stufen, Griffe, Leitern, Arbeitsbühnen, Kriechgänge usw. sichern!

Gestaltung der Bedienzone – die eigentliche Kernaufgabe

Nach Abschnitt 5.5.2 „Baukörpergestaltung – die Kernaufgabe des Maschinendesigns" schon wieder eine Kernaufgabe und nun sogar der eigentliche Kern? Dieser scheinbare Widerspruch bedarf einer Erläuterung:

> Die Arbeiten am äußeren Erscheinungsbild einer Maschine werden deshalb als Kernaufgabe bezeichnet, weil der Gesamteindruck beim potenziellen Interessenten einen wesentlichen Einfluss auf die Kaufentscheidung ausüben kann (siehe hierzu z. B. Bild 5.10, Wow-Effekt auf der gleichen Seite). Völlig anders und erheblich intensiver sind der ***Kontakt des Bedieners*** mit der Maschine ***während der gesamten Arbeitszeit*** und der Einfluss auf sein Wohlbefinden und damit auf die Leistungsfähigkeit des Systems „Mensch – Maschine".

Für diese Gestaltungszone geht es hier nicht darum, die Spezialliteratur dieses Fachgebietes wiederzugeben, sondern lediglich darum, eine Übersicht zu vermitteln, um diese Literatur gezielter befragen zu können bzw. mit dem Spezialisten (Ergonom, Arbeitsgestalter) effektiv zusammenzuarbeiten.

Soll eine Arbeit menschengerecht sein, dann

- **muss der Arbeitsplatz den Körpermaßen entsprechend gestaltet sein,**
- **muss die Arbeit den Körperbewegungen und -kräften angepasst sein,**
- **müssen Arbeitsgegenstände und Arbeitsinformationen vom menschlichen Sinnesapparat wahrgenommen werden können,**
- **dürfen Dauerleistungsgrenzen ohne entsprechende Pausen nicht überschritten werden,**
- **muss die Arbeitsumgebung möglichst angenehm gestaltet sein, zumindest müssen Schäden durch Lärm, Hitze, gesundheitsgefährdende Stoffe usw. vermieden werden.**

(vollständig zitiert aus [47])

Gestaltung von Steh- und Sitzarbeitsplätzen

Die ***maßliche Anpassung des Bedienplatzes*** an den menschlichen Körper soll für 95 % der infrage kommenden Bevölkerung ausgelegt sein. Entsprechende Zahlenwerte einschließlich zumutbarer Körperkräfte für die Bedienung von Steuerhebeln, Handrädern, Finger- und Fußstellteilen usw. sind [47] bzw. [78] zu entnehmen. Ebenfalls dort auffindbar sind:

- Maße für Sitzarbeitsplätze einschließlich der Bemessung des Beinfreiraumes
- Maße für das Blickfeld (z. B. die Lage von abzulesenden Instrumenten bezogen auf den Bediener).

Eine sehr beeindruckende Lösung für einen Sitzarbeitsplatz ist das Cockpit eines Autokranes – Bild 5.142. Der Sitz ist um 21° nach hinten schwenkbar. Vorauslaufende Studien hatten ergeben, dass der Kranführer über lange Zeit nach oben blicken muss, wobei Nackenschmerzen unvermeidbar waren. Alle Bedienfunktionen sind in die Armlehnen integriert und kippen zusammen mit dem Sitz nach hinten, sodass sich die Lage der Bedienelemente zum Sitzenden nicht verändert.

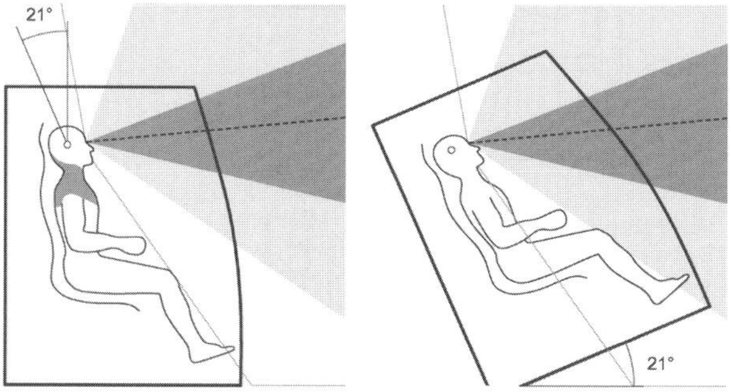

Bild 5.142 Sitz für Autokran-Cockpit, die häufige Blickrichtung, sehr weit nach oben, wird durch einen kippbaren Sitz „entschärft“. (Fa. Liebherr, Design: Design Tech, Ammerbuch))

Die zusammenfassende Gestaltungsregel lautet:

MD13 An Steh- und Sitzarbeitsplätzen für natürliche Körperhaltung sorgen und die maßliche Anpassung auf 95 % der infrage kommenden Bevölkerung abstimmen!

Bezüglich des Maschinenexports in Länder mit kleineren Körpergrößen (z. B. Fernost) sind andere Maße als für den europäischen Raum zu beachten – siehe auch [47] und [78].

Bedienelemente und Greifraum

Bei der Auslegung von Arbeitstischen und Bedienständen sind die Erreichbarkeitszonen zu beachten.

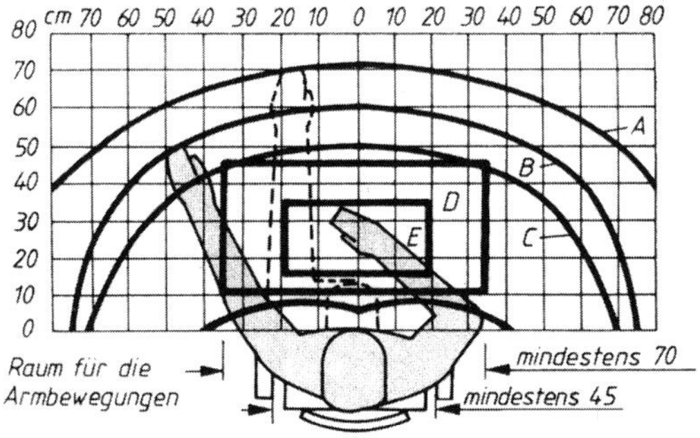

In den Zonen D und E sind die raschesten, genauesten, koordiniertesten und am wenigsten ermüdenden Bewegungen möglich [47]

Bild 5.143 Erreichbarkeitszonen in der horizontalen Ebene

Um den in Bild 5.143 gekennzeichneten Greifraum nicht zu überschreiten, müssen mitunter Einrichtungen geschaffen werden, wie in Bild 5.144 dargestellt.

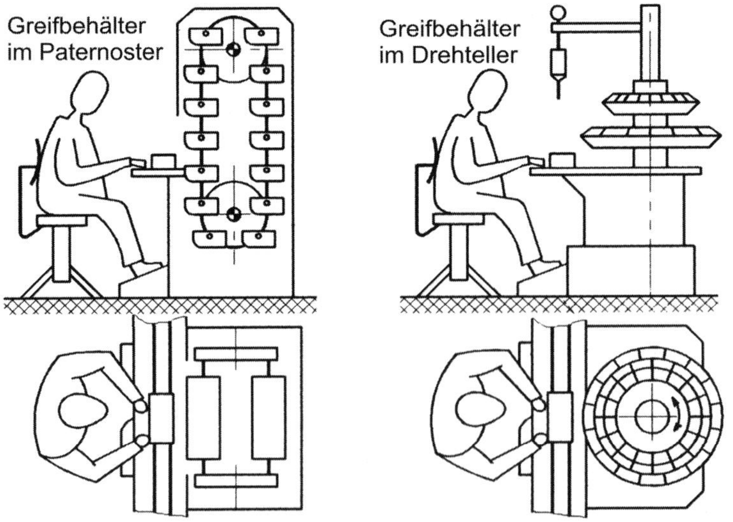

Bild 5.144 Beide Einrichtungen können den Arbeitsplatz von Bild 5.8 verbessern. [53]

Mit dem gleichen Ziel wurde für eine teilmechanisierte Formanlage mittelgroßer Gießerei-Formkästen wurde eine Kippeinrichtung für das Einlegen der Kerne vorgesehen.

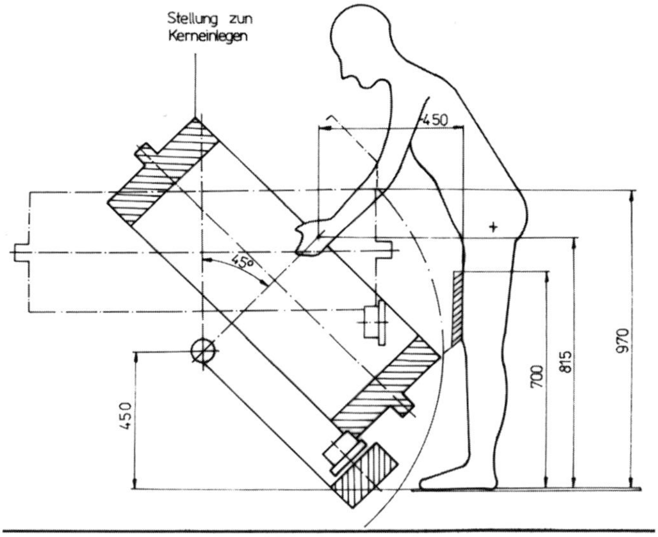

Für das Kerneinlegen wird der Formkasten aus der horizontalen Lage herausgekippt.

Bild 5.145 Kerneinlegestation einer Fließstrecke zum Füllen und Formen von Gießereikästen.

Beschriftung oder symbolische Zeichen?

Sofern noch Zeigerinstrumente zur Anwendung kommen, dürfte der aus Bild 5.146 herauslesbare Hinweis bei der Auswahl der Instrumente nützlich sein.

Sichere Aussage erfordert längere Ablesezeit.

Außenstehende Zahlen können nicht verdeckt werden.

Bild 5.146 Sicheres Ablesen gewährleisten! [78]

An Stelle von Zahlenwerten oder Beschriftungen kann aber durchaus auch mit einer eindeutigen Symbolik bzw. Grafik gearbeitet werden, wie in den folgenden Bildern zu sehen ist.

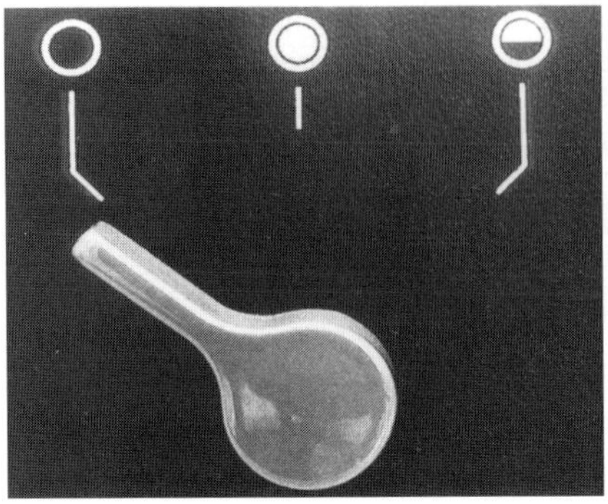

Ein, Aus und halbierte Leistung – eindeutig ohne Beschriftung [Fa. Braun]

Bild 5.147 Dreistellungsschalter

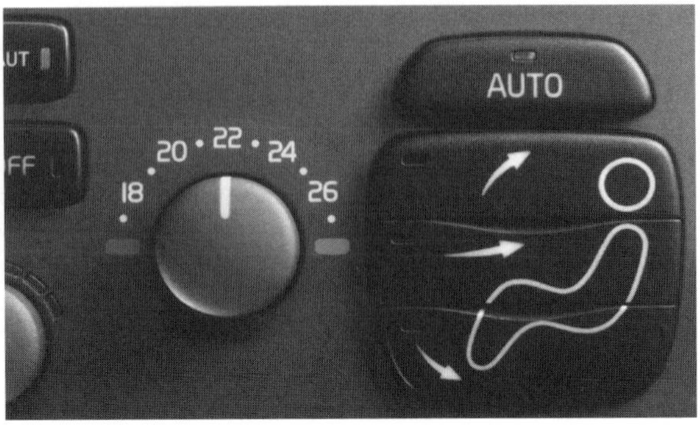

Bild 5.148 Schaltelemente zum Lenken des Luftstroms einer Pkw-Klimaanlage [Volvo]

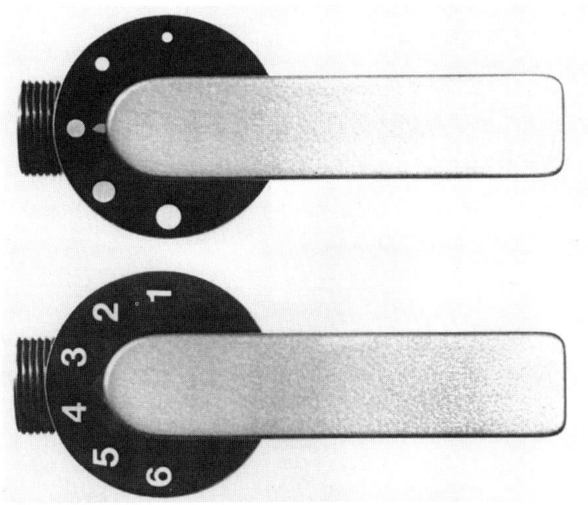

Bei der Variante ohne Zahlen kann die Einbaulage variiert werden, ohne dass die Skalenscheibe verstellbar sein muss.

Bild 5.149 Skalen für ein Ventil (zwei Varianten)

MD14 Bedienelementkennzeichnung mit eindeutiger Symbolik gegenüber Beschriftung bevorzugen!

Die Entwicklung solcher symbolhafter Elemente ist eine Teilaufgabe der Maschinengrafik und sollte vorzugsweise einem Designbüro übertragen werden – siehe auch Abschnitt 5.5.6. Weitere Wege zur sicheren Erkennbarkeit zeigen Bild 5.150 und Bild 5.151. In beiden Fällen geht es um taktile Erkennbarkeit, sodass eine Blindbedienung möglich wird, d. h., die visuelle Aufmerksamkeit kann dem Arbeitsgegenstand zugewandt bleiben, Finger oder Hand „erkennen“ das Schaltelement nach kurzer Anlernphase. Ist die Stellgröße vom Drehwinkel abhängig, sollte ein bestimmendes Formelement vorhanden sein.

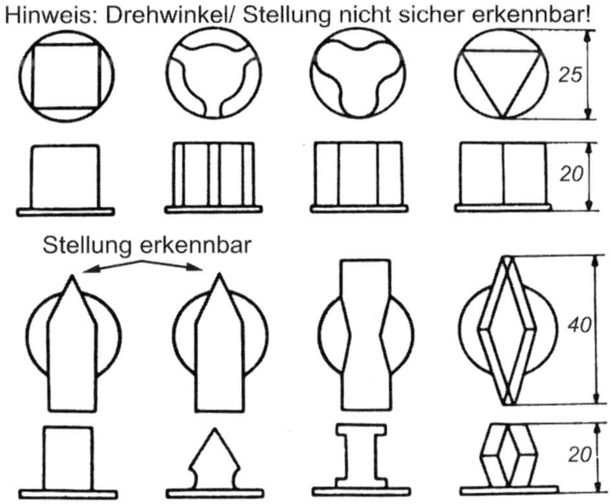

Taktile Erkennbarkeit ermöglicht Blindbedienung bei kurzer Lernphase

Bild 5.150 Schaltelemente

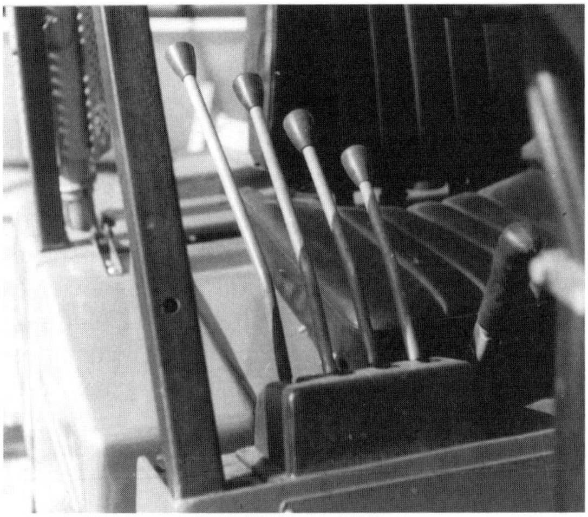

Die verschiedene Länge der Hebel erlaubt die Blindbedienbarkeit; der Fahrer kann ständig die Last beobachten.

Bild 5.151 Bedienhebel an einem Gabelstapler

MD15 Bedienelemente im Greifbereich gut zugänglich und leicht unterscheidbar konzentrieren – Blindbedienung ermöglichen!

Welchen Wert die gute Gestaltung eines Betätigungselements hat, kann man wohl kaum ermessen, wenn man nicht mit schlecht gestalteten Erzeugnissen – im wahrsten Sinn des Wortes – in Berührung gekommen ist. Der lange Weg vom Drehschalter bis zum modernen Lichtschalter ist dafür ein Beispiel.

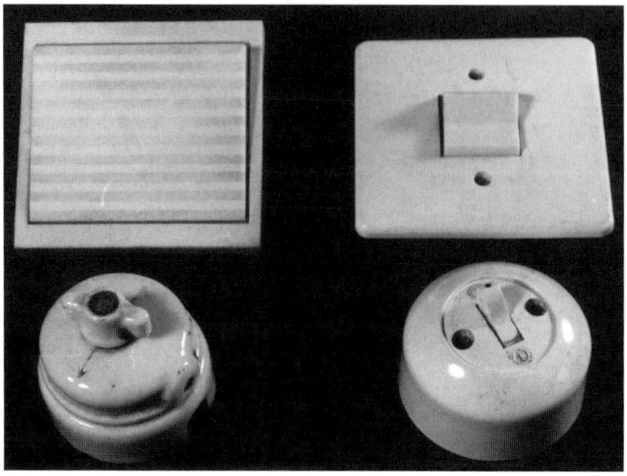

unten links: Drehschalter in Porzellanausführung, etwa 1920, Betätigung ist umständlich!

unten rechts: Kippschalter ab 1930, zielgenaues Greifen erforderlich!

oben rechts: Zwischenstufe auf dem Weg zum ergonomisch günstigen Schalter der Jetztzeit.

oben links: Leichte Betätigung möglich, auch bei Dunkelheit oder bei vollen Händen mit dem Ellenbogen.

Bild 5.152 Der lange Weg der Lichtschalterentwicklung für die Hausinstallation

Die Türklinke ohne Holzgriffstück in Bild 5.153 lässt schon beim reinen Anblick „erfühlen", dass hier Greifvolumen fehlt. Den Griff ins Leere schätzt die Hand nicht, sie will ballig geführt werden, und Greifvolumen ist notwendig, z. B. Messergriff, Feilengriff, Hebel mit Griffkugel, Ballengriff nach DIN39.

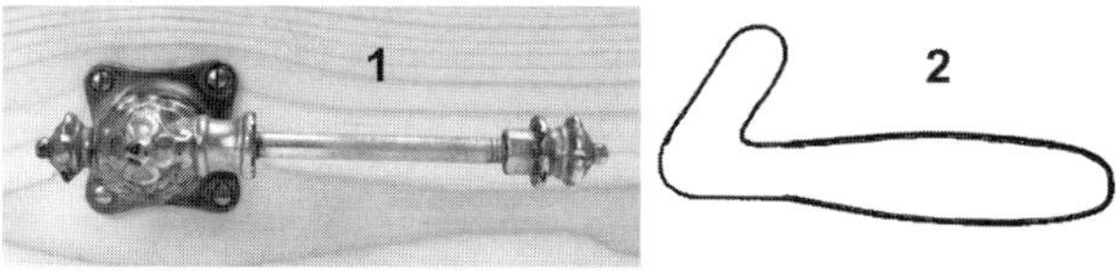

1 Hölzernes Griffstück fehlt, die Hand greift fast ins Leere!
2 Greifvolumen

Bild 5.153 Türklinken [98]

Gut gestaltete Betätigungselemente müssen zur richtigen Betätigung ohne Bedienanweisung auffordern. Über die Betätigung einer Türklinke weiß jedermann Bescheid – wie ist es jedoch mit dem Ring am Kastenschloss in Bild 5.154? Dieses Schloss war einmal weit verbreitet, ist aber heute nur noch selten in alten Gebäuden anzutreffen. Dem nicht Informierten bietet es keine „Betätigungsanweisung", und Beobachtungen haben ergeben, dass junge Leute von heute beim ersten Kontakt mehrfache Öffnungsversuche benötigen.

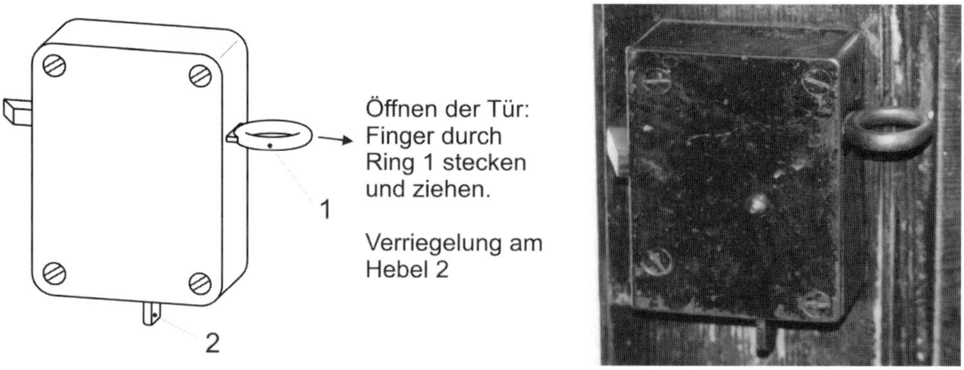

Bild 5.154 Aufgesetztes Kastenschloss bei WC-Türen (evtl. noch in Altbauten anzutreffen)

MD16 Bedienelemente sollten zur sachgemäßen Betätigung auffordern!

Neben dem eigentlichen Griff muss auch das Griffumfeld ausreichend groß sein. Für das Öffnen des Verschlusses einer kippbaren Ladeschale eines Spezial-Lkw blieb das Griffumfeld unzureichend beachtet – Bild 5.155. In der abgebildeten Stellung ist der Hebel schwergängig, er lässt sich nicht umgreifen und seine Betätigung ist schwierig. Der Konstrukteur hatte die Justiernotwendigkeit der Hebelstellung zur Kompensierung der Fertigungstoleranzen übersehen.

In der Stellung „Zu" ist die Betätigung des Hebels wegen des fehlenden Umgriffs erschwert!

Bild 5.155 Schwergängiger Verschlusshebel

Jedes Handrad mit Kurbelgriff muss beim Drehen der Kurbel freies Drehen ohne Klemmen oder Quetschen der umgreifenden Finger zulassen. Am Reitstock nach Bild 5.156 besteht der Engpass *A*. Während die Spitzenhöhe *S* vorgegeben war, sollte Maß *H* (Dicke des brückenartigen Reitstockgrundkörpers) möglichst groß sein, um eine hohe Steifigkeit zu gewährleisten. Der maßliche Kompromiss zwischen ausreichendem *A* (Wie dick sind die Finger des Bedieners?) und großem *H* bereitete dem Konstrukteur nennenswerte Probleme.

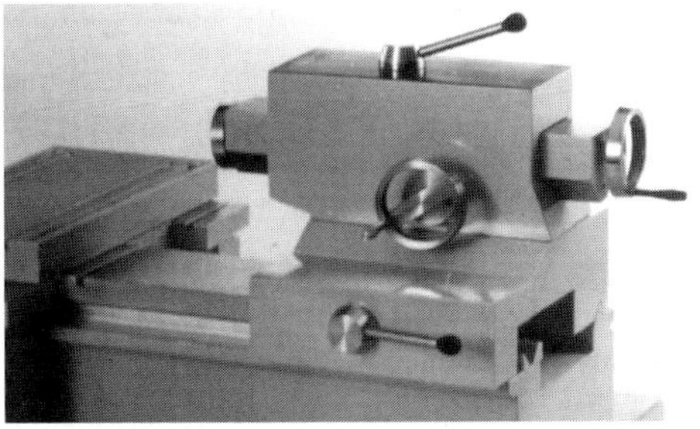

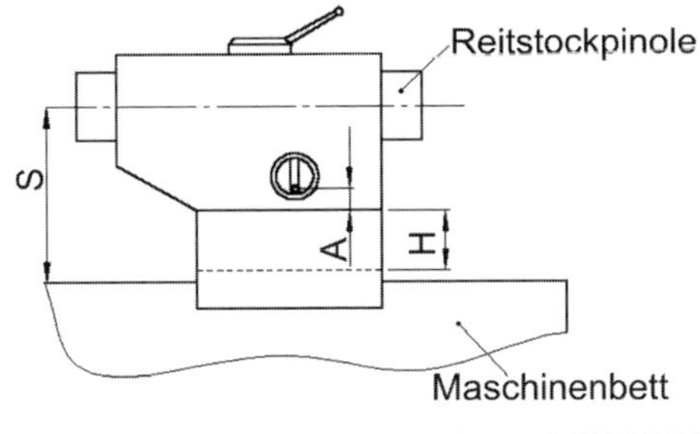

Entgegen der üblichen Rundpinole wurde hier eine prismatische Pinole verwendet (s. auch Bild 1.21). Das Einhalten eines ausreichend großen Abstands A bereitete konstruktive „Kopfschmerzen". Wie viel Platz ist erforderlich – wie dick sind die Finger des Bedieners?

Bild 5.156 Reitstock einer Feindrehmaschine

MD17 Griffumfeld ausreichend groß ausführen! Auch bei extremer Schalterstellung der Betätigungselemente darf kein Klemmen und Quetschen der Finger oder anderer Körperteile möglich sein.

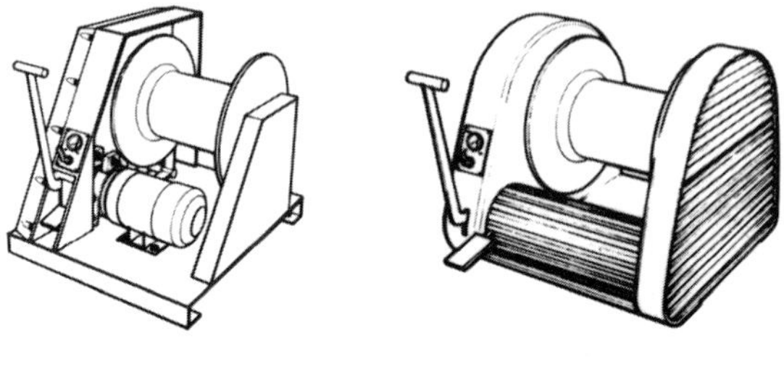

Bild 5.157 Seilwinde, zwei Varianten [82]

Aufgabe 5.2 Beurteilen Sie die beiden Varianten in Bild 5.157 unter Beachtung der Verwendung auf einer Baustelle.

Riementriebe, Kettentriebe und ähnliche umlaufende Elemente müssen sicher abgedeckt werden, das ist heute weitestgehend durchgesetzt. Bei der Verkleidung des Kurbeltriebs einer Landmaschine erscheint das jedoch nicht ausreichend gelungen zu sein. An der gekennzeichneten scharfkantigen Blechecke kann sich Arbeitskleidung, sofern sie nicht eng am Körper anliegt, verhaken. Daraus wird nicht unbedingt ein Arbeitsunfall entstehen, aber auch ein zerrissener Arbeitskittel sollte vermieden werden.

Gefährdung bei **!**

Bild 5.158 Verkleidung des Kurbeltriebes an einer Strohpresse.

5.5.6 Grafik und Farbe an der Maschine

Weder die Produktgrafik noch die Farbgestaltung sind Bestandteile der Konstrukteurausbildung, und es besteht auch hier nicht die Absicht, den Konstrukteur zum Grafiker und/oder Farbgestalter auszubilden. Es soll lediglich mit einem kleinen Einblick ein Beitrag für eine zweckmäßige Zusammenarbeit mit den Spezialisten dieser Gebiete geleistet werden. So sollten Bild 5.159 und Bild 5.160 darauf verweisen, dass die Palette der Gestaltungsvarianten größer ist, als gemeinhin auf Maschinenbaumessen zu sehen ist. Andererseits ist auch nicht daran gedacht, für die Verwendung der extremen Varianten dieser beiden Bilder im Maschinenbau zu werben, sondern lediglich die im Allgemeinen recht nüchternen Vorstellungen der Techniker anzuregen.

Zur Produktgrafik

Das Gebiet der Produktgrafik umfasst im Wesentlichen:

- Markenzeichen bzw. Signets zur einprägsamen Kennzeichnung von Unternehmen, Warenzeichenverbänden oder Einzelerzeugnissen (wie sie heute jedermann von den Automobilherstellern kennt)
- Sinnbilder, Beschriftungen und sonstige Kennzeichnung von Bedienfunktionen, Bedienelementen und dgl. (siehe z. B. ikonische und symbolische Zeichen für Kunststoffverarbeitungsmaschinen, Bild 5.161, Bild 5.162)
- Grafisch wirkende Elemente am Maschinenkörper (z. B. Fugen, Sicken, Lüftungsschlitze ...), diese müssen mit der Maschinengestalt ein harmonisches Ganzes bilden und mit der Farbgestaltung abgestimmt sein.

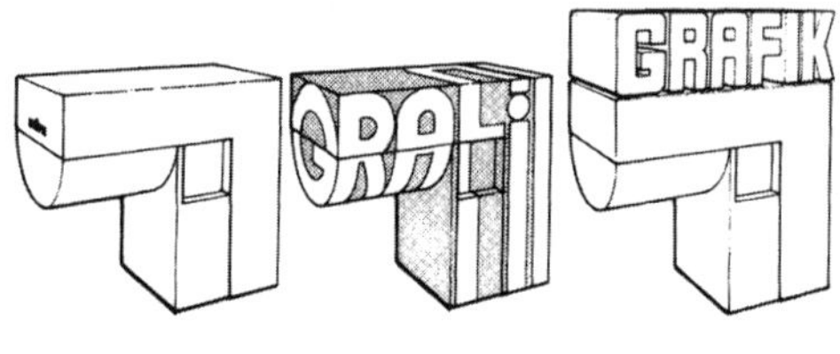

Bild 5.159 Grafikvarianten von unauffällig bis extrem auffallend [82]

Bild 5.160 Varianten in Farbgebung und Musterung [82]

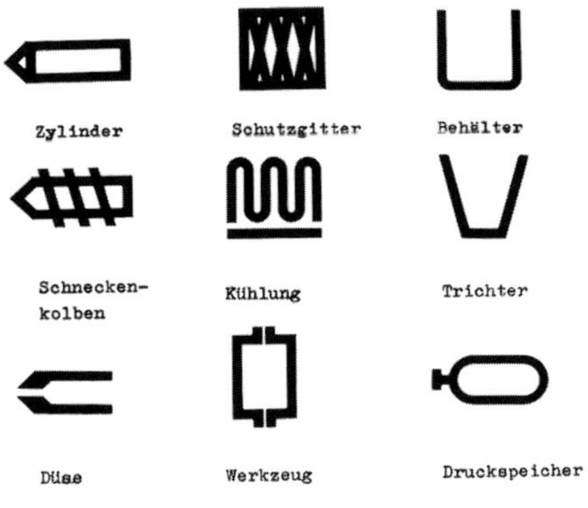

Bild 5.161 Ikonische Zeichen für Kunststoffverarbeitungsmaschinen [K.-H. Schaarschmidt]

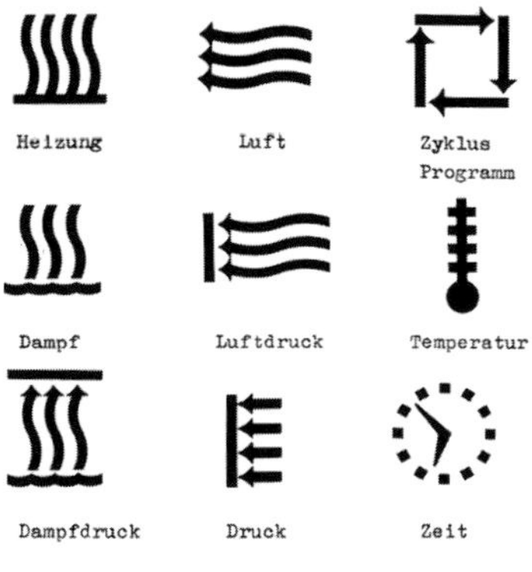

Bild 5.162 Symbolische Zeichen [K.-H. Schaarschmidt]

Mittel der Produktgrafik sind:

- Farbauftrag (Mehrfarbenlackierung, Bemalen, Bedrucken u. ä.)
- Bekleben (Folie, Streifen, Abziehbilder u. ä.)
- Strukturveränderung der Oberfläche (Eloxieren, Ätzen, Bürsten, Strahlen u. ä.)
- Reliefbildung (Guss-, Press-, Prägerelief, Gravur, Sickenbildung u. ä.)
- Lochbild (Schlitze, Lochraster u. ä. – Bild 5.163)

Je nach Handhabung und Einsatzbedingungen des Erzeugnisses muss das geeignete Mittel (auch in Kombinationen) ausgewählt werden, um die grafische Wirkung dauerhaft und unmissverständlich aufzubringen. In besonderer Weise gilt dies für Hinweise zur Bedien- und Betriebssicherheit.

Bild 5.163 Schriftzug als Lochbild (kann Belüftungsaufgaben übernehmen) ist äußerst dauerhaft

Farbgestaltung

Hat sich ein Maschinenbaubetrieb auf eine Maschinenfarbe festgelegt, die ähnlich einem Firmenzeichen zur Identifikation des Herstellers dient, erübrigen sich Überlegungen zur Farbgebung über längere Zeiträume. Andererseits kann der Maschinenkäufer Farben vorschreiben, um in seiner eigenen Fertigungsstätte ein Farb-Wirrwarr zu vermeiden. Sofern diese beiden Sachverhalte nicht zutreffen, sind Maschinenfarben festzulegen und dabei folgende ***Ziele*** anzustreben:

- Die Wahrnehmungsbedingungen im Interesse der Arbeitssicherheit und der Bedienbarkeit unterstützen und
- einen Beitrag zum Wohlbefinden leisten!

Dabei kann Farbe folgende Aufgaben übernehmen bzw. unterstützen:

- Warnen und damit helfen, Unfälle zu vermeiden. Sicherheitsfarben nur an echten Gefährdungsstellen vorsehen!
- Übersicht schaffen (gleiche Farben für Baugruppen gleicher Funktion)

- Bedienung erleichtern und Verwechslungen ausschließen, z. B. durch erkennungserleichternde Kontraste (dabei Tageslicht, Kunstlicht, Dämmerung berücksichtigen) und Farbkodierung von Bedienelementen
- Sauberkeit/Hygiene fördern, Schmutz sichtbar machen (z. B. Medizintechnik, Lebensmittelmaschinen)
- gewünschte Eindrücke steigern
- nicht erwünschte Eindrücke mildern, z. B. Fremdformen und ungünstige Proportionen unterdrücken (Bild 5.92), Monotonie beseitigen

Unter Berücksichtigung des Einsatzortes und des Gebrauches sollten bei der Farbwahl folgende Gesichtspunkte Beachtung finden. Die Farbgebung sollte

- der gebrauchsüblichen Verschmutzung angepasst sein
- der (mutmaßlichen) Umgebung am Betriebsort angepasst sein
- Gebrauchsspuren verkraften, ohne negative Eindrücke zu bewirken; hochgezüchtetes Design ist selten gebrauchsgerecht
- sich nicht abgreifen
- bei Zweifarbigkeit/Mehrfarbigkeit der Baustruktur folgen; Farbgrenzen innerhalb von Einzelteilen erfordern einen höheren Aufwand, d. h. sind nicht farbgebungsgerecht

Eine Abweichung vom letztgenannten Gesichtspunkt ist in Bild 5.164 enthalten. Der dunkle Kreis an der Wickelmaschine für Elektromotorenwicklungen lässt auch im Stillstand den rotierenden Wickelkopf erkennen (Signalwirkung durch Farbgebung). Einige weitere Anregungen zur Farbgebung sind dem Farbbildteil zu entnehmen.

Bild 5.164 Wickelmaschine mit farblicher Kennzeichnung des Rotationsbereiches

5.5.7 Die Vorteile der Zusammenarbeit Konstrukteur – Designer

Das Hauptanliegen der vorangegangenen Abschnitte besteht darin, dem Techniker die ***Bedeutung des Erscheinungsbildes*** seiner Konstruktion zu verdeutlichen und das Defizit an Kontaktwissen über diese Disziplin abzubauen. Mit diesem Kontaktwissen ausgerüstet sollte eine vorbehaltlose Zusammenarbeit möglich sein. Da aber immer noch ein nicht unbedeutender Anteil der Maschinenbauunternehmen auf die Mitwirkung von Produktdesignern verzichtet, sollen die Ziele und Vorteile ihrer Mitarbeit hier thesenartig zusammengetragen sein:

1. Kaufentscheidung herbeiführen! Bei gleichwertigen technischen Daten wird das Erscheinungsbild nennenswerten Einfluss ausüben. Zitat von Jürgen R. Schmidt: „Erfolgreiches Design kann „Wow-Effekt“ auslösen.“
2. Wohlbefinden des Nutzers/Bedieners gewährleisten!
3. Maschinendesign ist keine äußere Kosmetik die nach Abschluss der konstruktiven Entwicklung übergestülpt werden kann, sondern beruht auf Designermitarbeit von Anfang einer Entwicklung an!
4. Mehr Aufmerksamkeit dem Vorfeld der Produktentwicklung! Zusammenarbeit Unternehmen – Designer beginnt für eine effektive Entwurfstätigkeit im Vorlauf bei der Ausarbeitung von Strategien der Unternehmensentwicklung (Marktbeobachtung, Positionierung für definierte Marktsegmente).
5. Designer arbeiten unkonventionell und bringen ein breites Ideenspektrum ein!
6. Designer sind bemüht, die ganzheitliche Wirkung der Erzeugnisse auf den Menschen, den Bediener, den Käufer zu erfassen (z. B. auch Krankheitsbilder der Bediener von Vorgängererzeugnissen auszuwerten)!
7. Der Designer kann mit seinen Darstellungstechniken (Skizzen, Zeichnungen, Modelle) Vorstellungen und Lösungsansätze schnell augenscheinlich machen, die seinen Partnern noch als abstrakte Lösungsideen vorschweben; damit hilft er oft, Klarheit über weitere Arbeitsschritte zu schaffen.
8. Ein gut verzahnter Arbeitsprozess von Konstrukteur und Designer ist anzustreben, räumliche Nähe aller Mitarbeiter kann Koordinierungsaufwand herabsetzen, Lieferanten/Zulieferer rechtzeitig einbinden. Es ist zweckmäßig, wenn der Designer für die vielen Teilaufgaben der Feingestaltung als regelmäßiger Diskussionspartner zur Verfügung steht!
9. Der Designer hat die Gesichtspunkte der Fertigungsgerechtheit und der Materialökonomie im vollen Maße zu berücksichtigen. Moden oder Stile mit funktionellen oder fertigungstechnischen Nachteilen dürfen einer Maschine nicht aufgeprägt werden.

10. Gute Arbeitsorganisation und Parallelarbeit aller Beteiligten kann sogar zur Verkürzung der Entwicklungszeit führen, eine Erhöhung der Entwicklungskosten ist jedoch nicht vermeidbar!

Für eine umfangreiche Erzeugnispalette eines größeren Unternehmens mit mehreren örtlich getrennten Niederlassungen hat der Designer/das Designbüro die Verantwortung für den einheitlichen Formcharakter bzw. die Ensembleentwicklung. Das wird z. B. erreicht durch:

- Einheitliche Frontplatten der Bedienstation
- Einheitliche Bedienelemente, Griffe und dgl.
- Werbewirksame Verpackungen

5.6 Lösungen – Zum Gestalten von Maschinen

Lösung zu Aufgabe 5.1:

<u>Alter Aufbau</u>

Die Verformung des C-Gestells durch die Schleifkraft führt zur Parallelitätsabweichung der Schleifscheibenachse zum Tisch. Um eine gute Parallelität zu erreichen, darf nur mit geringer Leistung geschliffen werden.

<u>Neuer Aufbau</u>

- Steiferer Aufbau als beim C-Gestell.
- Die Parallelitätsabweichung durch Biegung des Schlittens ist erheblich kleiner als beim C-Gestell.
- Die Bettlänge ist variabel ausführbar, und bei entsprechender Bettlänge kann während des Schleifens bereits neu beschickt werden.
- Das Kühlmittel kann die Werkstücke überfluten.
- Die gesamte Antriebseinrichtung ist im Schlitten untergebracht, damit ist die bewegte Masse konstant, und die Entwicklung des Antriebs wird einfacher.
- Zwillingsmaschine (zwei Schleifschlitten) wird möglich.

Lösung zu Aufgabe 5.2:

1. Arbeitschutzmangel: Während die Fußraste der Variante 1 ein bewusstes Betätigen verlangt, ist bei 2 eine zufällige Betätigung leicht möglich. Das darf auf keinen Fall zugelassen werden.
2. Erschienungsbild 2 macht einen auffällig positiven Eindruck. Sind jedoch die gewellten Verkleidungsbleche – die kleinen Wellen lassen eine geringe Wandstärke vermuten – ausreichend robust? Der Baustellenbetrieb wird relativ schnell Beulen verursachen, die die feinen Strukturen lassen sich aber schlecht ausbeulen.

6 Zusammenfassende Bemerkungen und Ausblick

Die zweckmäßige Gestaltung von Maschinen, ihren Baugruppen und Einzelteilen setzt ein umfangreiches Fachwissen voraus. Für den Einstieg in die allgemeine Maschinenkonstruktion haben die Verfasser das Buch [34] vorgelegt. Es behandelt vorrangig die Bauteil- und Baugruppengestaltung. Das vorliegende Buch wendet sich der Gesamtmaschine sowie seinen Großteilen bzw. Tragwerken zu. Es wird seine Aufgabe nach einem gründlichen Studium durch den Leser dann am besten erfüllen, wenn es als ***Begleitbuch*** – d. h. als ständiges Nachschlagewerk beim Entwerfen von Maschinen, genutzt wird. Dadurch wird erreicht, dass der Inhalt zum anwendungsbereiten Wissen wird. Der Konstrukteur steht immer vor der Aufgabe, im Kopf seinen Wissensspeicher selbst aufzubauen, denn die Wissensvermittlung der anderen Fachgebiete ist – wie im Buch mehrfach belegt – sehr selten auf die Denkweise des Maschinenkonstrukteurs zugeschnitten.

Zum konstruktiv-gestalterischen Denken

Der VDI hat sich über längere Zeit sehr intensiv mit der Entwicklung einer systematischen Vorgehensweise für den Konstruktionsprozess beschäftigt und in VDI 2221 niedergelegt. Dabei wird nach dem Arbeitsschritt Präzisieren der Aufgabe die Ausarbeitung abstrakter, d. h. geometrieloser Wirkprinzipe gefordert – siehe z. B. Bild 1.18. Aus der Sicht nicht nur der Verfasser (siehe z. B. [41], [42]) wurde dieser Arbeitsschritt überbewertet. ***Nur mit einem werkstoff- und geometriebehafteten konstruktiv-gestalterischen Denken sind komplexe Produkte zu entwickeln***. Das heißt nicht, dass innerhalb des Entwicklungsprozesses das Arbeiten mit abstrakten Lösungsprinzipien nicht zweckmäßig sein kann. Ihre Bewertung zur Lösungseinschränkung ist jedoch äußerst problematisch, wie bereits im Abschnitt 1.2 am Beispiel des Flachriemenvorgeleges dargelegt wurde.

Zum Wert der Gestaltungsregeln und der Notwendigkeit einer gründlichen Erprobung

Die in den einzelnen Abschnitten dieses Buches niedergelegten Gestaltungsregeln sind Erkenntnishilfen, sie können jedoch die Aufgabenvielfalt der Konstruktionspraxis nie vollständig erfassen. Regeln sind:

- Richtwert, Leitlinie, Hilfestellung
- Zusammengefasste Erfahrung
- Für viele Fälle zutreffend
- Kein Dogma, d. h. im Ansatz richtig, im konkreten Fall genau auf Anwendbarkeit zu prüfen
- Nicht widerspruchsfrei, d. h., gegenseitige negative Beeinflussung ist möglich

Daraus ist zu entnehmen, dass auch bei Beachtung aller Regeln keine Sicherheit gegeben ist, eine fehlerfreie Maschine zu entwerfen. Am Zeichenbrett entstanden keine makellosen Konstruktionen. Das ist mit den modernen Mitteln nicht anders, und Fehler und Mängel können nie vollständig ausgeschlossen werden. Daher ist eine gründliche Erprobung jeder Neukonstruktion unbedingt Pflicht, um Unzureichendes zu erkennen und vor Anlauf der

Serienfertigung zu beseitigen. Unter einer gründlichen Erprobung ist zu verstehen, dass nicht das Musterbauteam dazu herangezogen werden darf. Dieses Team kennt vom Aufbau der Maschine her gewisse Schwächen und wird seine Bedienoperationen darauf einstellen – zum Teil vielleicht nur unterbewusst. Eine raue Behandlung durch wenig professionelle Bediener wird die Unzulänglichkeiten viel eher aufdecken. Der industrielle Einsatz der Serienerzeugnisse wird weitere Mängel zutage fördern, allein durch unterschiedliche Einsatzbedingungen und unterschiedliche Qualifikation der Bediener. So wird es immer lohnend sein, die gewonnenen Erkenntnisse von Zeit zu Zeit in die Serienfertigung einfließen zu lassen. Eine Maschine ist eigentlich erst durchentwickelt, wenn sie infolge eines inzwischen veralteten Konzeptes vom Markt genommen werden muss.

Über unzureichend erprobte Maschinen wird selten, über zweckentsprechende und rechtzeitige Gegenmaßnahmen nicht berichtet. Nur bei Erzeugnissen, die in der Öffentlichkeit deutliche Mängel zeigen, ist eventuell etwas zu vernehmen (Beispiel Neigetechnik-Züge, frühestens 2007 wieder fit [Sächsische Zeitung, Jan. 2005], Siemens Rückrufaktionen von Straßenbahnen [Spiegel 18/04]).

Zur Einführung neuer Bauweisen

Kosten- und Aufwandsminimierung hat der Konstrukteur bei allen Entwicklungs- bzw. Konstruktionsarbeiten ständig zu beachten. Im vorliegenden Buch wurde zu dieser Arbeitsweise mit vielen Beispielen angeregt. Die Fa. Schuler schlägt für die Entwicklung von IHU-Bauelementen (siehe Abschnitt 2.4.6) eine frühzeitige Zusammenarbeit der Konstrukteure mit ihren Fertigungsspezialisten vor [80] und benennt sieben Arbeitsstufen vom Vorgespräch bis zur Serienfertigung. Da diese Schrittfolge nicht allein für IHU-Bauteile Bedeutung hat, wird sie nachfolgend vorgestellt und zur Anwendung bei der Einführung fertigungsgungstechnischer Neuerungen und/oder neuer Werkstoffe empfohlen (z. B. Umstellung von Tragwerken von Gusseisen auf Mineralguss).

1. Vorgespräch zur Klärung aller Bedingungen
2. Machbarkeitsanalyse
3. Bauteilgestaltung und -auslegung
4. Prototypentwicklung
5. Erprobung
6. Qualitätsdaten fixieren
7. Serienfertigung

Literatur- und Bildquellen

[1] *Ambos, E.:* Urformtechnik metallischer Werkstoffe. Deutscher Verlag der Grundstoffindustrie, Leipzig 1982

[2] *Ambos, E.; Hartmann, R.; Lichtenberg, H.:* Fertigungsgerechtes Gestalten von Gussstücken. Hoppenstedt Technik Tabellen Verlag, Darmstadt 1992

[3] *Awiszus, B.; Bast, J.; Dürr, H.; Matthes, K.-J. (Hrsg.):* Grundlagen der Fertigungstechnik. Fachbuchverlag, Leipzig 2003

[4] *Bachmann/Lohkamp/Strobl:* Maschinenelemente. Vogel-Buchverlag, Würzburg 1982

[5] Beispielhafte Gusskonstruktionen. Fachreihe "konstruieren und gießen". Zentrale für Gussverwendung (ZGV), Düsseldorf

[6] *Bode, E.:* Konstruktionsatlas. Werkstoff- und verfahrensgerecht konstruieren, 1000 Konstruktionsbeispiele bildlich dargestellt. Hoppenstedt Technik Tabellen Verlag, Darmstadt 1991

[7] *Bonten, Chr.:* Kunststofftechnik für Designer. Carl Hanser Verlag, München 2003

[8] *Conrad, K.-J.:* Grundlagen der Konstruktionslehre. Carl Hanser Verlag, München 2003

[9] *Conrad, K.-J. (Hrsg.):* Taschenbuch der Werkzeugmaschinen. Fachbuchverlag, Leipzig 2002

[10] *Conrad, K.-J. (Hrsg.):*Taschenbuch der Konstruktionstechnik. Fachbuchverlag, Leipzig 2004

[11] *Decker, K.-H.:* Maschinenelemente. Carl Hanser Verlag, München 2002

[12] Die gute Industrieform, Hannover e. V.: Prädikat if 86, Die gute Industrieform

[13] *Ehrenstein, G.-W.:* Mit Kunststoffen konstruieren. Carl Hanser Verlag, München 2002

[14] *Ehrlenspiel, K.:* Kostengünstig konstruieren. Konstruktionsbücher Bd. 35. Springer-Verlag, Berlin 1985

[15] *Ehrlenspiel, K.; Kiewert, A.; Lindemann, U.:* Kostengünstig Entwickeln und Konstruieren. Springer-Verlag, Berlin 2002

[16] *Eisenschink, A.:* Zweckform, Reissform, Quatschform. Ernst Wachsmuth Verlag, Tübigen 1998

[17] *Erhard, G.:* Konstruieren mit Kunststoffen. Carl Hanser Verlag, München 1999

[18] FAG Kugelfischer: Die Gestaltung von Wälzlagerungen. Publ.-Nr.: WL 00200/4 DA

[19] Feinguss für alle Industriebereiche. Zentrale für Gussverwendung (ZGV), Düsseldorf

[20] *Flimm, J.:* Spanlose Formgebung. Carl Hanser Verlag, München 1990

[21] Friedrich Tabellenbuch, Metall- und Maschinentechnik. Bildungsverlag EINS, Troisdorf 2003/2004

[22] *Fritz, A. H.; Schulze, G. (Hrsg.):* Fertigungstechnik. Springer-Verlag, Berlin 2004

[23] *Ganter, O.:* Normteile zum Bedienen und Spannen. Otto Ganter u. Co. Normteilefabrik, Furtwangen

[24] *Geupel, H.:* Konstruktionslehre. Springer-Verlag, Berlin Heidelberg 1996

[25] *Habermann, H.:* Kompendium des Industrie-Design. Springer-Verlag, Berlin 2003

[26] *Hansen, F.:* Justierung. Verlag Technik, Berlin 1964

[27] *Hansen, F.:* Konstruktionssystematik. Verlag Technik, Berlin 1968

[28] *Hesse, S.:* Montagemaschinen. Kamprath-Reihe. Vogel Verlag, Würzburg 1993

[29] *Hesse, S.:* Energieträger Druckluft. Festo AG, Esslingen 2002

[30] *Hesse, S.:* Montage-Atlas, Montage- und automatisierungsgerecht konstruieren. Hoppenstedt Technik Tabellen Verlag, Darmstadt 1994

[31] *Hesse, S.; Krahn, H.; Eh, D.:* Betriebsmittel Vorrichtung. Carl Hanser Verlag, München 2002

[32] *Hintzen, H.; Laufenberg, H.; Kurz, U.:* Konstruieren Gestalten Entwerfen. Viewegs Fachbücher der Technik. Vieweg, Wiesbaden 2002

[33] *Hirdina, H.:* Gestalten für die Serie, Design in der DDR. Verlag der Kunst Dresden 1988

[34] *Hoenow, G.; Meißner, Th.:* Entwerfen und Gestalten im Maschinenbau. Fachbuchverlag, Leipzig 2004

[35] *Höhne, G.:* Penti, Erika und Bebo-Sher. Schwarzkopf & Schwarzkopf Verlag, Berlin 2001

[36] *Hückler, A. (Hrsg.):* Technische Formgestaltung, Leitlinien. Kammer der Technik, Berlin 1968

[37] ICS Handbuch Automatische Schraubmontage. Hans-Herbert Mönnig Verlag, Iserlohn 1993

[38] *Jackisch, U.-V.:* Mineralguss für den Maschinenbau. Verlag moderne industrie, Landsberg/Lech 2002

[39] *Jackisch, U.-V./Rampf, R. (Hrsg.):* Erstes Göppinger Mineralguss-Kolloquium. RAMPF Holding GmbH & Co. KG, 2001

[40] *Jorden, W.:* Form- und Lagetoleranzen. Carl Hanser Verlag, München 2007

[41] *Jung, A.:* Technologische Gestaltbildung. Springer-Verlag, Berlin Heidelberg 1991

[42] *Jung, A.:* Funktionale Gestaltbildung. Springer-Verlag, Berlin 1989

[43] *Junker/Köthe/Lienemann:* Schraubenverbindungen, Berechnung und Gestaltung. Verlag Technik, Berlin 1968

[44] *Kesselring, F.:* Technische Kompositionslehre. Springer-Verlag, Berlin 1954

[45] *Kleppmann, W.:* Taschenbuch Versuchsplanung. Carl Hanser Verlag, München 2003

[46] *Klöcker, I.:* Produktgestaltung. Springer Verlag, Berlin 1981

[47] *Koether, R.; Kurz, B.; Seidel, U. A.; Weber, F.:* Betriebsstättenplanung und Ergonomie. Carl Hanser Verlag, München 2001

[48] *Koller, R.:* Konstruktionsmethode für den Maschinen-, Geräte- und Apparatebau. Springer-Verlag, Berlin Heidelberg New York 1979

[49] *Koller, R.:* Konstruktionslehre für den Maschinenbau. Springer-Verlag, Berlin 1994

[50] Konstruieren mit Gusswerkstoffen. Herausgeben: Verein Deutscher Gießereifachleute und VDI, Gießerei-Verlag, Düsseldorf 1966

[51] Konstruieren mit Kunststoffen. Hrsg.: VDI Wissensforum Düsseldorf, Springer-Verlag, Düsseldorf Berlin 2003

[52] *Krahn, H.; Eh, D.; Lauterbach, Th.:* 1000 Konstruktionsbeispiele für die Praxis. Carl Hanser Verlag, München 2004

[53] *Krahn, H.; Nörthemann, K. H.; Hesse, S.; Eh, D.:* Konstruktionselemente 3 (Montage- und Zuführtechnik). Vogel-Verlag, Würzburg 1999

[54] *Krahn, H.; Nörthemann, K. H.; Stenger, L.; Hesse, S.:* Konstruktionselemente 1 (Vorrichtungs- und Maschinenbau). Vogel-Verlag, Würzburg 2002

[55] *Krause, W.:* Grundlagen der Konstruktion. Carl Hanser Verlag, München 2002

[56] *Krause, W. (Hrsg.):* Konstruktionselemente der Feinmechanik. Carl Hanser Verlag, München 2004

[57] *Künanz/Dittmar/Walter/Gratz:* Automatisierungsgerechte Werkzeugentwicklung für Genauigkeitsbohrungen durch Ausbohren und Reiben. Zeitschrift Fertigungstechnik und Betrieb, Berlin 37 (1987) 4

[58] *Laudien, K.:* Maschinenelemente. Dr. Max Jänecke Verlagsbuchhandlung, Leipzig 1931

[59] *Leyer, A.:* Maschinenkonstruktionslehre. Heft 1 (1963) bis Heft 6 (1971), Birkhäuser Verlag Basel und Stuttgart

[60] *Mattheck, C.:* Design in der Natur – Der Baum als Lehrmeister. Rombach-Verlag, Freiburg im Breisgau 1997

[61] *Matthes, K.-J.; Richter, E. (Hrsg.):* Schweißtechnik. Fachbuchverlag, Leipzig 2006

[62] *Matthes, K.-J.; Riedel, F. (Hrsg.):* Fügetechnik. Fachbuchverlag, Leipzig 2003

[63] *Mertz, K. W.; Jehn, H. A.:* Praxishandbuch moderne Beschichtungen. Carl Hanser Verlag, München 2001

[64] Museum für Kunst und Gewerbe: Mehr oder Weniger. Braun-Design im Vergleich, Hamburg 1990

[65] *Nachtigall, W.:* Bionik – Grundlagen und Beispiele für Ingenieure und Naturwissenschaftler. Springer-Verlag, Berlin 2002

[66] Neudörfer, A.: Konstruieren sicherheitsgerechter Produkte. Springer-Verlag, Berlin 2002

[67] *Neumann, A.:* Schweißtechnisches Handbuch für Konstrukteure. Teil 3: Maschinen- und Fahrzeugbau, Deutscher Verlag für Schweißtechnik, Düsseldorf 1986

[68] *Neumann, A. (Hrsg.):* Schweißtechnisches Handbuch für Konstrukteure, Teil 1: Grundlagen, Gestaltung. Verlag Technik, Berlin 1978

[69] *Niemann, G.; Winter, H.; Höhn, B. R.:* Maschinenelemente. Springer-Verlag, Berlin 2001

[70] *Pahl/Beitz/Feldhusen/Grote:* Konstruktionslehre. Springer-Verlag, Berlin 2002

[71] *Perovic, B.:* Werkzeugmaschinen und Vorrichtungen. Carl Hanser Verlag, München 1999

[72] *Potente, H.:* Grundlagen des Fügens von Kunststoffen. Carl Hanser Verlag München 2004

[73] *Reschtschetow, D.:* Grundlagen der Konstruktion von Maschinen (russ.). Verlag Maschinostrojenije (Maschinenbau), Moskau 1967

[74] *Richter, R.:* Form- und gießgerechtes Konstruieren. Deutscher Verlag für Grundstoffindustrie, Leipzig 1984

[75] *Richter/Schilling/Weise:* Montage im Maschinenbau. Berlin: Verlag Technik 1974

[76] *Rieberer, A.:* Schweißgerechtes konstruieren im Maschinenbau. DVS-Verlag Düsseldorf 1989

[77] *Rögnitz, H.:* Das Gestalten der Form. Teubner Verlagsgesellschaft, Leipzig 1950

[78] *Schmidtke, H.:* Lehrbuch der Ergonomie. Carl Hanser Verlag, München 1993

[79] *Schreyer, K.:* Werkstückspanner (Vorrichtungen). Springer-Verlag, Berlin 1969

[80] Schuler GmbH (Hrsg.): Handbuch der Umformtechnik. Springer-Verlag Berlin 1996

[81] Schweißgerechtes Konstruieren im Maschinenbau, Merkblatt 379. Beratungsstelle für Stahlverwendung; Düsseldorf 1965

[82] *Seeger, H.:* Design technischer Produkte, Programme und Systeme. Springer Verlag, Berlin 1992

[83] *Steinhilper, W.; Röper, R.:* Maschinen- und Konstruktionselemente. Springer-Verlag, Berlin 1982

[84] *Steinwender, F.; Christian, E.:* Konstruieren im Maschinenwesen. Markt & Technik, München 1997

[85] *Stitz, S.; Keller, W.:* Spitzgießtechnik. Carl Hanser Verlag, München 2004

[86] *Thom, A.:* Metallpulverspitzguss. Zeitschrift Konstruktion 11/12 – 2003

[87] *Tjalve, E.:* Systematische Formgebung für Industrieprodukte. VDl-Verlag, Geldach 1978

[88] Trumpf GmbH & Co., Ditzingen (Hrsg.): Faszination Blech

[89] *Tschätsch, H.:* Werkzeugmaschinen der spanlosen und spanenden Formgebung. Carl Hanser Verlag, München 2003

[90] *Uhlmann, J.:* Design für Ingenieure. Technische Universität, Dresden 1995

[91] *Wächter, K. (Hrsg.):* Konstruktionslehre für Maschineningenieure. Verlag Technik, Berlin 1987

[92] *Winterfeld, R.:* Konstruieren mit Stahlleichtprofilen. Deutscher Verlag für Grundstoff-industrie, Leipzig 1974

[93] *Andresen/Kähler/Lund:* Montagegerechtes Konstruieren. Springer-Verlag, Berlin 1985

[94] *Förster, D.; Müller, W.:* Laser in der Metallbearbeitung. Fachbuchverlag, Leipzig 2001

[95] Daimler-Benz AG und FAT, Lasergerechtes Konstruieren, Stuttgart 1993

[96] *Lange, K. (Hrsg.):* Umformtechnik. Springer-Verlag, Berlin 1993

[97] Fichtner, Gussformstofffräsen Vortrag TUD 2005

[98] STUDIO WIR DRESDEN

[99] *Rieg, F.; Kaczmarek, M. (Hrsg.):* Taschenbuch der Maschinenelemente. Fachbuchverlag, Leipzig 2006

[100] *Knauer, B.; Salier, H. J. (Hrsg.):* Polymertechnik und Leichtbau, Verlag Frankenschwelle, Hildburghausen 2006

[101] *Renneberg, H.; Schneider, W. (Hrsg.):* Kunststoffe im Anlagenbau, DVS-Verlag 1998

[102] *Schürmann, H.:* Konstruieren mit Faser-Kunststoff-Verbunden, Springer-Verlag, Berlin 2005

[103] *Flemming, M.; Ziegmann, G.; Roth, S.:* Faserverbundbauweisen, Springer-Verlag 1996

[104] *Witt, G. (Hrsg.):* Taschenbuch der Fertigungstechnik, Fachbuchverlag, Leipzig 2006

Sachwortverzeichnis

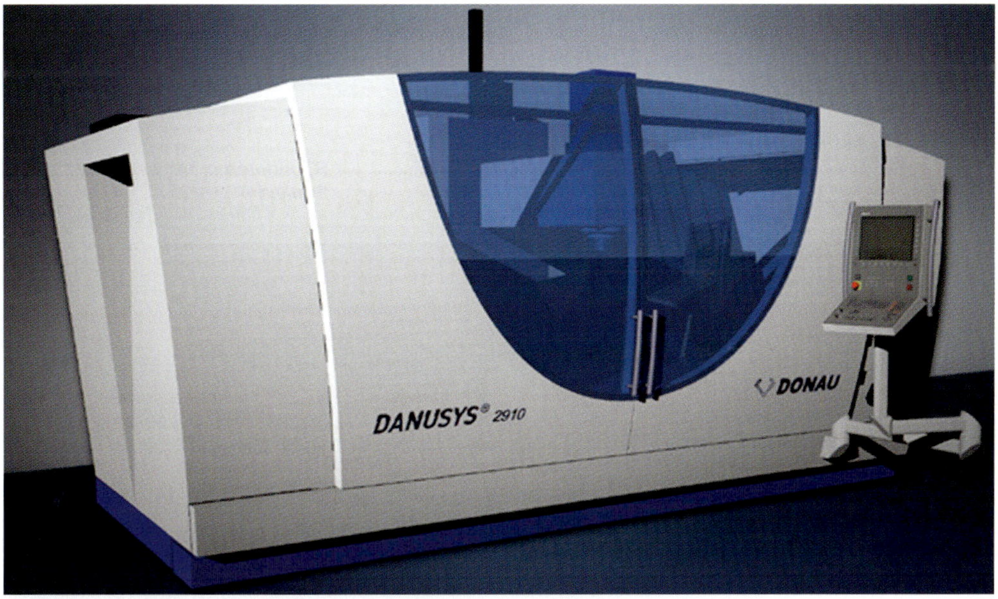

DANUSYS – Vertikales CNC-Bohr- und Fräszentrum in ansprechender Gestalt [Design Tech Ammerbuch]

Bei der Entwicklung dieser Maschine war der Designer frühzeitig einbezogen, sein Gestaltungsentwürfe wurden und leistete als „Eye-Catcher" einen wichtigen Beitrag zum Erfolg dieser Maschine

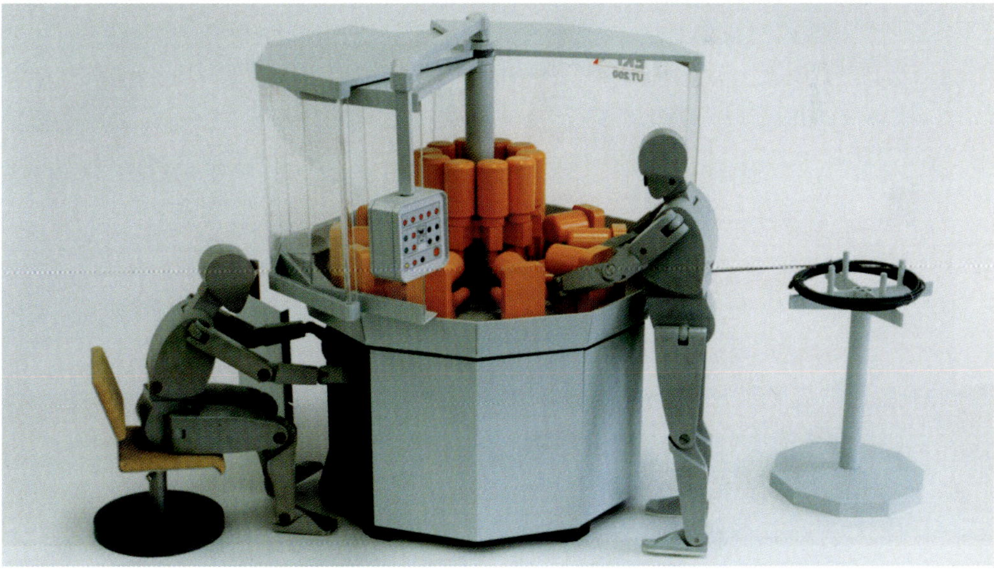

Rundtaktmaschine – Designmodell

Die Zugänglichkeit für das Einrichten und die Wartung wird mit maßstäblichen Ergonomiemodellen demonstriert [Design K.-K. Schaarschmidt]

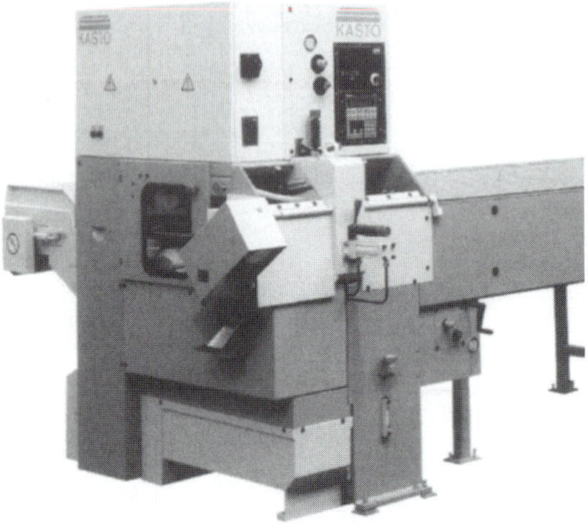

links: *Sägeautomat mit gewünschter Funktion*

unten: *KASTO – Sägeautomat nach gestalterischer Überarbeitung durch [Design Tech Ammerbuch]*

Neben der optischen Wirkung finden sich an dieser Maschine mehrere der in diesem Buch beschriebenen Hinweise verwirklicht.

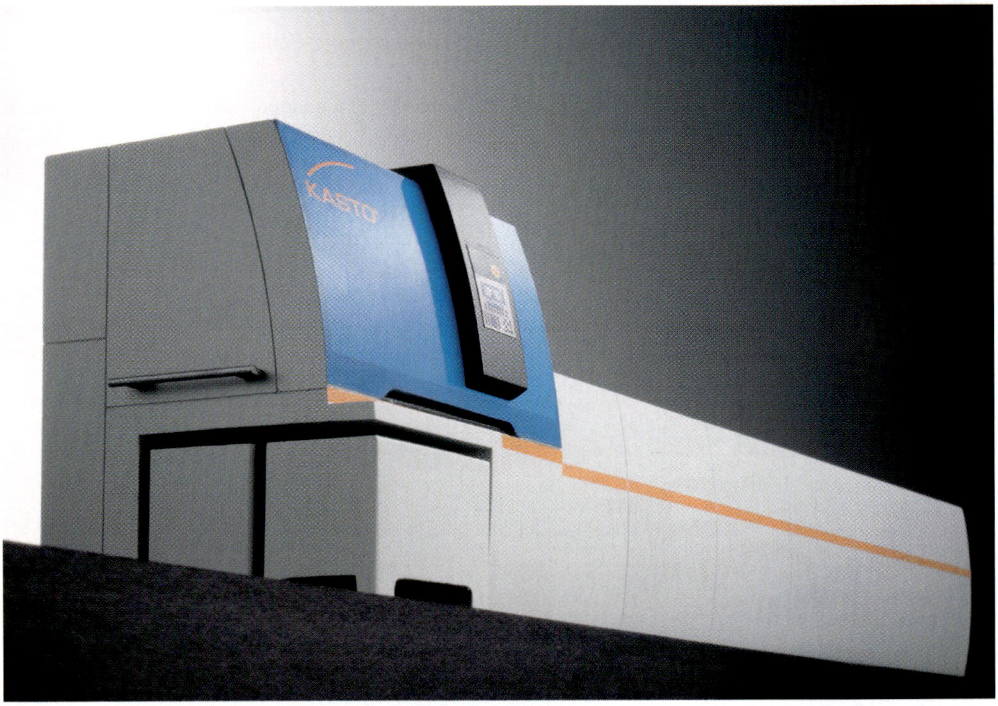

rechts: *Schaumstoffmaschine – diskontinuierlicher Vorschäumer mit gewünschter Funktion*

unten: *KURTZ – Vorschäumer (kleinere Baugröße) nach der gestalterischen Überarbeitung durch [Design Tech Ammerbuch]*

TRAUB-Drehautomat

Design: CONCEPT+DESIGN, Chemnitz

Konstruktiv-gestalterische Neuerung:

Die gekrümmten Verkleidungsbleche werden in Al-Strangprofile eingelegt – hohe Variabilität bei geringen Kosten. Der Maschinenraum ist anstelle von Türen mit Al-Jalousien verschlossen, und in die Maschinenumgebung hineinragende offenstehende Türen sind vermieden, Unfallgefahr eingeschränkt!). Die roten Balken visualisieren die Kontaktzone Mensch – Maschine.